复变函数与积分变换

车军领　主编

山东大学出版社

内容简介

本教材是根据国家教育委员会高等教育司 1997〔146〕号文件《关于加强普通高等教育教材编写与选用管理的若干的意见》中关于教材编写的精神"编写教材,对学生负责,对社会负责;提倡精益求精,反对粗制滥造;倡导改革精神,树立精品意识",结合复变函数与积分变换教学的基本要求编写的。本教材汲取了同类教材的优点,并注重知识的系统性和实用性,以适应不同专业和不同层次读者的要求。

本教材内容包括复数与复变函数、解析函数、复变函数的积分、解析函数的幂级数表示法、留数及其应用、共形映射、傅里叶变换、拉普拉斯变换共八章。对于书中加 * 的内容,读者可以根据不同的专业和要求选学。

本书可供高等院校非数学专业的理工类专业本科生选作教材,也可供广大工程技术人员作为参考资料。

图书在版编目(CIP)数据

复变函数与积分变换/车军领主编. —济南:山东大学出版社,2017.4(2024.7 重印)
ISBN 978-7-5607-5754-4

Ⅰ.①复… Ⅱ.①车… Ⅲ.①复变函数—高等学校—教材②积分变换—高等学校—教材 Ⅳ.①O174.5 ②O177.6

中国版本图书馆 CIP 数据核字(2017)第 085995 号

责任策划 唐　棣
责任编辑 宋亚卿
封面设计 张　荔

出版发行	山东大学出版社
社　　址	山东省济南市山大南路 20 号
邮　　编	250100
发行热线	(0531)88363008
经　　销	新华书店
印　　刷	山东和平商务有限公司
规　　格	787 毫米×1092 毫米　1/16
	15 印张　347 千字
版　　次	2017 年 4 月第 1 版
印　　次	2024 年 7 月第 5 次印刷
定　　价	32.00 元

前　言

　　本书是根据国家教育委员会高等教育司关于普通高等教育教材编写的意见和精神，依据高等学校工科数学教材编写的基本要求，结合作者多年的教学实践经验编写的。可供信息与计算科学、物理、光信息、热能、电气等各类理工科专业使用，也可供其他专业选用。

　　"复变函数与积分变换"不仅是理工科院校某些专业的一门重要的专业基础课，同时还是高等数学的后继课程。通过对本课程的学习，学生不仅能够学到复变函数与积分变换中的基本理论与工程技术中常用的数学方法，同时还可以巩固高等数学的基础知识，为后续学习专业课和进一步扩大知识面奠定基础。

　　本书的编写，注意了下列几点：

　　1. 与高等数学中平行的概念，如极限、连续、微分等，既指出其相似之处，更强调其不同之处，以免初学者疏忽。

　　2. 对一些基本定理和重要定理，从叙述、证明到推广，均注意了科学性和严密性；同时对有些理论的推导深入浅出，循序渐进，适合工科专业的特点。这既可以锻炼读者的思考能力和逻辑推理能力，同时还可以使读者举一反三、融会贯通，从而达到培养读者实际应用和创新能力的目的。

　　3. 本书不仅对解析函数在电学、流体力学等方面的应用作了简要介绍，也对积分变换在解微分方程、积分方程中的应用作了简明介绍，以使读者了解复变函数与积分变换在解决实际问题上的重要性。

　　4. 为了使知识体系完整与系统，也为了能给读者拓展新知识提供有力的工具，本书在编写当中适当增加了一些超出大纲的内容。本书每章均配有大量的例题和习题，有利于读者掌握所学内容，提高分析问题和解决问题的能力。书的最后还配有习题参考答案，以方便读者自学。

　　5. 限于篇幅和工具知识，有些定理本书没有给出证明，对这部分内容，有兴趣进行更深层探讨的读者可以参考相关的资料。

　　使用本书作教材，大约需要 48 学时，大体可按 6、6、6、8、6、4、6、6 的顺序分配学时。根据专业的特点，教师可斟酌节选或删去一些次要及较深部分的内容，如辐角原理及应用、第 6 章等。

　　特别感谢山东大学出版社的大力支持，使得本书能尽快与读者见面。

　　限于编者水平，谬误之处仍然难免，敬请专家、同行以及广大读者批评指正。

编　者

2017 年 3 月于山东建筑大学

目 录

第1章 复数与复变函数

复变函数就是自变量为复数的函数. 我们研究的主要对象是在某种意义下可导的复变函数, 通常称为解析函数. 为了建立这种解析函数的理论基础, 在这一章中, 我们首先介绍复数域与复平面的概念, 然后再引入复平面上的区域以及复变函数的极限与连续等概念. 为方便进一步研究解析函数的理论, 在本章的最后我们还引入了复球面与无穷远点的概念.

1.1 复数

1.1.1 复数

形如

$$z = x + \mathrm{i}y \text{ 或 } z = x + y\mathrm{i}$$

的数, 称为**复数**, 其中 x 和 y 是任意实数, i 满足关系式 $\mathrm{i}^2 = -1$, 称为**虚数单位**. 电工学中习惯用 j 表示虚数单位, 而不是用 i.

实数 x 和 y 分别称为复数 z 的**实部**和**虚部**, 记为

$$x = \mathrm{Re}\, z, \quad y = \mathrm{Im}\, z$$

虚部为零的复数, 就可以看作是实数, 即 $x + \mathrm{i} \cdot 0 = x$. 因此, 全体实数是全体复数的一部分. 特别地, $0 + \mathrm{i} \cdot 0 = 0$.

虚部不为零的复数称为**虚数**. 实部为零, 但虚部不为零的复数称为**纯虚数**. 因此, 全体虚数也是全体复数的一部分.

两个复数 $z_1 = x_1 + \mathrm{i}y_1$ 和 $z_2 = x_2 + \mathrm{i}y_2$ 相等, 是指它们的实部与实部相等, 虚部与虚部相等, 即

$$x_1 + \mathrm{i}y_1 = x_2 + \mathrm{i}y_2$$

当且仅当

$$x_1 = x_2, \quad y_1 = y_2$$

因此, 一个复数 $z = 0$, 当且仅当其实部和虚部都为 0.

复数 $x + \mathrm{i}y$ 和 $x - \mathrm{i}y$ 称为**互为共轭复数**, 即 $x + \mathrm{i}y$ 是 $x - \mathrm{i}y$ 的共轭复数, 同时 $x - \mathrm{i}y$ 也是 $x + \mathrm{i}y$ 的共轭复数. 若复数 $z = x + \mathrm{i}y$, 则称 $x - \mathrm{i}y$ 为 z 的共轭复数, 记作 $\bar{z}$, 即

$$x - \mathrm{i}y = \overline{x + \mathrm{i}y}$$

1.1.2 复数的代数运算

对于这样定义的复数, 我们必须规定其运算方法. 由于实数是复数的特例, 规定复数

运算的一个基本要求就是:复数运算法则用于实数特例时,能够和实数运算的结果相符合,同时也要求复数运算能够满足实数运算的一般定律.

两个复数 $z_1 = x_1 + iy_1$ 和 $z_2 = x_2 + iy_2$ 的加(减)法和乘法定义如下:

$$z_1 \pm z_2 = (x_1 \pm x_2) + i(y_1 \pm y_2) \tag{1.1}$$

$$z_1 z_2 = (x_1 x_2 - y_1 y_2) + i(x_1 y_2 + x_2 y_1) \tag{1.2}$$

并分别称以上两式的右端为复数 z_1 和 z_2 的和(差)与积.

容易验证,复数的加法满足**交换律**和**结合律**,复数的乘法运算遵守交换律和结合律,同时遵守乘法对于加法的**分配律**.

我们又称满足等式

$$z_2 z = z_1 \quad (z_2 \neq 0)$$

的复数 $z = x + iy$ 为 z_1 除以 z_2 的**商**,记作 $z = \dfrac{z_1}{z_2}$. 可以推得

$$\frac{z_1}{z_2} = \frac{z_1 \bar{z}_2}{z_2 \bar{z}_2} = \frac{x_1 x_2 + y_1 y_2}{x_2^2 + y_2^2} + i \frac{x_2 y_1 - x_1 y_2}{x_2^2 + y_2^2} \tag{1.3}$$

全体复数并引进上述运算后就称为**复数域**,常用 **C** 表示. 实数域和复数域都是代数学中所研究的"域"的实例,即它们都对四则运算封闭. 与实数域不同的是,在复数域中不能规定复数像实数那样的大小关系. 事实上,若有像实数那样的大小关系,由于非零实数的平方和大于零,而 $i \neq 0$ 时,则应该有 $i^2 > 0$,即 $-1 > 0$,这显然不可能.

1.2　复数的几何表示

1.2.1　复平面

一个复数 $z = x + iy$ 在本质上是由一对有序的实数 (x, y) 唯一确定的,(x, y) 称为复数 z 的**实数对形式**. 这样,就能建立起平面上的所有点和全体复数之间的一一对应关系. 换句话说,我们可以借助于横坐标为 x、纵坐标为 y 的平面上的点 (x, y) 来表示复数 $z = x + iy$(见图 1.1).

由于 x 轴上的所有点的纵坐标 y 均为 0,即 x 轴上的点对应着实数,故 x 轴称为**实轴**;而 y 轴上的非原点的点对应着纯虚数,故 y 轴称为**虚轴**. 表示全体复数 z 的平面就称为**复平面**或 z 平面. 复平面也常用 **C** 表示.

引进了复平面的概念后,我们就在"点"和"数"之间建立了联系. 为了借助于几何的语言研究复变函数的问题,以后我

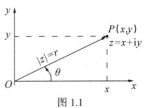

图 1.1

们不再区分"数"和"点"、"数集"和"点集",即点"z"就是数"z". 例如,我们说"点 $3 + 2i$","顶点为 z_1, z_2, z_3 的三角形",等等.

1.2.2　复数的模与辐角

在复平面上,复数 z 还与从原点指向点 $z = x + iy$ 的平面向量一一对应(复数 0 对应着零向量),因此复数 z 也能用向量 $\overrightarrow{OP}$ 来表示(见图 1.1).向量 $\overrightarrow{OP}$ 的长度称为复数 $z = x + iy$ 的**模**或**绝对值**,记为 $|z|$ 或 r. 因而有

$$|z| = r = \sqrt{x^2 + y^2}\ (\geqslant 0) \tag{1.4}$$

显然,$|z| = 0$ 的充分必要条件是 $z = 0$.

这里引进的复数的模的概念与实数的绝对值的概念是一致的. 由于复数的模是非负实数,所以能够比较大小. 同样,复数的实部、虚部也可以比较大小.

根据图 1.1,可以得到下列各式成立:

$$|x| \leqslant |z|, \quad |y| \leqslant |z|, \quad |z| \leqslant |x| + |y|$$
$$-|z| \leqslant \mathrm{Re}\,z \leqslant |z|, \quad -|z| \leqslant \mathrm{Im}\,z \leqslant |z| \tag{1.5}$$
$$z\,\bar{z} = |z|^2, \quad |z| = |\bar{z}| \tag{1.6}$$

根据复数的运算法则可知,复数的加、减法运算和相应向量的加、减法运算保持一致.

例如,设 $z = x_1 + iy_1, z_2 = x_2 + iy_2$,则

$$z_1 + z_2 = (x_1 + x_2) + i(y_1 + y_2)$$

由图 1.2 可以看出,$z_1 + z_2$ 所对应的向量就是 z_1 所对应的向量和 z_2 所对应的向量的和向量.

又如,将 $z_1 - z_2$ 表示成 $z_1 + (-z_2)$,可以看出,$z_1 - z_2$ 所对应的向量就是 z_1 所对应的向量和 $(-z_2)$ 所对应的向量的和向量(见图 1.3).

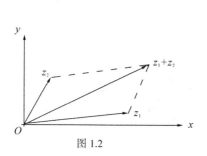

图 1.2

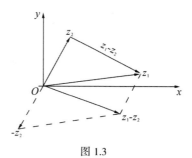

图 1.3

由图 1.3 可以看出,$z_1 - z_2$ 所对应的向量的长度,即复数 $z_1 - z_2$ 的模 $|z_1 - z_2|$,它表示点 z_1 和 z_2 之间的距离,记为

$$d(z_1, z_2) = |z_1 - z_2| \tag{1.7}$$

两个复数的差的几何意义非常重要,它可与解析几何中两点间的距离公式统一起来,即

$$|z_1 - z_2| = |(x_1 - x_2) + i(y_1 - y_2)|$$
$$= \sqrt{(x_1 - x_2)^2 + (y_1 - y_2)^2}$$

因此,由图 1.2 及图 1.3,我们可以得出下面的不等式:

$$|z_1 + z_2| \leqslant |z_1| + |z_2|\ (三角不等式) \tag{1.8}$$
$$\big||z_1| - |z_2|\big| \leqslant |z_1 + z_2| \tag{1.9}$$

式(1.8)和式(1.9)中等号成立的几何意义是：复数 z_1 和 z_2 所表示的两个向量共线且同向，即 $z_1 \neq 0, z_2 \neq 0$ 时，$z_1 = kz_2(k > 0)$.

用数学归纳法，可以得到推广了的三角不等式，即

$$|z_1 + z_2 + \cdots + z_n| \leq |z_1| + |z_2| + \cdots + |z_n| \tag{1.10}$$

表示复数 z 的位置，也可以借助于点 z 的极坐标 r（即复数 z 的模）和 θ 来确定（见图 1.1）. 这里使极点与直角坐标系的原点重合，极轴与正实轴重合.

当 $z \neq 0$ 时，以正实轴为始边，以表示复数 z 的向量 $\overrightarrow{OP}$ 为终边的角的弧度数 θ 称为 z 的**辐角**（Argument），记为

$$\text{Arg } z = \theta$$

这里有

$$\tan \theta = \frac{y}{x} \tag{1.11}$$

可以看出，任意非零复数 z 都有无穷多个辐角. 如果 θ_1 是其中的一个，那么

$$\text{Arg } z = \theta_1 + 2k\pi \quad (k = 0, \pm1, \pm2, \cdots) \tag{1.12}$$

式(1.12)给出了 z 的所有辐角，即 Arg z 表示复数 z 的所有辐角. 在 $z(\neq 0)$ 的所有辐角中，我们把满足条件 $-\pi < \theta_0 \leq \pi$ 的 θ_0 称为 Arg z 的主值，或称为 z 的**主辐角**，记作 $\theta_0 = \text{arg } z$. 故

$$\text{Arg } z = \text{arg } z + 2k\pi \quad (k = 0, \pm1, \pm2, \cdots) \tag{1.13}$$

注意 当 $z = 0$ 时，辐角无意义.

复数 $z(\neq 0)$ 的辐角主值 arg z 与反正切 Arctan $\frac{y}{x}$ 的主值 arctan $\frac{y}{x}$ 有下列关系（其中 $-\pi < \text{arg } z \leq \pi$，而 $-\frac{\pi}{2} < \arctan \frac{y}{x} < \frac{\pi}{2}$）：

$$\text{arg } z \atop (z \neq 0) = \begin{cases} \arctan \dfrac{y}{x}, & x > 0; \\[2mm] \dfrac{\pi}{2}, & x = 0, y > 0; \\[2mm] \arctan \dfrac{y}{x} + \pi, & x < 0, y \geq 0; \\[2mm] \arctan \dfrac{y}{x} - \pi, & x < 0, y < 0; \\[2mm] -\dfrac{\pi}{2}, & x = 0, y < 0. \end{cases}$$

图 1.4 和图 1.5 给出了它们的关系.

一对共轭复数 z 和 $\bar{z}$ 在复平面内的位置关系是关于实轴对称的，因而有

$$|z| = |\bar{z}|, \quad \text{Arg } z = -\text{Arg } \bar{z}$$

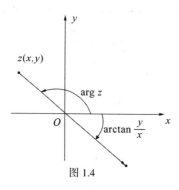

图 1.4

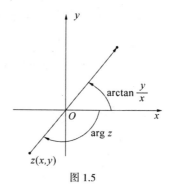

图 1.5

例 1.1　求 $\text{Arg}(\sqrt{3}+\text{i})$ 和 $\text{Arg}(-3-2\text{i})$.

解　$\text{Arg}(\sqrt{3}+\text{i}) = \text{arg}(\sqrt{3}+\text{i}) + 2k\pi$

$$= \arctan\frac{1}{\sqrt{3}} + 2k\pi = \frac{\pi}{6} + 2k\pi \quad (k=0,\pm1,\pm2,\cdots)$$

$\text{Arg}(-3-2\text{i}) = \text{arg}(-3-2\text{i}) + 2k\pi$

$$= \arctan\frac{-2}{-3} - \pi + 2k\pi = \arctan\frac{2}{3} - \pi + 2k\pi$$

$$= (2k-1)\pi + \arctan\frac{2}{3} \quad (k=0,\pm1,\pm2,\cdots)$$

例 1.2　已知流体在某点 P 的速度为 $v=-6+2\sqrt{3}\,\text{i}$,求其大小和方向.

解　大小:$|v| = |-6+2\sqrt{3}\,\text{i}| = \sqrt{(-6)^2 + (2\sqrt{3})^2} = 4\sqrt{3}$;

方向:$\text{arg}\,v = \arctan\frac{2\sqrt{3}}{-6} + \pi = \pi - \arctan\frac{\sqrt{3}}{3} = \frac{5\pi}{6}$.

根据直角坐标与极坐标之间的关系,可以得到

$$x = r\cos\theta, \quad y = r\sin\theta$$

则我们还可以把 z 表示成下面的形式:

$$z = r(\cos\theta + \text{i}\sin\theta) \tag{1.14}$$

再利用欧拉(Euler)公式:$\text{e}^{\text{i}\theta} = \cos\theta + \text{i}\sin\theta$,我们又可以得到

$$z = r\text{e}^{\text{i}\theta} \tag{1.15}$$

我们分别称式(1.14)、式(1.15)为非零复数 z 的**三角形式**和**指数形式**,并称 $z=x+\text{i}y$ 为复数 z 的**代数形式**.

复数的这三种表示法可以相互转换,以适应讨论不同的问题时的需要,而且使用起来各有其方便.

当 $r=1$ 时,有

$$z = \cos\theta + \text{i}\sin\theta = \text{e}^{\text{i}\theta}$$

我们称模为 1 的复数为**单位复数**.

当 $z_1 = r_1\text{e}^{\text{i}\theta_1}$ 和 $z_2 = r_2\text{e}^{\text{i}\theta_2}$ 时,有

$$z_1 = z_2 \Leftrightarrow r_1 = r_2, \theta_1 = \theta_2 + 2k\pi \quad (k=0,\pm1,\pm2,\cdots)$$

例 1.3　将下列复数化为三角形式与指数形式:

$(1) z = 2 - \sqrt{12}\, i;(2) z = \sin \dfrac{\pi}{10} + i\cos \dfrac{\pi}{10};(3) z = 1 - \cos \theta + i\sin \theta\ (0 < \theta < \pi).$

解 $(1) r = |z| = \sqrt{2^2 + (-\sqrt{12})^2} = 4.$ 由于 z 在第四象限,所以

$$\theta = \arctan \frac{-\sqrt{12}}{2} = -\frac{\pi}{3}$$

因此,z 的三角表示式为

$$z = 4\left[\cos\left(-\frac{\pi}{3} \right) + i\sin\left(-\frac{\pi}{3} \right) \right]$$

z 的指数表示式为

$$z = 4e^{-\frac{\pi}{3}i}$$

$(2) r = |z| = \sqrt{\left(\sin \dfrac{\pi}{10} \right)^2 + \left(\cos \dfrac{\pi}{10} \right)^2} = 1.$ 由于 z 在第一象限,所以

$$\theta = \arctan \frac{\cos \dfrac{\pi}{10}}{\sin \dfrac{\pi}{10}} = \arctan\left(\cot \frac{\pi}{10} \right) = \frac{2}{5}\pi$$

因此,z 的三角表示式为

$$z = \cos \frac{2}{5}\pi + i\sin \frac{2}{5}\pi$$

z 的指数表示式为

$$z = e^{\frac{2}{5}\pi i}$$

由于该复数的实部和虚部都是用三角函数的形式给出的,因此,我们还可以利用三角函数的恒等变换给出它的三角形式和指数形式:

$$z = \sin \frac{\pi}{10} + i\cos \frac{\pi}{10} = \cos\left(\frac{\pi}{2} - \frac{\pi}{10} \right) + i\sin\left(\frac{\pi}{2} - \frac{\pi}{10} \right)$$

$$= \cos \frac{2}{5}\pi + i\sin \frac{2}{5}\pi = e^{\frac{2}{5}\pi i}$$

(3) 由于 $0 < \theta < \pi$,则 $0 < \dfrac{\theta}{2} < \dfrac{\pi}{2}$,所以 $\sin \dfrac{\theta}{2} > 0.$ 利用三角函数的恒等变换可得

$$z = 2\sin^2 \frac{\theta}{2} + 2i\sin \frac{\theta}{2}\cos \frac{\theta}{2}$$

$$= 2\sin \frac{\theta}{2}\left(\sin \frac{\theta}{2} + i\cos \frac{\theta}{2} \right)$$

$$= 2\sin \frac{\theta}{2}\left[\cos\left(\frac{\pi}{2} - \frac{\theta}{2} \right) + i\sin\left(\frac{\pi}{2} - \frac{\theta}{2} \right) \right]$$

$$= 2\sin \frac{\theta}{2}e^{i\left(\frac{\pi}{2} - \frac{\theta}{2} \right)}$$

再如,下列特殊复数的三角形式和指数形式分别为

$$i = \cos \frac{\pi}{2} + i\sin \frac{\pi}{2} = e^{\frac{\pi}{2}i};$$

$$-2 = 2(\cos \pi + i\sin \pi) = 2e^{\pi i};$$

$$-3\mathrm{i} = 3\left[\cos\left(-\frac{\pi}{2}\right) + \mathrm{isin}\left(-\frac{\pi}{2}\right)\right] = 3\mathrm{e}^{-\frac{\pi}{2}\mathrm{i}};$$

$$1 = \cos 0 + \mathrm{isin}\, 0 = \mathrm{e}^{0\cdot\mathrm{i}}.$$

1.3　复数的乘幂与方根

1.3.1　乘积与商

设有两个复数 $z_1 = r_1(\cos\theta_1 + \mathrm{isin}\,\theta_1)$ 和 $z_2 = r_2(\cos\theta_2 + \mathrm{isin}\,\theta_2)$，则

$$
\begin{aligned}
z_1 z_2 &= r_1 r_2(\cos\theta_1 + \mathrm{isin}\,\theta_1)(\cos\theta_2 + \mathrm{isin}\,\theta_2)\\
&= r_1 r_2(\cos\theta_1\cos\theta_2 - \sin\theta_1\sin\theta_2) + \mathrm{i}(\sin\theta_1\cos\theta_2 + \sin\theta_2\cos\theta_1)\\
&= r_1 r_2[\cos(\theta_1 + \theta_2) + \mathrm{isin}(\theta_1 + \theta_2)]
\end{aligned}
$$

即

$$z_1 z_2 = r_1 r_2[\cos(\theta_1 + \theta_2) + \mathrm{isin}(\theta_1 + \theta_2)] \tag{1.16}$$

于是

$$|z_1 z_2| = |z_1||z_2| \tag{1.17}$$
$$\mathrm{Arg}(z_1 z_2) = \mathrm{Arg}\, z_1 + \mathrm{Arg}\, z_2 \tag{1.18}$$

式(1.16)说明，$z_1 z_2$ 所对应的向量是把 z_1 所对应的向量拉伸(或缩短) $r_2 = |z_2|$ 倍，然后再旋转一个角度 θ_2 得到的. 特别地，当 $|z_2| = 1$ 时，只需把 z_1 所对应的向量旋转一个角度 θ_2 就行了(见图 1.6). 也就是说，以单位复数乘任何复数，就相当于将该复数所对应的向量旋转一个角度.

例如：$\mathrm{i}z$ 就相当于把 z 所对应的向量按逆时针旋转 $\frac{\pi}{2}$；$-z$ 相当于把 z 所对应的向量按逆时针旋转 π；当 $\arg z_2 = 0$ 时，向量的乘法变成了仅仅是将向量拉伸(缩短).

注 1　在复平面上，一直线绕其上面一点旋转，可有两种旋转方向：一种是"逆时针"的，一种是"顺时针"的. 我们规定按逆时针方向旋转的角度为正，按顺时针方向旋转的角度为负.

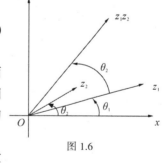

图 1.6

注 2　当把复数看作向量时，复数的乘法既不同于向量的数量积，也不同于向量的向量积.

注 3　关于等式(1.18)，两边各是无穷多个数(角度)的集合. 例如，设 $z_1 = -1$，$z_2 = \mathrm{i}$，则 $z_1 z_2 = -\mathrm{i}$，而

$$\mathrm{Arg}\, z_1 = \{\pi + 2m\pi, m = 0, \pm 1, \pm 2, \cdots\}$$

$$\mathrm{Arg}\, z_2 = \left\{\frac{\pi}{2} + 2n\pi, n = 0, \pm 1, \pm 2, \cdots\right\}$$

$$\mathrm{Arg}(z_1 z_2) = \left\{\frac{3}{2}\pi + 2k\pi, k = 0, \pm 1, \pm 2, \cdots\right\}$$

式(1.18)意味着，在等式左边取出一个数值(相当于取定一个 k 值)，等式右边也可以相

应地分别找出 m 与 n 的值,等式右边的数的和等于左边的值;反之亦然.

如果用指数形式来表示复数:$z_1=r_1\mathrm{e}^{\mathrm{i}\theta_1}$,$z_2=r_2\mathrm{e}^{\mathrm{i}\theta_2}$,则

$$z_1z_2=r_1r_2\mathrm{e}^{\mathrm{i}(\theta_1+\theta_2)} \tag{1.19}$$

由此,我们可以将两个复数的乘积推广为 n 个复数的乘积. 如果

$$z_k=r_k\mathrm{e}^{\mathrm{i}\theta_k}=r_k(\cos\theta_k+\mathrm{i}\sin\theta_k)\quad(k=1,2,\cdots,n)$$

则

$$\begin{aligned}z_1z_2\cdots z_n&=r_1r_2\cdots r_n\mathrm{e}^{\mathrm{i}(\theta_1+\theta_2+\cdots+\theta_n)}\\&=r_1r_2\cdots r_n[\cos(\theta_1+\theta_2+\cdots+\theta_n)+\mathrm{i}\sin(\theta_1+\theta_2+\cdots+\theta_n)]\end{aligned} \tag{1.20}$$

根据复数的商的定义,当 $z_2\neq0$ 时,有 $z_1=\dfrac{z_1}{z_2}\cdot z_2$,由式(1.17)和式(1.18),可得

$$|z_1|=\left|\frac{z_1}{z_2}\right|\cdot|z_2|,\quad \operatorname{Arg} z_1=\operatorname{Arg}\left(\frac{z_1}{z_2}\right)+\operatorname{Arg} z_2$$

即

$$\frac{|z_1|}{|z_2|}=\left|\frac{z_1}{z_2}\right|,\quad \operatorname{Arg}\left(\frac{z_1}{z_2}\right)=\operatorname{Arg} z_1-\operatorname{Arg} z_2 \tag{1.21}$$

如果用指数形式表示复数:$z_1=r_1\mathrm{e}^{\mathrm{i}\theta_1}$,$z_2=r_2\mathrm{e}^{\mathrm{i}\theta_2}$,则

$$\frac{z_1}{z_2}=\frac{r_1}{r_2}\mathrm{e}^{\mathrm{i}(\theta_1-\theta_2)}\quad(r_2\neq0) \tag{1.22}$$

例 1.4 已知正三角形的两个顶点分别为 $z_1=1$,$z_2=2+\mathrm{i}$,求它的另外一个顶点.

解 如图 1.7 所示,由复数乘法的几何意义可知,将向量 z_2-z_1 绕 z_1 旋转 $\dfrac{\pi}{3}$(或 $-\dfrac{\pi}{3}$),其终点(z_3 或 z'_3)就是正三角形的另外一个顶点.

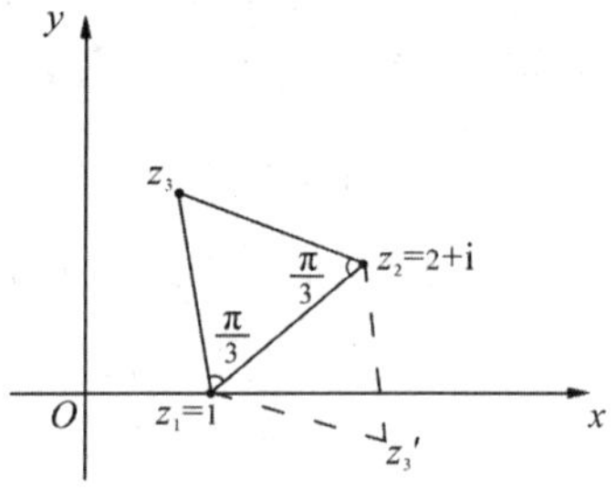

图 1.7

因为
$$\begin{aligned}z_3-z_1&=(z_2-z_1)\mathrm{e}^{\frac{\pi}{3}\mathrm{i}}=(1+\mathrm{i})\left(\frac{1}{2}+\frac{\sqrt{3}}{2}\mathrm{i}\right)\\&=\left(\frac{1}{2}-\frac{\sqrt{3}}{2}\right)+\left(\frac{1}{2}+\frac{\sqrt{3}}{2}\right)\mathrm{i}\end{aligned}$$

所以

$$z_3=\frac{3-\sqrt{3}}{2}+\frac{1+\sqrt{3}}{2}\mathrm{i}$$

类似可得 $z'_3=\dfrac{3+\sqrt{3}}{2}+\dfrac{1-\sqrt{3}}{2}\mathrm{i}$.

1.3.2 复数的乘幂与方根

作为复数乘法的特例,n 个相同的复数 z 的乘积,称为复数 z 的 **n 次幂**,记作 z^n. 设 $z=r\mathrm{e}^{\mathrm{i}\theta}$,则

$$z^n=r^n\mathrm{e}^{\mathrm{i}n\theta}=r^n(\cos n\theta+\mathrm{i}\sin n\theta) \tag{1.23}$$

从而有

$$|z^n|=|z|^n,\quad \operatorname{Arg} z^n=n\operatorname{Arg} z$$

如果我们定义 $z^{-n} = \dfrac{1}{z^n}$,那么当 n 为负整数时,式(1.23)也成立.

特别地,当 $|z| = r = 1$ 时,可得到棣莫佛(De Moivre)公式:
$$(\cos\theta + i\sin\theta)^n = \cos n\theta + i\sin n\theta$$

设 $w^n = z$,其中 z 是已知的复数,则称 w 是复数 z 的 n 次方根,记为 $\sqrt[n]{z}$,即
$$w = \sqrt[n]{z} \quad (n \geqslant 2,\text{且 } n \text{ 为整数})$$

我们即将看到,当 $z \neq 0$ 时,会有 n 个不同的 w 与之对应.下面我们来求它们.

设 $z = re^{i\theta}$,$w = \rho e^{i\varphi}$,则
$$\rho^n e^{in\varphi} = re^{i\theta}$$

从而可以得到以下两个方程:
$$\rho^n = r,\quad n\varphi = \theta + 2k\pi \quad (k = 0, \pm 1, \pm 2, \cdots)$$

解得
$$\rho = \sqrt[n]{r},\quad \varphi = \frac{\theta + 2k\pi}{n} \quad (k = 0, \pm 1, \pm 2, \cdots)$$

从而有
$$|\sqrt[n]{z}| = \sqrt[n]{|z|},\quad \operatorname{Arg}\sqrt[n]{z} = \frac{\operatorname{Arg} z}{n}$$

因此,z 的 n 次方根为
$$w_k = (\sqrt[n]{z})_k = \sqrt[n]{r}\,e^{i\cdot\frac{\theta + 2k\pi}{n}} \tag{1.24}$$

或者
$$w_k = (\sqrt[n]{z})_k = e^{i\frac{2k\pi}{n}} \cdot \sqrt[n]{r}\,e^{i\frac{\theta}{n}} \tag{1.25}$$

这里,表面上 k 要取遍所有的整数,但实际上,只要 $k = 0, 1, 2, \cdots, n-1$,就可以得到复数 z 的 n 个不同的 n 次方根.所以 k 只取 $0, 1, 2, \cdots, n-1$ 即可.记号 $\sqrt[n]{z}$ 和 $(\sqrt[n]{z})_k (k = 0, 1, 2, \cdots, n-1)$ 是一致的.

现在我们把式(1.25)表示为
$$w_k = (\sqrt[n]{z})_k = e^{i\frac{2k\pi}{n}} \cdot w_0$$

其中 $w_0 = \sqrt[n]{r}\,e^{i\frac{\theta}{n}}$.由复数乘法的几何意义可知,要在复平面上表示复数 z 的 n 次方根的不同值 w_k,可由 w_0 依次绕着原点旋转
$$\frac{2}{n}\pi,\quad 2\cdot\frac{2}{n}\pi,\quad 3\cdot\frac{2}{n}\pi,\quad \cdots,\quad (n-1)\cdot\frac{2}{n}\pi$$

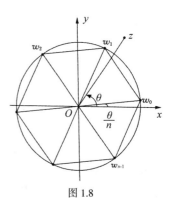

得到.它们沿中心在原点、半径为 $\sqrt[n]{r}$ 的圆周均匀地分布着(图1.8是 $n = 6$ 的情形).

例 1.5　计算 $\sqrt[4]{-16}$.

解　因为 $-16 = 16(\cos\pi + i\sin\pi)$,则
$$\sqrt[4]{-16} = 2\left[\cos\frac{(2k+1)\pi}{4} + i\sin\frac{(2k+1)\pi}{4}\right],\ k = 0, 1, 2, 3$$

当 $k = 0$ 时,$w_0 = \sqrt{2}(1 + i)$;

图 1.8

当 $k = 1$ 时，$w_1 = \sqrt{2}(-1 + i)$；

当 $k = 2$ 时，$w_2 = \sqrt{2}(-1 - i)$；

当 $k = 3$ 时，$w_3 = \sqrt{2}(1 - i)$.

1.3.3　共轭运算

设 $z = x + iy$，其共轭复数为 $\bar{z} = x - iy$，由复数的运算，我们容易验证下面的公式：

(1) $\overline{(\bar{z})} = z$；

(2) $\overline{z_1 \pm z_2} = \bar{z}_1 \pm \bar{z}_2$，$\overline{z_1 z_2} = \bar{z}_1 \bar{z}_2$，$\overline{\left(\dfrac{z_1}{z_2}\right)} = \dfrac{\bar{z}_1}{\bar{z}_2}$；

(3) $|z|^2 = z\bar{z}$，$\operatorname{Re} z = \dfrac{z + \bar{z}}{2}$，$\operatorname{Im} z = \dfrac{z - \bar{z}}{2i}$；

(4) 设 $R(a, b, c, \cdots)$ 表示对复数 $a, b, c, \cdots$ 的任一有理运算，则
$$\overline{R(a, b, c, \cdots)} = R(\bar{a}, \bar{b}, \bar{c}, \cdots)$$

例 1.6　求复数 $w = \dfrac{1 + z}{1 - z}(z \neq 1)$ 的实部、虚部和模.

解　因为
$$
\begin{aligned}
w &= \frac{1 + z}{1 - z} = \frac{(1 + z)(1 - \bar{z})}{(1 - z)(1 - \bar{z})} = \frac{1 - z\bar{z} + z - \bar{z}}{|1 - z|^2} \\
&= \frac{1 - |z|^2 + 2i\operatorname{Im} z}{|1 - z|^2}
\end{aligned}
$$

故
$$
\operatorname{Re} w = \frac{1 - |z|^2}{|1 - z|^2}, \quad \operatorname{Im} w = \frac{2\operatorname{Im} z}{|1 - z|^2}
$$

又因为
$$
\begin{aligned}
|w|^2 &= w\bar{w} = \frac{1 + z}{1 - z} \cdot \frac{1 + \bar{z}}{1 - \bar{z}} = \frac{1 + z\bar{z} + z + \bar{z}}{|1 - z|^2} \\
&= \frac{1 + |z|^2 + 2\operatorname{Re} z}{|1 - z|^2}
\end{aligned}
$$

故
$$
|w| = \frac{\sqrt{1 + |z|^2 + 2\operatorname{Re} z}}{|1 - z|}
$$

例 1.7　设 z_1 和 z_2 是两个复数，试证
$$|z_1 + z_2|^2 = |z_1|^2 + |z_2|^2 + 2\operatorname{Re}(z_1\bar{z}_2)$$

证　因为
$$
\begin{aligned}
|z_1 + z_2|^2 &= (z_1 + z_2)\overline{(z_1 + z_2)} \\
&= (z_1 + z_2)(\bar{z}_1 + \bar{z}_2) \\
&= z_1\bar{z}_1 + z_2\bar{z}_2 + z_1\bar{z}_2 + \bar{z}_1 z_2 \\
&= |z_1|^2 + |z_2|^2 + (z_1\bar{z}_2 + \overline{z_1\bar{z}_2}) \\
&= |z_1|^2 + |z_2|^2 + 2\operatorname{Re}(z_1\bar{z}_2)
\end{aligned}
$$

由所证等式及不等式
$$\operatorname{Re}(z_1\bar{z}_2) \leqslant |z_1\bar{z}_2| = |z_1||\bar{z}_2| = |z_1||z_2|$$

可以得到

$$|z_1 + z_2|^2 \leqslant |z_1|^2 + |z_2|^2 + 2|z_1||z_2| = (|z_1| + |z_2|)^2$$

故有三角不等式

$$|z_1 + z_2| \leqslant |z_1| + |z_2|$$

1.4　复平面上的点集

同实变数一样,每一个复变数都有自己的变化范围,称为**点集**.例如,复平面上的线段、直线和曲线等都是点集.今后我们研究的对象——解析函数,其定义域和值域也都是某个点集.

1.4.1　平面点集的几个基本概念

定义 1.1　由不等式 $|z - z_0| < \rho$ 所确定的点集,即以 z_0 为中心,以 ρ 为半径的圆内部的点所成的点集称为点 z_0 的 ρ **邻域**,常记为 $N_\rho(z_0)$;并称 $0 < |z - z_0| < \rho$ 为点 z_0 的**去心 ρ 邻域**,常记为 $N_\rho(z_0) - \{z_0\}$. 它们是复数列和复变函数论的基础.

定义 1.2　设 E 是一平面点集,若平面上一点 z_0(不必属于 E)的任意邻域都有 E 的无穷多个点,则称 z_0 是 E 的**聚点或极限点**;若 z_0 属于 E,但不是 E 的聚点,则称 z_0 是 E 的**孤立点**,即我们一定能找到 z_0 的某个邻域,使得该邻域内的点,除了 z_0 以外,再没有属于 E 的点;若 z_0 不属于 E,又不是 E 的聚点,则称 z_0 是 E 的**外点**.

E 的全部聚点所成的点集用 E' 表示.

定义 1.3　若点集 E 的每一个聚点都属于 E,即 $E' \subset E$,则称 E 是**闭集**;设点 z_0 是 E 中任意一点,如果存在点 z_0 的 ρ 邻域全含于 E 内,则称 z_0 是 E 的**内点**(见图 1.9);若点集 E 的所有点都是它的内点,则称点集 E 是**开集**;若在 z_0 的任意邻域都有属于点集 E 和不属于 E 的点,则称 z_0 是 E 的**边界点**;点集 E 的所有边界点所组成的点集称为 E 的**边界**,记为 ∂E.

显然,点集 E 的孤立点必是 E 的边界点.

定义 1.4　若有正数 M,对于 $\forall z \in E$,都满足不等式 $|z| \leqslant M$,即点集 E 全含于一圆之内,则称 E 为**有界集**,否则称 E 为**无界集**.

定义 1.5　具备下面性质的非空点集 D 称为**区域**:

(1) D 为开集;

(2) D 中任意两点可以用全在 D 中的折线连接(见图 1.9).

即所谓的区域就是连通的开集.

定义 1.6　区域 D 加上它的边界 C 所组成的点集称为**闭域**,记为

$$\overline{D} = D + C$$

定义 1.7　点集 E 的直径为

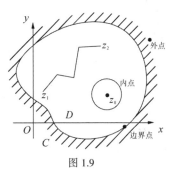

图 1.9

$$d(E) = \sup\{|z - z'| \mid z \in E, z' \in E\}$$

下面举些平面点集的例子.

例 1.8　z 平面上以原点为中心、R 为半径的**圆**(即**圆形区域**)可表示为

$$|z| < R$$

z 平面上以原点为中心、R 为半径的**闭圆**(即**圆形闭域**)可表示为

$$|z| \leqslant R$$

它们都是以圆周 $|z| = R$ 为边界,而且都是有界点集.

我们称 $|z| < 1$ 为**单位圆**,称 $|z| = 1$ 为**单位圆周**.

例 1.9　z 平面上以实轴为边界的两个无界区域是:上半 z 平面,$\operatorname{Im} z > 0$;下半 z 平面,$\operatorname{Im} z < 0$.

z 平面上以虚轴为边界的两个无界区域是:左半 z 平面,$\operatorname{Re} z < 0$;右半 z 平面,$\operatorname{Re} z < 0$.

例 1.10　图 1.10 阴影部分所示为以原点为顶点的角形域,可表示为

$$\theta_1 < \arg z < \theta_2$$

例 1.11　图 1.11 阴影部分所示为单位圆周外部含在上半 z 平面的部分,可表示为

$$\begin{cases} |z| > 1, \\ \operatorname{Im} z > 0. \end{cases}$$

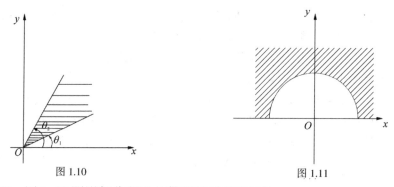

图 1.10　　　　　　　　　　　　图 1.11

例 1.12　图 1.12 阴影部分所示的**带形区域**可表示为

$$y_1 < \operatorname{Im} z < y_2$$

例 1.13　图 1.13 阴影部分所示为以 z_0 为中心的**同心圆环**(即**圆环形区域**),可表示为

$$r < |z - z_0| < R$$

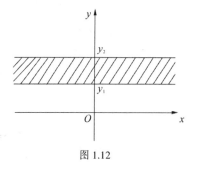

图 1.12

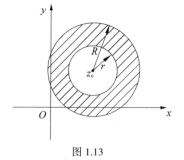

图 1.13

1.4.2 约当曲线

复变函数的基础几何概念还有曲线,下面先介绍几个有关平面曲线的概念.

定义 1.8 设 $x(t)$,$y(t)$ 是关于实变量 t 的两个实变函数,在闭区间 $[a,b]$ 上连续,则由方程组

$$\begin{cases} x = x(t), \\ y = y(t) \end{cases} \quad t \in [a,b]$$

或由复数方程

$$z = x(t) + iy(t), \quad t \in [a,b] \tag{1.26}$$
$$(\text{简记为 } z = z(t), \quad t \in [a,b])$$

所确定的点集 C 称为 z 平面上的一条**连续曲线**. 式 (1.26) 称为曲线 C 的**参数方程**,$z(a)$,$z(b)$ 分别称为 C 的**起点**和**终点**.

定义 1.9 设 $C:z = z(t)$,$t \in [a,b]$ 是 z 平面上的一条连续曲线. 对于满足 $a < t_1 < b$,$a \leqslant t_2 \leqslant b$,$t_1 \neq t_2$ 的 t_1 和 t_2,当 $z(t_1) = z(t_2)$ 成立时,则点 $z(t_1)$ 称为 C 的**重点**;没有重点的连续曲线,称为**简单曲线**,或**约当 (Jordan) 曲线**;如果简单曲线 C 的起点和终点重合,即 $z(a) = z(b)$,则称 C 为简单闭曲线.

例如,线段、圆弧和抛物线弧段等,就是简单曲线;圆周、椭圆等都是简单闭曲线.

简单闭曲线是 z 平面上的一个有界闭集.

定义 1.10 设简单 (闭) 曲线 C 的参数方程为 $z = x(t) + iy(t)$,$t \in [a,b]$. 如果对于 $\forall t \in [a,b]$,满足

(1) $x'(t)$,$y'(t)$ 都连续;

(2) $[x'(t)]^2 + [y'(t)]^2 \neq 0$.

则称曲线 C 为**光滑 (闭) 曲线**. 光滑 (闭) 曲线具有连续转动的切线.

定义 1.11 由有限段光滑曲线依次衔接而成的曲线称为**逐段光滑曲线**.

特别地,简单的折线就是逐段光滑曲线.

逐段光滑曲线一定是可求长曲线,但简单曲线 (或简单闭曲线) 不一定可求长.

任意一条简单闭曲线 C 都可以把整个复平面唯一地分成三个互不相交的点集,其中除去 C 以外,一个是有界区域,称为 C 的**内部**,另一个是无界区域,称为 C 的**外部**,C 为它们的公共边界. 简单闭曲线的这一性质,其几何意义是很清楚的.

定义 1.12 设 D 为复平面上的区域. 如果在 D 内无论怎样画简单闭曲线,其内部仍全含于 D,则称 D 为**单连通域**;非单连通域的区域称为**多连通域**.

简单闭曲线的内部就是单连通域. 我们在例 1.9 至例 1.12 所列举的区域,就是单连通域;而例 1.13 的圆环形区域就是多连通域.

1.4.3 曲线的复数方程

例 1.14 求连接 z_1 及 z_2 两点的直线的参数方程.

解 如图 1.14 所示,设 z 是所求直线上的任意一点,则 $z - z_1$ 与 $z_2 - z_1$ 所表示的向量方向相同或相反,即

$$z - z_1 = t(z_2 - z_1), \quad t \in (-\infty, +\infty) \tag{1.27}$$

于是,起点为 z_1、终点为 z_2 的直线段的参数方程为

$$z - z_1 = t(z_2 - z_1), \quad t \in [0,1] \tag{1.28}$$

由此可知,三点 z_1, z_2, z_3 共线的充分必要条件为

$$\frac{z_3 - z_1}{z_2 - z_1} = t \quad (t \text{ 为一非零实数}) \tag{1.29}$$

或者

$$\mathrm{Im}\left(\frac{z_3 - z_1}{z_2 - z_1}\right) = 0 \tag{1.30}$$

例 1.15　z 平面上以 z_0 为中心、R 为半径的圆周(见图 1.15)的方程为

$$|z - z_0| = R \text{ 或 } z = z_0 + Re^{i\theta} \quad (0 \leqslant \theta < 2\pi)$$

特别地,当 $z_0 = 0$ 时,就是 z 平面上以原点为中心、R 为半径的圆周的方程,即

$$|z| = R \text{ 或 } z = Re^{i\theta} \quad (0 \leqslant \theta < 2\pi)$$

再如,z 平面上实轴的方程为 $\mathrm{Im}\, z = 0$,虚轴的方程为 $\mathrm{Re}\, z = 0$.

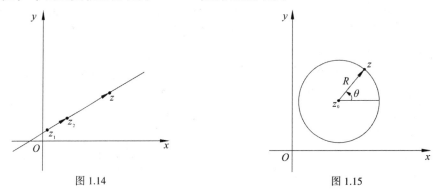

图 1.14　　　　　　　　　　　　　　图 1.15

1.5　复变函数

1.5.1　复变函数的概念

复变函数的定义,在形式上和实变的一元函数的定义一样,不过自变量和函数都取复数值(当然也包括取实数值).

定义 1.13　设 D 为一复数集,如果对于 D 内的每一个复数 z,都有唯一确定的复数 w 与之对应,则称在 D 上确定了一个**单值函数** $w = f(z)$ $(z \in D)$. 如果对于 D 内的每一个复数 z,有几个或无穷多个复数 w 与之对应,则称在 D 上确定了一个**多值函数** $w = f(z)$ $(z \in D)$. D 称为函数 $w = f(z)$ 的**定义域**. 对于 D, w 值的全体所组成的集合 M,称为函数 $w = f(z)$ 的**值域**.

例如:函数 $w = |z|$, $w = z^2$ 及 $w = \dfrac{z+1}{z-1}(z \neq 1)$ 都是关于 z 的单值函数;而 $w = \sqrt[n]{z}(z \neq 0, n \geqslant 2$ 且 n 为整数)和 $w = \mathrm{Arg}\, z(z \neq 0)$ 均为 z 的多值函数.

注　今后如果不特别声明,我们所提到的函数都指的是单值函数.

设 $w = f(z)$ 是定义在点集 D 上的单值或多值函数,令

$$z = x + iy, \quad w = u + iv$$

则 u 和 v 皆随 x, y 的变化而变化,即 u 和 v 都是 x, y 的函数,因而 $w = f(z)$ 又可写成

$$w = u(x, y) + iv(x, y)$$

其中 $u(x, y)$ 和 $v(x, y)$ 是二元实函数.

如果把 z 表示成指数形式,或者三角形式,即 $z = re^{i\theta} = r(\cos\theta + i\sin\theta)$,则函数 $w = f(z)$ 又可以表示成

$$w = P(r, \theta) + iQ(r, \theta)$$

可见,单变的复函数

$$w = f(z) \tag{1.31}$$

等价于两个相应的二元实函数

$$u = \varphi(x, y), \quad v = \psi(x, y) \tag{1.32}$$

例 1.16　设函数 $w = z^2 + 2i$,当 $z = x + iy$ 时,w 可以写成

$$w = x^2 - y^2 + 2(xy + 1)i$$

因而　　　　　　　$u(x, y) = x^2 - y^2, v(x, y) = 2(xy + 1)$

当 $z = re^{i\theta}$ 时,w 又可以写成

$$w = r^2(\cos 2\theta + i\sin 2\theta) + 2i$$

因而　　　　　　$P(r, \theta) = r^2\cos 2\theta, \quad Q(r, \theta) = r^2\sin 2\theta + 2$

既然一个单变复函数等价于两个二元实函数,为什么我们还要去研究单变复函数呢?二元实函数不是已经为人所熟悉了吗?如果一个复函数等价于一对二元实函数,那么引进复函数的目的是什么?

如果任意选定的两个二元实函数 u 和 v 之间没有什么联系,我们确实没有必要将它们结合起来,形成一个复函数. 然而,在两个实函数有密切关系的情况下,把两个关系式[见式(1.32)]缩写成一个关系式[见式(1.31)]更有利于研究.

1.5.2　映射的概念

在研究实变函数时,如一元函数、二元函数,我们常常把函数的几何图形表示出来. 在研究函数的性质时,这些几何图形可以给我们直观的帮助. 但对于一个单变的复函数 $f(x + iy) = u + iv$ 来说,它有四个变量,我们不可能借助于同一个平面或同一个三维空间的几何图形来表示四个变量之间的关系. 要描述 $w = f(z) = u + iv$ 的图形,必须采用四维空间,也就是 (x, y, u, v) 空间,而直观上的四维空间是不存在的. 为了避免这一困难,我们取两张复平面,分别称为 z **平面**和 w **平面**(在个别情况下,为了方便,可将两个平面叠加成一张平面),用 z 平面上的点表示自变量 z 的取值,用 w 平面上的点表示函数 w 的取值,把复变函数看成两个平面上的点集间的对应(见图 1.16). 需注意的是,在复平面上不区分"点"和"数",也不区分"点集"和"数集".

定义 1.14　函数 $w = f(z)$ 在几何上就是把 z 平面上的一点集 D(定义域)变到 w 平面上的点集 M(值域)的**映射**(或**变换**). 这个映射通常称为由**函数 $w = f(z)$ 所构成的映射**. 与点 $z \in D$ 对应的点 $w = f(z)$ 称为点 z 的**像点**,同

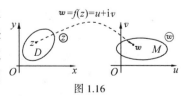

图 1.16

时点 z 称为点 $w = f(z)$ 的**原像**. 为了方便, 以后我们不再区分函数、映射和变换.

定义 1. 15　如果对于 z 平面上的点集 E 中的任意一点 z, 都有 w 平面上的点集 F 中的点 w, 使得 $w = f(z)$, 则称 $w = f(z)$ 把 E **变(映)入** F(简记为 $f(E) \subseteq F$), 或称 $w = f(z)$ 是 E 到 F 的**入变换**.

定义 1. 16　如果 $f(E) \subseteq F$, 而且对于 $\forall w \in F$, 有 E 中的 z, 使得 $w = f(z)$, 则称 $w = f(z)$ 把 E **变(映)成** F(简记为 $f(E) = F$), 或称 $w = f(z)$ 是 E 到 F 的**满变换**.

定义 1. 17　若 $w = f(z)$ 是点集 E 到 F 的满变换, 而且 F 中的任意一点 w, 在点集 E 中有一个(或至少有两个)点与之对应, 则在 F 上确定了一个单值(或多值)函数, 记作 $z = f^{-1}(w)$, 它就称为函数 $w = f(z)$ 的**反函数**, 或称为变换 $w = f(z)$ 的**逆变换**; 若 $z = f^{-1}(w)$ 也是 F 到 E 的单值变换, 则称 $w = f(z)$ 是 E 到 F 的**双方单值变换**或**——变换**.

从上面反函数的定义可以看出, 对于任意的 $w \in F$, 有

$$w = f[f^{-1}(w)]$$

且当反函数也是单值的时候, 有

$$z = f^{-1}[f(z)], \quad z \in E$$

映射这一概念的引入, 对于复变函数的进一步发展, 特别是在解析函数的几何理论方面起到了重要作用, 因为它给出了函数的分析表示和几何表示的综合. 这个综合是函数论发展的基础和新问题不断出现的源泉之一, 在物理学的许多领域有着重要的应用.

例 1. 17　设函数 $w = z^2$, 它把 z 平面上的下列曲线分别变成了 w 平面上的什么曲线?

(1)以原点为中心、2 为半径, 在第一象限的圆弧;

(2)倾角为 $\theta = \dfrac{\pi}{3}$ 的直线(可以看成是两条射线: $\arg z = \dfrac{\pi}{3}$ 和 $\arg z = -\dfrac{2\pi}{3}$);

(3)双曲线 $x^2 - y^2 = 4$.

解　设 $z = x + \mathrm{i}y = r(\cos\theta + \mathrm{i}\sin\theta)$, $w = u + \mathrm{i}v = \rho(\cos\varphi + \mathrm{i}\sin\varphi)$, 则

$$u = x^2 - y^2, \quad v = 2xy \tag{1.33}$$

$$\rho = r^2, \quad \varphi = 2\theta \tag{1.34}$$

(1)当 z 的模为2, 辐角由 0 变至 $\dfrac{\pi}{2}$ 时, 对应的 w 的模为4, 辐角由 0 变至 π. 故在 w 平面上对应的像为: 以原点为中心, 以 4 为半径, 在实轴上方的半圆周.

(2)射线 $\arg z = \dfrac{\pi}{3}$ 在 w 平面上对应的像为 $\arg w = \dfrac{2\pi}{3}$; 射线 $\arg z = -\dfrac{2\pi}{3}$ 在 w 平面上对应的像也为 $\arg w = \dfrac{2\pi}{3}$. 故倾角为 $\theta = \dfrac{\pi}{3}$ 的直线在 w 平面上对应的像为射线 $\arg w = \dfrac{2\pi}{3}$.

(3)由于 $u = x^2 - y^2$, 而已知 z 平面上的双曲线为 $x^2 - y^2 = 4$, 映射到 w 平面上, 其像是直线 $u = 4$.

更进一步, 由于函数 $w = z^2$ 对应的两个二元函数分别为

$$u = x^2 - y^2, \quad v = 2xy$$

因此, 它把 z 平面上的以直线 $y = \pm x$ 为渐近线的等轴双曲线族

$$x^2 - y^2 = c \quad (c\text{ 为实常数})$$

映射成 w 平面上的平行直线族

$$u = c \quad (c\text{ 为实常数})$$

把 z 平面上的以坐标轴为渐近线的等轴双曲线族

$$2xy = d \quad (d\text{ 为实常数})$$

映射成 w 平面上的平行直线族

$$v = d \quad (d\text{ 为实常数})$$

下面我们再来确定 z 平面上的平行直线族 $x = \lambda$（实常数）与 $y = \mu$（实常数）的像.

根据式(1.33)，直线 $x = \lambda$ 的像的参数方程为

$$u = \lambda^2 - y^2, \quad v = 2\lambda y$$

消去参数 y，得直角坐标方程

$$v^2 = 4\lambda^2(\lambda^2 - u)$$

它的图形是以原点为焦点、向左张开的抛物线族.

同样，直线 $y = \mu$ 的像的参数方程为

$$v^2 = 4\mu^2(\mu^2 + u)$$

它的图形是以原点为焦点、向右张开的抛物线族.

1.5.3　复变函数的极限

定义 1.18　设 $w = f(z)$ 在点集 E 上有定义，z_0 是 E 的聚点. 如果存在一复常数 A，使得对于任意给定的 $\varepsilon > 0$，存在 $\delta > 0$，只要 $0 < |z - z_0| < \delta, z \in E$，就有

$$|f(z) - A| < \varepsilon$$

则称函数 $f(z)$ 沿 E 于 z_0 有极限 A，记为

$$\lim_{z \to z_0} f(z) = A$$

复变函数极限的几何意义：当动点 z 进入点 z_0 充分小的 δ 去心邻域时，它们的像点就落入 A 的一个给定的 ε 邻域内（见图 1.17）.

注　(1) 如果极限存在，则必唯一；

(2) 极限 $\lim\limits_{z \to z_0} f(z) = A$ 与 z 趋近于点 z_0 的方式无关，通俗地说，就是指在点集 E 上，z 要沿着任意的方向、任何路径趋于 z_0.

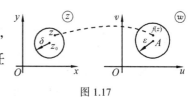

图 1.17

关于复变函数极限，有下面两个定理.

定理 1.1　设函数 $f(z) = u(x,y) + iv(x,y)$ 在点集 E 上有定义，$z_0 = x_0 + iy_0$ 是 E 的聚点，则

$$\lim_{z \to z_0} f(z) = \eta = a + ib$$

的充分必要条件是

$$\lim_{(x,y) \to (x_0, y_0)} u(x,y) = a, \quad \lim_{(x,y) \to (x_0, y_0)} v(x,y) = b$$

证　因为

$$f(z) - \eta = [u(x,y) - a] + \mathrm{i}[v(x,y) - b]$$

则

$$\left. \begin{array}{l} |u(x,y) - a| \leqslant |f(z) - \eta| \\ |v(x,y) - b| \leqslant |f(z) - \eta| \end{array} \right\} \tag{1.35}$$

及

$$|f(z) - \eta| \leqslant |u(x,y) - a| + |v(x,y) - b| \tag{1.36}$$

根据极限的定义,式(1.35)可得必要性的证明,式(1.36)可得充分性的证明.

根据定理 1.1,我们不难证明,下面极限的有理运算法则对于复变函数的极限也成立.

定理 1.2　设$\lim\limits_{z \to z_0} f(z) = A, \lim\limits_{z \to z_0} g(z) = B$,那么

(1)$\lim\limits_{z \to z_0}[f(z) \pm g(z)] = A \pm B$;

(2)$\lim\limits_{z \to z_0} f(z)g(z) = AB$;

(3)$\lim\limits_{z \to z_0} \dfrac{f(z)}{g(z)} = \dfrac{A}{B}$　$(B \neq 0)$.

此定理的证明留给读者.

1.5.4　复变函数的连续性

定义 1.19　设函数 $w = f(z)$ 在点集 E 上有定义,z_0 是 E 的聚点,且 $z_0 \in E$. 如果

$$\lim\limits_{z \to z_0} f(z) = f(z_0)$$

即对于任意给定的 $\varepsilon > 0$,存在 $\delta > 0$,只要 $|z - z_0| < \delta, z \in E$,就有

$$|f(z) - f(z_0)| < \varepsilon$$

则称函数 $f(z)$ 沿 E 于 z_0 连续.

这里,复变函数连续性的定义与一元实变函数的连续性的定义相似,我们可以仿照证明而有下面的结论.

定理 1.3　设函数 $f(z) = u(x,y) + \mathrm{i}v(x,y)$ 在点集 E 上有定义,且 $z_0 \in E$,则 $f(z)$ 沿 E 于 $z_0 = x_0 + \mathrm{i}y_0$ 连续的充分必要条件是:二元实变函数 $u(x,y), v(x,y)$ 沿 E 于 (x_0, y_0) 连续.

证　由于连续性是根据极限的定义而来的,我们注意到,定理 1.1 中的 a 就是这里的 $u(x_0, y_0)$,b 就是这里的 $v(x_0, y_0)$,于是定理 1.3 可以得到证明.

定理 1.4　设函数 $f(z), g(z)$ 沿点集 E 于 z_0 连续,则

(1)它们的和、差、积、商(商的情况,要求分母在 z_0 处不为零)沿点集 E 于 z_0 连续;

(2)如果函数 $h = g(z)$ 沿点集 E 于 z_0 连续,且 $f(E) \subseteq G$,函数 $w = f(h)$ 沿点集 G 于 $h_0 = g(z_0)$ 连续,则复合函数 $w = f[g(z)] = F(z)$ 沿点集 E 于 z_0 连续.

此定理的证明留给读者.

注　为了简单起见,今后在说到极限、连续时,凡上下文明确,均不必提到"沿什么点集"的话,直接说函数在某点的极限存在或不存在,函数在某点连续或不连续即可.

例 1.18　设函数 $f(z) = \dfrac{\mathrm{Re}\, z}{|z|}$,证明当 $z \to 0$ 时,$f(z)$ 的极限不存在.

证　令 $z = x + \mathrm{i}y$，则 $f(z) = \dfrac{x}{\sqrt{x^2 + y^2}}$，即 $u(x, y) = \dfrac{x}{\sqrt{x^2 + y^2}}, v(x, y) = 0$.

由于 $\lim\limits_{\substack{x \to 0 \\ y \to 0}} v(x, y) = 0$，由定理 1.1 知，当 $z \to 0$ 时，$f(z)$ 的极限是否存在完全取决于实部

$u(x, y) = \dfrac{x}{\sqrt{x^2 + y^2}}.$

让变量 $z = x + \mathrm{i}y$ 沿着直线 $y = kx$ 趋于 0，我们有

$$\lim_{\substack{x \to 0 \\ (y = kx)}} u(x, y) = \lim_{\substack{x \to 0 \\ (y = kx)}} \frac{x}{\sqrt{x^2 + y^2}} = \lim_{x \to 0} \frac{x}{\sqrt{(1 + k^2)x^2}} = \pm \frac{1}{\sqrt{1 + k^2}}$$

显然，当 z 沿着不同的直线 $y = kx$ 趋于 0 时，极限不同，这与极限的唯一性矛盾，因此 $\lim\limits_{\substack{x \to 0 \\ y \to 0}} u(x, y)$ 不存在. 故 $\lim\limits_{z \to 0} f(z)$ 不存在.

该题也可以用另一种方法证明. 设 $z = r(\cos\theta + \mathrm{i}\sin\theta)$，则 $z \to 0 \Leftrightarrow r \to 0$，于是

$$\lim_{z \to 0} f(z) = \lim_{r \to 0} \frac{r\cos\theta}{r} = \cos\theta$$

显然，当 z 沿着不同的射线 $\arg z = \theta$ 趋于零时，$f(z)$ 趋于不同的值，这与极限唯一性矛盾. 故 $\lim\limits_{z \to 0} f(z)$ 不存在.

例 1.19　设函数 $f(z) = \begin{cases} \dfrac{1}{2\mathrm{i}}\left(\dfrac{z}{\bar{z}} - \dfrac{\bar{z}}{z} \right), & z \neq 0, \\ 0, & z = 0, \end{cases}$ 函数 $f(z)$ 在原点是否连续？

解　当 $z \neq 0$ 时，令 $z = r(\cos\theta + \mathrm{i}\sin\theta)$，于是

$$f(z) = \frac{1}{2\mathrm{i}}\left(\frac{z}{\bar{z}} - \frac{\bar{z}}{z} \right) = \frac{1}{2\mathrm{i}} \cdot \frac{z^2 - \bar{z}^2}{z\bar{z}} = \frac{1}{2\mathrm{i}} \cdot \frac{(z + \bar{z})(z - \bar{z})}{z\bar{z}}$$

$$= \frac{1}{2\mathrm{i}} \cdot \frac{2\mathrm{Re}\,z \cdot 2\mathrm{i}\mathrm{Im}\,z}{|z|^2} = \frac{2r\cos\theta \cdot r\sin\theta}{r^2} = \sin 2\theta$$

由于 $z \to 0 \Leftrightarrow r \to 0$，则

$$\lim_{z \to 0} f(z) = \lim_{r \to 0} \sin 2\theta = \sin 2\theta$$

显然，$\lim\limits_{z \to 0} f(z)$ 不存在. 由连续性的定义可知，$f(z)$ 在原点不连续.

例 1.20　求极限 $\lim\limits_{z \to 1 + \mathrm{i}} \dfrac{z - 1 - \mathrm{i}}{z(z^2 - 2\mathrm{i})}$.

解　由于 2i 有两个平方根：$1 + \mathrm{i}$ 和 $-1 - \mathrm{i}$，则

$$\lim_{z \to 1 + \mathrm{i}} \frac{z - 1 - \mathrm{i}}{z(z^2 - 2\mathrm{i})} = \lim_{z \to 1 + \mathrm{i}} \frac{z - 1 - \mathrm{i}}{z(z - 1 - \mathrm{i})(z + 1 + \mathrm{i})} = \lim_{z \to 1 + \mathrm{i}} \frac{1}{z(z + 1 + \mathrm{i})} = -\frac{\mathrm{i}}{4}$$

1.6　复球面与无穷远点

1.6.1　复球面

复数还有一种几何表示法，它是借用地图制图学中将地球投影到平面上的测地投影

法,建立复平面与球面上的点的对应,引入无穷远点的概念.

取一个在原点 O 与 z 平面相切的球面,过点 O 作 z 平面的垂线,则该垂线与球的直径重合,并与球面交于点 N,N 称为北极,O 称为南极(见图 1.18).

对于复平面内的任意一点 z,如果用一条线段把点 z 和北极 N 连接起来,那么该直线段一定与球面相交于点 $P(z)$,这样就建立起了球面上的点(不包括北极点 N)与复平面上的点间的一一对应.

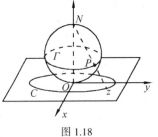

考虑 z 平面上一个以原点为中心的圆 C,在球面上对应的也是一个圆周 Γ,它是球面的一条纬线.圆周 C 的半径越大,圆周 Γ 就越趋于北极 N.因此,北极 N 可以看成是与 z 平面上的一个模为无穷大的假想点相对应,这个假想点称为**无穷远点**.为了使复平面上的点与球面上的点一一对应,我们规定:复平面上有唯一的一个无穷远点与球面上的北极 N 相对应.相应地,我们又规定:复数中有唯一的一个"无穷大"与复平面上的无穷远点相对应,并把它记为 ∞.因而,球面上的北极 N 就是复数 ∞ 的几何表示.这样,球面上的每一个点都有唯一的一个复数与之对应.

图 1.18

复平面加上点 ∞ 后称为**扩充的复平面**,常记作 $\mathbf{C}_{\infty}$,$\mathbf{C}_{\infty} = \mathbf{C} + \{\infty\}$.与扩充的复平面对应的就是整个球面,称为**复球面**.简单来说,扩充的复平面的一个几何模型就是复球面.

关于数 ∞(读作无穷大),还需要作如下几点规定:

(1)运算 $\infty \pm \infty$,$0 \cdot \infty$,$\dfrac{\infty}{\infty}$,$\dfrac{0}{0}$ 无意义;

(2)$a \neq \infty$ 时,$a \pm \infty = \infty$,$\infty \pm a = \infty$,$\dfrac{\infty}{a} = \infty$,$\dfrac{a}{\infty} = 0$;

(3)$b \neq 0$(但可以为 ∞)时,$\infty \cdot b = b \cdot \infty = \infty$,$\dfrac{b}{0} = \infty$;

(4)∞ 的实部、虚部、辐角都无意义,$|\infty| = \infty$;

(5)复平面上的每一条直线都过 ∞,同时没有一个半平面包含点 ∞.直线不是简单的闭曲线.

1.6.2　扩充的复平面上的几个概念

(1)在扩充的复平面上,无穷远点的邻域应理解为以原点为圆心的某圆周的外部,即 ∞ 的 δ 邻域 $N_{\delta}(\infty)$ 指的是满足条件 $|z| > \dfrac{1}{\delta}$ 的点集,它正好对应着复球面上以北极 N 为中心的球盖. ∞ 的去心 δ 邻域指的是满足条件 $\dfrac{1}{\delta} < |z| < +\infty$ 的点集,它正好对应着去掉北极 N 的一个球盖.在扩充的复平面上,聚点、内点和边界点等概念均可以扩充到 ∞.于是,复平面以 ∞ 为其唯一的边界点;扩充的复平面以 ∞ 为内点,且它是唯一的无边界的区域.

(2)在扩充的复平面上,点 ∞ 可以包含在函数的定义域中,函数值也可以取到 ∞.因此,函数的极限与连续性的概念可以推广.在关系式

$$\lim_{z \to z_0} f(z) = f(z_0)$$

中,如果 z_0 及 $f(z_0)$ 之一或者它们同时取 ∞ ,就称 $f(z)$ 在点 z_0 为广义连续的,极限就称为广义极限. 在这种广义的意义下,极限和连续性的 $\varepsilon\text{-}\delta$ 说法要作相应的修改.

例如,在 $z_0 = \infty$, $f(\infty) \neq \infty$ 时, $f(z)$ 在 $z_0 = \infty$ 连续的 $\varepsilon\text{-}\delta$ 定义应该修改为:

任给 $\varepsilon > 0$,存在 $\delta > 0$,只要 $|z| > \dfrac{1}{\delta}$,就有

$$|f(z) - f(\infty)| < \varepsilon$$

例 1.21　试证函数 $f(z) = \dfrac{1}{z}$ $(f(0) = \infty$, $f(\infty) = 0)$ 在扩充的 z 平面上广义连续.

证　当 $z \neq 0, z \neq \infty$ 时, $\dfrac{1}{z}$ 作为两个连续函数的商是连续的;当 $z = 0$ 或 $z = \infty$ 时, $\dfrac{1}{z}$ 的连续性可以根据下式得出:

$$\lim_{z \to 0} f(z) = \lim_{z \to 0} \frac{1}{z} = \infty = f(0)$$

$$\lim_{z \to \infty} f(z) = \lim_{z \to \infty} \frac{1}{z} = 0 = f(\infty)$$

故 $f(z)$ 在扩充的 z 平面上连续.

注　(1)以后涉及扩充的复平面时,一定强调"扩充"二字;凡是没有强调的地方,均指的是通常的复平面,即不包括无穷远点的复平面.

(2)以后提到极限、连续时,如不加说明,均按通常意义去理解.

习题 1

1. 求下列复数的实部、虚部、共轭复数、模与辐角:

(1) $\dfrac{1}{1 - 3i}$;　　　(2) $\dfrac{1}{i} - \dfrac{3i}{1 - i}$;　　　(3) $i^8 - 4i^{17} + i$.

2. 如果等式 $\dfrac{x + 1 + (y - 3)i}{5 + 3i} = 1 + i$ 成立,试求实数 x 和 y .

3. 对任意的复数 $z, z^2 = |z|^2$ 是否成立? 如果是,请给出证明;如果不是,对哪些 z 值才成立?

4. 当 $|z| \leqslant 1$ 时,求 $|z^n + a|$ 的最大值,其中 n 为正整数, a 为复数.

5. 证明下列等式:

(1) $z\bar{z} = |z|^2$;　　　　　　　(2) $\overline{z_1 \pm z_2} = \bar{z}_1 \pm \bar{z}_2$;

(3) $\overline{z_1 z_2} = \bar{z}_1 \bar{z}_2$;　　　　　　(4) $\overline{\left(\dfrac{z_1}{z_2}\right)} = \dfrac{\bar{z}_1}{\bar{z}_2}$.

6. 如果多项式 $P(z) = a_0 + a_1 z + a_2 z^2 + \cdots + a_n z^n$ 的系数 $a_0, a_1, a_2, \cdots, a_n$ 是实数,试证明: $P(\bar{z}) = \overline{P(z)}$.

7. 将下列复数化成三角形式和指数形式:

(1) i ;　　　　　　　　　　　(2) -1 ;

(3) $1 - \sqrt{3}\mathrm{i}$;　　　　　　　　　(4) $\sin \theta + \mathrm{i}\cos \theta$;

(5) $\dfrac{1 + \mathrm{i}}{\sqrt{3} - \mathrm{i}}$;　　　　　　　　　(6) $\dfrac{(\cos 5\varphi + \mathrm{i}\sin 5\varphi)^2}{(\cos 2\varphi - \mathrm{i}\sin 2\varphi)^4}$.

8. 求下列各式的值:

(1) $(\sqrt{3} - \mathrm{i})^5$;　　　　　　　　　(2) $(1 + \mathrm{i})^6$;

(3) $\sqrt[6]{-1}$;　　　　　　　　　(4) $(1 - \mathrm{i})^{\frac{1}{3}}$.

9. 解二项方程 $z^4 + a^4 = 0 (a > 0)$.

10. 若 $(1 + \mathrm{i})^n = (1 - \mathrm{i})^n$, 试求 n 的值.

11. 证明: $|z_1 + z_2|^2 + |z_1 - z_2|^2 = 2(|z_1|^2 + |z_2|^2)$, 并说明其几何意义.

12. 设 z_1, z_2, z_3 三点满足条件 $z_1 + z_2 + z_3 = 0$, $|z_1| = |z_2| = |z_3| = 1$. 证明: z_1, z_2, z_3 是内接于单位圆 $|z| = 1$ 的一个正三角形的顶点.

13. 下列关系式表示的点 z 的轨迹的图形是什么? 它是不是区域?

(1) $|z + 2\mathrm{i}| \geqslant 1$;　　　　　　　　　(2) $\operatorname{Re} z^2 < 1$;

(3) $|z + 3\mathrm{i}| = |z - \mathrm{i}|$;　　　　　　　　　(4) $1 < |z + 3\mathrm{i}| < 2$;

(5) $|z + \mathrm{i}| + |z - \mathrm{i}| = 4$;　　　　　　　　　(6) $0 < \arg(z - \mathrm{i}) < \dfrac{\pi}{4}$, 且 $2 < \operatorname{Re} z < 3$;

(7) $1 < \arg(z - 1) < 1 + \pi$;　　　　　　　　　(8) $\dfrac{|z - 1|}{|z + 1|} < 1$.

14. 证明: z 平面上的直线方程可以写成
$$\bar{a}\, \bar{z} + a\bar{z} = c$$
其中 a 是非零复常数, c 是实常数.

15. 证明: z 平面上的圆周方程可以写成
$$Az\bar{z} + \beta\, \bar{z} + \bar{\beta}\, z + C = 0$$
其中 A, C 为实数, 且 $A \neq 0$, β 为复数, 且 $|\beta|^2 > AC$.

16. 证明: 复平面上的三点 $a + \mathrm{i}b, 0, \dfrac{1}{-a + \mathrm{i}b}$ 共线.

17. 求下列方程(t 是实参数)给出的曲线:

(1) $z = (1 + \mathrm{i})t$;　　　　　　　　　(2) $z = a\cos t + \mathrm{i}b\sin t$;

(3) $z = t + \dfrac{\mathrm{i}}{t}$;　　　　　　　　　(4) $z = t^2 + \dfrac{\mathrm{i}}{t^2}$.

18. 函数 $w = \dfrac{1}{z}$ 将 z 平面上的下列曲线变成了 w 平面上的什么曲线($z = x + \mathrm{i}y, w = u + \mathrm{i}v$)?

(1) $x^2 + y^2 = 4$;　　　　　　　　　(2) $y = x$;

(3) $x = 1$;　　　　　　　　　(4) $(x - 1)^2 + y^2 = 1$.

19. 求下列极限:

(1) $\lim\limits_{z \to 1 - \mathrm{i}} \dfrac{\bar{z} - \mathrm{i}}{z}$;　　　　　　　　　(2) $\lim\limits_{z \to 1} \dfrac{z\bar{z} + 2z - \bar{z} - 2}{z^2 - 1}$.

20. 设函数

$$f(z) = \begin{cases} \dfrac{x^3 y}{x^4 + y^2}, & z \neq 0, \\ 0, & z = 0. \end{cases}$$

试问:$f(z)$ 在原点处的极限是否存在?是否连续?为什么?

21. 设函数

$$f(z) = \begin{cases} \dfrac{(\operatorname{Re} z^2)^2}{|z|^2}, & z \neq 0, \\ 0, & z = 0. \end{cases}$$

证明:$f(z)$ 在原点处连续.

第2章 解析函数

解析函数是复变函数研究的主要对象,它是一类具有某种特性的可微函数,在理论和实践中有着广泛的应用. 本章我们首先引入复变函数导数的概念,并在此基础上,给出判断函数可微和解析的主要条件——柯西—黎曼方程;然后,把我们在实数域上熟知的初等函数推广到复数域上,并研究其性质.

2.1 解析函数的概念

2.1.1 复变函数的导数与微分

定义 2.1 设函数 $w = f(z)$ 在点 z_0 的邻域以及包含 z_0 的区域内有定义,考虑比值

$$\frac{\Delta w}{\Delta z} = \frac{f(z) - f(z_0)}{z - z_0} = \frac{f(z + \Delta z) - f(z_0)}{\Delta z} \quad (\Delta z \neq 0)$$

当 z 按任意方式趋于 z_0 时,即当 Δz 按任意方式趋于零时,比值 $\Delta w/\Delta z$ 的极限都存在,且其值有限,则称此极限为函数 $f(z)$ 在点 z_0 的**导数**,并记为 $f'(z_0)$,即

$$f'(z_0) = \lim_{\Delta z \to 0} \frac{\Delta w}{\Delta z} = \lim_{z \to z_0} \frac{f(z) - f(z_0)}{z - z_0} \tag{2.1}$$

此时称函数 $f(z)$ 在点 z_0 处**可导**.

应当注意,式(2.1)的极限存在,要求与 Δz 趋于零的方式无关,即当点 $z_0 + \Delta z$ 沿连接点 z_0 的任意路径趋于点 z_0 时,比值 $\Delta w/\Delta z$ 的极限都存在,并且这些极限相等. 对于函数的这一限制,要比对于实变量 x 的实值函数 $y = f(x)$ 的类似限制严格得多。事实上,对实变函数的导数的要求是:点 $x_0 + \Delta x$ 只要从 x_0 的左、右两侧趋于 x_0 时,比值 $\Delta y/\Delta x$ 的极限都存在且相等.

如果函数 $f(z)$ 在区域 D 内处处可导,我们就说 $f(z)$ 在区域 D 内可导.

与导数的情形一样,复变函数的微分定义,在形式上也与实变函数的微分定义一致.

设函数 $w = f(z)$ 在点 z 处可导,于是

$$\lim_{\Delta z \to 0} \frac{\Delta w}{\Delta z} = f'(z)$$

即

$$\frac{\Delta w}{\Delta z} = f'(z) + \eta(\Delta z), \quad \lim_{\Delta z \to 0} \eta(\Delta z) = 0$$

故

$$\Delta w = f'(z) \Delta z + \Delta z \eta(\Delta z) \tag{2.2}$$

其中 $|\eta\Delta z|$ 是比 $|\Delta z|$ 高阶的无穷小. 称 $f'(z)\Delta z$ 为 $w = f(z)$ 在点 z 处的**微分**, 记为 $\mathrm{d}w$ 或 $\mathrm{d}f(z)$. 此时也称 $f(z)$ 在点 z 处**可微**, 即

$$\mathrm{d}w = f'(z)\Delta z \tag{2.3}$$

特别地, 当 $f(z) = z$ 时, $\mathrm{d}z = \Delta z$. 于是式(2.2)变为

$$\mathrm{d}w = f'(z)\mathrm{d}z \tag{2.4}$$

即

$$\frac{\mathrm{d}w}{\mathrm{d}z} = f'(z)$$

由此可见, $f(z)$ 在点 z 处可导与 $f(z)$ 在点 z 处可微是等价的.

例 2.1　试证函数 $f(z) = 2x + \mathrm{i}y$ 在 z 平面上处处不可微.

证　由于 $u(x,y) = 2x, v(x,y) = y$ 是二元多项式, 在平面上处处连续, 因此 $f(z)$ 在 z 平面上处处连续. 考察比值

$$\frac{\Delta f}{\Delta z} = \frac{2(x + \Delta x) + \mathrm{i}(y + \Delta y) - (2x + \mathrm{i}y)}{\Delta z} = \frac{2\Delta x + \mathrm{i}\Delta y}{\Delta x + \mathrm{i}\Delta y}$$

当 Δz 沿实轴趋于零时, 即 $\Delta z = \Delta x \to 0$, 此时

$$\lim_{\Delta z \to 0} \frac{\Delta f}{\Delta z} = \lim_{\Delta x \to 0} \frac{2\Delta x}{\Delta x} = 2$$

当 Δz 沿虚轴趋于零时, 即 $\Delta z = \mathrm{i}\Delta y \to 0$, 此时

$$\lim_{\Delta z \to 0} \frac{\Delta f}{\Delta z} = \lim_{\Delta y \to 0} \frac{\mathrm{i}\Delta y}{\mathrm{i}\Delta y} = 1$$

因此, 当 $\Delta z \to 0$ 时, 比值 $\Delta f/\Delta z$ 的极限不存在, 由 z 的任意性, 知 $f(z) = zx + \mathrm{i}y$ 在 z 平面上处处不可微.

注　由例 2.1 可以看出, $f(z)$ 在点 z 处连续却不一定在点 z 处可微. 在复变函数中, 处处连续又处处不可微的函数几乎随手可得, 比如 $f(z) = \bar{z}, \mathrm{Re}\, z, \mathrm{Im}\, z$ 及 $|z|$ 等. 而在实变函数中, 要造一个这种函数是很不容易的事. 反过来, 我们就很容易证明: 函数 $f(z)$ 在点 z 处可微, 必在点 z 处连续. 事实上, 若 $f(z)$ 在点 z 处可微, 则由可导的定义可得

$$f(z + \Delta z) - f(z) = f'(z)\Delta z + \eta(\Delta z)\Delta z$$

故

$$\lim_{\Delta z \to 0} f(z + \Delta z) = f(z)$$

所以 $f(z)$ 在点 z 处连续.

例 2.2　试证函数 $f(z) = z^n$(n 为正整数)在 z 平面上处处可微, 且 $\dfrac{\mathrm{d}}{\mathrm{d}z}z^n = nz^{n-1}$.

证　设 z 是复平面上任一固定点, 则

$$\lim_{\Delta z \to 0} \frac{(z + \Delta z)^n - z^n}{\Delta z}$$

$$= \lim_{\Delta z \to 0} \left[nz^{n-1} + \frac{n(n-1)}{2}z^{n-1}\Delta z + \cdots + (\Delta z)^{n-1} \right]$$

$$= nz^{n-1}$$

由于复变函数的导数定义与一元实变函数的导数定义在形式上完全相同, 而且复变函数的极限运算法则也和实变函数中的一样, 因此, 微分学中几乎所有的求导基本公式

和求导的运算法则都可不加更改地推广到复变函数中来. 现将几个求导公式与法则罗列如下:

(1) $(c)' = 0$,其中 c 为复常数;

(2) $(z^n)' = nz^{n-1}$;

(3) $[f(z) \pm g(z)]' = f'(z) \pm g'(z)$;

(4) $[f(z) \cdot g(z)]' = f'(z)g(z) + f(z)g'(z)$;

(5) $\left[\dfrac{f(z)}{g(z)}\right]' = \dfrac{f'(z)g(z) - f(z)g'(z)}{[g(z)]^2}$, $g(z) \neq 0$;

(6) $\{f[g(z)]\}' = f'(s)g'(z)$,其中 $s = g(z)$;

(7) $f'(z) = \dfrac{1}{\varphi'(w)}$,其中 $w = f(z)$ 与 $z = \varphi(w)$ 互为反函数.

2.1.2 解析函数及其简单性质

定义 2.2 如果函数 $w = f(z)$ 在 z_0 点及 z_0 点的某个邻域内处处可导,则称函数 $f(z)$ 在 z_0 点**解析**. 如果 $f(z)$ 在区域 D 内的每一点都解析,则称 $f(z)$ 是区域 D 内的**解析函数**,或称 $f(z)$ **在区域 D 内解析**. 区域 D 称为函数 $f(z)$ 的**解析域**.

由解析函数的定义可知,函数 $f(z)$ 在区域 D 内解析与函数 $f(z)$ 在区域 D 内可导是等价的. 但函数在一点处解析和在一点处可导是两个不等价的概念. 也就是说,函数在一点可导,不一定在该点解析.

定义 2.3 如果函数 $w = f(z)$ 在 z_0 点不解析,但在 z_0 点的邻域内总能找到 $f(z)$ 的解析点,则称 z_0 点是函数 $f(z)$ 的**奇点**.

例如, $w = \dfrac{1}{z}$ 在 z 平面上以 $z = 0$ 为奇点. 事实上,当 $z \neq 0$ 时,有

$$\lim_{\Delta z \to 0} \frac{\Delta w}{\Delta z} = \lim_{\Delta z \to 0} \frac{\dfrac{1}{z + \Delta z} - \dfrac{1}{z}}{\Delta z} = \lim_{\Delta z \to 0} \frac{-1}{z(z + \Delta z)} = -\frac{1}{z^2}$$

因此,在复平面上,除了 $z = 0$ 外, $f(z)$ 处处可导,因此处处解析. 但在 $z = 0$ 处,函数 $w = \dfrac{1}{z}$ 无定义,当然不可导,所以也不解析. 所以 $z = 0$ 为 $w = \dfrac{1}{z}$ 的奇点.

我们通常所指的解析函数是容许有奇点的,更主要的是,它在复平面上总有解析点. 例如, $f(z) = z^2$ 是复平面内的解析函数, $g(z) = \dfrac{z^2}{z-1}$ 是复平面去掉 $z = 1$ 的多连通域内的解析函数. 像 $f(z) = \bar{z}$ 这种处处不解析的函数,我们称为不解析的函数.

解析函数是复变函数研究的主要对象,它具有很好的性质. 例如,由函数在一点解析,就可以推出其各阶导数也在该点解析(见 3.3 节),并且在该点的邻域内可以展成幂级数(见 4.3 节). 这对于一元实变函数来说是绝对不可能的,因为一元实变函数在一个区间上的导数存在,甚至不可能保证其导数连续.

根据导数的运算法则,我们不难推出函数在区域 D 内解析的运算法则:

(1) 如果 $f(z)$, $g(z)$ 在区域 D 内解析,则 $f(z)$ 与 $g(z)$ 的和、差、积、商(除去分母为零的点)在区域 D 内解析.

(2)设函数 $s = g(z)$ 在区域 D 内解析,函数 $w = f(s)$ 在区域 G 内解析. 若对于 D 内的每一点 $z, s = g(z) \in G$,则复合函数 $w = f[g(z)]$ 在区域 D 内解析.

由求导法则及函数解析的运算法则可知:

(1)多项式 $P(z) = a_0 + a_1 z + a_2 z^2 + \cdots + a_n z^n (a_n \neq 0)$ 在 z 平面上处处解析,而且
$$P'(z) = a_1 + 2a_2 z + \cdots + na_n z^{n-1}$$

(2)有理分式 $\dfrac{P(z)}{Q(z)} = \dfrac{a_0 + a_1 z + a_2 z^2 + \cdots + a_n z^n}{b_0 + b_1 z + b_2 z^2 + \cdots + b_m z^m}$ ($a_n \neq 0$, $b_m \neq 0$)在 z 平面上除分母 $Q(z) = b_0 + b_1 z + b_2 z^2 + \cdots + b_m z^m$ 为零的点外处处解析,而使 $Q(z)$ 为零的点就是此有理分式函数的奇点.

例 2.3 求函数 $f(z) = (2z^2 - 3z + 5)^9$ 的导数.

解 显然,函数 $f(z) = (2z^2 - 3z + 5)^9$ 是 18 次多项式,在复平面上处处解析,由复合函数的求导法则知
$$f'(z) = 9(2z^2 - 3z + 5)^8 \cdot \frac{\mathrm{d}}{\mathrm{d}z}(2z^2 - 3z + 5)$$
$$= 9(4z - 3)(2z^2 - 3z + 5)^8$$

注 对于实变复值函数 $z = x(t) + iy(t)$ $(t \in [\alpha, \beta])$,其求导法则可以直接由定义 2.1 得到,即
$$z' = x'(t) + iy'(t) \quad (t \in [\alpha, \beta])$$

2.2 柯西—黎曼方程与函数解析的充要条件

在上一节中,我们看到,并不是每一个复变函数都是解析函数. 要判断一个函数是否解析,如果只根据定义,往往非常困难,因此,我们需要寻找判断函数解析的更简单的方法.

假设 $f(z) = u(x, y) + iv(x, y)$ 是定义在区域 D 内的函数,一般来说,如果二元函数 $u(x, y)$ 与 $v(x, y)$ 相互独立,即使 $u(x, y)$ 及 $v(x, y)$ 对 x 与 y 的所有偏导数都存在,函数 $f(z)$ 仍然是不可微的. 例如,$f(z) = 2x + iy$ 在 z 平面上处处连续,且 $u(x, y) = 2x$,$v(x, y) = y$ 对 x 与 y 的所有偏导数都存在且连续,但由例 2.1 知道,$f(z)$ 在 z 平面上处处不可微. 因此,如果函数 $f(z)$ 是可微的,其实部 $u(x, y)$ 与虚部 $v(x, y)$ 应当不是相互独立的,必须满足某种关系. 下面我们就来研究这种关系.

设函数 $f(z) = u(x, y) + iv(x, y)$ 定义在区域 D 内,并在 D 内的一点 $z = x + iy$ 处可微,则
$$\lim_{\Delta z \to 0} \frac{f(z + \Delta z) - f(z)}{\Delta z} = f'(z) \tag{2.5}$$

又设 $\Delta z = \Delta x + i\Delta y, f(z + \Delta z) - f(z) = \Delta u + i\Delta v$,其中
$$\Delta u = u(x + \Delta x, y + \Delta y) - u(x, y)$$
$$\Delta v = v(x + \Delta x, y + \Delta y) - v(x, y)$$
则式(2.5)变为
$$\lim_{\substack{\Delta x \to 0 \\ \Delta y \to 0}} \frac{\Delta u + i\Delta v}{\Delta x + i\Delta y} = f'(z) \tag{2.6}$$

因为 $\Delta z = \Delta x + i\Delta y$ 无论以什么方式趋于零时,式(2.6)总成立. 我们先让 $z + \Delta z$ 沿平行于实轴的直线趋于 z,即 $\Delta x \to 0$,$\Delta y = 0$,此时式(2.6)成为

$$\lim_{\Delta x \to 0} \frac{\Delta u}{\Delta x} + i \lim_{\Delta x \to 0} \frac{\Delta v}{\Delta x} = f'(z)$$

于是知 $\dfrac{\partial u}{\partial x}$,$\dfrac{\partial v}{\partial x}$ 必然存在,且有

$$\frac{\partial u}{\partial x} + i \frac{\partial v}{\partial x} = f'(z) \tag{2.7}$$

再让 $z + \Delta z$ 沿平行于虚轴的直线趋于 z,即 $\Delta x = 0$,$\Delta y \to 0$,此时式(2.6)成为

$$-i \lim_{\Delta y \to 0} \frac{\Delta u}{\Delta y} + \lim_{\Delta y \to 0} \frac{\Delta v}{\Delta y} = f'(z)$$

于是知 $\dfrac{\partial u}{\partial y}$,$\dfrac{\partial v}{\partial y}$ 必然存在,且有

$$\frac{\partial v}{\partial y} - i \frac{\partial u}{\partial y} = f'(z) \tag{2.8}$$

比较式(2.7)和式(2.8),可得

$$\frac{\partial u}{\partial x} = \frac{\partial v}{\partial y}, \quad \frac{\partial u}{\partial y} = -\frac{\partial v}{\partial x} \tag{2.9}$$

这是关于二元实函数 u 和 v 的偏微分方程组,称为**柯西—黎曼**(**Cauchy - Riemann**)**方程**,或柯西—黎曼条件,简记为 **C. - R. 条件.**

注　灵活运用式(2.7)和式(2.8)这两个公式,计算 $f(z)$ 的实部和虚部的偏导数,是比较方便的.

总结以上的讨论,我们可以得到下面的定理:

定理 2.1(可微的必要条件)　设函数
$$f(z) = u(x,y) + iv(x,y)$$
在区域 D 内有定义,并且在 D 内的一点 $z = x + iy$ 处可微,则必有:

(1)偏导数 $\dfrac{\partial u}{\partial x}$,$\dfrac{\partial u}{\partial y}$,$\dfrac{\partial v}{\partial x}$,$\dfrac{\partial v}{\partial y}$ 在点 (x,y) 处都存在;

(2)$u(x,y)$,$v(x,y)$ 在点 (x,y) 处满足 C. -R. 方程.

注　定理 2.1 的条件是必要的,而非充分.

例 2.4　试证函数 $f(z) = \sqrt{|xy|}$ 在点 $z = 0$ 处满足定理 2.1 的条件,但在 $z = 0$ 处不可微.

证　因为 $u(x,y) = \sqrt{|xy|}$,$v(x,y) \equiv 0$,则

$$\frac{\partial u(0,0)}{\partial x} = \lim_{\Delta x \to 0} \frac{u(\Delta x, 0) - u(0,0)}{\Delta x} = 0 = \frac{\partial v(0,0)}{\partial y}$$

$$\frac{\partial u(0,0)}{\partial y} = \lim_{\Delta y \to 0} \frac{u(0, \Delta y) - u(0,0)}{\Delta y} = 0 = -\frac{\partial v(0,0)}{\partial x}$$

现在我们来考察下面比值的极限:

$$\frac{f(\Delta z) - f(0)}{\Delta z} = \frac{\sqrt{|\Delta x \Delta y|}}{\Delta x + i\Delta y}$$

让 $\Delta z = \Delta x + i\Delta y$ 沿射线 $y = kx$ 趋于零,则

$$\lim_{\Delta z \to 0} \frac{f(\Delta z) - f(0)}{\Delta z} = \lim_{\substack{\Delta x \to 0 \\ \Delta y = k\Delta x}} \frac{\sqrt{|\Delta x \Delta y|}}{\Delta x + i\Delta y} = \frac{\pm \sqrt{|k|}}{1 + ik}$$

显然,极限值与射线的斜率 k 有关,故极限不存在. 因此 $f(z)$ 在 $z = 0$ 处不可微.

将定理 2.1 的条件适当加强,就可得到定理 2.2.

定理 2.2(可微的充要条件)　设函数

$$f(z) = u(x,y) + iv(x,y)$$

在区域 D 内有定义,则 $f(z)$ 在 D 内的一点 $z = x + iy$ 处可微的充要条件是:

(1) $u(x,y)$, $v(x,y)$ 都在点 (x,y) 处可微;

(2) $u(x,y)$, $v(x,y)$ 在点 (x,y) 处满足 C. -R. 方程.

证　必要性:设 $f(z)$ 在 D 内的一点 z 处可微,则

$$\Delta f(z) = f'(z)\Delta z + \eta(\Delta z)\Delta z \tag{2.10}$$

其中 $\lim\limits_{\Delta z \to 0} \eta(\Delta z) = 0$,则 $|\eta(\Delta z)\Delta z|$ 是 $|\Delta z| = \sqrt{(\Delta x)^2 + (\Delta y)^2}$ 的高阶无穷小. 现令

$$f'(z) = \alpha + i\beta, \quad \Delta z = \Delta x + i\Delta y, \quad \Delta f(z) = \Delta u + i\Delta v$$

则式(2.10)可以表示为

$$\Delta u + i\Delta v = \alpha\Delta x - \beta\Delta y + i(\beta\Delta x + \alpha\Delta y) + \eta_1 + i\eta_2 \tag{2.11}$$

其中 $\eta_1 = \mathrm{Re}[\eta(z)\Delta z]$, $\eta_2 = \mathrm{Im}[\eta(z)\Delta z]$ 都是 $|\Delta z| = \sqrt{(\Delta x)^2 + (\Delta y)^2}$ 的高阶无穷小.

比较式(2.11)两端的实部、虚部,可以得到

$$\Delta u = \alpha\Delta x - \beta\Delta y + \eta_1$$

$$\Delta v = \beta\Delta x + \alpha\Delta y + \eta_2$$

由二元实函数可微的定义可知, $u(x,y)$, $v(x,y)$ 都在点 (x,y) 处可微,且

$$\alpha = \frac{\partial u}{\partial x} = \frac{\partial v}{\partial y}, \quad \beta = -\frac{\partial u}{\partial y} = \frac{\partial v}{\partial x}$$

充分性:由于 $u(x,y)$, $v(x,y)$ 都在点 (x,y) 处可微,则

$$\Delta u = \frac{\partial u}{\partial x}\Delta x + \frac{\partial u}{\partial y}\Delta y + \eta_1$$

$$\Delta v = \frac{\partial v}{\partial x}\Delta x + \frac{\partial v}{\partial y}\Delta y + \eta_2$$

其中 η_1, η_2 都是 $|\Delta z| = \sqrt{(\Delta x)^2 + (\Delta y)^2}$ 的高阶无穷小,则

$$\frac{\Delta w}{\Delta z} = \frac{\Delta u + i\Delta v}{\Delta x + i\Delta y} = \frac{\left(\frac{\partial u}{\partial x}\Delta x + \frac{\partial u}{\partial y}\Delta y + \eta_1\right) + i\left(\frac{\partial v}{\partial x}\Delta x + \frac{\partial v}{\partial y}\Delta y + \eta_2\right)}{\Delta x + i\Delta y}$$

$$= \frac{\left(\frac{\partial u}{\partial x}\Delta x + \frac{\partial u}{\partial y}\Delta y\right) + i\left(\frac{\partial v}{\partial x}\Delta x + \frac{\partial v}{\partial y}\Delta y\right)}{\Delta x + i\Delta y} + \eta$$

这里 $\eta = \dfrac{\eta_1 + i\eta_2}{\Delta x + i\Delta y}$,则 $\lim\limits_{\Delta z \to 0} \eta = 0$. 事实上

$$0 \leqslant |\eta| = \left|\frac{\eta_1 + i\eta_2}{\Delta x + i\Delta y}\right| \leqslant \frac{|\eta_1|}{|\Delta x + i\Delta y|} + \frac{|\eta_2|}{|\Delta x + i\Delta y|}$$

由夹逼定理,有

$$0 \leqslant \lim_{\Delta z \to 0} |\eta| \leqslant \lim_{\substack{\Delta x \to 0 \\ \Delta y \to 0}} \left(\frac{|\eta_1|}{|\Delta x + i\Delta y|} + \frac{|\eta_2|}{|\Delta x + i\Delta y|} \right) = 0$$

又因为 $u(x,y), v(x,y)$ 在点 (x,y) 处满足 C. -R. 方程, 故

$$\lim_{\Delta z \to 0} \frac{\Delta w}{\Delta z} = \lim_{\substack{\Delta x \to 0 \\ \Delta y \to 0}} \left[\frac{\left(\frac{\partial u}{\partial x}\Delta x - \frac{\partial v}{\partial x}\Delta y \right) + i\left(\frac{\partial v}{\partial x}\Delta x + \frac{\partial u}{\partial x}\Delta y \right)}{\Delta x + i\Delta y} + \eta \right]$$

$$= \lim_{\substack{\Delta x \to 0 \\ \Delta y \to 0}} \left(\frac{\partial u}{\partial x} + i\frac{\partial v}{\partial x} + \eta \right) = \frac{\partial u}{\partial x} + i\frac{\partial v}{\partial x}$$

即 $f(z)$ 在 D 内的一点 $z = x + iy$ 处可微, 且

$$f'(z) = \frac{\partial u}{\partial x} + i\frac{\partial v}{\partial x} = \frac{\partial u}{\partial x} - i\frac{\partial u}{\partial y} = \frac{\partial v}{\partial y} + i\frac{\partial v}{\partial x} = \frac{\partial v}{\partial y} - i\frac{\partial u}{\partial y} \tag{2.12}$$

式 (2.12) 给出了计算可导函数的求导公式.

定理 2.3 设函数

$$f(z) = u(x,y) + iv(x,y)$$

在区域 D 内有定义, 则 $f(z)$ 在区域 D 内可微(解析)的**充要条件**是:

(1) $u(x,y), v(x,y)$ 都在区域 D 内可微;

(2) $u(x,y), v(x,y)$ 在区域 D 内满足 C. -R. 方程.

定理 2.3 是刻画解析函数的第一个等价定理, 后面我们会看到刻画解析函数的其他一些等价定理.

定理 2.2、定理 2.3 将判定函数 $f(z)$ 的可导性与解析性转化为判定两个二元实函数 $u(x,y), v(x,y)$ 可微并且满足 C. -R. 条件. 这两个条件中若有一个不满足, 那么函数 $f(z)$ 在一点处不可导, 或在这一区域内不解析. 在具体应用中, 由于二元函数 $u(x,y), v(x,y)$ 是否可微这一条件不好判断, 因此常用 $u(x,y), v(x,y)$ 的偏导数是否连续来代替. 于是得到下面的推论:

推论 2.1 设函数

$$f(z) = u(x,y) + iv(x,y)$$

在区域 D 内满足

(1) $u(x,y), v(x,y)$ 在点 (x,y) 处(区域 D 内)的一阶偏导数连续;

(2) $u(x,y), v(x,y)$ 在点 (x,y) 处(区域 D 内)满足 C. -R. 方程.

则 $f(z)$ 在点 (x,y) 处(区域 D 内)可导(解析).

例 2.5 讨论下列函数的可导性与解析性:

(1) $w = \bar{z}$;　　　(2) $w = x^2 + iy^2$;　　　(3) $f(z) = e^x(\cos y + i\sin y)$.

解 (1) $w = \bar{z} = x - iy$, 即 $u(x,y) = x, v(x,y) = -y$, 则

$$\frac{\partial u}{\partial x} = 1, \quad \frac{\partial u}{\partial y} = 0, \quad \frac{\partial v}{\partial x} = 0, \quad \frac{\partial v}{\partial y} = -1$$

显然, 四个偏导数处处连续, 但在 z 平面上, 处处有 $\frac{\partial u}{\partial x} \neq \frac{\partial v}{\partial y}$, 不满足 C. -R. 条件. 故该函数在 z 平面上处处不可导.

(2) $u(x,y) = x^2, v(x,y) = y^2$, 则

$$\frac{\partial u}{\partial x} = 2x, \quad \frac{\partial u}{\partial y} = 0, \quad \frac{\partial v}{\partial x} = 0, \quad \frac{\partial v}{\partial y} = 2y$$

显然,四个偏导数处处连续.当且仅当 $x = y$ 时,函数才满足 C. -R. 方程,因此该函数仅在直线 $x = y$ 上处处可导,但在 z 平面上处处不解析.

(3) $u(x,y) = \mathrm{e}^x \cos y, v(x,y) = \mathrm{e}^x \sin y$,则

$$\frac{\partial u}{\partial x} = \mathrm{e}^x \cos y, \quad \frac{\partial u}{\partial y} = -\mathrm{e}^x \sin y, \quad \frac{\partial v}{\partial x} = \mathrm{e}^x \cos y, \quad \frac{\partial v}{\partial y} = \mathrm{e}^x \cos y$$

显然,四个偏导数处处连续,且满足 C. -R. 方程.故函数在 z 平面上处处可导,处处解析,并且有

$$f'(z) = \mathrm{e}^x(\cos y + \mathrm{i}\sin y) = f(z)$$

例 2. 6　试证:如果 $f'(z)$ 在区域 D 内处处为零,那么 $f(z)$ 在区域 D 内为一常数.

证　由于 $f'(z)$ 在区域 D 内处处为零,则 $f(z)$ 在区域 D 内满足:① $u(x,y)$, $v(x,y)$ 都在区域 D 内可微;② $\dfrac{\partial u}{\partial x} = \dfrac{\partial v}{\partial y}, \dfrac{\partial u}{\partial y} = -\dfrac{\partial v}{\partial x}$,在区域 D 内处处成立.且

$$f'(z) = \frac{\partial u}{\partial x} + \mathrm{i}\frac{\partial v}{\partial x} = \frac{\partial v}{\partial y} - \mathrm{i}\frac{\partial u}{\partial y} \equiv 0$$

即在区域 D 内

$$\frac{\partial u}{\partial x} = \frac{\partial u}{\partial y} = \frac{\partial v}{\partial x} = \frac{\partial v}{\partial y} \equiv 0$$

故

$$\mathrm{d}u = \frac{\partial u}{\partial x}\mathrm{d}x + \frac{\partial u}{\partial y}\mathrm{d}y \equiv 0$$

两边求积分可得 $u = c_1$(c_1 是实常数).用同样的方法可得 $v = c_2$(c_2 是实常数).所以 $f(z) = u + \mathrm{i}v = c_1 + \mathrm{i}c_2 = c$ 为一常数.

例 2. 7　试证:如果 $f(z) = u(x,y) + \mathrm{i}v(x,y)$ 为一解析函数,且 $f'(z) \neq 0$,那么曲线族 $u(x,y) = c_1$ 和 $v(x,y) = c_2$ 必相互正交,其中 c_1, c_2 为常数.

证　由于 $f'(z) = \dfrac{\partial v}{\partial y} - \mathrm{i}\dfrac{\partial u}{\partial y} \neq 0$,故 $\dfrac{\partial u}{\partial y}$ 与 $\dfrac{\partial v}{\partial y}$ 必不全为零.如果 $\dfrac{\partial u}{\partial y}, \dfrac{\partial v}{\partial y}$ 都不为零,则曲线族 $u(x,y) = c_1$ 和 $v(x,y) = c_2$ 中任意一条曲线的斜率分别为

$$k_1 = -\frac{\partial u}{\partial x} \Big/ \frac{\partial u}{\partial y} \text{ 和 } k_2 = -\frac{\partial v}{\partial x} \Big/ \frac{\partial v}{\partial y}$$

利用 C. -R. 方程可得

$$k_1 \cdot k_2 = \left(-\frac{\partial u}{\partial x} \Big/ \frac{\partial u}{\partial y}\right) \cdot \left(-\frac{\partial v}{\partial x} \Big/ \frac{\partial v}{\partial y}\right) = -1$$

因此曲线族 $u(x,y) = c_1$ 和 $v(x,y) = c_2$ 互相正交.

如果 $\dfrac{\partial u}{\partial y}$ 与 $\dfrac{\partial v}{\partial y}$ 中有一个为零,则另一个必不为零,此时容易知道两族中的曲线在交点处的切线一条是水平的,一条是铅直的,它们仍互相正交.

2. 3　初等函数

前面两节指出了多项式及有理分式函数的解析性.从这一节开始,我们将进一步讨

论复变函数的初等函数,这些函数是微积分学中的初等函数在复数域中的自然推广. 经过推广后的初等函数,既保留了原有的某些基本性质,又会有一些新的性质. 例如,复指数函数 e^z 是周期函数,复三角函数 $\sin z$ 和 $\cos z$ 不再是有界函数,等等. 在这一节中,我们主要讨论复初等单值函数的解析性.

2.3.1 指数函数

由例 2.5(3),我们知道 $f(z) = e^x(\cos y + i\sin y)$ 在 z 平面上处处解析,且 $f'(z) = f(z)$. 进一步容易验证

$$f(z_1 + z_2) = f(z_1) \cdot f(z_2)$$

即该函数具有实指数函数的特性,因此我们有理由给出下面的定义:

定义 2.4 对于任何复数 $z = x + iy$,我们称关系式 $f(z) = e^x(\cos y + i\sin y)$ 为**指数函数**,记为 e^z. 即

$$e^z = e^{x+iy} = e^x(\cos y + i\sin y) \tag{2.13}$$

复指数函数 e^z 具有下列性质:

(1) 当 $\mathrm{Im}\, z = 0$ 时,$z = x$,$e^z = e^x$,就是通常的实指数函数;当 $\mathrm{Re}\, z = 0$ 时,$z = iy$,$e^{iy} = \cos y + i\sin y$,就是欧拉(Euler)公式.

(2) $|e^z| = e^x > 0$,$\mathrm{Arg}\, e^z = y + 2k\pi$,$k = 0, \pm 1, \pm 2, \cdots$

(3) e^z 在 z 平面上处处解析,且 $(e^z)' = e^z$.

(4) 加法定理成立,即

$$e^{z_1} e^{z_2} = e^{z_1 + z_2} \tag{2.14}$$

$$\frac{e^{z_1}}{e^{z_2}} = e^{z_1 - z_2} \tag{2.15}$$

下面证明这两个等式:

证 设 $z_1 = x_1 + iy_1$,$z_2 = x_2 + iy_2$,则

$$e^{z_1} e^{z_2} = e^{x_1}(\cos y_1 + i\sin y_1) \cdot e^{x_2}(\cos y_2 + i\sin y_2)$$
$$= e^{x_1 + x_2}[\cos(y_1 + y_2) + i\sin(y_1 + y_2)]$$
$$= e^{(x_1 + x_2) + i(y_1 + y_2)} = e^{z_1 + z_2}$$

由于 $e^z e^{-z} = e^0 = 1$,且 $e^z \neq 0$,从而有

$$e^{-z} = \frac{1}{e^z}; \quad \frac{e^{z_1}}{e^{z_2}} = e^{z_1} \cdot \frac{1}{e^{z_2}} = e^{z_1} \cdot e^{-z_2} = e^{z_1 - z_2}$$

(5) e^z 是以 $2\pi i$ 为基本周期的周期函数[见注(1)].

因为对于任意整数 k,有 $e^{2k\pi i} = 1 (k = 0, \pm 1, \pm 2, \cdots)$,从而

$$e^{z + 2k\pi i} = e^z e^{2k\pi i} = e^z$$

(6) 极限 $\lim\limits_{z \to \infty} e^z$ 不存在,即 e^∞ 无意义.

事实上,当 z 沿正实轴趋于 ∞ 时,$e^z \to \infty$;当 z 沿负实轴趋于 ∞ 时,$e^z \to 0$.

注 (1) 对于函数 $f(z)$,当 z 增加一个非零定值 ω 时,其函数值不变,即 $f(z + \omega) = f(z)$,则称 $f(z)$ 是**周期函数**,ω 称为 $f(z)$ 的**周期**. 如果 $f(z)$ 的所有周期都是 ω 的整倍数,则称 ω 是 $f(z)$ 的**基本周期**.

(2) e^z 仅仅是一个记号,没有幂的意义,即一般情况下,$(e^{z_1})^{z_2} \neq e^{z_1 z_2}$. 但当 $z_2 = m$ 是整

数时，$(e^{z_1})^m = e^{mz_1}$.

(3)虽然在 z 平面上，$e^{z+2k\pi i} = e^z$（k 为整数），但

$$(e^z)' = e^z \neq 0$$

也就是说，在复平面上，罗尔(Rolle)定理不成立. 故微积分学中的微分中值定理不能直接推广到复平面上. 不过，洛必达(L'Hospital)法则在复平面上却是成立的.

(4)$e^{z_1} = e^{z_2} \Leftrightarrow z_1 = z_2 + 2k\pi i$（$k = 0, \pm 1, \pm 2, \cdots$）.

例 2.8 计算下列各值：

(1)$|e^{1+z}|$；　　　　　(2)$\operatorname{Re}(-e^{\frac{1}{1+i}})$；　　　　　(3)$\arg(e^{\frac{1}{1-\sqrt{3}i}})$.

解 (1)$|e^{1+z}| = |e^{1+(x+iy)}| = |e^{(1+x)+iy}| = e^{(1+x)}$；

(2)$\operatorname{Re}(e^{\frac{1}{1+i}}) = \operatorname{Re}(e^{\frac{1}{2}-\frac{1}{2}i}) = \sqrt{e}\cos\frac{1}{2}$；

(3)$\arg(e^{\frac{1}{1-\sqrt{3}i}}) = \arg(e^{\frac{1}{4}+\frac{\sqrt{3}}{4}i}) = \frac{\sqrt{3}}{4}$.

2.3.2 对数函数

定义 2.5 我们规定，对数函数是指数函数的反函数. 即若

$$e^w = z \quad (z \neq 0, \infty) \tag{2.16}$$

则复数 w 称为复数 z 的对数，记为 $w = \operatorname{Ln} z$.

设 $w = u + iv$，$z = re^{i\theta}$，则 $e^{u+iv} = re^{i\theta}$，因而

$$u = \ln r, \quad v = \theta + 2k\pi \quad (k = 0, \pm 1, \pm 2, \cdots) \tag{2.17}$$

故方程(2.16)的所有解为

$$\operatorname{Ln} z = \ln r + i(\theta + 2k\pi) \quad (k = 0, \pm 1, \pm 2, \cdots)$$

或　　　　　$$\operatorname{Ln} z = \ln|z| + i\operatorname{Arg} z \quad (k = 0, \pm 1, \pm 2, \cdots) \tag{2.18}$$

我们注意到，$\operatorname{Arg} z$ 是多值函数，因此对数函数 $w = \operatorname{Ln} z$ 也是多值函数. 式(2.18)中，如果辐角 $\operatorname{Arg} z$ 取主值 $\arg z(-\pi < \arg z \leqslant \pi)$，对应的 w 值称为 $\operatorname{Ln} z$ 的**主值**，记为

$$\ln z = \ln|z| + i\arg z \tag{2.19}$$

这样对数函数可表示为

$$\operatorname{Ln} z = \ln|z| + i\arg z + 2k\pi i$$
$$= \ln z + 2k\pi i \quad (k = 0, \pm 1, \pm 2, \cdots) \tag{2.20}$$

式(2.20)中，对于每一个确定的 k，对应的 w 为一单值函数，称为 $\operatorname{Ln} z$ 的一个单值分支. 显然，$\operatorname{Ln} z$ 任意两个单值分支之间相差 $2\pi i$ 的整倍数.

例 2.9 计算下列各对数值，并求主值：

(1)$\operatorname{Ln}(1+i)$；　　　　　(2)$\operatorname{Ln} 3$；　　　　　(3)$\operatorname{Ln}(-1)$.

解 (1)$\operatorname{Ln}(1+i) = \ln|1+i| + i\operatorname{Arg}(1+i) = \frac{1}{2}\ln 2 + i\left(\frac{\pi}{4} + 2k\pi\right)$，$k = 0, \pm 1, \pm 2, \cdots$

主值：$\ln(1+i) = \ln|1+i| + i\arg(1+i) = \frac{1}{2}\ln 2 + \frac{\pi}{4}i$.

(2)$\operatorname{Ln} 3 = \ln|3| + i\operatorname{Arg} 3 = \ln 3 + 2k\pi i$，$k = 0, \pm 1, \pm 2, \cdots$

主值：$\ln 3 = \ln|3| + i\arg 3 = \ln 3$.

(3)$\operatorname{Ln}(-1) = \ln|-1| + i\operatorname{Arg}(-1) = (2k+1)\pi i$，$k = 0, \pm 1, \pm 2, \cdots$

主值:$\ln(-1) = \ln|-1| + i\arg(-1) = \pi i$.

注　(1)正实数的对数有无穷多值.

(2)"负数无对数"的结论在复数域中不成立. 负数没有实对数.

对数函数的基本性质如下:

$$\left.\begin{array}{l} \mathrm{Ln}(z_1 z_2) = \mathrm{Ln}\, z_1 + \mathrm{Ln}\, z_2 \\[2mm] \mathrm{Ln}\, \dfrac{z_1}{z_2} = \mathrm{Ln}\, z_1 - \mathrm{Ln}\, z_2 \end{array}\right\}(z_1, z_2 \neq 0, \infty) \tag{2.21}$$

可以像在实数域中一样,证明它们在复数域中成立. 这里只证明前一个式子,后一个式子留给读者自己证明.

根据对数函数的定义,有恒等式

$$\mathrm{e}^{\mathrm{Ln}\, z_1} = z_1, \quad \mathrm{e}^{\mathrm{Ln}\, z_2} = z_2 \text{ 和 } \mathrm{e}^{\mathrm{Ln}(z_1 z_2)} = z_1 z_2$$

根据指数函数的加法定理,可得

$$\mathrm{e}^{\mathrm{Ln}\, z_1 + \mathrm{Ln}\, z_2} = z_1 z_2$$

则

$$\mathrm{e}^{\mathrm{Ln}\, z_1 + \mathrm{Ln}\, z_2} = \mathrm{e}^{\mathrm{Ln}(z_1 z_2)}$$

于是得证.

注　(1)式(2.21)表示两个集合相等.

(2)等式 $\mathrm{Ln}\, z^n = n\mathrm{Ln}\, z$, $\mathrm{Ln}\, \sqrt[n]{z} = \dfrac{1}{n}\mathrm{Ln}\, z$ 不再成立,其中 $n \geqslant 2$ 且为正整数.

下面我们来讨论对数函数的解析性.

考虑对数函数 $w = \mathrm{Ln}\, z$ 的主值支 $\ln z = \ln|z| + i\arg z$,其实部 $\ln|z|$ 在复平面上除原点外,处处连续,虚部 $\arg z$ 在原点和负实轴不连续.

由于 $z = \mathrm{e}^w$ 在区域 $-\pi < \arg z < \pi$ 内的反函数 $w = \ln z$ 是单值的,所以由反函数的求导法则,有

$$\frac{\mathrm{d}\ln z}{\mathrm{d}z} = \frac{\mathrm{d}w}{\mathrm{d}z} = \frac{1}{\dfrac{\mathrm{d}z}{\mathrm{d}w}} = \frac{1}{\dfrac{\mathrm{d}\mathrm{e}^w}{\mathrm{d}w}} = \frac{1}{\mathrm{e}^w} = \frac{1}{z} \tag{2.22}$$

因此,$w = \ln z$ 在复平面上除去原点及负实轴外,处处解析. 而 $w = \mathrm{Ln}\, z$ 的其他支与主值支相差常数 $2k\pi i(k = \pm 1, \pm 2, \cdots)$,由求导法则知,$w = \mathrm{Ln}\, z$ 的其他各个分支也在复平面上除去原点及负实轴外处处解析,且其他各支的导数为

$$\frac{\mathrm{d}(\ln z)_k}{\mathrm{d}z} = \frac{\mathrm{d}(\ln z + 2k\pi i)}{\mathrm{d}z} = \frac{1}{z}, \quad k = \pm 1, \pm 2, \cdots$$

2.3.3　幂函数

定义 2.6　函数

$$w = z^\alpha = \mathrm{e}^{\alpha \mathrm{Ln}\, z} \quad (z \neq 0, \infty; \alpha \text{ 为复常数}) \tag{2.23}$$

称为 z 的**一般幂函数**.

此定义是实数域中等式 $x^\alpha = \mathrm{e}^{\alpha \ln x}(x > 0, \alpha$ 为实常数)在复数域中的推广. 不难验证,当 α 取正整数或取分数 $\dfrac{1}{n}$(n 为大于 1 的整数)时,它就是我们已经定义过的整幂函数 z^n

和根式函数 $\sqrt[n]{z}$.

下面我们来讨论 $w = z^{\alpha}$ 的各种取值情况:

$$z^{\alpha} = \mathrm{e}^{\alpha \mathrm{Ln}\, z} = \mathrm{e}^{\alpha(\ln z + 2k\pi \mathrm{i})} = w_0 \mathrm{e}^{2k\alpha\pi \mathrm{i}} \quad (k = 0,\ \pm 1,\ \pm 2,\cdots) \tag{2.24}$$

其中 $w_0 = \mathrm{e}^{\alpha \ln z}$ 表示 z^{α} 的主值.

（1）当 α 为一整数 n 时

$$\mathrm{e}^{2k\alpha\pi \mathrm{i}} = \mathrm{e}^{2(k\alpha)\pi \mathrm{i}} = 1$$

所以此时 $z^{\alpha} = \mathrm{e}^{\alpha \ln z}$ 是单值函数.

（2）当 α 为一有理数 $\dfrac{q}{p}$（既约分数）时, 这时

$$\mathrm{e}^{2k\alpha\pi \mathrm{i}} = \mathrm{e}^{\frac{2qk\pi}{p} \mathrm{i}}$$

只能取 p 个不同的值, 即 $k = 0,1,2,\cdots,p-1$ 时的对应值, 于是

$$z^{\frac{q}{p}} = w_0 \mathrm{e}^{\frac{2qk\pi}{p} \mathrm{i}} \quad (k = 0,1,2,\cdots,p-1) \tag{2.25}$$

（3）当 α 为一无理数或虚数时, 这时, $\mathrm{e}^{2k\alpha\pi \mathrm{i}}$ 的所有值各不相同, 即 z^{α} 是无限多值的.

$z^{\alpha} = \mathrm{e}^{\alpha \ln z}$ 的主值 $\mathrm{e}^{\alpha \ln z}$ 是指数函数与对数函数的复合函数. 由对数函数、指数函数及复合函数的解析性可知, 它在除去原点及负实轴的复平面上解析. 如果 z^{α} 的每一个分支仍用 z^{α} 表示, 则

$$\frac{\mathrm{d}}{\mathrm{d}z}(z^{\alpha}) = \frac{\mathrm{d}}{\mathrm{d}z}(\mathrm{e}^{\alpha \ln z}) = \mathrm{e}^{\alpha \ln z} \cdot \frac{\alpha}{z} = z^{\alpha} \cdot \frac{\alpha}{z} = \alpha z^{\alpha-1} \tag{2.26}$$

定义 2.7　设 a 是一不为零的复常数, b 是一任意复数, 则称 a^b 为**乘幂**, 则

$$a^b = \mathrm{e}^{b \mathrm{Ln}\, a} \tag{2.27}$$

由于 $\mathrm{Ln}\, a = \ln|a| + \mathrm{i}(\arg a + 2k\pi)$, $k = 0,\ \pm 1,\ \pm 2,\cdots$, 因而一般情况下 a^b 是多值的.

例 2.10　求 $1^{\sqrt{3}}$ 和 i^{i} 的实部和虚部.

解　　$1^{\sqrt{3}} = \mathrm{e}^{\sqrt{3}\mathrm{Ln}\, 1} = \mathrm{e}^{\sqrt{3}[\ln|1| + \mathrm{i}(\arg 1 + 2k\pi)]} = \mathrm{e}^{2\sqrt{3}k\pi \mathrm{i}}, \quad k = 0,\ \pm 1,\ \pm 2,\cdots$

$\quad\quad\quad \mathrm{Re}(1^{\sqrt{3}}) = \cos 2\sqrt{3}k\pi, \quad \mathrm{Im}(1^{\sqrt{3}}) = \sin 2\sqrt{3}k\pi, \quad k = 0,\ \pm 1,\ \pm 2,\cdots$

$\quad\quad\quad \mathrm{i}^{\mathrm{i}} = \mathrm{e}^{\mathrm{i}\mathrm{Ln}\, \mathrm{i}} = \mathrm{e}^{\mathrm{i}[\ln|\mathrm{i}| + \mathrm{i}(\arg \mathrm{i} + 2k\pi)]} = \mathrm{e}^{-\frac{4k+1}{2}\pi}, \quad k = 0,\ \pm 1,\ \pm 2,\cdots$

$\quad\quad\quad \mathrm{Re}(\mathrm{i}^{\mathrm{i}}) = \mathrm{e}^{-\frac{4k+1}{2}\pi}, \quad \mathrm{Im}(\mathrm{i}^{\mathrm{i}}) = 0, \quad k = 0,\ \pm 1,\ \pm 2,\cdots$

2.3.4　三角函数与双曲函数

在式（2.13）中, 当 $x = 0$ 时, 可得

$$\mathrm{e}^{\mathrm{i}y} = \cos y + \mathrm{i}\sin y$$
$$\mathrm{e}^{-\mathrm{i}y} = \cos y - \mathrm{i}\sin y$$

从而得到

$$\sin y = \frac{\mathrm{e}^{\mathrm{i}y} - \mathrm{e}^{-\mathrm{i}y}}{2\mathrm{i}}, \quad \cos y = \frac{\mathrm{e}^{\mathrm{i}y} + \mathrm{e}^{-\mathrm{i}y}}{2}$$

对于任意的实数 y 均成立. 这两个公式中的 y 代以任意复数 z 后, 由式（2.13）知, 等式的右端有意义, 而左端尚无意义, 因而我们给出如下定义:

定义 2.8　对于任何复数 z, 规定

$$\sin z = \frac{\mathrm{e}^{\mathrm{i}z} - \mathrm{e}^{-\mathrm{i}z}}{2\mathrm{i}}, \quad \cos z = \frac{\mathrm{e}^{\mathrm{i}z} + \mathrm{e}^{-\mathrm{i}z}}{2} \tag{2.28}$$

分别称为复数 z 的**正弦函数**和**余弦函数**.

正弦函数和余弦函数具有如下性质:

(1)当 z 为实数 y 时,我们的定义与通常的正弦函数及余弦函数的定义是一致的.

(2)解析性:在 z 平面上处处解析,且

$$(\sin z)' = \cos z, \quad (\cos z)' = -\sin z$$

因为

$$(\sin z)' = \frac{1}{2i}(e^{iz} - e^{-iz}) = \frac{1}{2i}(ie^{iz} + ie^{-iz}) = \frac{1}{2}(e^{iz} + e^{-iz}) = \cos z$$

同理可证另一个式子.

(3)周期性:$\sin z$ 和 $\cos z$ 是以 2π 为周期的周期函数. 事实上

$$\cos(z + 2\pi) = \frac{e^{i(z+2\pi)} + e^{-i(z+2\pi)}}{2} = \frac{e^{iz+2\pi i} + e^{-iz+2\pi i}}{2}$$

$$= \frac{e^{iz} + e^{-iz}}{2} = \cos z$$

(4)奇偶性:$\sin z$ 是奇函数,$\cos z$ 是偶函数. 事实上

$$\sin(-z) = \frac{e^{-iz} - e^{iz}}{2i} = -\sin z, \quad \cos(-z) = \frac{e^{-iz} + e^{iz}}{2} = \cos z$$

(5)欧拉公式在复数域中也成立,即

$$e^{iz} = \cos z + i\sin z$$

由 $\sin z$ 和 $\cos z$ 的定义不难验证.

(6)实数域上一切的三角函数恒等式,在复数域上都成立. 如

$$\sin(z_1 \pm z_2) = \sin z_1 \cos z_2 \pm \cos z_1 \sin z_2$$

$$\cos(z_1 \pm z_2) = \cos z_1 \cos z_2 \mp \sin z_1 \sin z_2$$

$$\sin^2 z + \cos^2 z = 1$$

$$\sin 2z = 2\sin z \cos z$$

等等.

事实上

$$\sin z_1 \cos z_2 + \cos z_1 \sin z_2$$

$$= \frac{e^{iz_1} - e^{-iz_1}}{2i} \cdot \frac{e^{iz_2} + e^{-iz_2}}{2} + \frac{e^{iz_1} + e^{-iz_1}}{2} \cdot \frac{e^{iz_2} - e^{-iz_2}}{2i}$$

$$= \frac{e^{i(z_1+z_2)} - e^{-i(z_1+z_2)}}{2i} = \sin(z_1 + z_2)$$

再如

$$\sin^2 z + \cos^2 z = \left(\frac{e^{iz} - e^{-iz}}{2i}\right)^2 + \left(\frac{e^{iz} + e^{-iz}}{2}\right)^2$$

$$= -\frac{e^{2iz} - 2 + e^{-2iz}}{4} + \frac{e^{2iz} + 2 + e^{-2iz}}{4} = 1$$

类似地,可以证明其他三角函数恒等式.

(7)无界性:$\sin z$ 和 $\cos z$ 在复平面上是无界函数. 事实上,若取 $z = iy$,则

$$|\sin iy| = \left|\frac{e^{-y} - e^{y}}{2i}\right|, \quad |\cos iy| = \left|\frac{e^{-y} - e^{y}}{2}\right|$$

显然,当 $y \to \infty$ 时,$|\sin iy| \to \infty$,$|\cos iy| \to \infty$.

(8)$\sin z$ 的零点(即 $\sin z = 0$ 的根)为

$$z = k\pi, \quad k = 0, \pm 1, \pm 2, \cdots$$

$\cos z$ 的零点为

$$z = k\pi + \frac{\pi}{2}, \quad k = 0, \pm 1, \pm 2, \cdots$$

事实上,由于方程 $\sin z = 0$ 可以改写为 $e^{2iz} = 1$. 令 $z = \alpha + i\beta$,则

$$e^{2i(\alpha + i\beta)} = e^{-2\beta}e^{2i\alpha} = e^{2k\pi i} \quad (k = 0, \pm 1, \pm 2, \cdots)$$

从而 $-2\beta = 0, 2\alpha = 2k\pi$,即 $\beta = 0, \alpha = k\pi$. 所以 $z = k\pi (k = 0, \pm 1, \pm 2, \cdots)$.

同理可推得 $\cos z$ 的零点.

引进了正、余弦函数的概念以后,我们就可以定义其他三角函数.

定义 2.9　对于任何复数 z,规定

$$\tan z = \frac{\sin z}{\cos z}, \quad \cot z = \frac{\cos z}{\sin z}, \quad \sec z = \frac{1}{\cos z}, \quad \csc z = \frac{1}{\sin z} \tag{2.29}$$

它们分别称为复数 z 的**正切**、**余切**、**正割**及**余割**函数. 这四个函数都在分母不为零的点处解析,且有

$$(\tan z)' = \sec^2 z \qquad (\cot z)' = -\csc^2 z$$

$$(\sec z)' = \sec z \tan z \qquad (\csc z)' = -\csc z \cot z$$

正切、余切函数的周期为 π,正割、余割函数的周期为 2π.

定义 2.10　对于任何复数 z,规定

$$\mathrm{sh}\, z = \frac{e^z - e^{-z}}{2}, \quad \mathrm{ch}\, z = \frac{e^z + e^{-z}}{2}$$

它们分别称为复数 z 的**双曲正弦函数**、**双曲余弦函数**.

当 z 为实数时,它们与微积分学中的定义一致,且具有下列性质:

(1)解析性:由于 e^z 和 e^{-z} 在整个复平面上处处解析,所以 $\mathrm{sh}\, z$ 和 $\mathrm{ch}\, z$ 在复平面上处处解析,且有

$$(\mathrm{sh}\, z)' = \mathrm{ch}\, z, \quad (\mathrm{ch}\, z)' = \mathrm{sh}\, z$$

事实上

$$(\mathrm{sh}\, z)' = \left(\frac{e^z - e^{-z}}{2}\right)' = \frac{e^z + e^{-z}}{2} = \mathrm{ch}\, z$$

类似地,可证明 $(\mathrm{ch}\, z)' = \mathrm{sh}\, z$.

(2)周期性:由于 e^z 和 e^{-z} 都是以 $2\pi i$ 为基本周期,故 $\mathrm{sh}\, z$ 和 $\mathrm{ch}\, z$ 也都是以 $2\pi i$ 为基本周期.

(3)奇偶性:$\mathrm{sh}\, z$ 是奇函数,$\mathrm{ch}\, z$ 是偶函数.

(4)与三角函数的关系:$\mathrm{sh}\, z$ 和 $\mathrm{ch}\, z$ 与 $\sin z$ 和 $\cos z$ 有如下关系.

$$\cos iz = \mathrm{ch}\, z, \quad \sin iy = i\,\mathrm{sh}\, z$$

$$\mathrm{ch}\, iz = \cos z, \quad \mathrm{sh}\, iz = i\sin z$$

$$\mathrm{ch}(x + iy) = \mathrm{ch}\, x \cos y + i\,\mathrm{sh}\, x \sin y$$

$$\mathrm{sh}(x + iy) = \mathrm{sh}\, x \cos y + i\,\mathrm{ch}\, x \sin y$$

相应的,我们可以有如下定义:

定义 2.11　对于任何复数 z,规定

$$\text{th } z = \frac{\text{sh } z}{\text{ch } z}, \quad \text{cth } z = \frac{1}{\text{th } z}$$

$$\text{sech } z = \frac{1}{\text{ch } z}, \quad \text{cosh } z = \frac{1}{\text{sh } z}$$

它们分别称为 z 的**双曲正切函数**、**双曲余切函数**、**双曲正割函数**及**双曲余割函数**.

对于这些双曲函数的性质,留作读者自己讨论.

例 2.11　求 $\cos \text{i}$ 和 $\sin(1+2\text{i})$ 的值.

解　法(1)　　　　　$\cos \text{i} = \dfrac{\text{e}^{\text{i} \cdot \text{i}} + \text{e}^{-\text{i} \cdot \text{i}}}{2} = \dfrac{\text{e}^{-1} + \text{e}}{2} = \text{ch } 1$

$$\sin(1+2\text{i}) = \frac{\text{e}^{\text{i}-2} - \text{e}^{2-\text{i}}}{2\text{i}} = \frac{\text{e}^{-2}(\cos 1 + \text{isin } 1) - \text{e}^{2}(\cos 1 + \text{isin } 1)}{2\text{i}}$$

$$= \frac{\text{e}^{2} + \text{e}^{-2}}{2} \cdot \sin 1 + \text{i} \frac{\text{e}^{2} - \text{e}^{-2}}{2} \cdot \cos 1 = \sin 1 \text{ch } 2 + \text{icos } 1 \text{sh } 2$$

法(2)　　　　　　$\cos \text{i} = \cos(\text{i} \cdot 1) = \text{ch } 1$

$$\sin(1+2\text{i}) = \sin 1 \cos 2\text{i} + \sin 2\text{i} \cos 1$$

$$= \sin 1 \text{ ch } 2 + \text{ish } 2 \cos 1$$

例 2.12　求 $\text{sh}(1+2\text{i})$ 的值.

解　　　　　　$\text{sh}(1+2\text{i}) = \text{sh } 1 \cos 2 + \text{ich } 1 \sin 2$

2.3.5　反三角函数与反双曲函数

从前面的定义中我们看到,三角函数和双曲函数都是用指数函数表示的. 由于对数函数是指数函数的反函数,所以反三角函数和反双曲函数都可以用对数函数表示.

定义 2.12　我们规定,正弦函数的反函数是反正弦函数. 即如果

$$\sin w = z$$

我们称 w 是 z 的**反正弦函数**,记为 $w = \text{Arcsin } z$.

现在我们来看反正弦函数的表达式. 设

$$\sin w = \frac{\text{e}^{\text{i}w} - \text{e}^{-\text{i}w}}{2\text{i}} = z$$

此方程可以改写为

$$\text{e}^{2\text{i}w} - 2\text{iz}\text{e}^{\text{i}w} - 1 = 0$$

将上面的等式看成 $\text{e}^{\text{i}w}$ 的一元二次方程,即得

$$\text{e}^{\text{i}w} = \text{iz} + \sqrt{1 - z^2}$$

$$\text{i}w = \text{Ln}(\text{iz} + \sqrt{1 - z^2})$$

$$w = -\text{iLn}(\text{iz} + \sqrt{1 - z^2})$$

于是,反正弦函数的解析表达式为

$$\text{Arcsin } z = -\text{iLn}(\text{iz} + \sqrt{1 - z^2}) \tag{2.30}$$

用同样的方法,我们可以定义其他反三角函数:

$$\text{Arccos } z = -\text{iLn}(z + \text{i}\sqrt{1 - z^2}) \tag{2.31}$$

$$\text{Arctan } z = -\frac{i}{2}\text{Ln}\frac{1+iz}{1-iz} \tag{2.32}$$

注　(1)式(2.30)(2.31)及(2.32)都是无穷多值的,因为对数是无穷多值的.
(2)式(2.30)和(2.31)的根式是二值的.

现在我们来讨论双曲函数的反函数.

定义 2.13　我们规定,双曲余弦函数的反函数是**反双曲余弦函数**.即如果

$$\text{ch } w = z$$

我们称 w 是 z 的**反双曲余弦函数**,记为 $w = \text{Arcch } z$.

设

$$\text{ch } w = \frac{e^w + e^{-w}}{2} = z$$

解关于 w 的方程,得

$$w = \text{Ln}(z + \sqrt{z^2 - 1})$$

即

$$\text{Arcch } z = \text{Ln}(z + \sqrt{z^2 - 1}) \tag{2.33}$$

同理可得

$$\text{Arcsh } z = \text{Ln}(z + \sqrt{z^2 + 1}) \tag{2.34}$$

$$\text{Arcth } z = \frac{1}{2}\text{Ln}\frac{1+z}{1-z} \tag{2.35}$$

式(2.33)(2.34)及(2.35)都是无穷多值的;而式(2.33)和(2.34)的根式是二值的.
其他反双曲函数请读者参照定义 2.33 自己给出.

例 2.13　求 Arcsin 2 和 Arctan 2i 的值.

解　由公式(2.30),可得

$$\begin{aligned}
\text{Arcsin } 2 &= -i\text{Ln}(2i + \sqrt{1 - 2^2}) = -i\text{Ln}(2 \pm \sqrt{3})i \\
&= -i\left[\ln(2 \pm \sqrt{3}) + i\left(\frac{\pi}{2} + 2k\pi\right)\right] \\
&= \frac{\pi}{2} + 2k\pi - i\ln(2 \pm \sqrt{3}) \quad (k = 0, \pm 1, \pm 2, \cdots)
\end{aligned}$$

由公式(2.32),可得

$$\begin{aligned}
\text{Arctan } 2i &= -\frac{i}{2}\text{Ln}\left(-\frac{1}{3}\right) = -\frac{i}{2}\left(\ln\frac{1}{3} + \pi i + 2k\pi i\right) \\
&= \left(k + \frac{1}{2}\right)\pi + \frac{\ln 3}{2}i \quad (k = 0, \pm 1, \pm 2, \cdots)
\end{aligned}$$

习题 2

1. 利用导数的定义推出下列各式:

(1) $(z^n)' = nz^{n-1}$;　　　　　　　　(2) $\left(\dfrac{1}{z}\right)' = -\dfrac{1}{z^2}$.

2. 求下列函数的奇点:

$(1) \dfrac{z-1}{z(z^2+1)}$;　　　　　　　　　$(2) \dfrac{z-3}{(z^3-1)(z^2+4)}$.

3. 确定下列函数的解析域,并求其导数:

$(1)(z-2)^6$;　　　　　　　　　　$(2)z^3+2\mathrm{i}z$;

$(3)\dfrac{z-1}{z(z^2+1)}$;　　　　　　　　　$(4)\dfrac{x+y}{x^2+y^2}+\mathrm{i}\dfrac{x-y}{x^2+y^2}$.

4. 试判断下列函数的可导性与解析性:

$(1)f(z)=x^2-\mathrm{i}y$;　　　　　　　　　$(2)f(z)=x^3+3\mathrm{i}y^3$;

$(3)f(z)=x^2y+\mathrm{i}xy^2$;　　　　　　　$(4)f(z)=\bar{z}z^2$.

5. 试证下列函数在 z 平面上处处不解析:

$(1)f(z)=x-2\mathrm{i}y$;　　　　　　　　　$(2)f(z)=x+y^3$;

$(3)f(z)=\mathrm{Re}\ z$;　　　　　　　　　　$(4)f(z)=\dfrac{1}{z\ \bar{z}}$.

6. 设

$$f(z)=\begin{cases}\dfrac{x^3-y^3+\mathrm{i}(x^3+y^3)}{x^2+y^2}, & z\neq0,\\[2mm] 0, & z=0.\end{cases}$$

证明:$(1)f(z)$ 在 $z=0$ 处连续;

$(2)f(z)$ 在 $z=0$ 处满足柯西—黎曼方程;

$(3)f(z)$ 在 $z=0$ 处不可导.

7. 判断下列命题的真假,并举例说明:

(1)如果 $f(z)$ 在 z_0 处连续,则 $f'(z_0)$ 存在;

(2)如果 $f'(z_0)$ 存在,则 $f(z)$ 在 z_0 处必解析;

(3)如果 z_0 是 $f(z)$ 的奇点,则 $f(z)$ 在 z_0 处不可导;

(4)如果 $u(x,y)$ 和 $v(x,y)$ 的偏导数都存在,则 $f(z)=u+\mathrm{i}v$ 也可导.

8. 证明:如果函数 $f(z)=u+\mathrm{i}v$ 在区域 D 内解析,且满足下列条件之一,那么 $f(z)$ 是常数.

$(1)f'(z)=0$;　　　　　　　　$(2)\overline{f(z)}$ 在 D 内解析;

$(3)f(z)$ 在 D 内恒取实值;　　　$(4)\mathrm{Re}\ f(z)\ [$或 $\mathrm{Im}\ f(z)]$ 在 D 内为常数;

$(5)|f(z)|$ 在 D 内为常数;　　　$(6)\arg f(z)$ 在 D 内为常数;

$(7)v=u^2$;　　　　　　　　　$(8)au+bv=c$,其中 a,b 与 c 不全为零.

9. 设 $f(z)=my^3+nx^2y+\mathrm{i}(x^3+lxy^2)$ 在 z 平面上解析,求 m,n,l 的值.

10. 证明下列函数在 z 平面上解析,并求其导数.

$(1)f(z)=3x+y+\mathrm{i}(3y-x)$;

$(2)f(z)=x^3+3x^2y\mathrm{i}-3xy^2-y^3\mathrm{i}$;

$(3)f(z)=\sin x\mathrm{ch}\ y+\mathrm{i}\cos x\mathrm{sh}\ y$;

$(4)f(z)=\mathrm{e}^x(x\cos y-y\sin y)+\mathrm{i}\mathrm{e}^x(y\cos y+x\sin y)$.

11. 设 $f(z)=x^3+\mathrm{i}(1-y)^3$,证明:只有当 $z=\mathrm{i}$ 时,$f'(z)=\dfrac{\partial u}{\partial x}+\mathrm{i}\dfrac{\partial v}{\partial x}=3x^2$ 才成立.

12. 如果 $f(z)=u+\mathrm{i}v$ 是 z 的解析函数,证明:

$(1)\left(\dfrac{\partial}{\partial x}|f(z)|\right)^{2}+\left(\dfrac{\partial}{\partial y}|f(z)|\right)^{2}=|f'(z)|^{2};$

$(2)\left(\dfrac{\partial^{2}}{\partial x^{2}}+\dfrac{\partial^{2}}{\partial y^{2}}\right)|f(z)|^{2}=4|f'(z)|^{2}.$

13. 计算下列各值:

$(1)\mathrm{e}^{2+\mathrm{i}};$ 　　　　　　　　　　$(2)\mathrm{e}^{(1-\pi\mathrm{i})/4};$

$(3)\mathrm{Re}[\,\mathrm{e}^{(x-\mathrm{i}y)/(x^{2}+y^{2})}\,];$ 　　　　$(4)\,|\,\mathrm{e}^{\mathrm{i}-2(x+\mathrm{i}y)}\,|.$

14. 计算下列各值:

$(1)\ln(3-\sqrt{3}\mathrm{i});$ 　　　　　　　$(2)\mathrm{Ln}(-3+4\mathrm{i});$

$(3)\ln(\mathrm{e}^{\mathrm{i}});$ 　　　　　　　　　　$(4)\mathrm{Ln}(\mathrm{i}\mathrm{e}).$

15. 计算下列各值:

$(1)(1+\mathrm{i})^{\mathrm{i}};$ 　　　　　　　　　$(2)1^{-\mathrm{i}};$

$(3)(-3)^{\sqrt{5}};$ 　　　　　　　　$(4)\left(\dfrac{1-\mathrm{i}}{\sqrt{2}}\right)^{1+\mathrm{i}}.$

16. 计算下列各值:

$(1)\mathrm{e}^{1+\pi\mathrm{i}}+\cos\mathrm{i};$ 　　　　　　$(2)\sin(\mathrm{i}\ln 2);$

$(3)\tan(3-\mathrm{i});$ 　　　　　　　$(4)\mathrm{Arcsin}\,\mathrm{i}.$

17. 下列关系式是否正确?

$(1)\overline{\mathrm{e}^{z}}=\mathrm{e}^{\bar{z}};$ 　　　　　　　　　$(2)\overline{\sin z}=\sin\bar{z};$

$(3)\overline{\cos z}=\cos\bar{z};$ 　　　　　　$(4)\overline{\mathrm{ch}\,z}=\mathrm{ch}\,\bar{z}.$

18. 解下列方程:

$(1)\sin z=2;$ 　　　　　　　　$(2)\mathrm{e}^{z}-1-\sqrt{3}\mathrm{i}=0;$

$(3)\ln z=2-\dfrac{\pi}{2}\mathrm{i};$ 　　　　　　$(4)\mathrm{sh}\,z=\mathrm{i}.$

第3章 复变函数的积分

在微积分学中,微分与积分是研究函数性质的重要方法. 同样,在复变函数中,复变函数的积分(简称"复积分")也跟微分一样,是研究复变函数性质十分重要的方法和解决问题的有力工具. 解析函数的很多重要性质要利用复积分来证明. 例如,"解析函数导数的连续性"及"解析函数的无穷可微性"等,这些表面看起来只与微分有关系的命题,一般均要用复积分来证明.

本章主要介绍复积分的定义、性质与基本计算方法,建立解析函数积分的基本定理——柯西—古萨定理及其推广、柯西积分公式及其推论,以及解析函数与调和函数的关系. 柯西—古萨定理和柯西积分公式是复变函数的理论基础,以后各章都会直接或间接地用到它们.

3.1 复变函数积分的概念

3.1.1 复变函数积分的定义

为了叙述简便,又不妨碍实际应用,今后我们提到的曲线(除非特别声明外),一律指光滑的或逐段光滑的,因而是可求长的. 曲线还要规定方向:如果曲线 C 是开口弧,它的起点为 a,终点为 b,则曲线 C 的正向就是从起点 a 指向终点 b,记为 C;曲线 C 的负向就是从终点 b 指向起点 a,记为 C^-. 逐段光滑的简单闭曲线,简称为**周线**. 周线自然是可求长的. 如果曲线 C 是周线,则"逆时针"方向为正,记为 C;"顺时针"方向为负,记为 C^-.

定义3.1 设有向曲线 $C:z=z(t)(\alpha \leqslant t \leqslant \beta)$,起点为 $a=z(\alpha)$,终点为 $b=z(\beta)$,$f(z)$ 沿着 C 有定义. 顺着 C 从 a 到 b 的方向在 C 上取分点

$$a=z_0,z_1,z_2,\cdots,z_{n-1},z_n=b$$

把曲线 C 分成 n 个小弧段(见图3.1). 在每个小弧段 $\overparen{z_{k-1}z_k}(k=1,2,\cdots,n)$ 上任取一点 ζ_k,并作和式

$$S_n=\sum_{k=1}^n f(\zeta_k)(z_k-z_{k-1})=\sum_{k=1}^n f(\zeta_k)\Delta z_k$$

这里 $\Delta z_k=z_k-z_{k-1}$,记 $\Delta s_k=\overparen{z_{k-1}z_k}$ 的长度,$\delta=\max\limits_{1\leqslant k\leqslant n}\{\Delta s_k\}$.
当 $n\to\infty$,且 $\delta\to 0$ 时,不论对 C 的分法以及对 ζ_k 的取法如何,如果和数 S_n 的极限存在且等于 J,则称 $f(z)$ 沿曲线 C(从 a 到 b)可积,而称这个极限值 J 为函数 $f(z)$ 沿曲线 C 的**积分**,记为

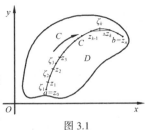

图3.1

$\int_C f(z)\mathrm{d}z$,即

$$J = \int_C f(z)\mathrm{d}z = \lim_{\substack{n\to\infty\\ \delta\to 0}} \sum_{k=1}^n f(\zeta_k)\Delta z_k \tag{3.1}$$

式中,C 称为**积分路径**,$\int_C f(z)\mathrm{d}z$ 表示 $f(z)$ 沿曲线 C 的正方向的积分,$\int_{C^-} f(z)\mathrm{d}z$ 表示沿曲线 C 的负方向的积分.

如果 J 存在,我们一般不能把 J 写成 $\int_a^b f(z)\mathrm{d}z$ 的形式,因为 J 的值不仅和 a,b 有关,而且和积分路径 C 有关.

如果曲线 C 为闭曲线,沿此闭曲线的积分可记作 $\oint_C f(z)\mathrm{d}z$.

当 C 是 x 轴上的区间 $a\leqslant x\leqslant b$ 时,$f(z)=u(x,0)+\mathrm{i}v(x,0)$ 就是关于实变量 x 的一元实变复函数,这个积分就是一元函数的定积分.

3.1.2　积分存在的条件及计算问题

由复变函数积分的定义知道,$f(z)$ 沿曲线 C 可积的必要条件为 $f(z)$ 沿 C 有界. 另一方面,我们有:

定理 3.1　若函数 $f(z)=u(x,y)+\mathrm{i}v(x,y)$ 沿曲线 C 连续,则 $f(z)$ 沿曲线 C 可积,且

$$\int_C f(z)\mathrm{d}z = \int_C u\mathrm{d}x - v\mathrm{d}y + \mathrm{i}\int_C v\mathrm{d}x + u\mathrm{d}y \tag{3.2}$$

证　设 $z_k = x_k + \mathrm{i}y_k, x_k - x_{k-1} = \Delta x_k, y_k - y_{k-1} = \Delta y_k$,则
$$\Delta z_k = z_k - z_{k-1} = \Delta x_k + \mathrm{i}\Delta y_k$$
又设 $\zeta_k = \xi_k + \mathrm{i}\eta_k, u(\xi_k,\eta_k) = u_k, v(\xi_k,\eta_k) = v_k$,则
$$f(\zeta_k) = u(\xi_k,\eta_k) + \mathrm{i}v(\xi_k,\eta_k) = u_k + \mathrm{i}v_k$$
我们可得到
$$\begin{aligned} S_n &= \sum_{k=1}^n f(\zeta_k)(z_k - z_{k-1}) \\ &= \sum_{k=1}^n (u_k + \mathrm{i}v_k)(\Delta x_k + \mathrm{i}\Delta y_k) \\ &= \sum_{k=1}^n (u_k\Delta x_k - v_k\Delta y_k) + \mathrm{i}\sum_{k=1}^n (u_k\Delta y_k + v_k\Delta x_k) \end{aligned}$$
上式右端的两个和数是对应的两个曲线积分的积分和. 在该定理的条件下,必有 $u(x,y)$ 和 $v(x,y)$ 沿曲线 C 连续,于是,这两个曲线积分都存在,即上式右端两个和式的极限都存在. 因此,积分 $\int_C f(z)\mathrm{d}z$ 存在,且有

$$\int_C f(z)\mathrm{d}z = \int_C u\mathrm{d}x - v\mathrm{d}y + \mathrm{i}\int_C v\mathrm{d}x + u\mathrm{d}y$$

公式(3.2)说明,复变函数积分的计算问题可以化为其实部、虚部两个二元实函数曲

线积分的计算问题.

注　公式(3.2)中的积分表达式 $f(z)\mathrm{d}z$ 在形式上可以看成 $f(z)=u+\mathrm{i}v$ 与微分 $\mathrm{d}z=\mathrm{d}x+\mathrm{i}\mathrm{d}y$ 相乘以后所得到的,这样便于记忆.

例3.1　设 C 表示连接起点 a 与终点 b 的任意一条曲线,试证

$$(1)\int_C \mathrm{d}z=b-a;\qquad\qquad (2)\int_C z\mathrm{d}z=\frac{1}{2}(b^2-a^2).$$

证　(1)因为 $f(z)=1,S_n=\sum_{k=1}^{n}(z_k-z_{k-1})=b-a$,故 $\lim\limits_{\substack{n\to\infty\\ \delta\to 0}}S_n=b-a$,即 $\int_C \mathrm{d}z=b-a$.

(2)因为 $f(z)=z$,当选 $\zeta_k=z_{k-1}$ 时,$S_n^1=\sum_{k=1}^{n}z_{k-1}(z_k-z_{k-1})=\sum_{k=1}^{n}(z_{k-1}z_k-z_{k-1}^2)$;也可选 $\zeta_k=z_k$,此时 $S_n^2=\sum_{k=1}^{n}z_k(z_k-z_{k-1})=\sum_{k=1}^{n}(z_k^2-z_{k-1}z_k)$.

因为 $f(z)=z$ 是连续函数,由定理3.1可知,积分 $\int_C z\mathrm{d}z$ 存在,因而 S_n 的极限存在,且应与 S_n^1,S_n^2 的极限相等,从而应与 $\frac{1}{2}(S_n^1+S_n^2)$ 的极限相等. 由于

$$\frac{1}{2}(S_n^1+S_n^2)=\frac{1}{2}\sum_{k=1}^{n}(z_k^2-z_{k-1}^2)=\frac{1}{2}(b^2-a^2)$$

所以

$$\int_C z\mathrm{d}z=\frac{1}{2}(b^2-a^2)$$

注　当 C 为封闭曲线时,$\oint_C \mathrm{d}z=0,\oint_C z\mathrm{d}z=0$.

设有光滑曲线 C:
$$z=z(t)=x(t)+\mathrm{i}y(t)\quad(\alpha\leqslant t\leqslant\beta)$$
这表示 $z'(t)$ 在 $[\alpha,\beta]$ 上连续且 $z'(t)=x'(t)+\mathrm{i}y'(t)\neq 0$. 又设 $f(z)$ 沿曲线 C 连续,则
$$f[z(t)]=u[x(t),y(t)]+\mathrm{i}v[x(t),y(t)]$$
由公式(3.2),我们有

$$\int_C f(z)\mathrm{d}z=\int_{\alpha}^{\beta}\{u[x(t),y(t)]x'(t)-v[x(t),y(t)]y'(t)\}\mathrm{d}t$$
$$+\mathrm{i}\int_{\alpha}^{\beta}\{v[x(t),y(t)]x'(t)+u[x(t),y(t)]y'(t)\}\mathrm{d}t$$
$$=\int_{\alpha}^{\beta}\{u[x(t),y(t)]+\mathrm{i}v[x(t),y(t)][x'(t)+\mathrm{i}y'(t)]\}\mathrm{d}t$$

故

$$\int_C f(z)\mathrm{d}z=\int_{\alpha}^{\beta}f[z(t)]z'(t)\mathrm{d}t \tag{3.3}$$

或

$$\int_C f(z)\mathrm{d}z=\int_{\alpha}^{\beta}\mathrm{Re}\{f[z(t)]\}z'(t)\mathrm{d}t$$
$$+\mathrm{i}\int_{\alpha}^{\beta}\mathrm{Im}\{f[z(t)]\}z'(t)\mathrm{d}t \tag{3.4}$$

用公式(3.3)或(3.4)计算复变函数的积分,是从积分路径 C 的参数方程着手,称为**参数方程法**. 式(3.3)或(3.4)称为**复积分的变量代换公式**.

例 3.2　计算积分 $\int_C (x + iy^2) dz$,其中积分路径 C(见图 3.2)为

(1)连接由点 O 到点 $1+i$ 的直线段;

(2)连接由点 O 到点 1 的直线段,再由点 1 到点 $1+i$ 的直线段所组成的折线.

解　(1)连接由点 O 到点 $1+i$ 的直线段的参数方程为

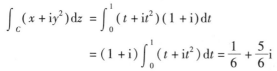

图 3.2

$$z = z(t) = (1 + i)t \quad (0 \leqslant t \leqslant 1)$$

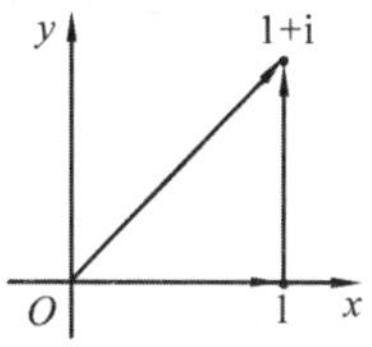

则

$$\int_C (x + iy^2) dz = \int_0^1 (t + it^2)(1 + i) dt$$

$$= (1 + i) \int_0^1 (t + it^2) dt = \frac{1}{6} + \frac{5}{6} i$$

(2)连接由点 O 到点 1 的直线段的参数方程为

$$z = t \quad (0 \leqslant t \leqslant 1)$$

连接由点 1 到点 $1+i$ 的直线段的参数方程为

$$z = 1 + it \quad (0 \leqslant t \leqslant 1)$$

则

$$\int_C (x + iy^2) dz = \int_0^1 t dt + \int_0^1 (1 + it^2) i dt = \frac{1}{6} + i$$

由此例看出,积分路径不同,积分结果可以不同. 也就是说,复积分一般情况下与路径有关.

例 3.3(一个重要的积分)　证明

$$\oint_C \frac{dz}{(z - z_0)^{n+1}} = \begin{cases} 2\pi i, & n = 0, \\ 0, & n \neq 0. \end{cases}$$

其中 C 表示以 z_0 为中心、r 为半径的正向圆周(见图 3.3),n 为整数.

证　由题意,积分曲线 C 的参数方程为 $z = z_0 + re^{i\theta}$ ($0 \leqslant \theta \leqslant 2\pi$),所以

$$\oint_C \frac{dz}{(z - z_0)^{n+1}} = \int_0^{2\pi} \frac{ire^{i\theta}}{r^{n+1}e^{i(n+1)\theta}} d\theta = \frac{i}{r^n} \int_0^{2\pi} e^{-in\theta} d\theta$$

(1)当 $n = 0$ 时,$i\int_0^{2\pi} d\theta = 2\pi i$;

(2)当 $n \neq 0$ 时,$\dfrac{i}{r^n} \int_0^{2\pi} e^{-in\theta} d\theta = \dfrac{i}{r^n} \int_0^{2\pi} (\cos n\theta - i\sin n\theta) d\theta = 0.$

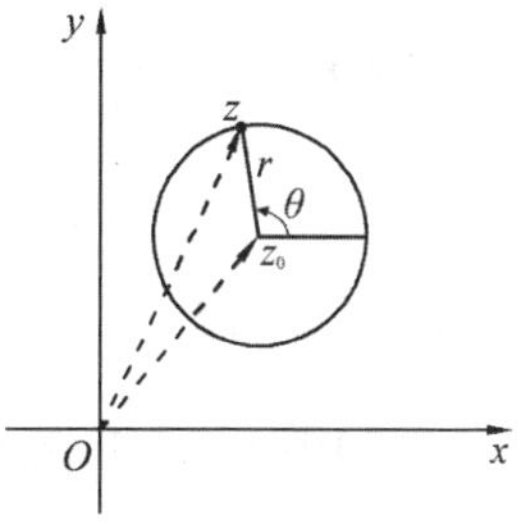

图 3.3

证毕.

我们看到,这个积分值与 z_0 和 r 无关. 这个结果以后会常用到,读者应当记住.

3.1.3　复积分的基本性质

设函数 $f(z), g(z)$ 沿曲线 C 连续,则有下列与实积分中的曲线积分相似的性质:

（1）$\int_C af(z)\mathrm{d}z = a\int_C f(z)\mathrm{d}z$，$a$ 是复常数；

（2）$\int_C [f(z) + g(z)]\mathrm{d}z = \int_C f(z)\mathrm{d}z + \int_C g(z)\mathrm{d}z$；

（3）$\int_C f(z)\mathrm{d}z = \int_{C_1} f(z)\mathrm{d}z + \int_{C_2} f(z)\mathrm{d}z$，其中 C 由曲线 C_1 和 C_2 衔接而成；

（4）$\int_{C^-} f(z)\mathrm{d}z = -\int_C f(z)\mathrm{d}z$；

（5）设曲线 C 的长度为 L，函数 $f(z)$ 在 C 上满足 $|f(z)| \leqslant M$，则

$$\left|\int_C f(z)\mathrm{d}z\right| \leqslant \int_C |f(z)|\,|\mathrm{d}z| = \int_C |f(z)|\,\mathrm{d}s \leqslant ML$$

此式称为积分估值不等式. 这里 $|\mathrm{d}z|$ 表示弧长的微分，即

$$|\mathrm{d}z| = \sqrt{(\mathrm{d}x)^2 + (\mathrm{d}y)^2} = \mathrm{d}s$$

事实上，由复数的运算性质可得

$$\left|\sum_{k=1}^n f(\zeta_k)\Delta z_k\right| \leqslant \sum_{k=1}^n |f(\zeta_k)|\,|\Delta z_k| \leqslant \sum_{k=1}^n |f(\zeta_k)|\Delta s_k \leqslant \sum_{k=1}^n M\Delta s_k = ML$$

将上面不等式的两边取极限，由极限的保号性，就可以得到性质（5）.

例 3.4　设 C 为从原点到 $1+\mathrm{i}$ 的直线段，试证：$\left|\int_C \dfrac{1}{z-\mathrm{i}}\mathrm{d}z\right| \leqslant 2$.

证　设曲线 C 的参数方程为 $z = (1+\mathrm{i})t, 0 \leqslant t \leqslant 1$. 显然，$L = \sqrt{2}$. 则

$$\left|\frac{1}{z-\mathrm{i}}\right| = \left|\frac{1}{(1+\mathrm{i})t - \mathrm{i}}\right| = \left|\frac{1}{t + (t-1)\mathrm{i}}\right| = \frac{1}{\sqrt{2t^2 - 2t + 1}}$$

$$= \frac{1}{\sqrt{2\left(t - \frac{1}{2}\right)^2 + \frac{1}{2}}} \leqslant \sqrt{2}$$

即 $M = \sqrt{2}$. 由性质（5），可得

$$\left|\int_C \frac{1}{z-\mathrm{i}}\mathrm{d}z\right| \leqslant \sqrt{2} \cdot \sqrt{2} = 2$$

例 3.5　试证

$$\left|\int_{|z|=r} \frac{\mathrm{d}z}{(z-a)(z+a)}\right| < \frac{2\pi r}{|r^2 - |a|^2|}, \quad r > 0, |a| \neq r$$

证　（1）若 $a = 0$，由例 3.3 知 $\int_{|z|=r} \dfrac{\mathrm{d}z}{z^2} = 0$，不等式显然成立；

（2）若 $a \neq 0$，由复积分的性质（5），得

$$\left|\int_{|z|=r} \frac{\mathrm{d}z}{(z-a)(z+a)}\right| \leqslant \int_{|z|=r} \frac{1}{|z^2 - a^2|}\mathrm{d}s < \int_{|z|=r} \frac{1}{|\,|z|^2 - |a|^2\,|}\mathrm{d}s$$

$$= \int_{|z|=r} \frac{1}{|r^2 - |a|^2|}\mathrm{d}s = \frac{2\pi r}{|r^2 - |a|^2|}$$

注　实变函数的积分中值定理，不能直接推广到复积分上来. 因为

$$\int_0^{2\pi} \mathrm{e}^{\mathrm{i}\theta}\mathrm{d}\theta = \int_0^{2\pi} \cos\theta\mathrm{d}\theta + \mathrm{i}\int_0^{2\pi} \sin\theta\mathrm{d}\theta = 0$$

但 $\mathrm{e}^{\mathrm{i}\theta}(2\pi - 0) \neq 0$.

3.2　柯西积分定理及推广

3.2.1　柯西积分定理

从上一节的例题来看:例 $3.1(2)$ 的被积函数 $f(z)=z$ 在单连通域 z 平面上处处解析,它沿起点为 a、终点为 b 的任意一条路径 C 的积分值都相同,即积分与路径无关,或者说沿 z 平面上任何闭曲线的积分都为零;例 3.2 的被积函数为 $f(z)=x+\mathrm{i}y^2$ 在单连通域 z 平面上处处不解析,积分与连接起点 O 与终点 $1+\mathrm{i}$ 的路径 C 有关,即沿 z 平面上任何闭曲线的积分不恒为零;例 3.3 的被积函数 $f(z)=\dfrac{1}{z-z_0}$ 只以 z_0 为奇点,即在"z 平面除去一点 z_0"的非单连通域内处处解析,但是积分 $\oint_C\dfrac{\mathrm{d}z}{z-z_0}=2\pi\mathrm{i}\neq0$,其中 C 表示圆周 $|z-z_0|=r>0$,即在此区域内积分与路径有关.

根据上面的分析,我们可以推测复积分与积分路径无关的条件,或沿一区域内任何闭曲线积分值为零的条件,可能与被积函数的解析性及解析区域的单连通性有关.

1825 年,柯西给出了如下定理,肯定地回答了上述问题.该定理是研究复变函数的钥匙,常被称为**柯西积分定理**.

定理 3.2(柯西积分定理)　设函数 $f(z)$ 在 z 平面上的单连通域 D 内解析,C 为 D 内任一条周线,则

$$\oint_C f(z)\mathrm{d}z=0$$

要证明这个定理是比较难的.

1851 年,黎曼在附加假设"$f'(z)$ 在 D 内连续"的条件下,得到如下简单证明:

黎曼证明　令 $z=x+\mathrm{i}y,f(z)=u(x,y)+\mathrm{i}v(x,y)$,由公式(3.2),有

$$\oint_C f(z)\mathrm{d}z=\oint_C u\mathrm{d}x-v\mathrm{d}y+\mathrm{i}\oint_C v\mathrm{d}x+u\mathrm{d}y$$

由于 $f'(z)$ 在 D 内连续,故而 u_x,u_y,v_x,v_y 也在 D 内连续,并且满足 C.-R. 方程,则

$$u_x=v_y,\quad u_y=-v_x$$

由格林(Green)公式

$$\oint_C u\mathrm{d}x-v\mathrm{d}y=\iint_G\left(-\frac{\partial v}{\partial x}-\frac{\partial u}{\partial y}\right)\mathrm{d}x\mathrm{d}y=0$$

$$\oint_C v\mathrm{d}x+u\mathrm{d}y=\iint_G\left(\frac{\partial u}{\partial x}-\frac{\partial v}{\partial y}\right)\mathrm{d}x\mathrm{d}y=0$$

故

$$\oint_C f(z)\mathrm{d}z=0$$

1990 年,古萨(Goursat)发表了上述定理的新的证明方法,无须将 $f(z)$ 分为实部和虚部,更重要的是,免去了"$f'(z)$ 在 D 内连续"的假设.因此,现在也称"柯西积分定理"为**柯西—古萨(Cauchy-Goursat)定理**.由于柯西积分定理的古萨证明篇幅很长,我们在这里

不再作介绍. 对此证明有兴趣的读者,可以查阅相关的参考书.

由柯西积分定理,可以得到以下推论:

推论3.1　设函数 $f(z)$ 在 z 平面上的单连通域 D 内解析,C 为 D 内任一条闭曲线(不必是简单的),则

$$\oint_C f(z)\mathrm{d}z = 0$$

证　因为 C 总可以看成是由区域 D 内的有限条周线衔接而成的(见图3.4),再由复积分的性质(3)及柯西积分定理,即可得证.

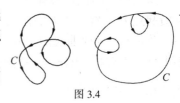

图3.4

推论3.2　设 C 为 z 平面上的一条周线,D 是由 C 围成的单连通域,如果函数 $f(z)$ 在闭域 $\overline{D} = D + C$ 上解析,则

$$\oint_C f(z)\mathrm{d}z = 0$$

推论3.3　设 C 为 z 平面上的一条周线,D 是由 C 围成的单连通域,如果函数 $f(z)$ 在 D 内解析,在 $\overline{D} = D + C$ 上连续(也可以说"连续到边界 C"),则

$$\oint_C f(z)\mathrm{d}z = 0$$

因 $f(z)$ 沿 C 连续,故积分 $\oint_C f(z)\mathrm{d}z$ 存在. 在 C 内部作周线 C_n 逼近 C,由推论3.2知 $\oint_{C_n} f(z)\mathrm{d}z = 0$. 我们希望取极限而得出所要的结论. 这种想法提供了证明本定理的一个线索,但严格证明都比较麻烦,故这里从略不证.

推论3.4　设函数 $f(z)$ 在 z 平面上的单连通域 D 内解析,则 $f(z)$ 在 D 内的积分与路径无关. 即对于 D 内任意两点 z_0 和 z_1, 积分

$$\int_{z_0}^{z_1} f(z)\mathrm{d}z$$

之值,不依赖于 D 内连接起点 z_0 和终点 z_1 的曲线.

证　设 C_1 和 C_2 是区域 D 内连接起点 z_0 和终点 z_1 的任意两条曲线(见图3.5),则正方向曲线 C_1 和负方向曲线 C_2^- 就衔接成 D 内的一条闭曲线 C. 于是由推论3.1及复积分的性质(3),得

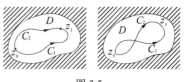

图3.5

$$0 = \oint_C f(z)\mathrm{d}z = \int_{C_1} f(z)\mathrm{d}z + \int_{C_2^-} f(z)\mathrm{d}z$$

因而

$$\int_{C_1} f(z)\mathrm{d}z = \int_{C_2} f(z)\mathrm{d}z$$

3.2.2　不定积分

柯西积分定理已经回答了积分与路径无关的问题,就是说,如果在单连通域 D 内函数 $f(z)$ 解析,则 $f(z)$ 沿 D 内任意一条曲线 L 的积分 $\int_L f(z)\mathrm{d}z$ 只与积分路径的起点和终点

有关. 因此当起点 z_0 固定时, 这积分就在 D 内定义了一个变上限 z 的单值函数, 我们把它记成变上限积分

$$F(z) = \int_{z_0}^{z} f(\zeta)\,\mathrm{d}\zeta \tag{3.5}$$

其中 $z_0 \in D$, 动点 z 在 D 内变化.

定理 3.3　设函数 $f(z)$ 在单连通域 D 内解析, 则由式 (3.5) 定义的函数 $F(z)$ 在 D 内必解析, 且有 $F'(z) = f(z)$.

证　我们只要对 D 内任一点 z, 证明 $F'(z) = f(z)$ 就可以了.

以 z 为中心作一个含于 D 内的小圆, 在小圆内取动点 $z + \Delta z (\Delta z \neq 0)$, 如图 3.6 所示. 则由式 (3.5) 得

$$F(z + \Delta z) - F(z) = \int_{z_0}^{z+\Delta z} f(\zeta)\,\mathrm{d}\zeta - \int_{z_0}^{z} f(\zeta)\,\mathrm{d}\zeta$$

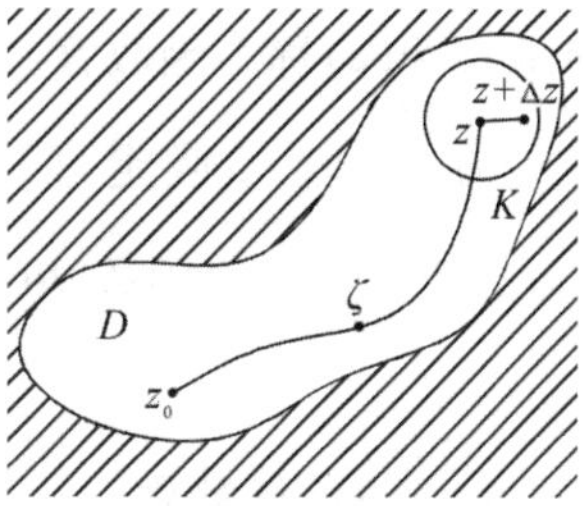

由于积分与路径无关, 所以 $\int_{z_0}^{z+\Delta z} f(\zeta)\,\mathrm{d}\zeta$ 的积分路径可取从

z_0 到 z, 再从 z 到 $z + \Delta z$. 其中从 z_0 到 z 就是 $\int_{z_0}^{z} f(\zeta)\,\mathrm{d}\zeta$ 的积分

路径. 于是由积分的性质 (3) 得

图 3.6

$$F(z + \Delta z) - F(z) = \int_{z}^{z+\Delta z} f(\zeta)\,\mathrm{d}\zeta$$

即

$$\frac{F(z + \Delta z) - F(z)}{\Delta z} = \frac{1}{\Delta z}\int_{z}^{z+\Delta z} f(\zeta)\,\mathrm{d}\zeta$$

我们注意到, $f(z)$ 是与积分变量 ζ 无关的定值, 故

$$f(z) = \frac{f(z)}{\Delta z}\int_{z}^{z+\Delta z}\mathrm{d}\zeta = \frac{1}{\Delta z}\int_{z}^{z+\Delta z} f(z)\,\mathrm{d}\zeta$$

以上两式相减可得

$$\frac{F(z + \Delta z) - F(z)}{\Delta z} - f(z) = \frac{1}{\Delta z}\int_{z}^{z+\Delta z}[f(\zeta) - f(z)]\,\mathrm{d}\zeta$$

又因为 $f(z)$ 在 D 内解析, 故必在 D 内连续, 则对于任给的 $\varepsilon > 0$, 存在 $\delta > 0$, 使得当 $|\zeta - z| < \delta$ (只要一开始取的那个小圆足够小, 就可以保证小圆内的一切点 ζ 均符合条件 $|\zeta - z| < \delta$) 时,

$$|f(\zeta) - f(z)| < \varepsilon$$

则由复积分的性质 (5) 得

$$\left|\frac{F(z + \Delta z) - F(z)}{\Delta z} - f(z)\right| \leqslant \left|\frac{1}{\Delta z}\right|\int_{z}^{z+\Delta z}|f(\zeta) - f(z)|\,\mathrm{d}s$$

$$< \frac{1}{|\Delta z|}\int_{z}^{z+\Delta z}\varepsilon\,\mathrm{d}s = \varepsilon$$

就是说

$$\lim_{\Delta z \to 0}\frac{F(z + \Delta z) - F(z)}{\Delta z} = f(z)$$

即

$$F'(z) = f(z)$$

分析以上证明,我们实际上已经证明了一个更一般的定理:

定理 3.4　假设:(1)函数 $f(z)$ 在单连通域 D 内连续;(2) $\int f(\zeta)\mathrm{d}\zeta$ 沿区域 D 内任一周线的积分为零(即积分与路径无关).则函数

$$F(z) = \int_{z_0}^{z} f(\zeta)\mathrm{d}\zeta \quad (z_0 \text{ 为 } D \text{ 内一定点})$$

在 D 内必解析,且 $F'(z) = f(z)(z \in D)$.

与实函数相似,复变函数也有原函数的概念及类似于牛顿—莱布尼兹(Newton-Leibniz)公式的计算公式.

定义 3.2　在区域 D 内,如果函数 $f(z)$ 连续,则符合条件

$$\Phi'(z) = f(z) \quad (z \in D)$$

的函数 $\Phi(z)$ 称为函数 $f(z)$ 的一个不定积分或原函数(显然 $\Phi(z)$ 在 D 内解析).

在定理3.3或定理3.4的条件下, $F(z) = \int_{z_0}^{z} f(\zeta)\mathrm{d}\zeta$ 就是 $f(z)$ 的一个原函数,即 $f(z)$ 的任何一个原函数 $\Phi(z)$ 都具有形式

$$\Phi(z) = F(z) + c = \int_{z_0}^{z} f(\zeta)\mathrm{d}\zeta + c \tag{3.6}$$

其中 c 为任意复常数.

事实上,我们有

$$[\Phi(z) - F(z)]' = \Phi'(z) - F'(z) = f(z) - f(z) = 0$$

所以 $\Phi(z) - F(z) = c$,即 $\Phi(z) = F(z) + c$.

在公式(3.6)中,令 $z = z_0$,得到 $c = \Phi(z_0)$;再令 $z = z_1$,得到 $\Phi(z_1) = \int_{z_0}^{z_1} f(\zeta)\mathrm{d}\zeta + \Phi(z_0)$.

于是得到与实积分中的牛顿—莱布尼兹公式类似的如下定理:

定理 3.5　在定理 3.3 或定理 3.4 的条件下,如果 $\Phi(z)$ 为函数 $f(z)$ 在单连通域 D 内的任意一个原函数,则

$$\int_{z_0}^{z_1} f(z)\mathrm{d}z = \Phi(z_1) - \Phi(z_0) \quad (z_0, z_1 \in D) \tag{3.7}$$

例 3.6　试证:在单连通域 $D: -\pi < \arg z < \pi$ 内,函数 $\ln z$ 是 $f(z) = \dfrac{1}{z}$ 的一个原函数.

证　因为 $f(z) = \dfrac{1}{z}$ 在 D 内解析,故由定理3.5,有

$$\int_{1}^{z} \frac{1}{\zeta}\mathrm{d}\zeta = \ln z - \ln 1 = \ln z \quad (z \in D)$$

例 3.7　计算下列积分:

(1) $\int_{0}^{\mathrm{i}} (z-1)\mathrm{e}^{-z}\mathrm{d}z$;

(2) $\int_{|z|=r} \ln(1+z)\mathrm{d}z \ (0 < r < 1)$;

(3) $\int_{C} \dfrac{\mathrm{d}z}{z^2}$,其中 C 为右半圆周: $|z| = 3$, $\mathrm{Re}\, z \geq 0$,起点为 $-3\mathrm{i}$,终点为 $3\mathrm{i}$;

（4）$\int_{|z-1|=1} \sqrt{z}\mathrm{d}z$,其中$\sqrt{z}$取$\sqrt{1}=-1$的那一支.

解　（1）因为$(z-1)\mathrm{e}^{-z}$在整个复平面上处处解析,所以积分与路径无关.由定理3.5,有

$$
\begin{aligned}
\int_0^i (z-1)\mathrm{e}^{-z}\mathrm{d}z &= \int_0^i z\mathrm{e}^{-z}\mathrm{d}z - \int_0^i \mathrm{e}^{-z}\mathrm{d}z \\
&= -\int_0^i z\mathrm{d}\mathrm{e}^{-z} - \int_0^i \mathrm{e}^{-z}\mathrm{d}z \\
&= -\left(z\mathrm{e}^{-z}\Big|_0^i - \int_0^i \mathrm{e}^{-z}\mathrm{d}z \right) - \int_0^i \mathrm{e}^{-z}\mathrm{d}z \\
&= -i\mathrm{e}^{-i} = -\sin 1 - i\cos 1
\end{aligned}
$$

（2）因为$\ln(1+z)$在除去负实轴上从$-\infty$到-1的所有点的z平面上解析,所以它在闭圆$|z|\leqslant r(0<r<1)$上处处解析.由推论3.2,有

$$
\int_{|z|=r} \ln(1+z)\mathrm{d}z = 0
$$

（3）因为$\dfrac{1}{z^2}$在$\mathrm{Re}\,z\geqslant 0,z\neq 0$上解析,且积分曲线的起点$-3i$及终点$3i$都在该单连通域内,故由定理3.5,有

$$
\int_C \frac{\mathrm{d}z}{z^2} = -\frac{1}{z}\Big|_{-3i}^{3i} = \frac{2}{3}i
$$

（4）由幂函数的定义知,$\sqrt{z}$的两支都在除去原点及负实轴的z平面上解析,故在$|z-1|<1$内解析,并连续到边界.所以,由推论3.3,有

$$
\int_{|z-1|=1} \sqrt{z}\mathrm{d}z = 0
$$

3.3.3　柯西积分定理推广到复周线的情形

下面我们再从另一个方面推广柯西积分定理,即将柯西积分定理从以一条周线为边界的单连通域,推广到以多条周线组成的复周线为边界的多连通域.

定义 3.3　考虑$n+1$条周线$C_0,C_1,C_2,\cdots,C_n$,其中$C_1,C_2,\cdots,C_n$中的每一条都在其余各条的外部,而它们又全部都在C_0的内部.在C_0的内部,同时又在$C_1,C_2,\cdots,C_n$外部的点集构成一个有界的$n+1$连通域D,以$C_0,C_1,C_2,\cdots,C_n$为它的边界.在这种情况下,我们称区域D的边界是一条复周线:

$$
C = C_0 + C_1^- + C_2^- + \cdots + C_n^-
$$

它包括取正方向的C_0,以及取负方向的$C_1,C_2,\cdots,C_n$.换句话说,如果观察者沿复周线C的正方向绕行时,区域D的点总在他的左手边（图3.7所示是$n=2$的情形）.

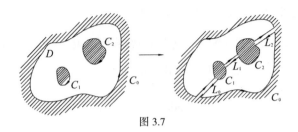

图 3.7

定理 3.6　设 D 是由复周线

$$C = C_0 + C_1^- + C_2^- + \cdots + C_n^-$$

所围成的有界 $n+1$ 连通域, 函数 $f(z)$ 在 D 内解析, 在闭域 $\overline{D} = D + C$ 上连续, 则

$$\int_C f(z)\mathrm{d}z = 0 \tag{3.8}$$

或写成

$$\oint_{C_0} f(z)\mathrm{d}z + \int_{C_1^-} f(z)\mathrm{d}z + \int_{C_2^-} f(z)\mathrm{d}z + \cdots + \int_{C_n^-} f(z)\mathrm{d}z = 0 \tag{3.9}$$

或写成

$$\oint_{C_0} f(z)\mathrm{d}z = \int_{C_1} f(z)\mathrm{d}z + \int_{C_2} f(z)\mathrm{d}z + \cdots + \int_{C_n} f(z)\mathrm{d}z \tag{3.10}$$

即沿外边界的积分等于沿内边界积分之和.

证　取 $n+1$ 条互不相交且全在 D 内(端点除外)的光滑弧线 $L_0, L_1, L_2, \cdots, L_n$ 作割线. 用它们顺次地与 $C_0, C_1, C_2, \cdots, C_n$ 连接. 将 D 沿割线割破, 于是 D 就被分成两个单连通域(图 3.7 是 $n=2$ 的情形), 其边界各是一条周线, 分别记为 Γ_1 和 Γ_2. 由推论 3.3, 我们有

$$\oint_{\Gamma_1} f(z)\mathrm{d}z = 0, \quad \oint_{\Gamma_2} f(z)\mathrm{d}z = 0$$

故而

$$\oint_{\Gamma_1} f(z)\mathrm{d}z + \oint_{\Gamma_2} f(z)\mathrm{d}z = 0$$

我们注意到, 沿着 $L_0, L_1, L_2, \cdots, L_n$ 的积分, 分别沿两个相反的方向各取了一次, 相加后, 分别抵消. 于是, 由复积分的性质(3)就得到

$$\int_C f(z)\mathrm{d}z = 0$$

从而有式(3.9)和(3.10).

注　(1)定理 3.6 也被称为**复合闭路定理**;

(2)定理中的复周线换成单周线(一条)就是推论 3.3, 所以定理 3.6 是推论 3.3 的推广.

例 3.8　设 z_0 是周线 C 内部的一点, n 为整数, 则

$$\oint_C \frac{\mathrm{d}z}{(z-z_0)^{n+1}} = \begin{cases} 2\pi\mathrm{i}, & n=0, \\ 0, & n \neq 0. \end{cases}$$

证　以 z_0 为中心作圆周 Γ,使得 Γ 全含于 C 的内部,则以 C 和 Γ 为边界的有界域就是一个 2 连通域(见图 3.8). 被积函数 $\dfrac{1}{(z-z_0)^{n+1}}$ 在 C 和 Γ 所围的闭域上解析,由定理 3.6,有

$$\oint_C \frac{\mathrm{d}z}{(z-z_0)^{n+1}} = \oint_\Gamma \frac{\mathrm{d}z}{(z-z_0)^{n+1}}$$

再由例 3.3 即得到要证明的结论.

注　例 3.8 是例 3.3 更普遍的形式.

例 3.9　计算积分 $\oint_C \dfrac{2z-1}{z^2-z}\mathrm{d}z$. 其中积分曲线 C 是包含圆周 $|z|=1$ 在内的任何正向简单闭曲线.

解　我们知道,被积函数 $\dfrac{2z-1}{z^2-z}$ 在整个复平面内除了 $z=0$ 和 $z=1$ 两个奇点外,处处解析,而 C 是包含圆周 $|z|=1$ 在内的任何正向简单闭曲线,因此它也包含这两个奇点. 以 $z=0$ 和 $z=1$ 两个点为中心,作两个互不包含也互不相交的正向圆周 C_1 和 C_2,同时使 C_1 和 C_2 都在 C 的内部(见图 3.9). 则由定理 3.6 及例 3.3,有

$$\oint_C \frac{2z-1}{z^2-z}\mathrm{d}z = \oint_{C_1} \frac{2z-1}{z^2-z}\mathrm{d}z + \oint_{C_2} \frac{2z-1}{z^2-z}\mathrm{d}z$$

$$= \oint_{C_1} \frac{1}{z-1}\mathrm{d}z + \oint_{C_1} \frac{1}{z}\mathrm{d}z + \oint_{C_2} \frac{1}{z-1}\mathrm{d}z + \oint_{C_2} \frac{1}{z}\mathrm{d}z$$

$$= 0 + 2\pi\mathrm{i} + 2\pi\mathrm{i} + 0 = 4\pi\mathrm{i}$$

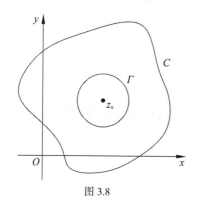

图 3.8

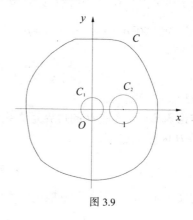

图 3.9

3.3　柯西积分公式及推广

3.3.1　柯西积分公式

利用定理 3.6,能够导出一个用边界值表示解析函数内部值的积分公式.

定理 3.7　设函数 $f(z)$ 在区域 D 内解析,C 为 D 内的一条周线,C 的内部全部含于 D 内,z 是 C 内任一点,则

$$f(z) = \frac{1}{2\pi\mathrm{i}} \oint_C \frac{f(\zeta)}{\zeta-z}\mathrm{d}\zeta \tag{3.11}$$

式(3.11)称为**柯西积分公式**. 它是解析函数的积分表达式,因而是今后我们研究解析函数各种局部性质的重要工具.

证 取定 C 内部一点 z. 函数 $F(\zeta) = \dfrac{f(\zeta)}{\zeta - z}$ 作为 ζ 的函数,在 D 内除了点 z 外,处处解析. 现在以 z 为中心、ρ 为半径作圆周 $\gamma_\rho : |\zeta - z| = \rho$(见图 3.10),使圆周 γ_ρ 及其内部全部在 C 内. 则 $F(\zeta) = \dfrac{f(\zeta)}{\zeta - z}$ 在复周线 $\Gamma = C + \gamma_\rho^-$ 所围成的多连通域上满足定理 3.6 的条件,则

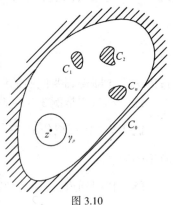

图 3.10

$$\oint_C \frac{f(\zeta)}{\zeta - z} \mathrm{d}\zeta = \oint_{\gamma_\rho} \frac{f(\zeta)}{\zeta - z} \mathrm{d}\zeta$$

由于右端的积分与圆周 γ_ρ 的半径 ρ 无关,因此,我们要证明 $\lim\limits_{\rho \to 0} \oint_{\gamma_\rho} \dfrac{f(\zeta)}{\zeta - z} \mathrm{d}\zeta = 2\pi\mathrm{i}f(z)$. 我们注意到,$f(z)$ 与积分变量 ζ 无关,即 $\oint_{\gamma_\rho} \dfrac{f(z)}{\zeta - z} \mathrm{d}\zeta = 2\pi\mathrm{i}f(z)$,所以只需要证明 $\lim\limits_{\rho \to 0} \oint_{\gamma_\rho} \dfrac{f(\zeta)}{\zeta - z} \mathrm{d}\zeta = \oint_{\gamma_\rho} \dfrac{f(z)}{\zeta - z} \mathrm{d}\zeta$ 即可.

$$\left| \oint_{\gamma_\rho} \frac{f(\zeta)}{\zeta - z} \mathrm{d}\zeta - 2\pi\mathrm{i}f(z) \right| = \left| \oint_{\gamma_\rho} \frac{f(\zeta)}{\zeta - z} \mathrm{d}\zeta - \oint_{\gamma_\rho} \frac{f(z)}{\zeta - z} \mathrm{d}\zeta \right|$$

$$= \left| \oint_{\gamma_\rho} \frac{f(\zeta) - f(z)}{\zeta - z} \mathrm{d}\zeta \right| \leqslant \oint_{\gamma_\rho} \frac{|f(\zeta) - f(z)|}{|\zeta - z|} \mathrm{d}s$$

由于函数 $f(z)$ 在 D 内解析,必在 D 内处处连续,故而在点 z 处连续. 即对任意给定的正数 ε,一定存在 $\delta > 0$,当 $|\zeta - z| = \rho < \delta$ 时,有 $|f(\zeta) - f(z)| < \dfrac{\varepsilon}{2\pi} (\zeta \in \gamma_\rho)$. 所以

$$\left| \oint_{\gamma_\rho} \frac{f(\zeta)}{\zeta - z} \mathrm{d}\zeta - 2\pi\mathrm{i}f(z) \right| < \frac{\varepsilon}{2\pi\rho} \oint_{\gamma_\rho} \mathrm{d}\zeta = \varepsilon$$

定理得证.

推论 3.5 设区域 D 的边界是周线(或复周线)C,$f(z)$ 在 D 内解析,在 $\overline{D} = D + C$ 上连续,z 是 D 内任一点,则

$$f(z) = \frac{1}{2\pi\mathrm{i}} \oint_C \frac{f(\zeta)}{\zeta - z} \mathrm{d}\zeta$$

定义 3.4 在定理 3.7 或推论 3.5 的条件下,

$$\frac{1}{2\pi\mathrm{i}} \oint_C \frac{f(\zeta)}{\zeta - z} \mathrm{d}\zeta \quad (z \notin C)$$

称为**柯西积分**.

注 (1)柯西积分公式(3.11)可以改写为

$$\oint_C \frac{f(\zeta)}{\zeta - z} \mathrm{d}\zeta = 2\pi\mathrm{i}f(z) \quad (z \in D) \tag{3.12}$$

或

$$\oint_C \frac{f(z)}{z - z_0} \mathrm{d}z = 2\pi\mathrm{i}f(z_0) \quad (z_0 \in D) \tag{3.13}$$

可以用式(3.12)或(3.13)计算某些周线积分(指积分路径是周线的积分).

(2)式(3.11)的左端表示函数 $f(z)$ 在 C 内任一点处的函数值,而等式右端积分号内

的 $f(\zeta)$ 表示 $f(z)$ 在积分路径 C 上的函数值. 所以,柯西积分公式反映了解析函数在其解析域边界上的函数值与区域内部函数值之间的关系:函数 $f(z)$ 在边界曲线 C 上的值一旦确定,则它在 C 内部任一点处的值也随之确定. 这是解析函数的重要特征.

例如,若函数 $f(z)$ 在曲线 C 上恒取常数 K,z_0 为 C 内部一点,则根据柯西积分公式有

$$f(z_0) = \frac{1}{2\pi i}\oint_C \frac{K}{z - z_0}dz = \frac{K}{2\pi i} \cdot 2\pi i = K$$

即函数 $f(z)$ 在曲线 C 内部也恒取常数 K.

(3) 在公式(3.11)及(3.12)中,$\zeta = z$ 是被积函数 $F(\zeta) = \dfrac{f(\zeta)}{\zeta - z}$ 在 C 内的唯一奇点. 如果被积函数 $F(\zeta)$ 在 C 内有两个以上的奇点,就不能直接用柯西积分公式. 同样,要用式(3.13)求沿周线 C 的积分,要求被积函数 $F(z) = \dfrac{f(z)}{z - z_0}$ 在 C 内有唯一奇点 z_0.

例如,3.2 节的例 3.9:计算积分 $\oint_C \dfrac{2z-1}{z^2 - z}dz$,其中积分曲线 C 是包含圆周 $|z| = 1$ 在内的任何正向简单闭曲线. 可以用柯西积分公式计算,但不能直接用,因为被积函数 $F(z) = \dfrac{2z-1}{z^2-z}$ 在 C 内有两个奇点 0 和 1. 我们可以先分别以 0 和 1 为中心,作两个互不包含也互不相交的正向圆周 C_1 和 C_2,同时使 C_1 和 C_2 都在 C 的内部(见图 3.9). 则

$$\oint_C \frac{2z-1}{z^2-z}dz = \oint_{C_1} \frac{2z-1}{z^2-z}dz + \oint_{C_2} \frac{2z-1}{z^2-z}dz$$

在 C_1 的内部,被积函数有唯一的奇点 $z = 0$;在 C_2 的内部,被积函数有唯一的奇点 $z = 1$. 沿着 C_1 和 C_2 的积分,就可以直接利用柯西积分公式:

$$\oint_{C_1} \frac{2z-1}{z^2-z}dz = \oint_{C_1} \frac{\frac{2z-1}{z-1}}{z}dz = 2\pi i \cdot \frac{2z-1}{z-1}\Big|_{z=0} = 2\pi i$$

$$\oint_{C_2} \frac{2z-1}{z^2-z}dz = \oint_{C_2} \frac{\frac{2z-1}{z}}{z-1}dz = 2\pi i \cdot \frac{2z-1}{z}\Big|_{z=1} = 2\pi i$$

故

$$\oint_C \frac{2z-1}{z^2-z}dz = 4\pi i$$

由定理 3.7 的特殊情形,可得如下的解析函数的平均值定理:

定理 3.8(解析函数的平均值定理) 如果函数 $f(z)$ 在圆 $|z - z_0| < R$ 内解析,在闭圆 $|z - z_0| \le R$ 上连续,则

$$f(z_0) = \frac{1}{2\pi}\int_0^{2\pi} f(z_0 + Re^{i\varphi})d\varphi \qquad (3.14)$$

即 $f(z)$ 在圆心 z_0 处的值等于它在圆周上的值的算术平均值.

证 设 C 表示圆周 $|z - z_0| = R$(见图 3.11),则 $z - z_0 = Re^{i\varphi}$,$0 \le \varphi \le 2\pi$,根据柯西积分公式(3.11),有

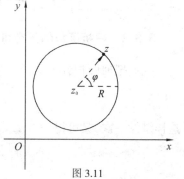

图 3.11

$$f(z_0) = \frac{1}{2\pi i} \oint_C \frac{f(z)}{z - z_0} dz = \frac{1}{2\pi i} \int_0^{2\pi} \frac{f(z_0 + Re^{i\varphi})}{Re^{i\varphi}} i Re^{i\varphi} d\varphi$$

$$= \frac{1}{2\pi} \int_0^{2\pi} f(z_0 + Re^{i\varphi}) d\varphi$$

例 3. 10 计算积分 $\oint_C \dfrac{\cos \dfrac{\pi z}{3}}{z^2 - 1} dz$, 其中 C 为:

(1) $|z - 1| = 1$; (2) $\left| z + \dfrac{1}{2} \right| = 1$; (3) $|z| = 2$.

解 (1) 被积函数 $\dfrac{\cos \dfrac{\pi z}{3}}{z^2 - 1}$ 在积分路径 $|z - 1| = 1$ 内有唯一的奇点 $z = 1$, 且 $f(z) =$

$\dfrac{\cos \dfrac{\pi z}{3}}{z + 1}$ 在 $|z - 1| \leq 1$ 上处处解析. 由柯西积分公式, 有

$$\oint_C \frac{\cos \dfrac{\pi z}{3}}{z^2 - 1} dz = 2\pi i \cdot \left. \frac{\cos \dfrac{\pi z}{3}}{z + 1} \right|_{z=1} = \frac{\pi i}{2}$$

(2) 被积函数 $\dfrac{\cos \dfrac{\pi z}{3}}{z^2 - 1}$ 在积分路径 $\left| z + \dfrac{1}{2} \right| = 1$ 内有唯一的奇点 $z = -1$, 且 $f(z) = \dfrac{\cos \dfrac{\pi z}{3}}{z - 1}$

在 $\left| z + \dfrac{1}{2} \right| \leq 1$ 上处处解析. 由柯西积分公式, 有

$$\oint_C \frac{\cos \dfrac{\pi z}{3}}{z^2 - 1} dz = 2\pi i \cdot \left. \frac{\cos \dfrac{\pi z}{3}}{z - 1} \right|_{z=-1} = -\frac{\pi i}{2}$$

(3) 被积函数 $\dfrac{\cos \dfrac{\pi z}{3}}{z^2 - 1}$ 在积分路径 $|z| = 2$ 内有 $z = \pm 1$ 两个奇点, 分别以 $z = -1$ 和 $z = 1$ 作两个互不包含且互不相交的正向圆周 C_1 和 C_2, 同时使 C_1 和 C_2 都在 C 的内部, 即 C_1 只包含奇点 $z = -1$, C_2 只包含奇点 $z = 1$. 由复合闭路定理和柯西积分公式, 有

$$\oint_C \frac{\cos \dfrac{\pi z}{3}}{z^2 - 1} dz = \oint_{C_1} \frac{\cos \dfrac{\pi z}{3}}{z^2 - 1} dz + \oint_{C_2} \frac{\cos \dfrac{\pi z}{3}}{z^2 - 1} dz = -\frac{\pi i}{2} + \frac{\pi i}{2} = 0$$

3. 3. 2 解析函数的无穷可微性

我们把柯西积分公式 (3.11) 在积分号下对 z 求导, 得

$$f'(z) = \frac{1}{2\pi i} \oint_C \frac{f(\zeta)}{(\zeta - z)^2} d\zeta \quad (z \in D) \tag{3.15}$$

这样继续一次, 又可得

$$f''(z) = \frac{2!}{2\pi i} \oint_C \frac{f(\zeta)}{(\zeta - z)^3} d\zeta \quad (z \in D)$$

依次继续下去,可得

$$f^{(n)}(z) = \frac{n!}{2\pi i}\oint_C \frac{f(\zeta)}{(\zeta-z)^{n+1}}d\zeta \quad (z \in D)$$

我们将对这些公式的正确性加以证明.

　　定理 3.9　在定理 3.7 的条件下,函数 $f(z)$ 在区域 D 内有各阶导数,并且有

$$f^{(n)}(z) = \frac{n!}{2\pi i}\oint_C \frac{f(\zeta)}{(\zeta-z)^{n+1}}d\zeta \quad (z \in D) \tag{3.16}$$

这是一个用解析函数 $f(z)$ 的边界值表示其各阶导数内部值的积分公式. 我们也称式(3.16)为
解析函数的**高阶导数公式**.

　　证　首先证明 $n=1$ 的情形,即证明式(3.15)成立. 设 $z+\Delta z\,(\Delta z\neq 0)$ 在 C 内部,由柯
西积分公式,有

$$f(z+\Delta z) = \frac{1}{2\pi i}\oint_C \frac{f(\zeta)}{\zeta-(z+\Delta z)}d\zeta$$

故

$$\frac{f(z+\Delta z)-f(z)}{\Delta z} = \frac{1}{2\pi i\Delta z}\oint_C \Big[\frac{f(\zeta)}{\zeta-(z+\Delta z)} - \frac{f(\zeta)}{\zeta-z}\Big]d\zeta$$

$$= \frac{1}{2\pi i}\oint_C \frac{f(\zeta)}{(\zeta-z-\Delta z)(\zeta-z)}d\zeta$$

只要证明 $\lim\limits_{\Delta z\to 0}\dfrac{1}{2\pi i}\oint_C \dfrac{f(\zeta)}{(\zeta-z-\Delta z)(\zeta-z)}d\zeta = \dfrac{1}{2\pi i}\oint_C \dfrac{f(\zeta)}{(\zeta-z)^2}d\zeta$ 即可,即证明

$$Q = \left| \frac{1}{2\pi i}\oint_C \frac{f(\zeta)}{(\zeta-z-\Delta z)(\zeta-z)}d\zeta - \frac{1}{2\pi i}\oint_C \frac{f(\zeta)}{(\zeta-z)^2}d\zeta \right|$$

$$= \left| \frac{1}{2\pi i}\oint_C \frac{\Delta z f(\zeta)}{(\zeta-z-\Delta z)(\zeta-z)^2}d\zeta \right|$$

当 $\Delta z\to 0$ 时,差数 $Q\to 0$.

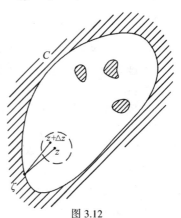

图 3.12

　　由于函数 $f(z)$ 在 D 内解析,必在 D 内连续,设沿周线
C, $|f(\zeta)|\leq M$. 设 d 表示 z 与 C 上的点 ζ 之间的最短距
离(见图 3.12). 于是,当 $\zeta\in C$ 时, $|\zeta-z|\geq d>0$. 取
$|\Delta z|$ 足够小,使 $|\Delta z|<\dfrac{d}{2}$,则

$$|\zeta-z-\Delta z| \geq |\zeta-z| - |\Delta z| > \frac{d}{2}$$

因此差数

$$0\leq Q \leq \frac{1}{2\pi}\oint_C \frac{|\Delta z||f(\zeta)|}{|\zeta-z-\Delta z||\zeta-z|^2}ds$$

$$< \frac{1}{2\pi}\oint_C \frac{|\Delta z|\cdot M}{\dfrac{d}{2}\cdot d^2}ds = \frac{ML}{\pi d^3}|\Delta z|$$

其中 L 是积分路径 C 的长度. 对上面不等式的两边取极限,由极限保号性,可知

$$0\leq \lim_{\Delta z\to 0} Q \leq \lim_{\Delta z\to 0}\frac{ML}{\pi d^3}|\Delta z| = 0$$

所以
$$\lim_{\Delta z \to 0} Q = 0$$

即
$$f'(z) = \lim_{\Delta z \to 0} \frac{f(z + \Delta z) - f(z)}{\Delta z} = \frac{1}{2\pi i} \oint_C \frac{f(\zeta)}{(\zeta - z)^2} d\zeta$$

要完成定理 3.9 的证明, 需要用数学归纳法. 设 $n = k$ 时, 公式 (3.16) 成立, 证明 $n = k + 1$ 时, 式 (3.16) 也成立, 即要证

$$\lim_{\Delta z \to 0} \frac{f^{(k)}(z + \Delta z) - f^{(k)}(z)}{\Delta z}$$

$$= \lim_{\Delta z \to 0} \frac{k!}{2\pi i \Delta z} \oint_C \left[\frac{f(\zeta)}{(\zeta - z - \Delta z)^{k+1}} - \frac{f(\zeta)}{(\zeta - z)^{k+1}} \right] d\zeta$$

$$= \frac{(k+1)!}{2\pi i} \oint_C \frac{f(\zeta)}{(\zeta - z)^{k+2}} d\zeta$$

方法和证明 $n = 1$ 的情形类似, 不过证明过程稍微复杂一些, 在这里就不叙述了.

注 (1) 公式 (3.16) 可以写成

$$\oint_C \frac{f(\zeta)}{(\zeta - z)^{n+1}} d\zeta = \frac{2\pi i}{n!} f^{(n)}(z) \quad (z \in D, n = 1, 2, \cdots) \tag{3.17}$$

或
$$\oint_C \frac{f(z)}{(z - z_0)^{n+1}} dz = \frac{2\pi i}{n!} f^{(n)}(z_0) \quad (z_0 \in D, n = 1, 2, \cdots) \tag{3.18}$$

用式 (3.17) 或 (3.18) 可以求一些周线的积分.

(2) 在式 (3.16) 及 (3.17) 中, $\zeta = z$ 是被积函数 $F(\zeta) = \dfrac{f(\zeta)}{(\zeta - z)^{n+1}}$ 在 C 内的唯一奇点. 如果被积函数 $F(\zeta)$ 在 C 内有两个以上的奇点, 就不能直接用高阶导数公式. 同样, 要用式 (3.18) 求周线积分, 要求被积函数 $F(z) = \dfrac{f(z)}{(z - z_0)^{n+1}}$ 在 C 内的唯一奇点 z_0.

定理 3.9 实际上也说明了解析函数具有无穷可微性, 即:

定理 3.10 设函数 $f(z)$ 在区域 D 内解析, 则其在 D 内具有各阶导数, 并且它们在 D 内也解析.

定理 3.10 换句话说就是, 解析函数的导数还是解析函数. 函数在区域 D 内解析, 就可以推出其各阶导数在 D 内存在且连续. 而对于一元实函数来说, 在某区间上可微的函数, 在此区间上的二阶导数不一定存在, 更谈不上有更高阶的导数了.

借助解析函数的无穷可微性, 我们现在把判断函数 $f(z)$ 在区域 D 内解析的一个充分条件——推论 2.1, 补充证明成刻画解析函数的第二个等价定理:

定理 3.11 函数 $f(z) = u(x, y) + iv(x, y)$ 在区域 D 内解析的充要条件是

(1) u_x, u_y, v_x, v_y 都在 D 内连续;

(2) $u(x, y), v(x, y)$ 在 D 内满足 C.-R. 方程.

证 充分性, 即推论 2.1.

必要性: 条件 (2) 的必要性已由定理 2.1 得出. 现在, 由于解析函数 $f(z)$ 的无穷可微性, $f'(z)$ 必在 D 内连续, 因而 u_x, u_y, v_x, v_y 必在 D 内连续.

例 3.11 计算下列积分, 其中 C 是正向圆周: $|z| = r > 1$.

(1) $\displaystyle\oint_C \frac{\cos z}{(z - i)^4} dz$;　　　　　(2) $\displaystyle\oint_C \frac{1}{z^3 (z - 1)^2} dz$.

解　（1）被积函数 $\dfrac{\cos z}{(z-\mathrm{i})^4}$ 在 $C:|z|=r>1$ 内有唯一的奇点 $z=\mathrm{i}$，由式（3.18），有

$$\oint_C \frac{\cos z}{(z-\mathrm{i})^4}\mathrm{d}z = \frac{2\pi\mathrm{i}}{3!}\cdot(\cos z)'''\Big|_{z=\mathrm{i}} = \frac{\pi}{3}\mathrm{i}\sin\mathrm{i} = -\frac{\pi}{3}\mathrm{sh}\,1.$$

（2）被积函数 $\dfrac{1}{z^3(z-1)^2}$ 在 $C:|z|=r>1$ 内有两个奇点 $z=0$ 和 $z=1$．分别以 $z=0$ 和 $z=1$ 作两个互不包含且互不相交的正向圆周 C_1 和 C_2，同时使 C_1 和 C_2 都在 C 的内部，即 C_1 只包含奇点 $z=0$，C_2 只包含奇点 $z=1$（见图 3.13）．由复合闭路定理和公式（3.18），有

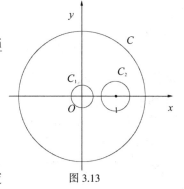

图 3.13

$$\oint_C \frac{1}{z^3(z-1)^2}\mathrm{d}z = \oint_{C_1}\frac{1}{z^3(z-1)^2}\mathrm{d}z + \oint_{C_2}\frac{1}{z^3(z-1)^2}\mathrm{d}z$$

$$= \frac{2\pi\mathrm{i}}{2!}\cdot\frac{\mathrm{d}^2}{\mathrm{d}z^2}\Big[\frac{1}{(z-1)^2}\Big]\Big|_{z=0} + \frac{2\pi\mathrm{i}}{1!}\cdot\frac{\mathrm{d}}{\mathrm{d}z}\Big(\frac{1}{z^3}\Big)\Big|_{z=1}$$

$$=6\pi\mathrm{i}-6\pi\mathrm{i}=0$$

3.3.3　莫瑞拉定理

我们现在来证明柯西积分定理（定理 3.2）的逆定理，称为**莫瑞拉（Morera）定理**.

定理 3.12　如果函数 $f(z)$ 在单连通域 D 内连续，且对 D 内的任一周线 C，有

$$\oint_C f(z)\mathrm{d}z = 0$$

则 $f(z)$ 在 D 内解析.

证　在假设的条件下，由定理 3.4 知

$$F(z) = \int_{z_0}^{z} f(\zeta)\mathrm{d}\zeta \quad (z_0\in D)$$

在 D 内解析，且 $F'(z)=f(z)(z\in D)$．由解析函数的无穷可微性知，$F'(z)$ 仍然是区域 D 内的解析函数，也就是说，$f(z)$ 在 D 内解析.

由柯西积分定理和莫瑞拉定理，我们可得到刻画解析函数的第三个等价定理：

定理 3.13　函数 $f(z)$ 在区域 G 内解析的充要条件是：

（1）函数 $f(z)$ 在区域 G 内连续；

（2）对 G 内的任一周线 C，只要 C 及其内部全部含于 G，就有

$$\oint_C f(z)\mathrm{d}z = 0$$

证　必要性：可由柯西积分定理导出.

充分性：我们在 G 内任取一点 z_0，以 z_0 为中心，作邻域 $K:|z-z_0|<\delta$，并使 $K\subset G$．在 K 内用定理 3.12，就知道 $f(z)$ 在 K 内解析，具体来说，在 z_0 处解析．由于 z_0 是 G 内任一点，故 $f(z)$ 在区域 G 内解析.

3.4　解析函数与调和函数

我们在上一节已经证明,在区域 D 内解析的函数具有任意阶导数. 因此,在区域 D 内,它的实部 u 和虚部 v 都有二阶连续偏导数. 现在我们来研究应该如何选择 u 和 v,才能使函数 $u + iv$ 在区域 D 内解析.

定义 3.5　如果二元实函数 $\varphi(x,y)$ 在区域 D 内具有二阶连续偏导数,且满足拉普拉斯(Laplace)方程

$$\frac{\partial^2 \varphi}{\partial x^2} + \frac{\partial^2 \varphi}{\partial y^2} = 0$$

则称 $\varphi(x,y)$ 为区域 D 内的**调和函数**. $\Delta \equiv \dfrac{\partial^2}{\partial x^2} + \dfrac{\partial^2}{\partial y^2}$ 是一种运算记号,称为**拉普拉斯算子**.

调和函数在诸如流体力学、电磁学和传热学中都有重要应用. 下面我们看解析函数与调和函数的关系.

定理 3.14　在区域 D 内解析的函数 $f(z) = u(x,y) + iv(x,y)$,其实部 $u(x,y)$ 和虚部 $v(x,y)$ 都是区域 D 内的调和函数.

证　由于 $f(z) = u(x,y) + iv(x,y)$ 在区域 D 内解析,则由 C.-R. 方程,有

$$\frac{\partial u}{\partial x} = \frac{\partial v}{\partial y}, \quad \frac{\partial u}{\partial y} = -\frac{\partial v}{\partial x}$$

得

$$\frac{\partial^2 u}{\partial x^2} = \frac{\partial^2 v}{\partial y \partial x}, \quad \frac{\partial^2 u}{\partial y^2} = -\frac{\partial^2 v}{\partial x \partial y}$$

因为 $\dfrac{\partial^2 v}{\partial y \partial x}, \dfrac{\partial^2 v}{\partial x \partial y}$ 在 D 内连续,它们必相等,故在 D 内有

$$\frac{\partial^2 u}{\partial x^2} + \frac{\partial^2 u}{\partial y^2} = 0$$

同理,在 D 内有

$$\frac{\partial^2 v}{\partial x^2} + \frac{\partial^2 v}{\partial y^2} = 0$$

因此,u 和 v 都是调和函数.

定义 3.6　在区域 D 内满足 C.-R. 方程

$$\frac{\partial u}{\partial x} = \frac{\partial v}{\partial y}, \quad \frac{\partial u}{\partial y} = -\frac{\partial v}{\partial x}$$

的两个调和函数 u 和 v 中,v 称为 u 的**共轭调和函数**.

由上面的讨论,我们已经证明了下面的定理:

定理 3.15　若函数 $f(z) = u(x,y) + iv(x,y)$ 在区域 D 内解析,则在区域 D 内虚部 $v(x,y)$ 必是实部 $u(x,y)$ 的共轭调和函数.

我们注意到,u 和 v 的关系不能颠倒,任意两个调和函数 u 和 v 所构成的函数 $u + iv$ 不一定是解析函数. 例如,$f(z) = z^2 = x^2 - y^2 + 2xyi$,其中实部 $u = x^2 - y^2$,虚部 $v = 2xy$,显然 v 必是实部 u 的共轭调和函数. 但以 $v = 2xy$ 作实部,$u = x^2 - y^2$ 作虚部的函数 $g(z) =$

$2xy + i(x^2 - y^2)$ 并不解析.

由共轭调和函数的定义及解析函数的性质,我们又可以得到刻画解析函数的第四个等价定理:

定理 3.16　函数 $f(z) = u(x,y) + iv(x,y)$ 在区域 D 内解析的充要条件是在区域 D 内,虚部 $v(x,y)$ 必是实部 $u(x,y)$ 的共轭调和函数.

解析函数的性质非常优秀,其应用也很广泛. 那么,如何构造一个解析函数呢? 下面通过实例介绍,已知单连通域内的解析函数 $f(z)$ 的实部或者虚部,求 $f(z)$ 的方法.

例 3.12　验证 $u(x,y) = 2(x-1)y$ 是 z 平面上的调和函数,并求以 $u(x,y)$ 为实部的解析函数 $f(z)$,使其满足条件 $f(2) = -i$.

解　因为 $u_x = 2y, u_{xx} = 0, u_y = 2(x-1), u_{yy} = 0$,因而 $u_{xx} + u_{yy} = 0$,所以 u 是 z 平面上的调和函数.

下面我们来看,如何利用这个调和函数作为解析函数的实部,来构造一个解析函数.

方法 1　偏积分法

利用 C.-R. 方程,有

$$v_x = -u_y = -2(x-1)$$

等式两边分别对 x 求积分,得

$$v = -\int 2(x-1)dx = 2x - x^2 + g(y)$$

上式两边分别对 y 求导,得

$$v_y = g'(y)$$

又因为 $v_y = u_x$,即

$$g'(y) = 2y$$

两边分别对 y 求积分,得

$$g(y) = y^2 + c$$

故

$$v = 2x - x^2 + y^2 + c$$

所以,解析函数 $f(z)$ 可以表示为

$$f(z) = 2(x-1)y + i(2x - x^2 + y^2 + c)$$

代入条件 $f(2) = -i$,得 $c = -1$,故

$$f(z) = 2(x-1)y + i(2x - x^2 + y^2 - 1) = -i(z-1)^2$$

方法 2　线积分法(对二元函数 $v(x,y)$ 的全微分求积分)

利用 C.-R. 方程,有

$$dv = v_x dx + v_y dy = -u_y dx + u_x dy$$
$$= -2(x-1)dx + 2ydy$$

等式两边沿起点为 $(0,0)$、终点为 (x,y) 的曲线段求积分,得

$$v = \int_{(0,0)}^{(x,y)} -2(x-1)dx + 2ydy + c$$

该积分与积分路径无关,因此可以选取路径(比如折线)进行计算. 选取积分路径从 $(0,0)$ 到 $(x,0)$,再从 $(x,0)$ 到 (x,y) 的线段作为积分路径(见图 3.14),则

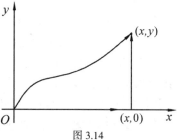

图 3.14

$$v = -2\int_0^x (x-1)\mathrm{d}x + \int_0^y 2y\mathrm{d}y + c = 2x - x^2 + y^2 + c$$

下同方法 1.

方法 3　不定积分法

因为 $f(z)$ 是解析函数,故

$$f'(z) = \frac{\partial u}{\partial x} - \mathrm{i}\frac{\partial u}{\partial y} = 2y - 2\mathrm{i}(x-1) = -2\mathrm{i}(z-1)$$

两边分别对 z 求不定积分,得

$$f(z) = -\mathrm{i}(z-1)^2 + c$$

代入条件 $f(2) = -\mathrm{i}$,得 $c = 0$,故

$$f(z) = -\mathrm{i}(z-1)^2$$

例 3.13　验证 $v(x,y) = \arctan\dfrac{y}{x}(x>0)$ 在右半 z 平面是调和函数,并求以此二元函数为虚部的解析函数 $f(z)$.

解　因为 $v_x = \dfrac{-\dfrac{y}{x^2}}{1+\left(\dfrac{y}{x}\right)^2} = -\dfrac{y}{x^2+y^2}$, $\quad v_y = \dfrac{\dfrac{1}{x}}{1+\left(\dfrac{y}{x}\right)^2} = \dfrac{x}{x^2+y^2}$ $\quad (x>0)$

$$v_{xx} = \frac{2xy}{(x^2+y^2)^2}, \quad v_{yy} = \frac{-2xy}{(x^2+y^2)^2} \quad (x>0)$$

于是

$$v_{xx} + v_{yy} = 0 \quad (x>0)$$

$$f'(z) = \frac{\partial v}{\partial y} + \mathrm{i}\frac{\partial v}{\partial x} = \frac{x}{x^2+y^2} - \mathrm{i}\cdot\frac{y}{x^2+y^2} = \frac{1}{z} \quad (x>0)$$

两边分别对 z 求不定积分,得

$$f(z) = \ln z + c$$

它在右半 z 平面上是解析的.

*3.5　平面场的复势

作为解析函数的一个重要应用,这一节我们将介绍利用解析函数的方法来解决平面向量场的有关问题. 主要讲如何将一个平面场表示成一个复势函数.

3.5.1　用复变函数表示平面向量场

我们说某一个向量场 **A** 是一个平面场,其意思并不是说这个场中所有的向量都是定义在某一个平面上,而是说向量场 **A** 中所有的向量都平行于某一个固定的平面 S_0,并且在任何一条垂直于 S_0 的直线上,每个点上的向量都是相等的. 显然,这种向量场在所有平行于 S_0 的平面内分布情况完全相同. 这样,向量场 **A** 就可以用一个位于平面 S_0 的向量场来表示[见图 3.15(a)].

我们在平面 S_0 内取定一直角坐标系 xOy,于是场中每一个具有分量 A_x 和 A_y 的向量 **A**[见图 3.15(b)]就可以用复数表示为

$$A = A_x + \mathrm{i}A_y \tag{3.19}$$

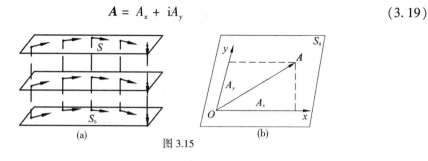

图 3.15

这样,平面向量场 A 就可以借助复变量函数表示为

$$A = A(z) = A_x(x,y) + \mathrm{i}A_y(x,y) \tag{3.20}$$

反之,已知某一复变函数 $w = u(x,y) + \mathrm{i}v(x,y)$,可以作出一个对应的平面向量场:

$$A = u(x,y) + \mathrm{i}v(x,y)$$

例如,一个平面定常流速场(比如,河水的表面)可以用复变函数表示为

$$v(z) = v_x(x,y) + \mathrm{i}v_y(x,y)$$

又如,垂直于均匀带电的无限长直导线的所有平面上,电场的分布是相同的,因而可以取其某一个平面为代表,当作平面电场来研究. 该平面的电场强度可以用一个复变函数表示为

$$E(z) = E_x(x,y) + \mathrm{i}E_y(x,y)$$

至于说某个物理场是稳定的,其意思是说,这个场中的量都是空间坐标的函数,而不随着时间的改变而改变. 很多不同的稳定平面物理场都可以用一个复变函数来描述. 平面向量场与复变函数的这种密切关系,不仅说明了复变函数具有明确的物理意义,而且使我们可以利用复变函数的方法来研究平面向量场的有关问题. 在应用中,特别重要的是如何构造一个解析函数来表示无源无旋的平面向量场,这个解析函数就是所谓平面向量场的**复势函数(复位能)**.

3.5.2　平面流速场的复势

我们考虑不可压缩的流体的**平面稳定流动**(流体不可压缩是指其密度不因压力而改变). 选定一个有代表性的平面作为 z 平面,用 D 表示流体在这个平面上的流动区域. 以下总假定流体的密度为 1,则流速场为

$$v(z) = v_x(x,y) + \mathrm{i}v_y(x,y) \tag{3.21}$$

其中 $v_x(x,y)$ 和 $v_y(x,y)$ 有连续的偏导数.

关于这样的流速场,我们作两点假设:首先假设 v 是无源场(即管量场),由《场论》所学知识,我们知道

$$\operatorname{div} v = \frac{\partial v_x}{\partial x} + \frac{\partial v_y}{\partial y} = 0 \tag{3.22}$$

即

$$\frac{\partial v_x}{\partial x} = -\frac{\partial v_y}{\partial y} \tag{3.23}$$

其次,假设v 是无旋场,这时就有

$$\text{rot } v = 0 \tag{3.24}$$

即

$$\frac{\partial v_x}{\partial y} - \frac{\partial v_y}{\partial x} = 0 \tag{3.25}$$

如果D是一个单连通域,由式(3.23)知,$-v_y dx + v_x dy$ 是某一个二元函数$\psi(x,y)$的全微分,即

$$d\psi(x,y) = -v_y dx + v_x dy$$

$$\frac{\partial \psi}{\partial x} = -v_y, \quad \frac{\partial \psi}{\partial y} = v_x \tag{3.26}$$

因为沿等值线$\psi(x,y) = c_1$,$d\psi(x,y) = -v_y dx + v_x dy = 0$,所以,$\dfrac{dy}{dx} = \dfrac{v_y}{v_x}$. 这就是说,场$v$在等值线$\psi(x,y) = c_1$上每一点处的向量都与等值线相切,因而在流速场中等值线$\psi(x,y) = c_1$ 就是**流线**. 因此,函数$\psi(x,y)$称为场v 的**流函数**.

再由式(3.23)知,$v_x dx + v_y dy$ 是某一个二元函数$\varphi(x,y)$的全微分,即

$$d\varphi(x,y) = v_x dx + v_y dy$$

$$\frac{\partial \varphi}{\partial x} = v_x, \quad \frac{\partial \varphi}{\partial y} = v_y \tag{3.27}$$

从而有

$$\text{grad } \varphi(x,y) = \frac{\partial \varphi}{\partial x} + \frac{\partial \varphi}{\partial y} i = v$$

$\varphi(x,y)$就称为场v 的**势函数**(或**位函数**). 等值线$\varphi(x,y) = c_2$ 就称为**等势线**(或**等位线**).

根据上面的讨论可知:如果在单连通域D 内,向量场v 既是无源场,又是无旋场,式(3.26)和(3.27)同时成立,即

$$\frac{\partial \varphi}{\partial x} = \frac{\partial \psi}{\partial y}, \quad \frac{\partial \varphi}{\partial y} = -\frac{\partial \psi}{\partial x}$$

这就是 C. - R. 方程. 因此,在单连通域 D 内我们可以作一解析函数

$$w = f(z) = \varphi(x,y) + i\psi(x,y)$$

这个函数称为平面流速场的**复势函数**,简称**复势**. 它就是我们要构造的表示该平面场的解析函数.

由解析函数的求导公式,得

$$f'(z) = \frac{\partial \varphi}{\partial x} + i\frac{\partial \psi}{\partial x} = \frac{\partial \varphi}{\partial x} - i\frac{\partial \varphi}{\partial y}$$

而

$$v = v_x + iv_y = \frac{\partial \varphi}{\partial x} + i\frac{\partial \varphi}{\partial y} = \frac{\partial \varphi}{\partial x} - i\frac{\partial \psi}{\partial x} = \overline{f'(z)} \tag{3.28}$$

此式表明流速场v 可以用复变函数$v = \overline{f'(z)}$表示.

因此,在一个单连通域内,给定一个无源无旋平面流速场v ,就可以构造一个解析函数——它的复势 $w = f(z) = \varphi(x,y) + i\psi(x,y)$与之对应;反之,如果在某一区域(不管单连通与否)内给定一个解析函数$w = f(z)$,那么就有一个以它为复势的平面流速场

$v = \overline{f'(z)}$ 与它相对应,并且立即可以写出流函数和势函数,从而得到流线方程和等势线方程. 画出流线与等势线的图形,即得描绘该场的流动图像. 由例 2.7 知,在流速不为零的点处,流线 $\psi(x,y) = c_1$ 和等势线 $\varphi(x,y) = c_2$ 构成正交曲线族.

因此,利用解析函数(复势)可以统一研究场的流函数和势函数,而且克服了在《场论》一书中对流函数和势函数独立地进行研究的缺点,且计算也比较简便.

例 3.14 设一平面流速场的复势为 $f(z) = az(a > 0)$,试求该场的速度、流函数和势函数.

解 因为 $f'(z) = a$,所以场中任一点的速度 $v = \overline{f'(z)} = a > 0$,方向指向 x 轴的正向.

因为流函数 $\psi(x,y) = ay$,所以,流线是直线族 $y = c_1$;

因为势函数 $\varphi(x,y) = ax$,所以,等势线是直线族 $x = c_2$.

该场的流动图像如图 3.16 所示,它刻画了流体以等速 a 从左向右流动的情况.

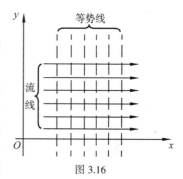

图 3.16

例 3.15 由《场论》一书我们已经知道,流速场中散度 $\operatorname{div} v \neq 0$ 的点,统称为**源点**(有时称使 $\operatorname{div} v > 0$ 的点为**源点**,使 $\operatorname{div} v < 0$ 的点为洞). 试求由单个源点所形成的定常流速场的复势,并画出流动图像.

解 不妨设流速场 v 内只有一个位于坐标原点的源点,而其他各点无源无旋,在无穷远处保持静止状态. 由该场的对称性,容易看出,场内某一点 $z \neq 0$ 处的流速具有形式

$$v = g(r)r^0$$

其中 $r = |z|$,r^0 是指向 z 的向径上的单位向量,且 $r^0 = \dfrac{z}{|z|}$,$g(r)$ 是一待定函数.

由于流体的不可压缩性,流体在任一以原点为中心的圆环域 $r_1 < |z| < r_2$ 内均不可能积蓄,所以流过圆周 $|z| = r_1$ 与 $|z| = r_2$ 的流量相等. 故流过圆周的流量为

$$N = \int_{|z|=r} v \cdot r^0 \mathrm{d}s = \int_{|z|=r} g(r)r^0 \cdot r^0 \mathrm{d}s = 2\pi g(r)r$$

它是一个与 r 无关的常数,称为**源点的强度**. 由此得

$$g(|z|) = g(r) = \frac{N}{2\pi|z|} \tag{3.29}$$

流速 v 可以表示为

$$v = v(z) = \frac{N}{2\pi|z|} \cdot \frac{z}{|z|} = \frac{N}{2\pi\bar{z}} \tag{3.30}$$

显然,它符合"在无穷远处保持静止状态"的要求. 于是由式(3.28)可知,复势函数 $f(z)$ 的导数为

$$f'(z) = \overline{v(z)} = \frac{N}{2\pi z}$$

故

$$f(z) = \int f'(z)\mathrm{d}z = \int \frac{N}{2\pi z}\mathrm{d}z = \frac{N}{2\pi}\operatorname{Ln} z + c \tag{3.31}$$

其中 $c = c_1 + ic_2$ 为复常数. 将实部和虚部分开,就分别得到势函数和流函数:

$$\varphi(x,y) = \frac{N}{2\pi}\ln|z| + c_1, \quad \psi(x,y) = \frac{N}{2\pi}\mathrm{Arg}\, z + c_2$$

该场的流动图像如图 3.17 和图 3.18 所示(实线表示流线,虚线表示等势线).

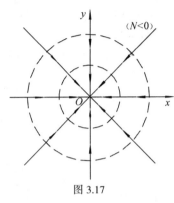
图 3.17

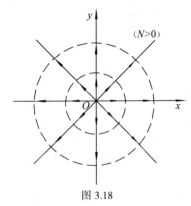
图 3.18

例 3.16 我们知道,在平面流速场中,$\mathrm{rot}\, v \neq 0$ 的点称为涡点. 设平面上仅在原点有个涡点,无穷远处保持静止状态. 试求该流速场的复势.

解 场内某点 z 处的流速具有形式

$$v = h(r)\boldsymbol{\tau}^0$$

其中,$\boldsymbol{\tau}^0$ 是点 z 处与 $\boldsymbol{r}^0$ 垂直的单位向量,即 $\boldsymbol{\tau}^0 = \dfrac{\mathrm{i}z}{|z|}$,$g(r)$ 是一个与 $r = |z|$ 有关的待定函数. 沿 $|z| = r$ 的环流量

$$\Gamma = \oint_{|z|=r} v \cdot \boldsymbol{\tau}^0 \mathrm{d}s = \int_{|z|=r} h(r)\boldsymbol{\tau}^0 \cdot \boldsymbol{\tau}^0 \mathrm{d}s = 2\pi r h(r) \tag{3.32}$$

不难证明,Γ 与 r 无关,它是一个常量. 事实上,任取两个圆周 $C_1:|z|=r_1$ 与 $C_2:|z|=r_2$,可围成一个圆环域 D. 作连接 C_1 与 C_2 的割痕 PQ,从而作成一个由圆周 C_1 与 C_2 以及直线段 PQ 与 QP 所构成的封闭曲线 C,如图 3.19 所示.

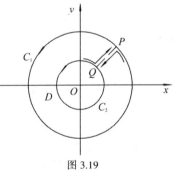
图 3.19

根据格林公式,沿 C 的环流量

$$\oint_C v \cdot \boldsymbol{\tau}^0 \mathrm{d}s = \iint_D \mathrm{rot}\, v \cdot \boldsymbol{n}\mathrm{d}\sigma$$

由于该场仅在原点有个单涡点,所以在 D 内 $\mathrm{rot}\, v = 0$,从而有 $\oint_C v \cdot \boldsymbol{\tau}^0 \mathrm{d}s = 0$. 即

$$\oint_{C_1} v \cdot \boldsymbol{\tau}^0 \mathrm{d}s = \int_{C_2} v \cdot \boldsymbol{\tau}^0 \mathrm{d}s$$

即 Γ 与 r 无关,是一常数. 故由式(3.32)得

$$h(r) = \frac{\Gamma}{2\pi r}$$

所以,流速可表示为

$$v = \frac{\Gamma}{2\pi r} \cdot \frac{\mathrm{i}z}{r} = \frac{\Gamma \mathrm{i}}{2\pi} \cdot \frac{1}{\bar{z}} \tag{3.33}$$

其中 $-\mathrm{i}\varGamma$ 称为涡点的强度. 与例 3.15 同样的道理, 得场 v 的复势为

$$f(z) = \frac{\varGamma}{2\pi\mathrm{i}}\mathrm{Ln}\, z + c \tag{3.34}$$

其中 $c = c_1 + \mathrm{i}c_2$ 为复常数. 势函数和流函数分别为

$$\varphi(x,y) = \frac{\varGamma}{2\pi}\mathrm{Arg}\, z + c_1, \quad \psi(x,y) = -\frac{\varGamma}{2\pi}\ln|z| + c_2$$

比较式 (3.31) 和 (3.34), 除了常数 N 换成了常数 $\varGamma$ 外, 二者仅相差一个因子 $\dfrac{1}{\mathrm{i}}$. 因此, 只要将例 3.15 中的流线与等势线位置互换, 就可得到涡点所形成的场的流动图像 (见图 3.20 和图 3.21).

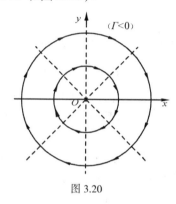

图 3.20

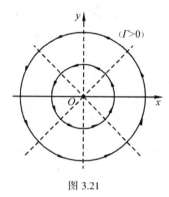

图 3.21

3.5.3　静电场的复势

设有平面静电场

$$\boldsymbol{E} = E_x + \mathrm{i}E_y$$

只要场内没有带电物体, 静电场既是无源场, 又是无旋场. 我们来构造场 $\boldsymbol{E}$ 的复势.

因为场 $\boldsymbol{E}$ 是无源场, 所以

$$\mathrm{div}\, \boldsymbol{E} = \frac{\partial E_x}{\partial x} + \frac{\partial E_y}{\partial y} = 0$$

从而, 在单连通域 D 内 $-E_y\mathrm{d}x + E_x\mathrm{d}y$ 是某二元函数 $u(x,y)$ 的全微分, 即

$$\mathrm{d}u(x,y) = -E_y\mathrm{d}x + E_x\mathrm{d}y \tag{3.35}$$

与讨论流速不一样, 不难看出, 静电场 $\boldsymbol{E}$ 的等值线 $u(x,y) = c_1$ 上任一点处的向量 $\boldsymbol{E}$ 都与等值线相切. 这就是说, 等值线就是向量线, 即场中的电力线. 因此称 $u(x,y)$ 为场 $\boldsymbol{E}$ 的力函数.

又因为场 $\boldsymbol{E}$ 是无旋场, 所以

$$\mathrm{rot}_n\boldsymbol{E} = \frac{\partial E_y}{\partial x} - \frac{\partial E_x}{\partial y} = 0$$

因此, 在单连通域 D 内 $-E_x\mathrm{d}x - E_y\mathrm{d}y$ 是某二元函数 $v(x,y)$ 的全微分, 即

$$\mathrm{d}v(x,y) = -E_x\mathrm{d}x - E_y\mathrm{d}y \tag{3.36}$$

由此得

$$\operatorname{grad} v = \frac{\partial v}{\partial x} + \mathrm{i}\,\frac{\partial v}{\partial y} = -E_x - \mathrm{i}E_y = -\boldsymbol{E} \tag{3.37}$$

所以 $v(x,y)$ 是场 $\boldsymbol{E}$ 的势函数,也可以称为场的**电势**或**电位**. 等值线 $v(x,y)=c_2$ 就是等势线或等位线.

综上所述,不难看出,如果 $\boldsymbol{E}$ 是单连通域 D 内的无源无旋场,那么 $u(x,y)$ 和 $v(x,y)$ 满足 C.-R.方程

$$\frac{\partial u}{\partial x} = \frac{\partial v}{\partial y}, \quad \frac{\partial u}{\partial y} = -\frac{\partial v}{\partial x}$$

从而可以得到单连通域 D 内的一个解析函数

$$w = f(z) = u + \mathrm{i}v$$

这个函数称为**静电场的复势**(或**复电位**).

由式(3.37)可知,场 $\boldsymbol{E}$ 用复势表示为

$$\boldsymbol{E} = -\frac{\partial v}{\partial x} - \mathrm{i}\,\frac{\partial u}{\partial y} = -\mathrm{i}\,\overline{f'(z)} \tag{3.38}$$

可见,静电场的复势和流速场的复势相差一个因子 $-\mathrm{i}$,这也是电工学中的习惯用法.

同流速场一样,利用静电场的复势可以研究场的等势线和电力线的分布情况,描绘出场的图像.

例 3.17 求一条具有电荷线密度 λ 的均匀带电的无限长直导线 L 所产生的静电场的复势.

解 设导线 L 在原点 $z=0$ 处垂直于 z 平面(见图 3.22). 在 L 上距原点为 h 处任取微元段 $\mathrm{d}h$,则其带电量为 $\lambda \mathrm{d}h$. 由于导线为无限长,因此垂直于 z 平面的任何直线上各点处的电场强度是一样的. 又由于导线上关于 z 平面对称的两带电微元所产生的电场强度的垂直分量相互抵消,只剩下与 z 平面平行的分量. 因此它所产生的静电场为平面场.

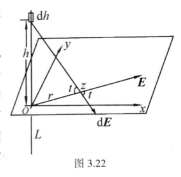

图 3.22

先求平面上任意一点 z 处的电场强度: $E(z) = E_x(x,y) + \mathrm{i}E_y(x,y)$. 根据库仑定律,微元段 $\mathrm{d}h$ 在点 z 处产生的场强的大小为

$$|\mathrm{d}\boldsymbol{E}| = \frac{\lambda \mathrm{d}h}{r^2 + h^2}$$

其中 $r = |z| = \sqrt{x^2+y^2}$. 因所求的电场强度 $\boldsymbol{E}$ 在 z 平面内,所以,它的大小等于所有场强微元 $\mathrm{d}\boldsymbol{E}$ 在 z 平面的投影之和,即

$$|\boldsymbol{E}| = \int_{-\infty}^{+\infty} \frac{\lambda \cos t}{r^2 + h^2}\, \mathrm{d}h$$

其中 t 为 $\mathrm{d}\boldsymbol{E}$ 与 z 平面的交角.

由于 $h = r\tan t$,所以 $\mathrm{d}h = \dfrac{r\mathrm{d}t}{\cos^2 t}$,且 $\dfrac{1}{r^2+h^2} = \dfrac{\cos^2 t}{r^2}$. 所以

$$|\boldsymbol{E}| = \int_{-\frac{\pi}{2}}^{\frac{\pi}{2}} \frac{\lambda \cos t}{r}\, \mathrm{d}t = \frac{2\lambda}{r}$$

考虑到电场 $\boldsymbol{E}$ 的方向,我们得到

$$\boldsymbol{E} = \frac{2\lambda}{r}\boldsymbol{r}^0$$

或用复数表示为 $\boldsymbol{E} = \dfrac{2\lambda}{z}$. 再由式(3.38),就有

$$f'(z) = \mathrm{i}\overline{\boldsymbol{E}} = -\frac{2\lambda\mathrm{i}}{z}$$

所以,场的复势为

$$f(z) = -\int \frac{2\lambda\mathrm{i}}{z}\mathrm{d}z = -2\mathrm{i}\lambda\operatorname{Ln}z + c \quad (c = c_1 + \mathrm{i}c_2) \qquad (3.39)$$

力函数和势函数分别为

$$u(x,y) = 2\lambda\operatorname{Arg}z + c_1, \quad v(x,y) = -2\lambda\ln|z| + c_2$$

电场的分布情况与单个源点的流速场的分布情况类似.

如果导线竖立在 $z = z_0$ 处,则复势为

$$f(z) = -2\mathrm{i}\lambda\operatorname{Ln}(z - z_0) + c$$

3.5.4　平面稳定温度场

如果我们所考虑的物质的导热性能在某一单连通域 D 内是均匀且各向同性的,导热系数是常数且 D 内没有热源,这样在 D 内就形成一个稳定的温度场(见图3.23). 设 $T(x,y)$ 表示其温度分布函数,C 是 D 内任一条简单的闭曲线,σ 是 C 的内部. 根据物理学中的傅里叶定律,自 C 的内部 σ,在单位时间内通过 C 上一小段弧 $\mathrm{d}s$ 流出的热量为

$$-k\frac{\partial T}{\partial \boldsymbol{n}}\mathrm{d}s$$

其中,$\boldsymbol{n}$ 表示 C 上一点的外法线方向. 因此,通过整个曲线 C 流出的热量为

$$-k\int_C \frac{\partial T}{\partial \boldsymbol{n}}\mathrm{d}s = -k\int_C \left[\frac{\partial T}{\partial x}\cos(\boldsymbol{n},x) + \frac{\partial T}{\partial y}\cos(\boldsymbol{n},y)\right]\mathrm{d}s$$

$$= -k\iint_\sigma \left(\frac{\partial^2 T}{\partial x^2} + \frac{\partial^2 T}{\partial y^2}\right)\mathrm{d}x\mathrm{d}y$$

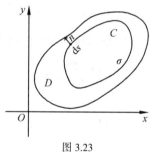

图 3.23

由于 C 的内部 σ 各点的温度不随时间改变,并且没有热源存在,所以

$$\iint_\sigma \left(\frac{\partial^2 T}{\partial x^2} + \frac{\partial^2 T}{\partial y^2}\right)\mathrm{d}x\mathrm{d}y = 0$$

由 C 的任意性,我们有

$$\frac{\partial^2 T}{\partial x^2} + \frac{\partial^2 T}{\partial y^2} = 0$$

即温度分布函数是一个调和函数. 如果用 $S(x,y)$ 表示 $T(x,y)$ 的共轭调和函数,则函数

$$w = f(z) = T(x,y) + \mathrm{i}S(x,y)$$

就是一个解析函数,这个函数称为温度场复势.

总之,不论是在怎样的物理现象中,只要所考虑的物理量是一个二元调和函数,那么

就可以用一个调和函数来描述它.

习题 3

1. 计算积分 $\int_C (x - y + ix^2)\mathrm{d}z$,其中积分路径 C 是连接从 0 到 $1 + i$ 的直线段.

2. 计算积分 $\int_C (x^2 + iy)\mathrm{d}z$,其中积分路径 C 分别为:

(1) 从 0 到 $1 + i$ 的直线段;

(2) 沿抛物线 $y = x^2$,从 0 到 $1 + i$ 的弧段;

(3) 从 0 沿实轴到 1,再从 1 沿铅直方向到 $1 + i$.

3. 计算积分 $\int_C |z|\mathrm{d}z$,其中积分路径 C 分别为:

(1) 从 -1 到 1 的直线段;

(2) 沿上半单位圆周,从 -1 到 1 的弧段;

(3) 沿下半单位圆周,从 -1 到 1 的弧段;

4. 计算积分 $\oint_C \dfrac{\bar{z}}{|z|}\mathrm{d}z$ 的值,其中 C 为圆周:

(1) $|z| = 2$;   (2) $|z| = 4$.

5. 利用积分估值不等式,证明:

(1) $\left| \int_C (x^2 + iy^2)\mathrm{d}z \right| \leqslant 2$,其中 C 是连接从 $-i$ 到 i 的直线段;

(2) $\left| \int_C (x^2 + iy^2)\mathrm{d}z \right| \leqslant \pi$,其中 C 是连接从 $-i$ 到 i 的右半单位圆周.

6. 试用观察法求下列积分,并说明观察时的依据是什么. 其中 C 为正向圆周 $|z| = 1$.

(1) $\oint_C \dfrac{\mathrm{d}z}{\cos z}$;   (2) $\oint_C \dfrac{1}{z - \dfrac{3}{2}}\mathrm{d}z$;

(3) $\oint_C z^3 \cos z^2 \mathrm{d}z$;   (4) $\oint_C \dfrac{\mathrm{d}z}{z(z - 2)}$;

(5) $\oint_C \dfrac{\mathrm{e}^z}{z^2 + 5z + 6}\mathrm{d}z$;   (6) $\oint_C \tan z\mathrm{d}z$.

7. 计算积分 $\oint_C (|z| - \mathrm{e}^z \sin z)\mathrm{d}z$,其中 C 为圆周 $|z| = a > 0$.

8. 计算积分

$$\int_0^{2\pi a} (3z^2 + 8z + 4)\mathrm{d}z$$

之值,其中积分路径是连接 0 到 $2\pi a$ 的摆线:

$$x = a(\theta - \sin \theta), \quad y = a(1 - \cos \theta)$$

9. 求下列积分:

(1) $\int_{-2}^{2+i} (z + 2)^2 \mathrm{d}z$;   (2) $\int_0^{\pi + 2i} \cos \dfrac{z}{2}\mathrm{d}z$;

$(3)\displaystyle\int_{1}^{i}\dfrac{\ln(z+1)}{z+1}dz;$ $\qquad$ $(4)\displaystyle\int_{0}^{\pi+2i}\dfrac{1+\tan z}{\cos^{2}z}dz;$

$(5)\displaystyle\int_{0}^{1}z\sin zdz;$ $\qquad$ $(6)\displaystyle\int_{0}^{i}(z-i)e^{-z}dz.$

10. 由积分 $\displaystyle\oint_{C}\dfrac{1}{z+2}dz$ 之值证明

$$\int_{0}^{\pi}\dfrac{1+2\cos\theta}{5+4\cos\theta}d\theta=0$$

其中 C 取单位圆周 $|z|=1$.

11. 计算下列积分:

$(1)\displaystyle\oint_{C}\dfrac{e^{z}}{z-2}dz$,其中 $C:|z-2|=1$;

$(2)\displaystyle\oint_{C}\dfrac{e^{iz}}{z^{2}+1}dz$,其中 $C:|z-2i|=\dfrac{3}{2}$;

$(3)\displaystyle\oint_{C}\dfrac{1}{(z^{2}+1)(z^{2}+4)}dz$,其中 $C:|z|=\dfrac{3}{2}$;

$(4)\displaystyle\oint_{C}\dfrac{\sin z}{z}dz$,其中 $C:|z|=1$;

$(5)\displaystyle\oint_{C}\dfrac{1}{(z^{2}-1)(z^{3}-1)}dz$,其中 $C:|z|=r<1$;

$(6)\displaystyle\oint_{C}\dfrac{1}{z^{2}-a^{2}}dz$,其中 $C:|z-a|=a$.

12. 求积分

$$\oint_{C}\dfrac{e^{z}}{z}dz\quad(C:|z|=1)$$

之值,并证明

$$\int_{0}^{\pi}e^{\cos\theta}\cos(\sin\theta)d\theta=\pi$$

13. 计算下列积分:

$(1)\displaystyle\oint_{C}\left(\dfrac{4}{z+2}+\dfrac{3}{z-2i}\right)dz$,其中 $C:|z|=3$;

$(2)\displaystyle\oint_{C}\dfrac{2i}{z^{2}+1}dz$,其中 $C:|z-i|=6$;

$(3)\displaystyle\oint_{C=C_{1}+C_{2}}\dfrac{\cos z}{z^{3}}dz$,其中 $C_{1}:|z|=2$ 正向,$C_{2}:|z|=3$ 负向;

$(4)\displaystyle\oint_{C}\dfrac{e^{z}}{(z-a)^{3}}dz$,其中 $C:|z|=1$,a 为 $|a|\neq1$ 的任何复数.

14. 设 $C:|z|=2$,$f(z)=\displaystyle\oint_{C}\dfrac{\zeta^{3}+3\zeta^{2}-2\zeta}{(\zeta-z)^{2}}d\zeta$,求 $f(2+i)$ 和 $f'(-1-i)$.

15. 证明:$u=x^{2}-y^{2}$ 和 $v=\dfrac{y}{x^{2}+y^{2}}$ 都是调和函数,但是 $u+iv$ 不是解析函数.

16. 由下列各已知调和函数,求符合条件的解析函数 $f(z) = u + \mathrm{i}v$:

(1) $u = x^2 + xy - y^2$, $f(\mathrm{i}) = -1 + \mathrm{i}$;

(2) $u = \mathrm{e}^x(x\cos y - y\sin y)$, $f(0) = 0$;

(3) $v = \dfrac{y}{x^2 + y^2}$, $f(2) = 0$.

*17. 设流体流动的水平及垂直分速分别为 ky, kx($k > 0$ 为常数),试求复势并画出势线及流线.

*18. 已知下列各平面流速场的复势 $f(z)$,试求出流动速度及流线和等势线的方程.

(1) $(z + \mathrm{i})^2$; 　　　　　　(2) z^3; 　　　　　　(3) $\dfrac{1}{z^2 + 1}$.

*19. 某流体流动的复势为 $f(z) = \dfrac{1}{z^2 - 1}$,试分别求出沿下列圆周的流量及环量:

(1) $C_1 : |z - 1| = \dfrac{1}{2}$; 　　(2) $C_2 : |z + 1| = \dfrac{1}{2}$; 　　(3) $C_3 : |z| = 3$.

第4章 解析函数的幂级数表示法

在高等数学中学习级数时,我们已经知道级数和数列有密切的关系. 在复数范围内,级数和数列的关系和实数范围内的情况十分相似. 对于有任意阶导数的实函数,我们可以用幂级数来研究它的性质. 幂级数也是研究解析函数的一个重要工具.

本章除了介绍复数列和复变函数项级数的一些基本概念与性质以外,还着重介绍复变函数项级数中的幂级数和由正、负整幂项所组成的洛朗级数,并围绕如何将解析函数展开成幂级数或洛朗级数这一中心内容来进行. 这两类级数都是研究解析函数的重要工具,也是学习下一章"留数"的必备基础知识.

我们即将看到,关于复数项级数和复变函数项级数的某些概念和定理都是实数范围内的相应内容在复数范围内的推广. 因此,在学习本章内容时,要结合高等数学中的实数项级数及幂级数的相关内容进行比对学习.

4.1 复数项级数

4.1.1 复数列

仿照实数列的相关概念,我们给出复数列及相关的概念.

定义 4.1 按自然数的顺序排列的一列复数

$$\alpha_1, \alpha_2, \cdots, \alpha_n, \cdots$$

称为**复数列**,通常可表示成 $\{\alpha_n\}$,其中 α_n 称为该数列的通项.

定义 4.2 设 $\{\alpha_n\}$ 是一复数列,其中 $\alpha_n = a_n + ib_n (n = 1, 2, \cdots)$,又设 $\alpha = a + ib$ 为一确定的复数. 如果对于任意给定的 $\varepsilon > 0$,相应地能找到一个正整数 $N(\varepsilon)$,当 $n > N(\varepsilon)$ 时,使

$$|\alpha_n - \alpha| < \varepsilon$$

成立,那么称 α 是复数列 $\{\alpha_n\}$ 当 $n \to \infty$ 时的**极限**,记作

$$\lim_{n \to \infty} \alpha_n = \alpha$$

同时也称**复数列** $\{\alpha_n\}$ **收敛于** α.

复数列 $\{\alpha_n\}$ 是一个点集,因此 α 也称为点集 $\{\alpha_n\}$ 的**极限点**或**聚点**.

定理 4.1 复数列 $\{\alpha_n\}$ 收敛于 α 的充分必要条件是

$$\lim_{n \to \infty} a_n = a, \quad \lim_{n \to \infty} b_n = b$$

证 如果 $\lim_{n \to \infty} \alpha_n = \alpha$,则对于任意给定的 $\varepsilon > 0$,存在正整数 $N(\varepsilon)$,当 $n > N(\varepsilon)$ 时,

$$|\alpha_n - \alpha| = |(a_n - a) + i(b_n - b)| < \varepsilon$$

从而有

$$|a_n - a| \leqslant |(a_n - a) + i(b_n - b)| < \varepsilon$$

即
$$\lim_{n\to\infty} a_n = a$$

同理
$$\lim_{n\to\infty} b_n = b$$

反之,如果$\lim\limits_{n\to\infty} a_n = a$, $\lim\limits_{n\to\infty} b_n = b$,那么存在正整数$N(\varepsilon)$,当$n > N(\varepsilon)$时,

$$|a_n - a| < \frac{\varepsilon}{2}, \quad |b_n - b| < \frac{\varepsilon}{2}$$

从而 　　　$|\alpha_n - \alpha| = |(a_n - a) + i(b_n - b)| \leqslant |a_n - a| + |b_n - b| < \varepsilon$

所以
$$\lim_{n\to\infty} \alpha_n = \alpha$$

定理4.2(柯西收敛准则) 复数列$\{\alpha_n\}$收敛的充分必要条件是:对于任意给定的$\varepsilon > 0$,存在正整数$N = N(\varepsilon)$,当$n > N$时,恒有

$$|\alpha_{n+p} - \alpha_n| < \varepsilon \quad (p = 1, 2, \cdots)$$

证 由定义4.2,复数列$\{\alpha_n\}$收敛于α的充分必要条件是:对于任意给定的$\varepsilon > 0$,存在正整数$N = N(\varepsilon)$,当$n > N$时,$|\alpha_n - \alpha| < \frac{\varepsilon}{2}$恒成立. 则

$$|\alpha_{n+p} - \alpha_n| = |(\alpha_{n+p} - \alpha) - (\alpha_n - \alpha)|$$
$$\leqslant |\alpha_{n+p} - \alpha| + |\alpha_n - \alpha| < \varepsilon$$

定理得证.

同实数列,收敛的复数列具有下列**性质**:

(1)收敛的复数列极限必唯一.

(2)收敛的复数列$\{\alpha_n\}$必有界,即存在正实数M,使得$|\alpha_n| \leqslant M(n = 1, 2, \cdots)$.

(3)设$\{\alpha_n\}$和$\{\beta_n\}$是两个收敛的复数列,且$\lim\limits_{n\to\infty} \alpha_n = \alpha_0$, $\lim\limits_{n\to\infty} \beta_n = \beta_0$,则

$$\lim_{n\to\infty} (\alpha_n \pm \beta_n) = \alpha_0 \pm \beta_0 \tag{4.1}$$

$$\lim_{n\to\infty} (\alpha_n \beta_n) = \alpha_0 \beta_0 \tag{4.2}$$

$$\lim_{n\to\infty} \frac{\alpha_n}{\beta_n} = \frac{\alpha_0}{\beta_0} \quad (\beta_0 \neq 0) \tag{4.3}$$

对于收敛的复数列的性质,请读者根据复数的四则运算及实数列收敛的性质,自己证明.

例4.1 下列复数列是否收敛? 为什么?

$(1)\alpha_n = \cos\frac{1}{n} + i\frac{\sin n}{n}$; 　　　　　$(2)\alpha_n = (\sqrt{n+1} - \sqrt{n}) + i\sin\frac{n\pi}{3}$;

$(3)\alpha_n = \frac{1}{n}e^{-\frac{n\pi}{2}i}$; 　　　　　　　$(4)\alpha_n = \left(1 + \frac{1}{n}\right)e^{\frac{\pi}{n}i}$.

解 (1)由于$\lim\limits_{n\to\infty} a_n = \lim\limits_{n\to\infty} \cos\frac{1}{n} = 1$, $\lim\limits_{n\to\infty} b_n = \lim\limits_{n\to\infty} \frac{\sin n}{n} = 0$. 由定理4.1,该复数列收敛,且$\lim\limits_{n\to\infty} \alpha_n = 1$.

(2)由于$\lim\limits_{n\to\infty} a_n = \lim\limits_{n\to\infty} (\sqrt{n+1} - \sqrt{n}) = \lim\limits_{n\to\infty} \frac{1}{\sqrt{n+1} + \sqrt{n}} = 0$,但$\lim\limits_{n\to\infty} b_n = \lim\limits_{n\to\infty} \sin\frac{n\pi}{3}$不存在. 由定理4.1,该复数列的极限不存在,即不收敛.

(3)由于$\lim\limits_{n\to\infty} |\alpha_n| = \lim\limits_{n\to\infty} \left|\frac{1}{n}e^{-\frac{n\pi}{2}i}\right| = \lim\limits_{n\to\infty} \frac{1}{n} = 0$,故$\lim\limits_{n\to\infty} \alpha_n = 0$,所以该复数列收敛.

(4) 由于 $\alpha_n = \left(1 + \dfrac{1}{n}\right)\mathrm{e}^{\frac{\pi}{n}\mathrm{i}} = \left(1 + \dfrac{1}{n}\right)\left(\cos\dfrac{\pi}{n} + \mathrm{i}\sin\dfrac{\pi}{n}\right)$，且 $\lim\limits_{n\to\infty} a_n = \left(1 + \dfrac{1}{n}\right)\cos\dfrac{\pi}{n} = 1$，

$\lim\limits_{n\to\infty} b_n = \left(1 + \dfrac{1}{n}\right)\sin\dfrac{\pi}{n} = 0$. 由定理 4.1，该复数列收敛，且 $\lim\limits_{n\to\infty}\alpha_n = 1$.

思考题　数列 $\alpha_n = \dfrac{n+1}{n}\mathrm{e}^{-\frac{n\pi}{2}\mathrm{i}}$ 是否收敛？为什么？

4.1.2　复数项级数

定义 4.3　设 $\{\alpha_n\} = \{a_n + \mathrm{i}b_n\}(n = 1,2,\cdots)$ 是一复数列，和式

$$\sum_{n=1}^{\infty}\alpha_n = \alpha_1 + \alpha_2 + \cdots + \alpha_n + \cdots \tag{4.4}$$

称为**复数项无穷级数**(简称**级数**). 令 $s_n = \alpha_1 + \alpha_2 + \cdots + \alpha_n$(**部分和**)，若数列 $\{s_n\}$ 以复常数 s 为极限，即

$$\lim_{n\to\infty}s_n = s$$

我们称复数项无穷级数(4.4)**收敛于** s，且称 s 为级数(4.4)的**收敛和**，记为

$$\sum_{n=1}^{\infty}\alpha_n = s$$

若复数列 $\{s_n\}$ 的极限不存在，则称级数(4.4)**发散**.

定理 4.3　设 $\alpha_n = a_n + \mathrm{i}b_n(n=1,2,\cdots)$，$a_n$ 和 b_n 都为实数，则复级数(4.4)收敛于 $s = a + \mathrm{i}b(a,b$ 为实数$)$ 的充分必要条件为：实级数 $\sum\limits_{n=1}^{\infty}a_n$ 和 $\sum\limits_{n=1}^{\infty}b_n$ 分别收敛于 a 和 b.

证　　　$s_n = \alpha_1 + \alpha_2 + \cdots + \alpha_n$
$$= (a_1 + \mathrm{i}b_1) + (a_2 + \mathrm{i}b_2) + \cdots + (a_n + \mathrm{i}b_n)$$
$$= \sum_{k=1}^{n}a_k + \mathrm{i}\sum_{k=1}^{n}b_k$$

设 $A_n = \sum\limits_{k=1}^{n}a_k, B_n = \sum\limits_{k=1}^{n}b_k$，则 $\{A_n\}$ 和 $\{B_n\}$ 分别是级数 $\sum\limits_{n=1}^{\infty}a_n$ 和 $\sum\limits_{n=1}^{\infty}b_n$ 的部分和数列，且 $s_n = A_n + \mathrm{i}B_n$.

由复级数收敛的定义 4.2 知，复级数(4.4)收敛，其部分和数列 $\{s_n\}$ 的极限存在，即 $\lim\limits_{n\to\infty}s_n = s$. 设 $s = A + \mathrm{i}B$，根据定理 4.1，知 $\lim\limits_{n\to\infty}s_n = s$ 的充分必要条件为 $\lim\limits_{n\to\infty}A_n = A$ 且 $\lim\limits_{n\to\infty}B_n = B$. 再由实级数收敛的定义知，级数 $\sum\limits_{n=1}^{\infty}a_n$ 和 $\sum\limits_{n=1}^{\infty}b_n$ 收敛. 证明过程中的每一步都可逆，定理得证.

定理 4.3 将复级数的审敛问题转化为实级数的审敛问题. 再由实级数 $\sum\limits_{n=1}^{\infty}a_n$ 和 $\sum\limits_{n=1}^{\infty}b_n$ 收敛的必要条件

$$\lim_{n\to\infty}a_n = 0 \text{ 和 } \lim_{n\to\infty}b_n = 0$$

立即可得 $\lim\limits_{n\to\infty}\alpha_n = 0$. 从而得到复级数收敛的必要条件：

定理4.4（复级数收敛的必要条件） 如果复级数 $\sum\limits_{n=1}^{\infty} \alpha_n$ 收敛,则 $\lim\limits_{n \to \infty} \alpha_n = 0$.

特别注意 级数收敛的必要条件不能作充分条件用,即由 $\lim\limits_{n \to \infty} \alpha_n = 0$ 推不出级数 $\sum\limits_{n=1}^{\infty} \alpha_n$ 是收敛的. 但其逆否命题成立,即如果 $\lim\limits_{n \to \infty} \alpha_n \neq 0$,复级数 $\sum\limits_{n=1}^{\infty} \alpha_n$ 发散. 所以我们可以用级数收敛的必要条件的逆否命题判断级数是发散的.

由数列的柯西收敛准则定理4.2可得下面的定理:

定理4.5 复级数 $\sum\limits_{n=1}^{\infty} \alpha_n$ 收敛的充分必要条件为:对任意给定的 $\varepsilon > 0$,存在正整数 $N(\varepsilon)$,当 $n > N$,且 p 为任何正整数时,有

$$|\alpha_{n+1} + \alpha_{n+2} + \cdots + \alpha_{n+p}| < \varepsilon$$

特别地,取 $p = 1$,则必有 $|\alpha_{n+1}| < \varepsilon$,即收敛级数的通项趋于零: $\lim\limits_{n \to \infty} \alpha_n = 0$. 得到与定理4.4一样的结论.

注 （1）由定理4.5可以得到,收敛的级数各项必是有界的.

（2）若级数 $\sum\limits_{n=1}^{\infty} \alpha_n$ 中去掉有限项,则所得级数与原来的级数同为收敛或同为发散. 级数的前有限项,不影响级数的敛散性.

定理4.6（级数收敛的充分条件） 如果级数 $\sum\limits_{n=1}^{\infty} |\alpha_n|$ 收敛,则级数 $\sum\limits_{n=1}^{\infty} \alpha_n$ 也收敛,且 $|\sum\limits_{n=1}^{\infty} \alpha_n| \leqslant \sum\limits_{n=1}^{\infty} |\alpha_n|$.

证 首先,由于 $\sum\limits_{n=1}^{\infty} |\alpha_n| = \sum\limits_{n=1}^{\infty} \sqrt{a_n^2 + b_n^2}$ 收敛,且 $|a_n| \leqslant \sqrt{a_n^2 + b_n^2}$,$|b_n| \leqslant \sqrt{a_n^2 + b_n^2}$,由正项级数的比较审敛法知,$\sum\limits_{n=1}^{\infty} |a_n|$ 和 $\sum\limits_{n=1}^{\infty} |b_n|$ 都收敛,因此 $\sum\limits_{n=1}^{\infty} a_n$ 和 $\sum\limits_{n=1}^{\infty} b_n$ 都收敛. 再由定理4.3知,$\sum\limits_{n=1}^{\infty} \alpha_n$ 收敛.

下面再证 $\left| \sum\limits_{n=1}^{\infty} \alpha_n \right| \leqslant \sum\limits_{n=1}^{\infty} |\alpha_n|$.

由于 $\left| \sum\limits_{k=1}^{n} \alpha_k \right| \leqslant \sum\limits_{k=1}^{n} |\alpha_k|$,不等式两边取极限,得 $\lim\limits_{n \to \infty} \left| \sum\limits_{k=1}^{n} \alpha_k \right| \leqslant \lim\limits_{n \to \infty} \sum\limits_{k=1}^{n} |\alpha_k|$,即

$$\left| \sum\limits_{n=1}^{\infty} \alpha_n \right| \leqslant \sum\limits_{n=1}^{\infty} |\alpha_n|$$

定义4.4 若级数 $\sum\limits_{n=1}^{\infty} |\alpha_n|$ 收敛,则称原级数 $\sum\limits_{n=1}^{\infty} \alpha_n$ **绝对收敛**;非绝对收敛的收敛级数,称为**条件收敛**.

由于 $\sqrt{a_n^2 + b_n^2} \leqslant |a_n| + |b_n|$,因此,当级数 $\sum\limits_{n=1}^{\infty} a_n$ 和 $\sum\limits_{n=1}^{\infty} b_n$ 都绝对收敛时,由级数收敛

的性质知,级数 $\sum\limits_{n=1}^{\infty}|a_n|$ 收敛. 再由定理4.6,可以得到下面的定理:

定理4.7　级数 $\sum\limits_{n=1}^{\infty}\alpha_n$ 绝对收敛的充分必要条件为级数 $\sum\limits_{n=1}^{\infty}a_n$ 和 $\sum\limits_{n=1}^{\infty}b_n$ 都绝对收敛.

例4.2　下列级数是否收敛? 是否绝对收敛?

(1) $\sum\limits_{n=1}^{\infty}\dfrac{1}{n}\left(1+\dfrac{\mathrm{i}}{n}\right)$;　　　　　　(2) $\sum\limits_{n=1}^{\infty}\dfrac{(3+4\mathrm{i})^n}{n!}$;

(3) $\sum\limits_{n=1}^{\infty}\left[\dfrac{(-1)^n}{n}+\dfrac{\mathrm{i}}{2^n}\right]$;　　　　(4) $\sum\limits_{n=1}^{\infty}\left(1+\dfrac{1}{n}\right)\mathrm{e}^{\frac{\pi}{n}\mathrm{i}}$.

解　(1)由于 $\sum\limits_{n=1}^{\infty}\dfrac{1}{n}\left(1+\dfrac{\mathrm{i}}{n}\right)=\sum\limits_{n=1}^{\infty}\left(\dfrac{1}{n}+\dfrac{\mathrm{i}}{n^2}\right)$,而级数 $\sum\limits_{n=1}^{\infty}\dfrac{1}{n}$ 发散,由定理4.3知,原级数发散.

(2)由于 $\sum\limits_{n=1}^{\infty}\left|\dfrac{(3+4\mathrm{i})^n}{n!}\right|=\sum\limits_{n=1}^{\infty}\dfrac{5^n}{n!}$,且 $\lim\limits_{n\to\infty}\dfrac{\dfrac{5^{n+1}}{(n+1)!}}{\dfrac{5^n}{n!}}=\lim\limits_{n\to\infty}\dfrac{5}{n+1}=0<1$,由正项级数

的比值审敛法知,级数 $\sum\limits_{n=1}^{\infty}\dfrac{5^n}{n!}$ 收敛. 故原级数绝对收敛.

(3)因为级数 $\sum\limits_{n=1}^{\infty}\dfrac{(-1)^n}{n}$ 收敛,级数 $\sum\limits_{n=1}^{\infty}\dfrac{1}{2^n}$ 也收敛,由定理4.3知,原级数收敛. 但 $\sum\limits_{n=1}^{\infty}\left|\dfrac{(-1)^n}{n}\right|=\sum\limits_{n=1}^{\infty}\dfrac{1}{n}$ 发散,即 $\sum\limits_{n=1}^{\infty}\dfrac{(-1)^n}{n}$ 条件收敛,所以原级数条件收敛.

(4)由于 $\lim\limits_{n\to\infty}\left(1+\dfrac{1}{n}\right)\mathrm{e}^{\frac{\pi}{n}\mathrm{i}}=1\neq0$,由级数收敛的必要条件知,级数 $\sum\limits_{n=1}^{\infty}\left(1+\dfrac{1}{n}\right)\mathrm{e}^{\frac{\pi}{n}\mathrm{i}}$ 发散.

4.2　幂级数

4.2.1　幂级数的概念

定义4.5　设 $\{f_n(z)\}(n=1,2,\cdots)$ 为一复变函数序列,其中各项在区域 D 内有定义. 和式

$$\sum\limits_{n=1}^{\infty}f_n(z)=f_1(z)+f_2(z)+\cdots+f_n(z)+\cdots \tag{4.5}$$

称为**复变函数项级数**. 这个级数的前 n 项的和

$$s_n(z)=f_1(z)+f_2(z)+\cdots+f_n(z)$$

称为这个级数的**部分和**. 如果对于 D 内的某一点 z_0,极限

$$\lim\limits_{n\to\infty}s_n(z_0)=s(z_0)$$

存在,则称复变函数项级数(4.5)在 z_0 点**收敛**,而 $s(z_0)$ 称为它的**和**. 如果级数(4.5)在 D 内处处收敛,那么它的和一定是一个关于 z 的函数 $s(z)$:

$$s(z) = f_1(z) + f_2(z) + \cdots + f_n(z) + \cdots$$

$s(z)$ 称为级数 $\sum\limits_{n=1}^{\infty} f_n(z)$ 的**和函数**.

当 $f_n(z) = c_{n-1}(z-a)^{n-1}$ 或 $f_n(z) = c_{n-1}z^{n-1}$ 时,得到函数项级数的特殊情形:

$$\sum_{n=0}^{\infty} c_n(z-a)^n = c_0 + c_1(z-a) + c_2(z-a)^2 + \cdots + c_n(z-a)^n + \cdots \tag{4.6}$$

或

$$\sum_{n=0}^{\infty} c_n z^n = c_0 + c_1 z + c_2 z^2 + \cdots + c_n z^n + \cdots \tag{4.7}$$

这种级数称为**幂级数**.

对于级数(4.6),如果令 $z-a = \zeta$,则成为 $\sum\limits_{n=0}^{\infty} c_n \zeta^n$,这是级数(4.7)的形式. 为了方便,今后我们常就级数(4.7)来讨论.

幂级数是最简单的解析函数项级数,其收敛范围很规范,是个圆,因而在理论上和应用上都很重要. 同高等数学中的实变幂级数一样,复变幂级数也有所谓的幂级数收敛定理,即阿贝尔(Abel)定理.

定理 4.8(阿贝尔定理)　(1)如果级数 $\sum\limits_{n=0}^{\infty} c_n z^n$ 在点 $z = z_0 (\neq 0)$ 处收敛,那么对于满足 $|z| < |z_0|$ 的一切 z,级数 $\sum\limits_{n=0}^{\infty} c_n z^n$ 绝对收敛;

(2)如果级数在点 $z = z_1 (\neq 0)$ 处发散,则对于满足 $|z| > |z_1|$ 的一切 z,级数 $\sum\limits_{n=0}^{\infty} c_n z^n$ 必发散.

证　(1)由于级数 $\sum\limits_{n=0}^{\infty} c_n z_0^n$ 收敛,因而存在正数 M,使得对一切 n,有 $|c_n z_0^n| < M$.

如果 $|z| < |z_0|$,那么 $\dfrac{|z|}{|z_0|} = \left| \dfrac{z}{z_0} \right| = q < 1$,而

$$|c_n z^n| = |c_n z_n^0| \cdot \left| \frac{z^n}{z_0^n} \right| < Mq^n$$

由于 $\sum\limits_{n=0}^{\infty} Mq^n$ 为公比小于1的等比级数,故收敛. 由正项级数的比较审敛法知,级数 $\sum\limits_{n=0}^{\infty} |c_n z^n|$ 收敛,从而级数 $\sum\limits_{n=0}^{\infty} c_n z^n$ 绝对收敛.

(2)用反证法. 假设存在一点 z_2,$|z_2| > |z_1|$,级数 $\sum\limits_{n=0}^{\infty} c_n z^n$ 在 z_2 点处收敛. 由(1),对于满足 $|z| < |z_2|$ 的一切 z,级数 $\sum\limits_{n=0}^{\infty} c_n z^n$ 绝对收敛,与级数在 $z = z_1$ 处发散矛盾. 定理得证.

4.2.2 收敛圆与收敛半径

利用阿贝尔定理,我们可以确定幂级数收敛的范围. 对幂级数 $\sum\limits_{n=0}^{\infty} c_n z^n$ 来说,它的收敛情况不外乎下列三种情况:

(1)对 z 取一切的复数,幂级数都收敛. 由阿贝尔定理,幂级数在复平面内处处绝对收敛.

(2)对 z 取一切的不为零的复数,幂级数都发散. 此时幂级数除 $z=0$ 外,处处发散.

(3)当 $z=z_1$ 时,幂级数收敛,则由阿贝尔定理知,在圆周 $|z|=|z_1|$ 内,幂级数处处绝对收敛;当 $z=z_2$ 时,幂级数发散(一定有 $|z_1| < |z_2|$),则由阿贝尔定理知,在圆周 $|z|=|z_2|$ 的外部,幂级数处处发散. 在这种情况下,可以证明,存在一个有限数 R,使得 $\sum\limits_{n=0}^{\infty} c_n z^n$ 在圆周 $|z|=R$ 内部绝对收敛,而在圆周 $|z|=R$ 的外部发散. R 就称为此幂级数的**收敛半径**,圆 $|z| < R$ 和圆周 $|z|=R$ 分别称为此幂级数的**收敛圆**和**收敛圆周**. 对于上面的情况(1),约定幂级数的收敛半径 $R=+\infty$;对于情况(2),约定幂级数的收敛半径 $R=0$.

一个幂级数 $\sum\limits_{n=0}^{\infty} c_n z^n$ 在其收敛圆周 $|z|=R$ 上的敛散性有如下可能:

(1)处处收敛;

(2)处处发散;

(3)既有收敛点,又有发散点.

例 4.3 求幂级数 $\sum\limits_{n=0}^{\infty} z^n$ 的收敛圆和收敛半径,并判断其在收敛圆周上的敛散性.

解 该幂级数的部分和

$$s_n = 1 + z + z^2 + \cdots + z^{n-1} = \begin{cases} \dfrac{1-z^n}{1-z}, & z \neq 1, \\ n, & z=1. \end{cases}$$

(1)当 $|z| < 1$ 时,$\lim\limits_{n\to\infty} |z^n| = \lim\limits_{n\to\infty} |z|^n = 0$,即 $\lim\limits_{n\to\infty} z^n = 0$,因而 $\lim\limits_{n\to\infty} s_n = \lim\limits_{n\to\infty} \dfrac{1-z^n}{1-z} = \dfrac{1}{1-z}$,所以级数 $\sum\limits_{n=0}^{\infty} z^n$ 收敛;

(2)当 $|z| > 1$ 时,$\lim\limits_{n\to\infty} |z^n| = \lim\limits_{n\to\infty} |z|^n = +\infty$,即 $\lim\limits_{n\to\infty} z^n = \infty$,因而 $\lim\limits_{n\to\infty} s_n = \lim\limits_{n\to\infty} \dfrac{1-z^n}{1-z} = \infty$,所以级数 $\sum\limits_{n=0}^{\infty} z^n$ 发散;

(3)当 $z=1$ 时,$\lim\limits_{n\to\infty} s_n = \lim\limits_{n\to\infty} n = \infty$,所以级数 $\sum\limits_{n=0}^{\infty} z^n$ 发散;

(4)当 $|z|=1$,但 $z \neq 1$ 时,令 $z = \cos\theta + \mathrm{i}\sin\theta$,$\theta \neq 2k\pi$($k=0, \pm 1, \pm 2, \cdots$),$z^n = \cos n\theta + \mathrm{i}\sin n\theta$,显然 $\lim\limits_{n\to\infty} \cos n\theta$ 和 $\lim\limits_{n\to\infty} \sin n\theta$ 不存在,所以 $\lim\limits_{n\to\infty} z^n$ 不存在,因而 $\lim\limits_{n\to\infty} s_n$ 不存在,即级数 $\sum\limits_{n=0}^{\infty} z^n$ 发散.

综合以上讨论,我们看到,级数 $\sum\limits_{n=0}^{\infty} z^n$ 在单位圆周 $|z|=1$ 内部处处收敛,在圆周外部处处发散. 由阿贝尔定理知,该幂级数的收敛圆为 $|z|<1$,收敛圆周为 $|z|=1$,收敛半径为 $R=1$.

由(3)和(4)可以看到,该幂级数在其收敛圆周 $|z|=1$ 上处处发散.

注 例 4.3 也告诉我们一个事实:在单位圆内,即 $|z|<1$ 时,有

$$\frac{1}{1-z} = \sum_{n=0}^{\infty} z^n = 1 + z + z^2 + \cdots + z^n + \cdots \tag{4.8}$$

对于一般的幂级数,用上面的方法求收敛半径非常麻烦,甚至求不出来. 通常情况下,关于幂级数收敛半径的求法,我们有下面的定理:

定理 4.9 如果幂级数 $\sum\limits_{n=0}^{\infty} c_n z^n$ 的系数满足

$$\lim_{n\to\infty} \left| \frac{c_{n+1}}{c_n} \right| = l \quad \text{（比值法）}$$

或者

$$\lim_{n\to\infty} \sqrt[n]{|c_n|} = l \quad \text{（根值法）}$$

那么幂级数的收敛半径为

$$R = \begin{cases} \dfrac{1}{l}, & l\neq 0, l\neq\infty; \\ 0, & l=\infty; \\ \infty, & l=0. \end{cases} \tag{4.9}$$

证 当 $z\neq 0$ 时,级数 $\sum\limits_{n=0}^{\infty} |c_n z^n|$ 为一正项级数,其通项为 $u_n = |c_n z^n|$. 由于

$$\lim_{n\to\infty} \frac{u_{n+1}}{u_n} = \lim_{n\to\infty} \left| \frac{c_{n+1} z^{n+1}}{c_n z^n} \right| = \lim_{n\to\infty} \left| \frac{c_{n+1}}{c_n} \right| |z| = l|z|$$

由正项级数的比值审敛法知,当 $l|z|<1$,即 $|z|<\dfrac{1}{l}$ 时,级数 $\sum\limits_{n=0}^{\infty} |c_n z^n|$ 收敛,此时级数 $\sum\limits_{n=1}^{\infty} c_n z^n$ 绝对收敛.

再证当 $|z|>\dfrac{1}{l}$ 时,级数 $\sum\limits_{n=0}^{\infty} c_n z^n$ 发散. 假设在圆周 $|z|=\dfrac{1}{l}$ 外有一点 z_0,使得 $\sum\limits_{n=0}^{\infty} c_n z_0^n$ 收敛. 再在该圆周外取一点 z_1,使 $|z_1|<|z_0|$,那么,由阿贝尔定理,级数 $\sum\limits_{n=0}^{\infty} |c_n z_1^n|$ 必然收敛. 但是当 $|z_1|>\dfrac{1}{l}$ 时,

$$\lim_{n\to\infty} \left| \frac{c_{n+1} z_1^{n+1}}{c_n z_1^n} \right| = \lim_{n\to\infty} \left| \frac{c_{n+1}}{c_n} \right| |z_1| = l|z_1| > 1$$

这与 $\sum\limits_{n=0}^{\infty} |c_n z_1^n|$ 收敛矛盾. 即"在圆周 $|z|=\dfrac{1}{l}$ 外有一点 z_0,使得 $\sum\limits_{n=0}^{\infty} c_n z_0^n$ 收敛"的假设不成立. 因而,当 $|z|>\dfrac{1}{l}$ 时,级数 $\sum\limits_{n=0}^{\infty} c_n z^n$ 发散.

以上的讨论说明,幂级数的收敛半径为 $R = \dfrac{1}{l}$.

对于根值法求收敛半径,证明从略.

例 4.4　求下列幂级数的收敛半径和收敛圆:

(1) $\displaystyle\sum_{n=1}^{\infty} \dfrac{z^n}{n^2}$(并讨论在收敛圆周上的情形);

(2) $\displaystyle\sum_{n=1}^{\infty} \dfrac{(z-1)^n}{n}$(并讨论 $z = 0, 2$ 时的情形);

(3) $\displaystyle\sum_{n=0}^{\infty} (\cos \mathrm{i}n) z^n$;

(4) $\displaystyle\sum_{n=1}^{\infty} (3 + 4\mathrm{i})^n (z - \mathrm{i})^{2n}$.

解　(1) 由于 $\displaystyle\lim_{n\to\infty} \left| \dfrac{c_{n+1}}{c_n} \right| = \lim_{n\to\infty} \left| \dfrac{\dfrac{1}{(n+1)^2}}{\dfrac{1}{n^2}} \right| = \lim_{n\to\infty} \dfrac{n^2}{(n+1)^2} = 1$,故该幂级数的收敛半径

$R = 1$,收敛圆为 $|z| < 1$.

在收敛圆周 $|z| = 1$ 上,由于级数 $\displaystyle\sum_{n=1}^{\infty} \left| \dfrac{z^n}{n^2} \right| = \sum_{n=1}^{\infty} \dfrac{1}{n^2}$ 收敛,所以级数 $\displaystyle\sum_{n=1}^{\infty} \dfrac{z^n}{n^2}$ 绝对收敛.

(2) 由于 $\displaystyle\lim_{n\to\infty} \sqrt[n]{|c_n|} = \lim_{n\to\infty} \sqrt[n]{\dfrac{1}{n}} = \lim_{n\to\infty} \dfrac{1}{\sqrt[n]{n}} = 1$,故该幂级数的收敛半径 $R = 1$,收敛圆为 $|z - 1| < 1$.

$z = 0, 2$ 都是收敛圆周 $|z - 1| = 1$ 上的点. 当 $z = 0$ 时,级数 $\displaystyle\sum_{n=1}^{\infty} \dfrac{(-1)^n}{n}$ 是莱布尼兹级数,收敛;当 $z = 2$ 时,级数 $\displaystyle\sum_{n=1}^{\infty} \dfrac{1}{n}$ 发散.

(3) 由于 $c_n = \cos \mathrm{i}n = \dfrac{\mathrm{e}^n + \mathrm{e}^{-n}}{2}$,$\displaystyle\lim_{n\to\infty} \sqrt[n]{|c_n|} = \lim_{n\to\infty} \sqrt[n]{\dfrac{\mathrm{e}^n + \mathrm{e}^{-n}}{2}} = \lim_{n\to\infty} \left(\dfrac{\mathrm{e}}{\sqrt[n]{2}} \cdot \sqrt[n]{1 + \mathrm{e}^{-2n}} \right) = \mathrm{e}$,

故该幂级数的收敛半径 $R = \dfrac{1}{\mathrm{e}}$,收敛圆为 $|z| < \dfrac{1}{\mathrm{e}}$.

(4) 由于该幂级数缺项,即 $c_{2n+1} = 0$,则 $\displaystyle\lim_{n\to\infty} \left| \dfrac{c_{n+1}}{c_n} \right|$(或 $\displaystyle\lim_{n\to\infty} \sqrt[n]{|c_n|}$)不存在,不能直接用定理 4.9 求幂级数的收敛半径.

当 $z \neq \mathrm{i}$ 时,$\displaystyle\sum_{n=1}^{\infty} |(3 + 4\mathrm{i})^n (z - \mathrm{i})^{2n}|$ 是正项级数,不妨设 $u_n = |(3 + 4\mathrm{i})^n (z - \mathrm{i})^{2n}|$,则

$$\lim_{n\to\infty} \dfrac{u_{n+1}}{u_n} = \lim_{n\to\infty} \dfrac{|(3 + 4\mathrm{i})^{n+1} (z - \mathrm{i})^{2(n+1)}|}{|(3 + 4\mathrm{i})^n (z - \mathrm{i})^{2n}|} = 5|z - \mathrm{i}|^2$$

当 $5|z - \mathrm{i}|^2 < 1$,即 $|z - \mathrm{i}| < \dfrac{1}{\sqrt{5}}$ 时,级数 $\displaystyle\sum_{n=1}^{\infty} |(3 + 4\mathrm{i})^n (z - \mathrm{i})^{2n}|$ 收敛,原级数绝对收

敛；当 $5|z-\mathrm{i}|^2 > 1$，即 $|z-\mathrm{i}| > \dfrac{1}{\sqrt{5}}$ 时，级数 $\sum\limits_{n=1}^{\infty} |(3+4\mathrm{i})^n (z-\mathrm{i})^{2n}|$ 发散，由比值审敛法的特点，我们可以得到原级数发散.

故该幂级数的收敛半径 $R = \dfrac{1}{\sqrt{5}}$，收敛圆为 $|z-\mathrm{i}| < \dfrac{1}{\sqrt{5}}$.

4.2.3 幂级数的运算和性质

与实变幂级数一样，复变幂级数也能进行有理运算. 设幂级数 $\sum\limits_{n=0}^{\infty} a_n z^n$ 的收敛半径为 R_1，$\sum\limits_{n=0}^{\infty} b_n z^n$ 的收敛半径为 R_2. 在这两个幂级数的较小的那个收敛圆内，这两个幂级数可以像多项式那样进行相加、相减、相乘，即

$$\sum_{n=0}^{\infty} a_n z^n \pm \sum_{n=0}^{\infty} b_n z^n = \sum_{n=0}^{\infty} (a_n \pm b_n) z^n, \quad |z| < R = \min(R_1, R_2)$$

$$\left(\sum_{n=0}^{\infty} a_n z^n \right) \cdot \left(\sum_{n=0}^{\infty} b_n z^n \right) = \sum_{n=0}^{\infty} (a_n b_0 + a_{n-1} b_1 + a_{n-2} b_2 + \cdots + a_0 b_n) z^n, \quad |z| < R = \min(R_1, R_2)$$

这里 $|z| < R = \min(R_1, R_2)$ 是上面等式成立的范围，即两个幂级数要进行有理运算，必须在它们的公共收敛域内进行.

特别要注意，两个幂级数进行有理运算后得到的幂级数的收敛半径大于或等于 R_1 和 R_2 中较小的一个. 我们看下面的例子：

例 4.5 考察下列幂级数的收敛半径，其中 $0 < a < 1$.

(1) $\sum\limits_{n=0}^{\infty} z^n$；　　(2) $\sum\limits_{n=0}^{\infty} \dfrac{1}{1+a^n} z^n$；　　(3) $\sum\limits_{n=0}^{\infty} \dfrac{a^n}{1+a^n} z^n$.

解 (1) 对于 $\sum\limits_{n=0}^{\infty} z^n$，由例 4.3 知，其收敛半径 $R_1 = 1$；

(2) 由于 $\lim\limits_{n\to\infty} \sqrt[n]{\dfrac{1}{1+a^n}} = \lim\limits_{n\to\infty} \dfrac{1}{\sqrt[n]{1+a^n}} = 1$，即该级数的收敛半径 $R_2 = 1$；

(3) 由于 $\lim\limits_{n\to\infty} \sqrt[n]{\dfrac{a^n}{1+a^n}} = \lim\limits_{n\to\infty} \dfrac{a}{\sqrt[n]{1+a^n}} = a$，即该级数的收敛半径 $R_3 = \dfrac{1}{a}$.

在 $|z| < 1$ 内，(1) 和 (2) 两个幂级数相减，得到 $\sum\limits_{n=0}^{\infty} z^n - \sum\limits_{n=0}^{\infty} \dfrac{1}{1+a^n} z^n = \sum\limits_{n=0}^{\infty} \dfrac{a^n}{1+a^n} z^n$. 显然，幂级数 $\sum\limits_{n=0}^{\infty} \dfrac{a^n}{1+a^n} z^n$ 的收敛半径 $R_3 = \dfrac{1}{a} > 1$，这个级数的收敛半径大于 (1) 和 (2) 这两个幂级数的收敛半径.

4.2.4 幂级数和函数的解析性

复变的幂级数也像实变幂级数一样，在其收敛圆内具有下列性质（证明从略）：

定理 4.10　设幂级数 $\sum\limits_{n=0}^{\infty} c_n(z-z_0)^n$ 的收敛半径为 R,则

(1)其和函数 $f(z)$,即

$$f(z) = \sum_{n=0}^{\infty} c_n(z-z_0)^n \qquad (4.10)$$

在其收敛圆 $K:|z-z_0|<R$ 内解析;

(2)在 K 内,幂级数(4.10)可以求导至任意阶,即

$$f'(z) = \sum_{n=1}^{\infty} nc_n(z-z_0)^{n-1}$$

$$f^{(p)}(z) = p!\,c_p + (p+1)p\cdots 2c_{p+1}(z-z_0) + \cdots$$
$$+ n(n-1)\cdots(n-p+1)c_n(z-z_0)^{n-p} + \cdots$$
$$(p = 1,2,\cdots) \qquad (4.11)$$

且式(4.11)与式(4.10)所表示的幂级数有相同的收敛半径,且

$$c_p = \frac{f^{(p)}(z_0)}{p!}, \quad p = 0,1,2,\cdots \qquad (4.12)$$

(3)在 K 内,幂级数(4.10)可以逐项求积分,即

$$\int_C f(z)\,\mathrm{d}z = \sum_{n=0}^{\infty} \int_C c_n(z-z_0)^n\,\mathrm{d}z, \quad C \in K \qquad (4.13)$$

或

$$\int_{z_0}^{z} f(\zeta)\,\mathrm{d}\zeta = \sum_{n=0}^{\infty} \frac{c_n}{n+1}(z-z_0)^{n+1}, \quad z \in K \qquad (4.14)$$

且式(4.14)与式(4.10)有相同的收敛半径.

注　所有的幂级数至少在收敛圆的中心 z_0 处是收敛的,但收敛半径等于零的幂级数没有什么有意义的性质,只是平凡情形.

4.3　解析函数的泰勒展开式

这一节我们主要研究在圆内解析的函数展开成幂级数的问题.

4.3.1　泰勒(Taylor)定理

定理 4.10(1)告诉我们,任意一个具有非零收敛半径的幂级数在它的收敛圆内均收敛于一个解析函数,这个性质很重要. 现在我们来研究相反的问题,就是:任何一个解析函数能否用一个幂级数表达? 这个问题不仅有理论意义,而且很有实用价值.

定理 4.11(泰勒定理)　设 $f(z)$ 在区域 D 内解析,$z_0 \in D$,只要圆 $K:|z-z_0|<R$ 含于 D,则 $f(z)$ 在 K 内能展开成幂级数

$$f(z) = \sum_{n=0}^{\infty} c_n(z-z_0)^n \qquad (4.15)$$

其中系数

$$c_n = \frac{f^{(n)}(z_0)}{n!} = \frac{1}{2\pi i} \oint_{\Gamma_\rho} \frac{f(\zeta)}{(\zeta - z_0)^{n+1}} d\zeta \qquad (4.16)$$

$$(\Gamma_\rho : |\zeta - z_0| = \rho, 0 < \rho < R; \quad n = 0,1,2,\cdots)$$

且展开式是唯一的.

证 设 z 为 K 内一点,总有一个圆周 $\Gamma_\rho : |\zeta - z_0| = \rho (0 < \rho < R)$,使点 z 含在 Γ_ρ 内部 (图 4.1 中的虚线代表 Γ_ρ). 由柯西积分公式得

$$f(z) = \frac{1}{2\pi i} \oint_{\Gamma_\rho} \frac{f(\zeta)}{\zeta - z} d\zeta$$

我们设法将被积函数 $\frac{f(\zeta)}{\zeta - z}$ 表示为含 $z - z_0$ 的正整数幂的级数. 为此

$$\frac{f(\zeta)}{\zeta - z} = \frac{f(\zeta)}{(\zeta - z_0) - (z - z_0)} = \frac{f(\zeta)}{\zeta - z_0} \cdot \frac{1}{1 - \frac{z - z_0}{\zeta - z_0}} \qquad (4.17)$$

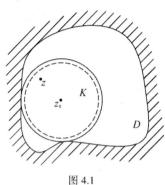

图 4.1

当 $\zeta \in \Gamma_\rho$ 时,由于 $\left| \frac{z - z_0}{\zeta - z_0} \right| = \frac{|z - z_0|}{\rho} < 1$,再由式(4.8),我们有

$$\frac{1}{1 - \frac{z - z_0}{\zeta - z_0}} = \sum_{n=0}^{\infty} \left(\frac{z - z_0}{\zeta - z_0} \right)^n$$

等号右端的级数在 Γ_ρ 上(关于 ζ)是收敛的. 以 Γ_ρ 上的有界函数 $\frac{f(\zeta)}{\zeta - z_0}$ 相乘,仍得到 Γ_ρ 上收敛的级数,于是式(4.17)在 Γ_ρ 上可以表示成收敛级数

$$\frac{f(\zeta)}{\zeta - z} = \sum_{n=0}^{\infty} (z - z_0)^n \frac{f(\zeta)}{(\zeta - z_0)^{n+1}}$$

将上式沿 Γ_ρ 积分,并乘以 $\frac{1}{2\pi i}$,再由收敛幂级数和函数的性质,得

$$\frac{1}{2\pi i} \oint_{\Gamma_\rho} \frac{f(\zeta)}{\zeta - z} d\zeta = \sum_{n=0}^{\infty} (z - z_0)^n \frac{1}{2\pi i} \oint_{\Gamma_\rho} \frac{f(\zeta)}{(\zeta - z_0)^{n+1}} d\zeta$$

即

$$f(z) = \sum_{n=0}^{\infty} \left[\frac{1}{2\pi i} \oint_{\Gamma_\rho} \frac{f(\zeta)}{(\zeta - z_0)^{n+1}} d\zeta \right] \cdot (z - z_0)^n$$

由高阶导数公式,得

$$\frac{1}{2\pi i} \oint_{\Gamma_\rho} \frac{f(\zeta)}{(\zeta - z_0)^{n+1}} d\zeta = \frac{f^{(n)}(z_0)}{n!}$$

所以

$$f(z) = \sum_{n=0}^{\infty} c_n (z - z_0)^n$$

其中

$$c_n = \frac{1}{2\pi i} \oint_{\Gamma_\rho} \frac{f(\zeta)}{(\zeta - z_0)^{n+1}} d\zeta = \frac{f^{(n)}(z_0)}{n!}$$

下面证明展开式的唯一性. 设另有展开式

$$f(z) = \sum_{n=0}^{\infty} c'_n (z - z_0)^n \quad (z \in K: |z - a| < R)$$

由定理 4.10(2),可得

$$c'_n = \frac{f^{(n)}(z_0)}{n!} \quad (n = 0, 1, 2, \cdots)$$

故展开式是唯一的.

从证明的过程中,我们看到,幂级数(4.15)的收敛半径大于或等于 R.

定义 4.6　式(4.15)称为 $f(z)$ 在点 z_0 的**泰勒展开式**,式(4.16)称为其**泰勒系数**,式(4.15)等号右边的级数,则称为**泰勒级数**.

综合定理 4.10(1)和定理 4.11,可以得到刻画解析函数的第五个等价定理:

定理 4.12　函数 $f(z)$ 在区域 D 内解析的充要条件为:$f(z)$ 在 D 内任一点 z_0 的邻域内可展开为 $z - z_0$ 的幂级数,即泰勒级数.

由此可见,任何解析函数在其解析点的邻域内展开成幂级数的结果就是泰勒级数.

应当指出,如果 $f(z)$ 在点 z_0 解析,那么使 $f(z)$ 在 z_0 的泰勒展开式成立的圆域的半径 R 就等于从 z_0 到 $f(z)$ 的距 z_0 最近的一个奇点 a 之间的距离,即 $R = |z_0 - a|$. 这是因为 $f(z)$ 在收敛圆内解析,故奇点 a 不可能在收敛圆内. 又因为奇点 a 不可能在收敛圆外,若不然,收敛半径还可以扩大,因此奇点 a 只能在收敛圆周上.

注　(1)纵使幂级数在其收敛圆周上处处收敛,其和函数在收敛圆周上仍然至少有一个奇点.

例如,$f(z) = \sum\limits_{n=1}^{\infty} \dfrac{z^n}{n^2}$,由例 4.4(1)知,该幂级数的收敛半径为 $R = 1$,而在圆周 $|z| = 1$ 上,级数 $\sum\limits_{n=1}^{\infty} \dfrac{z^n}{n^2}$ 处处绝对收敛. 根据定理 4.10(2),有

$$f'(z) = \sum_{n=1}^{\infty} \frac{z^{n-1}}{n} = 1 + \frac{z}{2} + \frac{z^2}{3} + \cdots + \frac{z^{n-1}}{n} + \cdots \quad |z| < 1 \qquad (4.18)$$

当 z 沿实轴从单位圆内趋于 1 时,$f'(z)$ 趋于 $+\infty$,即 $f(z)$ 在 $z = 1$ 处不可导,所以 $z = 1$ 是一个奇点.

(2)幂级数的理论只有在复数域内才能弄得明白.

例如,在实数域内,我们无法解释:只有当 $|x| < 1$ 时,才有展开式

$$\frac{1}{1 + x^2} = 1 - x^2 + x^4 - x^6 + \cdots$$

函数 $\dfrac{1}{1 + x^2}$ 对于变量 x 的所有的值都是确定的,而且在 $(-\infty, +\infty)$ 内有任意阶导数. 这个现象用复函数的观点来看,就可以完全解释清楚. 由于函数 $\dfrac{1}{1 + z^2}$ 在复平面上有两个奇点 $z = \pm i$,在 $z = 0$ 为中心的邻域内,将函数展开为幂级数,收敛半径应为 $R = |i - 0| = 1$,即只有当 $|z| < 1$ 时,式 $\dfrac{1}{1 + z^2} = 1 - z^2 + z^4 - z^6 + \cdots$ 才成立.

4.3.2　一些初等函数的泰勒展开式

我们可以采取计算泰勒系数(4.16)的方法,把函数 $f(z)$ 在点 z_0 展开成幂级数,这种展开幂级数的方法称为**直接展开法**. 对于一些初等函数的泰勒展开式,一般不采取直接展开法,而是常常采取借用一些已知初等函数的幂级数展开式的方法来计算要求的展开式,这种方法称为**间接展开法**. 下面通过例题来看一下,如何将解析函数展开为泰勒级数.

例 4.6　函数 $f(z) = \mathrm{e}^z$ 在 z 平面上处处解析,它在 $z = 0$ 处的各阶导数为

$$f'(0) = f''(0) = \cdots = f^{(n)}(0) = \cdots = 1$$

则 $f(z) = \mathrm{e}^z$ 在 $z = 0$ 处的泰勒系数为

$$c_n = \frac{f^{(n)}(0)}{n!} = \frac{1}{n!} \quad (n = 0, 1, 2, \cdots)$$

于是有

$$\mathrm{e}^z = \sum_{n=0}^{\infty} \frac{z^n}{n!} = 1 + \frac{z}{1!} + \frac{z^2}{2!} + \cdots + \frac{z^n}{n!} + \cdots \quad |z| < +\infty \tag{4.19}$$

例 4.7　利用上述展开式可得

$$\cos z = \frac{\mathrm{e}^{\mathrm{i}z} + \mathrm{e}^{-\mathrm{i}z}}{2} = \frac{1}{2}\left[\sum_{n=0}^{\infty} \frac{(\mathrm{i}z)^n}{n!} + \sum_{n=0}^{\infty} \frac{(-\mathrm{i}z)^n}{n!} \right]$$

$$= \frac{1}{2} \sum_{n=0}^{\infty} \frac{\mathrm{i}^n + (-\mathrm{i})^n}{n!} z^n$$

我们注意到,当 n 取奇数时,z^n 的系数为零,故

$$\cos z = \sum_{n=0}^{\infty} \frac{(-1)^n}{(2n)!} z^{2n}, \quad |z| < +\infty \tag{4.20}$$

同样的方法,我们又可以得到

$$\sin z = \sum_{n=0}^{\infty} \frac{(-1)^n}{(2n+1)!} z^{2n+1}, \quad |z| < +\infty \tag{4.21}$$

根据泰勒展开式的唯一性,上面两个展开式分别是 $\cos z$ 和 $\sin z$ 在 z 平面上的泰勒展开式.

再如,根据

$$\frac{1}{1-z} = \sum_{n=0}^{\infty} z^n = 1 + z + z^2 + \cdots + z^n + \cdots \quad |z| < 1 \tag{4.22}$$

可以得到

$$\frac{1}{1+z} = \sum_{n=0}^{\infty} (-1)^n z^n = 1 - z + z^2 - \cdots + (-1)^n z^n + \cdots \quad |z| < 1 \tag{4.23}$$

例 4.8　求对数函数 $\mathrm{Ln}(1+z)$ 的主值 $\ln(1+z)$ 在 $z = 0$ 处的泰勒展开式.

解　我们知道,$\ln(1+z)$ 在从 -1 向左沿负实轴剪开的平面内是解析的,而 -1 是它的一个奇点,所以它在 $|z| < 1$ 内处处解析,可以展开为 z 的幂级数.

根据定理 4.10(3),在单位圆 $|z| < 1$ 内取一条起点为 0、终点为 z 的曲线,沿该曲线对式(4.23)两边积分,得

$$\int_0^z \frac{1}{1+\zeta}\mathrm{d}\zeta = \sum_{n=0}^{\infty} (-1)^n \int_0^z \zeta^n \mathrm{d}\zeta$$

即

$$\ln(1+z) = \sum_{n=0}^{\infty} \frac{(-1)^n}{n+1} z^{n+1}, \quad |z| < 1 \tag{4.24}$$

所以，$\mathrm{Ln}(1+z)$ 的各支在 $z=0$ 处的展开式为

$$[\ln(1+z)]_k = 2k\pi\mathrm{i} + \sum_{n=0}^{\infty} \frac{(-1)^n}{n+1} z^{n+1}, \quad k=0, \pm1, \pm2, \cdots \quad |z| < 1$$

例 4.9　按一般幂函数的定义，我们有

$$(1+z)^{\alpha} = \mathrm{e}^{\alpha \mathrm{Ln}(1+z)} \quad （\alpha \text{ 为复数}）$$

在从 -1 向左沿负实轴剪开的平面内是解析的，即它在 $|z| < 1$ 内解析. 其主值支为

$$g(z) = (1+z)^{\alpha} = \mathrm{e}^{\alpha \ln(1+z)}$$

我们现在 $z=0$ 处将其展开为泰勒级数. 按复合函数求导法则：

$$g'(z) = \frac{\alpha}{1+z} \mathrm{e}^{\alpha \ln(1+z)} = \frac{\alpha}{\mathrm{e}^{\ln(1+z)}} \mathrm{e}^{\alpha \ln(1+z)} = \alpha \mathrm{e}^{(\alpha-1)\ln(1+z)}$$

继续求导，即得

$$g^{(n)}(z) = \alpha(\alpha-1)\cdots(\alpha-n+1)\mathrm{e}^{(\alpha-n)\ln(1+z)}$$

令 $z=0$，得到函数值及各阶导数值为

$$g(0) = 1, \quad g^{(n)}(0) = \alpha(\alpha-1)\cdots(\alpha-n+1), \quad n=1,2,\cdots$$

于是得到 $(1+z)^{\alpha}$ 的主值支的泰勒展开式为

$$(1+z)^{\alpha} = 1 + \alpha z + \frac{\alpha(\alpha-1)}{2!} z^2 + \cdots + \frac{\alpha(\alpha-1)\cdots(\alpha-n+1)}{n!} z^n + \cdots \quad |z| < 1 \tag{4.25}$$

由于 $[\ln(1+z)]_k = \ln(1+z) + 2k\pi\mathrm{i}, k=0, \pm1, \pm2, \cdots$ 则 $(1+z)^{\alpha}$ 的各支在 $z=0$ 处的展开式为

$$[(1+z)^{\alpha}]_k = \mathrm{e}^{2k\alpha\pi\mathrm{i}} \left[1 + \alpha z + \frac{\alpha(\alpha-1)}{2!} z^2 + \cdots + \frac{\alpha(\alpha-1)\cdots(\alpha-n+1)}{n!} z^n + \cdots \right]$$

$$k=0, \pm1, \pm2, \cdots \quad |z| < 1 \tag{4.26}$$

一般情况下，在用间接展开法把一个解析函数展开为泰勒级数时，可以利用式 $(4.19) \sim (4.26)$ 这些基本的泰勒展开式，及幂级数和函数的性质，导出其他解析函数的泰勒展开式.

例 4.10　把下列函数展开为 z 的幂级数：

$$(1) \frac{1}{(1+z)^2}; \qquad\qquad (2) \frac{1}{(1+z^2)^2}.$$

解　(1) 由于 $\frac{1}{(1+z)^2} = -\left(\frac{1}{1+z}\right)'$，且

$$\frac{1}{1+z} = \sum_{n=0}^{\infty} (-1)^n z^n, \quad |z| < 1$$

利用幂级数和函数的微分性质，分别对上式两边的 z 求导并乘以 -1，得

$$\frac{1}{(1+z)^2} = \sum_{n=1}^{\infty} (-1)^{n-1} n z^{n-1}, \quad |z| < 1$$

（2）由（1）知，$\dfrac{1}{(1+\zeta)^2} = \displaystyle\sum_{n=1}^{\infty}(-1)^{n-1}n\zeta^{n-1}$，$|\zeta|<1$. 令 $\zeta = z^2$，得

$$\frac{1}{(1+z^2)^2} = \sum_{n=1}^{\infty}(-1)^{n-1}nz^{2(n-1)}, \quad |z|<1$$

例 4.11　将函数 $\dfrac{e^z}{1-z}$ 在 $z=0$ 处展开为幂级数.

解　因为 $\dfrac{e^z}{1-z}$ 在复平面上有唯一的奇点 $z=1$，故在 $|z|<1$ 内解析，展开后的幂级数在 $|z|<1$ 内收敛. 我们已经知道

$$e^z = 1 + \frac{z}{1!} + \frac{z^2}{2!} + \cdots + \frac{z^n}{n!} + \cdots \quad |z| < +\infty$$

$$\frac{1}{1-z} = 1 + z + z^2 + \cdots + z^n + \cdots \quad |z| < 1$$

在 $|z|<1$ 内，将两式相乘，得

$$\frac{e^z}{1-z} = 1 + \left(1+\frac{1}{1!}\right)z + \left(1+\frac{1}{1!}+\frac{1}{2!}\right)z^2 + \left(1+\frac{1}{1!}+\frac{1}{2!}+\frac{1}{3!}\right)z^3 + \cdots$$

例 4.12　将函数 $\sqrt{z+i}\left(\sqrt{i}=\dfrac{1+i}{\sqrt{2}}\right)$ 展开为 z 的幂级数.

解　由于 $\sqrt{z+i} = e^{\frac{1}{2}\mathrm{Ln}(z+i)}$，所以它指定的分支在 $|z|<1$ 内解析.

$$\sqrt{z+i} = \sqrt{i}\sqrt{1+\frac{z}{i}} = \frac{1+i}{\sqrt{2}}\left(1+\frac{z}{i}\right)^{\frac{1}{2}}$$

$$= \frac{1+i}{\sqrt{2}}\left[1 + \frac{1}{2}\cdot\frac{z}{i} + \frac{\frac{1}{2}\left(\frac{1}{2}-1\right)}{2!}\cdot\left(\frac{z}{i}\right)^2 + \cdots\right]$$

$$= \frac{1+i}{\sqrt{2}}\left(1 - \frac{i}{2}z + \frac{1}{8}z^2 + \cdots\right) \quad |z|<1$$

例 4.13　将函数 $e^z\cos z$ 及 $e^z\sin z$ 展开为 z 的幂级数.

解　因为

$$e^z\cos z = e^z\cdot\frac{e^{iz}+e^{-iz}}{2} = \frac{1}{2}\left[e^{(1+i)z} + e^{(1-i)z}\right]$$

故

$$e^z\cos z = \frac{1}{2}\left[\sum_{n=0}^{\infty}\frac{(1+i)^n}{n!}z^n + \sum_{n=0}^{\infty}\frac{(1-i)^n}{n!}z^n\right]$$

$$= \frac{1}{2}\sum_{n=0}^{\infty}\frac{(1+i)^n+(1-i)^n}{n!}z^n$$

而

$$(1+i)^n + (1-i)^n$$

$$= \left[\sqrt{2}\left(\cos\frac{\pi}{4}+i\sin\frac{\pi}{4}\right)\right]^n + \left\{\sqrt{2}\left[\cos\left(-\frac{\pi}{4}\right)+i\sin\left(-\frac{\pi}{4}\right)\right]\right\}^n$$

$$= 2(\sqrt{2})^n\cos\frac{n\pi}{4}$$

所以

$$e^z \cos z = \sum_{n=0}^{\infty} \frac{(\sqrt{2})^n \cos \frac{n\pi}{4}}{n!} z^n, \quad |z| < +\infty$$

用同样的方法,可以得到

$$e^z \sin z = \sum_{n=1}^{\infty} \frac{(\sqrt{2})^n \sin \frac{n\pi}{4}}{n!} z^n, \quad |z| < +\infty$$

例 4.14　将函数 $\frac{z}{z+2}$ 展开为 $z-1$ 的幂级数,并指出其收敛范围.

解　由于函数 $\frac{z}{z+2}$ 在 z 平面上有唯一的奇点 $z=-2$,到 $z=1$ 的距离为 3,所以展开的幂级数的收敛圆为 $|z-1|<3$. 故

$$\frac{z}{z+2} = 1 - \frac{2}{z+2} = 1 - \frac{2}{(z-1)+3} = 1 - \frac{2}{3} \cdot \frac{1}{1+\frac{z-1}{3}}$$

$$= 1 - \frac{2}{3} \sum_{n=0}^{\infty} (-1)^n \left(\frac{z-1}{3}\right)^n = \frac{1}{3} + \sum_{n=1}^{\infty} \frac{2 \cdot (-1)^{n+1}}{3^{n+1}} (z-1)^n$$

4.3.3　解析函数的零点的孤立性

定义 4.7　设 $f(z)$ 在区域 D 内解析,a 是区域 D 内一点,如果 $f(a)=0$,则称 a 是解析函数 $f(z)$ 的**零点**.

如果在 $|z-a|<R$ 内,解析函数 $f(z)$ 不恒为零,我们将 $f(z)$ 在点 a 展开为幂级数,此时,幂级数的系数必不全为零,故必有一正整数 $m(m \geq 1)$,使得

$$f(a) = f'(a) = f''(a) = \cdots = f^{(m-1)}(a) = 0, \text{但} f^{(m)}(a) \neq 0$$

满足上述条件的 m 称为**零点 a 的阶**,a 称为 $f(z)$ 的 **m 阶零点**. 特别地,当 $m=1$ 时,a 也称为 $f(z)$ 的**单零点**.

例如,$f(z) = z^3 - z^2$,$f(0) = f(1) = 0$,即 $z=0,1$ 都是它的零点. $f'(z) = 3z^2 - 2z$,$f'(0) = 0$,$f'(1) = 1 \neq 0$;$f''(z) = 6z-2$,$f''(0) = -2 \neq 0$. 故 $z=0$ 和 $z=1$ 分别是该函数的二阶零点和单零点.

定理 4.13　不恒为零的解析函数 $f(z)$ 以 a 为 m 阶零点的充分必要条件为

$$f(z) = (z-a)^m \varphi(z) \tag{4.27}$$

其中 $\varphi(z)$ 满足:①在 a 的某邻域 $|z-a|<R$ 内解析;②$\varphi(a) \neq 0$.

证　必要性:由假设,$f(z)$ 在 a 点的泰勒展开式可以表示为

$$f(z) = \frac{f^{(m)}(a)}{m!} (z-a)^m + \frac{f^{(m+1)}(a)}{(m+1)!} (z-a)^{m+1} + \cdots$$

$$= (z-a)^m \left[\frac{f^{(m)}(a)}{m!} + \frac{f^{(m+1)}(a)}{(m+1)!} (z-a) + \cdots \right]$$

令 $\varphi(z) = \frac{f^{(m)}(a)}{m!} + \frac{f^{(m+1)}(a)}{(m+1)!} (z-a) + \cdots$ 由定理 4.10(1)知,$\varphi(z)$ 在 a 的某邻域

$|z-a|<R$ 内解析，且 $\varphi(0)=\dfrac{f^{(m)}(a)}{m!}\neq 0$.

充分性：留作读者自己证明.

例 4.15　设 $f(z)=z^2-\sin z^2$，显然 $z=0$ 是 $f(z)$ 的零点，且

$$f(z)=z^2-\left(z^2-\frac{z^6}{3!}+\frac{z^{10}}{5!}-\frac{z^{14}}{7!}+\cdots\right)$$

$$=\frac{z^6}{3!}-\frac{z^{10}}{5!}+\frac{z^{14}}{7!}-\cdots=z^6\left(\frac{1}{3!}-\frac{z^4}{5!}+\frac{z^8}{7!}-\cdots\right)$$

令 $\varphi(z)=\dfrac{1}{3!}-\dfrac{z^4}{5!}+\dfrac{z^8}{7!}-\cdots$，由幂级数的和函数的性质知，$\varphi(z)$ 在 $z=0$ 的某邻域 $|z|<R$ 内解析，且 $\varphi(0)=\dfrac{1}{3!}\neq 0$. 所以 $z=0$ 是 $f(z)$ 的六阶零点.

例 4.16　求 $f(z)=\cos z-1$ 的全部零点，并指出它们的阶.

解　令 $\cos z-1=0$，得 $\mathrm{e}^{\mathrm{i}z}+\mathrm{e}^{-\mathrm{i}z}=2$，即 $\mathrm{e}^{2\mathrm{i}z}-2\mathrm{e}^{\mathrm{i}z}+1=0$，解得 $\mathrm{e}^{\mathrm{i}z}=1$. 故

$$z=2k\pi,\quad k=0,\pm 1,\pm 2,\cdots$$

这就是 $\cos z-1$ 的全部零点.

由于

$$\left.(\cos z-1)'\right|_{z=2k\pi}=\left.-\sin z\right|_{z=2k\pi}=0$$

且

$$\left.(\cos z-1)''\right|_{z=2k\pi}=\left.-\cos z\right|_{z=2k\pi}=1\neq 0$$

故 $z=2k\pi,k=0,\pm 1,\pm 2,\cdots$ 都是 $\cos z-1$ 的二阶零点.

定理 4.14　如果在 $|z-a|<R$ 内的解析函数 $f(z)$ 不恒为零，a 点为其零点，则必有 a 的一个邻域，使得 $f(z)$ 在其中无异于 a 的零点（即"不恒为零的解析函数的零点是孤立的"）.

证　设 $f(z)$ 以 a 为 m 阶零点，则由定理 4.13，得

$$f(z)=(z-a)^m\varphi(z)$$

由于 $\varphi(z)$ 在 a 的某邻域 $|z-a|<R$ 内解析，则 $\varphi(z)$ 必在 a 点连续. 又因为 $\varphi(a)\neq 0$，由连续函数的性质可知，必存在 a 点的某邻域 $|z-a|<r<R$，使得 $\varphi(z)$ 在其中恒不为零. 则 $f(z)=(z-a)^m\varphi(z)$ 在 $|z-a|<r$ 内无异于 a 的其他零点.

注　一个实变可微函数的零点不一定是孤立的. 例如，实变函数

$$f(x)=\begin{cases}x^2\sin\dfrac{1}{x}, & x\neq 0,\\[2mm] 0, & x=0.\end{cases}$$

由于 $\lim\limits_{x\to 0}\dfrac{f(x)-f(0)}{x}=\lim\limits_{x\to 0}\dfrac{x^2\sin\dfrac{1}{x}-0}{x}=0$，故 $f(x)$ 在点 $x=0$ 处可微，且在 $(-\infty,+\infty)$ 内处处可微. $x=0$ 是它的零点，$x_k=\dfrac{1}{k\pi}(k=\pm 1,\pm 2,\cdots)$ 也都是它的零点，且 $\lim\limits_{k\to\infty}x_k=0$，即 $x=0$ 是数列 $x_k=\dfrac{1}{k\pi}(k=\pm 1,\pm 2,\cdots)$ 的极限点. 也就是说，在 $x=0$ 的任何邻域内，都能找到 $f(x)$ 的其他零点. 所以，尽管这里的 $f(x)$ 处处可微，且不恒为零，但它的零点 $x=0$ 并不孤立.

4.4　解析函数的洛朗展开式

上一节我们已经看到了,在以 z_0 为中心的圆内,解析函数 $f(z)$ 一定可以展开为 $z - z_0$ 的幂级数. 但对于有些函数,以 z_0 为奇点,就不能在 z_0 的邻域内展开为泰勒级数. 为此,这一节将建立(挖去奇点 z_0 的)圆环 $r < |z - z_0| < R(r \geqslant 0, R < +\infty$,当 $r = 0$ 时为去心邻域 $0 < |z - z_0| < R$),并讨论圆环内的解析函数的幂级数表示,然后以它为工具,研究解析函数在孤立奇点邻域内的性质.

4.4.1　双边幂级数

考虑级数

$$\sum_{n=-\infty}^{\infty} c_n (z - z_0)^n = \cdots + c_{-n}(z - z_0)^{-n} + \cdots + c_{-1}(z - z_0)^{-1}$$
$$+ c_0 + c_1(z - z_0) + c_2(z - z_0)^2 + \cdots + c_n(z - z_0)^n + \cdots \qquad (4.28)$$

其中 z_0 和 $c_n(n = 0, \pm 1, \pm 2, \cdots)$ 为常数,z 为变量. 级数(4.28)由两部分组成:第一部分是关于 $z - z_0$ 的正幂级数,即

$$\sum_{n=0}^{\infty} c_n (z - z_0)^n = c_0 + c_1(z - z_0) + c_2(z - z_0)^2 + \cdots + c_n(z - z_0)^n + \cdots \qquad (4.29)$$

它在收敛圆 $|z - z_0| < R(0 < R < +\infty)$ 内收敛于一个解析函数 $f_1(z)$.

第二部分是关于 $z - z_0$ 的负幂级数,即

$$\sum_{n=1}^{\infty} c_{-n} (z - z_0)^{-n} = c_{-1}(z - z_0)^{-1} + \cdots + c_{-n}(z - z_0)^{-n} + \cdots \qquad (4.30)$$

用 $\zeta = \dfrac{1}{z - z_0}$ 进行代换,可得到关于 ζ 的幂级数:

$$\sum_{n=1}^{\infty} c_{-n} \zeta^n = c_{-1}\zeta + c_{-2}\zeta^2 + \cdots + c_{-n}\zeta^n + \cdots \qquad (4.30)'$$

不妨假设它的收敛圆为 $|\zeta| < \dfrac{1}{r}\left(0 < \dfrac{1}{r} < +\infty\right)$,再将变量 ζ 换回成 z,可知级数(4.30)在 $|z - z_0| > r$ 内收敛于一个解析函数 $f_2(z)$.

综上所述,级数(4.28)的收敛集合取决于 r 和 R:

（1）如果 $r > R$（见图 4.2）,此时级数(4.29)和(4.30)没有公共收敛范围,故级数(4.28)在复平面上处处发散;

（2）如果 $r < R$（见图 4.3）,此时级数(4.29)和(4.30)的公共收敛范围是圆环域 $r < |z - z_0| < R$,故级数(4.28)在这个圆环内收敛,此时双边幂级数收敛于函数 $f(z) = f_1(z) + f_2(z)$;

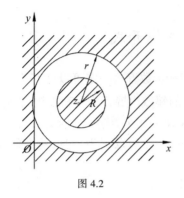　　　　　　　　　　　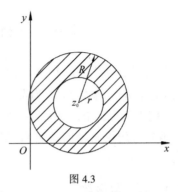

　　　　　　图 4.2　　　　　　　　　　　　　　　　　图 4.3

　　（3）如果 $r = R$，此时级数（4.28）在 $|z - z_0| = R$ 的内外都处处发散，而在圆周 $|z - z_0| = R$ 上，可能收敛，也可能发散，要根据具体情况而定.

　　我们称级数（4.28）为**双边幂级数**. 由定理 4.8 和定理 4.10，可得到下面的定理：

　　定理 4.15　设双边幂级数 $\sum\limits_{n=-\infty}^{\infty} c_n(z - z_0)^n$ 的收敛圆环为

$$H: r < |z - z_0| < R \quad (r \geqslant 0, R < +\infty)$$

则

　　（1）其和函数 $f(z)$，即

$$f(z) = \sum_{n=-\infty}^{\infty} c_n(z - z_0)^n \tag{4.31}$$

在其收敛圆环 $H: r < |z - z_0| < R$ 内解析；

　　（2）函数 $f(z) = \sum\limits_{n=-\infty}^{\infty} c_n(z - z_0)^n$ 可以在 H 内逐项求导 $p(p = 1, 2, \cdots)$ 次；

　　（3）函数 $f(z)$ 可沿 H 内曲线 C 逐项求积分，即

$$\int_C f(z)\mathrm{d}z = \sum_{n=-\infty}^{\infty} c_n \int_C (z - z_0)^n \mathrm{d}z, \quad C \in H \tag{4.32}$$

　　注　定理 4.15 对应于定理 4.10.

4.4.2　解析函数的洛朗展开式

　　前面指出了洛朗（Laurent）级数在其收敛的圆环内一定收敛于一个解析函数，反过来有：

　　定理 4.16（洛朗定理）　在圆环域 $H: r < |z - z_0| < R(r \geqslant 0, R < +\infty)$ 内解析的函数 $f(z)$ 必可展开为双边幂级数，即

$$f(z) = \sum_{n=-\infty}^{\infty} c_n(z - z_0)^n \tag{4.33}$$

其中

$$c_n = \frac{1}{2\pi \mathrm{i}} \oint_\Gamma \frac{f(\zeta)}{(\zeta - z_0)^{n+1}} \mathrm{d}\zeta \quad (n = 0, \pm 1, \pm 2, \cdots) \tag{4.34}$$

Γ 为圆周 $|\zeta - z_0| = \rho(r < \rho < R)$，并且展开式是唯一的（即 $f(z)$ 及圆环 H 唯一地决定了系

数 c_n).

　　注　定理 4. 16 对应于定理 4. 11 (泰勒定理).

　　证　设 z 为 H 内任意取定的点, 总可以找到含在 H 内的两个圆周

$$\Gamma_1 : |\zeta - z_0| = \rho_1 , \quad \Gamma_2 : |\zeta - z_0| = \rho_2$$

使得 z 含在圆环域 $\rho_1 < |\zeta - z_0| < \rho_2$ 内 (见图 4. 4).

　　因为函数在闭圆环 $\rho_1 \leqslant |\zeta - z_0| \leqslant \rho_2$ 上解析, 由柯西积分公式, 有

$$f(z) = \frac{1}{2\pi i} \oint_{\Gamma_2} \frac{f(\zeta)}{\zeta - z} d\zeta - \frac{1}{2\pi i} \oint_{\Gamma_1} \frac{f(\zeta)}{\zeta - z} d\zeta$$

或写成

$$f(z) = \frac{1}{2\pi i} \oint_{\Gamma_2} \frac{f(\zeta)}{\zeta - z} d\zeta + \frac{1}{2\pi i} \oint_{\Gamma_1} \frac{f(\zeta)}{z - \zeta} d\zeta \qquad (4. 35)$$

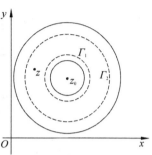

图 4.4

　　我们现在将上面两个积分表示成含有 $z - z_0$ 的 (正或负) 幂级数:

　　对于第一个积分, 只要按照泰勒定理证明中的相应部分, 就可以得到

$$\frac{1}{2\pi i} \oint_{\Gamma_2} \frac{f(\zeta)}{\zeta - z} d\zeta = \sum_{n=0}^{\infty} c_n (z - z_0)^n \qquad (4. 36)$$

$$c_n = \frac{1}{2\pi i} \oint_{\Gamma_2} \frac{f(\zeta)}{(\zeta - z_0)^{n+1}} d\zeta \quad (n = 0, 1, 2, \cdots) \qquad (4. 37)$$

类似地, 考虑式 (4. 35) 中的第二个积分

$$\frac{1}{2\pi i} \oint_{\Gamma_1} \frac{f(\zeta)}{z - \zeta} d\zeta$$

我们有

$$\frac{f(\zeta)}{z - \zeta} = \frac{f(\zeta)}{(z - z_0) - (\zeta - z_0)} = \frac{f(\zeta)}{z - z_0} \cdot \frac{f(\zeta)}{1 - \dfrac{\zeta - z_0}{z - z_0}}$$

当 $\zeta \in \Gamma_1$ 时,

$$\left| \frac{\zeta - z_0}{z - z_0} \right| = \frac{\rho_1}{|z - z_0|} < 1$$

于是上式可以展开成下面的级数:

$$\frac{f(\zeta)}{z - \zeta} = \frac{f(\zeta)}{z - z_0} \cdot \sum_{n=0}^{\infty} \left(\frac{\zeta - z_0}{z - z_0} \right)^n = \sum_{n=1}^{\infty} \frac{f(\zeta)}{(\zeta - z_0)^{-n+1}} (z - z_0)^{-n}$$

两边沿 Γ_1 对 ζ 求积分, 再乘以 $\dfrac{1}{2\pi i}$, 可得

$$\oint_{\Gamma_1} \frac{f(\zeta)}{z - \zeta} d\zeta = \sum_{n=1}^{\infty} c_{-n} (z - z_0)^{-n} \qquad (4. 38)$$

其中

$$c_{-n} = \frac{1}{2\pi i} \oint_{\Gamma_1} \frac{f(\zeta)}{(\zeta - z_0)^{-n+1}} d\zeta \quad (n = 1, 2, \cdots) \qquad (4. 39)$$

由式(4.35)(4.36)(4.38)即得

$$f(z) = \sum_{n=0}^{\infty} c_n (z - z_0)^n + \sum_{n=1}^{\infty} c_{-n} (z - z_0)^{-n} = \sum_{n=-\infty}^{\infty} c_n (z - z_0)^n \qquad (4.40)$$

现在再来看系数(4.37)和(4.39),由复周线的柯西积分定理,对任意的周线 Γ: $|\zeta - z_0| = \rho(r < \rho < R)$,有

$$c_n = \frac{1}{2\pi i} \oint_{\Gamma_2} \frac{f(\zeta)}{(\zeta - z_0)^{n+1}} \mathrm{d}\zeta$$

$$= \frac{1}{2\pi i} \oint_{\Gamma} \frac{f(\zeta)}{(\zeta - z_0)^{n+1}} \mathrm{d}\zeta \quad (n = 0, 1, 2, \cdots)$$

$$c_{-n} = \frac{1}{2\pi i} \oint_{\Gamma_1} \frac{f(\zeta)}{(\zeta - z_0)^{-n+1}} \mathrm{d}\zeta$$

$$= \frac{1}{2\pi i} \oint_{\Gamma} \frac{f(\zeta)}{(\zeta - z_0)^{-n+1}} \mathrm{d}\zeta \quad (n = 1, 2, \cdots)$$

于是系数 c_n 可以统一表示成式(4.34).

由于系数 c_n 与我们所取的 z 无关,故在圆环 H 内,式(4.33)成立.

最后证明展开式的唯一性. 设 $f(z)$ 在圆环 H 内又可展开成下式:

$$f(z) = \sum_{n=-\infty}^{\infty} c_n' (z - z_0)^n$$

由定理 4.15 知,它在圆周 Γ: $|\zeta - z_0| = \rho(r < \rho < R)$ 上收敛. 乘以 Γ 上的有界函数 $\dfrac{1}{(z - z_0)^{m+1}}$,仍然收敛,故可以逐项积分,得、

$$\oint_{\Gamma} \frac{f(\zeta)}{(\zeta - z_0)^{m+1}} \mathrm{d}\zeta = \sum_{n=-\infty}^{\infty} c_n' \oint_{\Gamma} (\zeta - z_0)^{n-m-1} \mathrm{d}\zeta$$

由柯西积分定理,等号右端除了 $n = m$ 的那一项积分为 $2\pi i$,其余各项均为零,于是

$$c_m' = \frac{1}{2\pi i} \oint_{\Gamma} \frac{f(\zeta)}{(\zeta - z_0)^{m+1}} \mathrm{d}\zeta \quad (m = 0, \pm 1, \pm 2, \cdots)$$

与式(4.34)比较,即知 $c_n' = c_n (n = 0, \pm 1, \pm 2, \cdots)$.

定义 4.8　式(4.33)称为函数 $f(z)$ 在 z_0 点的**洛朗展开式**,式(4.34)称为其**洛朗系数**,而右端的级数称为**洛朗级数**.

证明了洛朗展开式的唯一性后,我们就可以采用一些常用的更简便的间接展开法去求一些初等函数在指定圆环内的洛朗展开式. 只有在个别情况下,才直接采用公式(4.34).

4.4.3　洛朗级数与泰勒级数的关系

当已给函数 $f(z)$ 在 z_0 点处解析时,中心在 z_0,半径等于 z_0 到函数 $f(z)$ 的最近奇点的距离的那个圆可以看成圆环的特殊情形,在其中就可以作出洛朗级数展开式. 根据柯西积分定理,由公式(4.34)可以看出,这个展开式中关于 $z - z_0$ 的所有负幂项的系数 c_{-n}($n = 1, 2, \cdots$)都等于零. 在此情形下,计算洛朗级数的系数公式与泰勒级数的系数公式(积分形式)是一样的,所以洛朗级数就转化为了泰勒级数. 因此,泰勒级数是洛朗级数的特殊形式.

例 4.17　将函数 $f(z) = \dfrac{1}{(z-1)(z-2)}$ 在 $z_0 = 0$ 处展开为洛朗级数.

解　函数 $f(z) = \dfrac{1}{(z-1)(z-2)}$ 在 z 平面上有两个奇点:$z = 1$ 和 $z = 2$,因此 z 平面被分成如下三个不相交的以 $z_0 = 0$ 为中心的解析域:(1)圆:$|z| < 1$;(2)圆环:$1 < |z| < 2$;(3)圆环:$2 < |z| < +\infty$.

先将函数 $f(z)$ 分解成部分分式的代数和:

$$f(z) = \frac{1}{z-2} - \frac{1}{z-1}$$

(1)在圆:$|z| < 1$ 内,因为 $|z| < 1 < 2$,即 $\left| \dfrac{z}{2} \right| < 1$,利用公式(4.22)得

$$f(z) = \frac{1}{1-z} - \frac{1}{2-z} = \frac{1}{1-z} - \frac{1}{2} \cdot \frac{1}{1 - \dfrac{z}{2}}$$

$$= \sum_{n=0}^{\infty} z^n - \frac{1}{2} \sum_{n=0}^{\infty} \left(\frac{z}{2} \right)^n = \sum_{n=0}^{\infty} \left(1 - \frac{1}{2^{n+1}} \right) z^n$$

(2)在圆环:$1 < |z| < 2$ 内,由于 $1 < |z| < 2$,所以 $\left| \dfrac{1}{z} \right| < 1$,$\left| \dfrac{z}{2} \right| < 1$,故

$$f(z) = \frac{1}{z-2} - \frac{1}{z-1} = -\frac{1}{2} \cdot \frac{1}{1 - \dfrac{z}{2}} - \frac{1}{z} \cdot \frac{1}{1 - \dfrac{1}{z}}$$

$$= -\frac{1}{2} \sum_{n=0}^{\infty} \left(\frac{z}{2} \right)^n - \frac{1}{z} \sum_{n=0}^{\infty} \left(\frac{1}{z} \right)^n$$

$$= -\sum_{n=1}^{\infty} \frac{1}{z^n} - \sum_{n=0}^{\infty} \frac{z^n}{2^{n+1}}$$

(3)在圆环:$2 < |z| < +\infty$ 内,由于 $\left| \dfrac{1}{z} \right| < 1$,$\left| \dfrac{2}{z} \right| < 1$,故

$$f(z) = \frac{1}{z-2} - \frac{1}{z-1} = \frac{1}{z} \cdot \frac{1}{1 - \dfrac{2}{z}} - \frac{1}{z} \cdot \frac{1}{1 - \dfrac{1}{z}}$$

$$= \frac{1}{z} \sum_{n=0}^{\infty} \left(\frac{2}{z} \right)^n - \frac{1}{z} \sum_{n=0}^{\infty} \left(\frac{1}{z} \right)^n = \sum_{n=1}^{\infty} (2^n - 1) \frac{1}{z^{n+1}}$$

在例 4.17 中,(1)的展开式就是泰勒展开式,是洛朗展开式的特殊形式.

对于函数 $f(z) = \dfrac{1}{(z-1)(z-2)}$,除了上面的以 $z_0 = 0$ 为中心的解析的圆域或圆环域以外,还有以 $z = 1$ 为中心的解析的圆环域:$0 < |z-1| < 1$ 和 $1 < |z-1| < +\infty$;以 $z = 2$ 为中心的解析的圆环域:$0 < |z-2| < 1$ 和 $1 < |z-2| < +\infty$.下面,我们分别在这些解析的圆环域中,将 $f(z)$ 展开为洛朗级数.

例 4.18　将函数 $f(z) = \dfrac{1}{(z-1)(z-2)}$ 在下列给定的圆环域内展开为洛朗级数:

(1)$0 < |z-1| < 1$;　　　　　　　　(2)$1 < |z-1| < +\infty$;

(3)$0 < |z-2| < 1$;　　　　　　　　(4)$1 < |z-2| < +\infty$.

解　(1)在 $0<|z-1|<1$ 内,由于解析域的中心是 $z=1$,展开的洛朗级数一定是关于 $z-1$ 的幂级数. 所以

$$f(z)=\frac{1}{z-1}\cdot\frac{1}{z-2}=-\frac{1}{z-1}\cdot\frac{1}{1-(z-1)}$$

$$=-\frac{1}{z-1}\cdot\sum_{n=0}^{\infty}(z-1)^n=-\sum_{n=0}^{\infty}(z-1)^{n-1}$$

(2)在 $1<|z-1|<+\infty$ 内,由于 $\left|\dfrac{1}{z-1}\right|<1$,故

$$f(z)=\frac{1}{z-1}\cdot\frac{1}{(z-1)-1}=\frac{1}{(z-1)^2}\cdot\frac{1}{1-\dfrac{1}{z-1}}$$

$$=\frac{1}{(z-1)^2}\sum_{n=0}^{\infty}\left(\frac{1}{z-1}\right)^n=\sum_{n=2}^{\infty}\frac{1}{(z-1)^n}$$

(3)在 $0<|z-2|<1$ 内,由于解析域的中心是 $z=2$,故展开的洛朗级数一定是关于 $z-2$ 的幂级数. 所以

$$f(z)=\frac{1}{z-2}\cdot\frac{1}{1+(z-2)}$$

$$=\frac{1}{z-2}\cdot\sum_{n=0}^{\infty}(-1)^n(z-2)^n=\sum_{n=0}^{\infty}(-1)^n(z-2)^{n-1}$$

(4)在 $1<|z-2|<+\infty$ 内,由于 $\left|\dfrac{1}{z-2}\right|<1$,故

$$f(z)=\frac{1}{z-2}\cdot\frac{1}{1+(z-2)}=\frac{1}{(z-2)^2}\cdot\frac{1}{1+\dfrac{1}{z-2}}$$

$$=\frac{1}{(z-2)^2}\cdot\sum_{n=0}^{\infty}(-1)^n\frac{1}{(z-2)^n}=\sum_{n=2}^{\infty}\frac{(-1)^n}{(z-2)^n}$$

例 4.19　将函数 $f(z)=z^3\mathrm{e}^{\frac{1}{z}}$ 在 $0<|z|<+\infty$ 内展开为洛朗级数.

解　由于函数 $f(z)=z^3\mathrm{e}^{\frac{1}{z}}$ 在 z 平面上有唯一的奇点 $z_0=0$,所以在 $0<|z|<+\infty$ 内处处解析,由公式(4.19),有

$$\mathrm{e}^{\frac{1}{z}}=1+\frac{1}{z}+\frac{1}{2!}\left(\frac{1}{z}\right)^2+\frac{1}{3!}\left(\frac{1}{z}\right)^3+\cdots+\frac{1}{n!}\left(\frac{1}{z}\right)^n+\cdots$$

所以

$$z^3\mathrm{e}^{\frac{1}{z}}=z^3+z^2+\frac{z}{2!}+\frac{1}{3!}+\frac{1}{4!z}+\cdots+\frac{1}{n!z^{n-3}}+\cdots$$

注　(1)从以上的例题可以看出,一个函数 $f(z)$ 在以 z_0 为中心的圆环域内的洛朗级数中,尽管含有 $z-z_0$ 的负幂项,而且 z_0 又是这些负幂项的奇点,但是 z_0 可能是 $f(z)$ 的奇点,也可能不是.

(2)给定了函数 $f(z)$ 与复平面上的一点 z_0 以后,由于这个函数可以在以 z_0 为中心的(由奇点隔开的)不同的圆环域内解析,因而各个不同的圆环域中有不同的洛朗展开式(包括泰勒展开式作为它的特例). 我们不能把这种情形与洛朗展开式的唯一性混淆. 我们知

道,所谓洛朗展开的唯一性,是指函数在某个给定的圆环域内,洛朗展开式是唯一的.

（3）在展开式的收敛圆环域的内、外圆周上都有 $f(z)$ 的奇点,或者外圆周的半径为无穷大.

例 4.20　函数 $\sin\dfrac{z}{z-1}$ 在 z 平面上有唯一的奇点 $z=1$,将该函数在其去心邻域 $0<|z-1|<+\infty$ 内展开为洛朗级数.

解　$\sin\dfrac{z}{z-1}=\sin\dfrac{(z-1)+1}{z-1}=\sin\left(1+\dfrac{1}{z-1}\right)$

$\qquad =\sin 1\cos\dfrac{1}{z-1}+\cos 1\sin\dfrac{1}{z-1}$

$\qquad =\sin 1\cdot\displaystyle\sum_{n=0}^{\infty}\dfrac{(-1)^n}{(2n)!}\left(\dfrac{1}{z-1}\right)^{2n}+\cos 1\cdot\sum_{n=0}^{\infty}\dfrac{(-1)^n}{(2n+1)!}\left(\dfrac{1}{z-1}\right)^{2n+1}$

$\qquad =\sin 1+\dfrac{\cos 1}{z-1}-\dfrac{\sin 1}{2!(z-1)^2}-\dfrac{\cos 1}{3!(z-1)^3}+\cdots$

$\qquad\quad +\dfrac{(-1)^n\sin 1}{(2n)!(z-1)^{2n}}+\dfrac{(-1)^n\cos 1}{(2n+1)!(z-1)^{2n+1}}+\cdots$

4.5　解析函数的孤立奇点

4.5.1　解析函数的孤立奇点

定义 4.9　设 z_0 是函数 $f(z)$ 的奇点,如果 $f(z)$ 在点 z_0 的某一去心邻域 $K-\{z_0\}$: $0<|z-z_0|<R$ (即除去圆心 z_0 的某圆)内解析,则称 z_0 是函数 $f(z)$ 的一个**孤立奇点**.

例如,函数 $\mathrm{e}^{\frac{1}{z}}$ 和 $\dfrac{1}{z^2(z-1)}$ 都以 $z=0$ 为孤立奇点. 但应当指出,我们不能产生这样错误的想法:函数的奇点都是孤立的. 例如,函数 $\dfrac{1}{\sin\dfrac{1}{z}}$,显然 $z=0$ 是它的一个奇点,除此之外,

$z=\dfrac{1}{n\pi}$ $(n=\pm 1,\pm 2,\cdots)$ 也都是它的奇点. 当 n 的绝对值逐渐增大时,$\dfrac{1}{n\pi}$ 可以无限逼近于

$z=0$. 换句话说,在 $z=0$ 的任何邻域(无论邻域的半径多么小)内,总能找到 $\dfrac{1}{\sin\dfrac{1}{z}}$ 的其他

奇点. 所以 $z=0$ 不是 $\dfrac{1}{\sin\dfrac{1}{z}}$ 的孤立奇点.

4.5.2　孤立奇点的三种类型

孤立奇点是解析函数奇点中最简单、最重要的一种类型. 以解析函数的洛朗展开式为工具,我们能够在孤立奇点的去心邻域内充分研究一个解析函数的性质. 我们把解析函数在它的孤立奇点的去心邻域内展开为洛朗级数,根据展开式的不同情况将孤立奇点

分类.

设 z_0 是函数 $f(z)$ 的一个孤立奇点,则 $f(z)$ 在点 z_0 的去心邻域 $K - \{z_0\}$ 内可以展开成洛朗级数:

$$f(z) = \sum_{n=0}^{\infty} c_n (z - z_0)^n + \sum_{n=1}^{\infty} c_{-n} (z - z_0)^{-n} \qquad (4.41)$$

我们称非负幂部分 $\sum_{n=0}^{\infty} c_n (z - z_0)^n$ 为函数 $f(z)$ 在 z_0 点的**解析部分**(或正则部分),而称负幂部分 $\sum_{n=1}^{\infty} c_{-n} (z - z_0)^{-n}$ 为**主要部分**. 这是因为非负幂部分表示在点 z_0 的邻域 K: $|z - z_0| < R$ 内的解析函数,因此,函数 $f(z)$ 在点 z_0 的奇异性完全体现在洛朗级数的负幂项上.

按展开式(4.41)中的负幂项的各种不同状况,我们把孤立奇点分为三类:

定义 4.10 (1)级数(4.41)中没有负幂项(主要部分为零),此时称点 z_0 为 $f(z)$ 的**可去奇点**;

(2)级数(4.41)中含有有限个负幂项(主要部分为有限项),此时称点 z_0 为 $f(z)$ 的**极点**;

(3)级数(4.41)中有无穷多项负幂项(主要部分有无穷多项),此时称点 z_0 为 $f(z)$ 的**本质奇点**.

下面我们分别讨论三类孤立奇点的特征:

4.5.2.1 可去奇点

如果 z_0 为 $f(z)$ 的可去奇点,则有

$$f(z) = c_0 + c_1 (z - z_0) + c_2 (z - z_0)^2 + \cdots \qquad (0 < |z - z_0| < R)$$

上式等号右边表示圆 K: $|z - z_0| < R$ 内的解析函数. 如果令 $f(z_0) = c_0$,则 $f(z)$ 在圆 K: $|z - z_0| < R$ 内与一个解析函数重合. 也就是说,我们将 $f(z)$ 在 z_0 点的值加以适当的定义,则点 z_0 就是 $f(z)$ 的解析点. 这就是我们称 z_0 是 $f(z)$ 的可去奇点的由来.

例如,函数 $f(z) = \dfrac{\sin z}{z} = \dfrac{1}{z}\left(z - \dfrac{z^3}{3!} + \dfrac{z^5}{5!} - \cdots\right) = 1 - \dfrac{z^2}{3!} + \dfrac{z^4}{5!} - \cdots$,由定义 4.10(1), $z = 0$ 是它的可去奇点. 给函数 $f(z)$ 补充定义: $f(0) = 1$,对于函数

$$f(z) = \begin{cases} \dfrac{\sin z}{z}, & z \neq 0 \\ 1, & z = 0 \end{cases}$$

有

$$\lim_{z \to 0} \frac{f(z) - f(0)}{z} = \lim_{z \to 0} \frac{\dfrac{\sin z}{z} - 1}{z} = \lim_{z \to 0} \frac{\sin z - z}{z^2} = 0$$

即 $f'(0)$ 存在,且为零. 故 $f(z) = \begin{cases} \dfrac{\sin z}{z}, & z \neq 0 \\ 1, & z = 0 \end{cases}$,在 $z = 0$ 处解析.

定理 4.17 函数 $f(z)$ 以 z_0 为可去奇点的充分必要条件是 $\lim\limits_{z \to z_0} f(z) = b (\neq \infty)$.

证 必要性:如果 $f(z)$ 以 z_0 为可去奇点,则在 z_0 点的去心邻域内的洛朗展开式为

$$f(z) = c_0 + c_1 (z - z_0) + c_2 (z - z_0)^2 + \cdots \qquad (0 < |z - z_0| < R)$$

两边取极限,得

$$\lim_{z \to z_0} f(z) = c_0 (\neq \infty)$$

充分性:由于 $\lim_{z \to z_0} f(z) = b(\neq \infty)$,则对于任意给定的 $\varepsilon > 0$,存在 $\delta > 0$,当 $0 < |z - z_0| < \delta$ 时,有 $|f(z) - f(z_0)| < \varepsilon$,即 $|f(z)| < |f(z_0)| + \varepsilon$. 不妨设 $\varepsilon = 1, M = |f(z_0)| + 1$,即在 $0 < |z - z_0| < \delta$ 内,有 $|f(z)| < M$. 考虑 $f(z)$ 在 $0 < |z - z_0| < \delta$ 内的洛朗展开式的负幂项部分:

$$\frac{c_{-1}}{z - z_0} + \frac{c_{-2}}{(z - z_0)^2} + \cdots + \frac{c_{-n}}{(z - z_0)^n} + \cdots$$

$$c_{-n} = \frac{1}{2\pi i} \oint_\Gamma \frac{f(\zeta)}{(\zeta - z_0)^{-n+1}} d\zeta \quad (n = 1, 2, \cdots)$$

其中 Γ 是全含于 $0 < |z - z_0| < \delta$ 的圆周 $\Gamma: |\zeta - z_0| = \rho, \rho$ 可以充分小. 于是

$$|c_{-n}| \leqslant \frac{1}{2\pi} \oint_\Gamma \left| \frac{f(\zeta)}{(\zeta - z_0)^{-n+1}} \right| ds \leqslant \frac{1}{2\pi} \oint_\Gamma \frac{M}{\rho^{-n+1}} ds = M\rho^n \to 0 \quad (\rho \to 0)$$

由复合闭路定理知,积分 $\oint_\Gamma \frac{f(\zeta)}{(\zeta - z_0)^{-n+1}} d\zeta$ 与 ρ 的大小无关,所以,$c_{-n} = 0(n = 1, 2, \cdots)$. 即 $f(z)$ 在点 z_0 的去心邻域 $K - \{z_0\}$ 内的洛朗级数展开式不含负幂项.

定理 4.17 表明,如果函数在孤立奇点处的极限存在,那么这个奇点就是可去奇点.

4.5.2.2　极点

设 z_0 是函数 $f(z)$ 的极点,如果在 z_0 的去心邻域 $K - \{z_0\}$ 内的洛朗级数展开式为

$$f(z) = \frac{c_{-m}}{(z - z_0)^m} + \cdots + \frac{c_{-2}}{(z - z_0)^2} + \frac{c_{-1}}{z - z_0} + \sum_{n=0}^\infty c_n (z - z_0)^n \quad (c_{-m} \neq 0)$$

则称 z_0 是函数 $f(z)$ 的 **m 阶极点**. 当 $m = 1$ 时,也称 z_0 是 $f(z)$ 的**单极点**.

定理 4.18　如果 $f(z)$ 以 z_0 为孤立奇点,则下列三条是等价的,即它们中的任何一条都是 m 阶极点的特征.

(1) $f(z)$ 在 z_0 点的主要部分为

$$\frac{c_{-m}}{(z - z_0)^m} + \cdots + \frac{c_{-2}}{(z - z_0)^2} + \frac{c_{-1}}{z - z_0} \quad (c_{-m} \neq 0)$$

(2) $f(z)$ 在 z_0 点的去心邻域内能表示成

$$f(z) = \frac{\lambda(z)}{(z - z_0)^m}$$

其中 $\lambda(z)$ 在 z_0 点的邻域内解析,且 $\lambda(z_0) \neq 0$;

(3) $g(z) = \frac{1}{f(z)}$ 以 z_0 为 m 阶零点(可去奇点要当作解析点看,只要令 $g(z_0) = 0$).

证　由(1)推出(2):若(1)为真,则在 z_0 点的某邻域内有

$$f(z) = \frac{c_{-m}}{(z - z_0)^m} + \cdots + \frac{c_{-2}}{(z - z_0)^2} + \frac{c_{-1}}{z - z_0}$$

$$+ c_0 + c_1(z - z_0) + c_2(z - z_0)^2 + \cdots$$

$$= \frac{c_{-m} + c_{-m+1}(z - z_0) + c_{-m+2}(z - z_0)^2 + \cdots}{(z - z_0)^m} = \frac{\lambda(z)}{(z - z_0)^m}$$

显然,$\lambda(z)$ 在 z_0 点的邻域内解析,且 $\lambda(z_0) = c_{-m} \neq 0$.

由(2)推出(3)：若(2)为真，则在 z_0 点的邻域内有

$$g(z) = \frac{1}{f(z)} = (z - z_0)^m \cdot \frac{1}{\lambda(z)}$$

其中 $\frac{1}{\lambda(z)}$ 在 z_0 点的某邻域内解析，且 $\frac{1}{\lambda(z_0)} = \frac{1}{c_{-m}} \neq 0$，则

$$\lim_{z \to z_0} g(z) = \lim_{z \to z_0} (z - z_0)^m \cdot \frac{1}{\lambda(z)} = 0$$

因而 z_0 是 $g(z)$ 的可去奇点. 作为解析点来看，只要令 $g(z_0) = 0$，则 z_0 是 $g(z)$ 的 m 阶零点.

由(3)推出(1)：如果 $g(z) = \frac{1}{f(z)}$ 以 z_0 为 m 阶零点，则在 z_0 点的某邻域内有

$$g(z) = (z - z_0)^m \varphi(z)$$

其中 $\varphi(z)$ 在此邻域内解析，且 $\varphi(z_0) \neq 0$，这样就有

$$f(z) = \frac{1}{(z - z_0)^m} \cdot \frac{1}{\varphi(z)}$$

因 $\varphi(z_0) \neq 0$，则 $\frac{1}{\varphi(z)}$ 必在 z_0 点的某邻域内解析，因而在此邻域内可以展开为泰勒级数：

$$\frac{1}{\varphi(z)} = c_{-m} + c_{-m+1}(z - z_0) + c_{-m+2}(z - z_0)^2 + \cdots$$

$$f(z) = \frac{c_{-m}}{(z - z_0)^m} + \frac{c_{-m+1}}{(z - z_0)^{m-1}} + \cdots + \frac{c_{-1}}{z - z_0} + c_0 + c_1(z - z_0) + \cdots$$

其主要部分为 $\frac{c_{-m}}{(z - z_0)^m} + \cdots + \frac{c_{-2}}{(z - z_0)^2} + \frac{c_{-1}}{z - z_0} \left(c_{-m} = \frac{1}{\varphi(z_0)} \neq 0 \right)$.

由定理 4.18(3) 可以推出下面的定理：

定理 4.19 函数 $f(z)$ 以 z_0 为极点的充要条件是 $\lim\limits_{z \to z_0} f(z) = \infty$.

这个定理说明，如果 $f(z)$ 在 z_0 处的极限为无穷大，则 z_0 是极点. 这个定理的缺点是不能指明极点的阶.

定理 4.20 设 z_0 分别是函数 $f(z)$ 和 $g(z)$ 的 m 阶零点和 n 阶零点，有下面的结论成立：

(1)若 $m \geq n$，则 z_0 是 $\frac{f(z)}{g(z)}$ 的可去奇点；

(2)若 $m < n$，则 z_0 是 $\frac{f(z)}{g(z)}$ 的 $n - m$ 阶极点.

证 由假设：$f(z) = (z - z_0)^m \varphi(z)$，$g(z) = (z - z_0)^n \lambda(z)$，其中 $\varphi(z)$ 和 $\lambda(z)$ 在 z_0 的邻域内解析，且 $\varphi(z_0) = a \neq 0$，$\lambda(z_0) = b \neq 0$.

(1)若 $m \geq n$，则

$$\lim_{z \to z_0} \frac{f(z)}{g(z)} = \lim_{z \to z_0} \frac{(z - z_0)^m \varphi(z)}{(z - z_0)^n \lambda(z)} = \lim_{z \to z_0} (z - z_0)^{m-n} \cdot \frac{\varphi(z)}{\lambda(z)} = \begin{cases} 0, & m > n, \\ \dfrac{a}{b}, & m = n. \end{cases}$$

所以 z_0 是 $\frac{f(z)}{g(z)}$ 的可去奇点；

（2）若 $m < n$，则 $\dfrac{f(z)}{g(z)} = \dfrac{1}{(z-z_0)^{n-m}} \cdot \dfrac{\varphi(z)}{\lambda(z)}$，显然，$\dfrac{\varphi(z)}{\lambda(z)}$ 在 z_0 的邻域内解析，且 $\dfrac{\varphi(z_0)}{\lambda(z_0)} = \dfrac{a}{b} \neq 0$，所以 z_0 是 $\dfrac{f(z)}{g(z)}$ 的 $n-m$ 阶极点.

例如，$z = 1$ 是函数 $(z-1)^5 \cos(z-1)$ 的五阶零点，是函数 $\sin(z-1)^2$ 的二阶零点，则 $z = 1$ 是函数 $\dfrac{(z-1)^5 \cos(z-1)}{\sin(z-1)^2}$ 的可去奇点，是函数 $\dfrac{\sin(z-1)^2}{(z-1)^5 \cos(z-1)}$ 的三阶极点.

4.5.2.3　本质奇点

由定理 4.17 和定理 4.19，可以得到以下定理：

定理 4.21　函数 $f(z)$ 以 z_0 为本质奇点的充要条件是 $\lim\limits_{z \to z_0} f(z) \neq \begin{cases} b, \\ \infty \end{cases}$（$b$ 为有限数）.

例 4.21　求函数 $\dfrac{1 - \cos z}{z^2}$ 的奇点，并判断其类型.

解　显然 $z = 0$ 是函数 $\dfrac{1 - \cos z}{z^2}$ 的孤立奇点. 在 $z = 0$ 的去心邻域 $0 < |z| < +\infty$ 内有

$$\frac{1 - \cos z}{z^2} = \frac{1}{z^2} \left[1 - \left(1 - \frac{z^2}{2!} + \frac{z^4}{4!} - \frac{z^6}{6!} - \cdots \right) \right]$$

$$= \frac{1}{2!} - \frac{z^2}{4!} + \frac{z^4}{6!} - \cdots$$

所以，$z = 0$ 是该函数的可去奇点.

或者

$$\lim_{z \to 0} \frac{1 - \cos z}{z^2} = \lim_{z \to 0} \frac{\sin z}{2z} = \lim_{z \to 0} \frac{\cos z}{2} = \frac{1}{2}$$

由定理 4.17，$z = 0$ 是该函数的可去奇点.

例 4.22　$z = 0$ 和 $z = 1$ 分别是函数 $f(z) = \dfrac{5z + 1}{z^2(z-1)^3}$ 的什么类型的奇点？

解　由于 $\dfrac{1}{f(z)} = \dfrac{z^2(z-1)^3}{5z + 1}$ 分别以 $z = 0$ 和 $z = 1$ 为二阶零点和三阶零点，根据定理 4.18(3) 知，$z = 0$ 和 $z = 1$ 分别为 $f(z)$ 的二阶极点和三阶极点.

例 4.23　$z = 0$ 是函数 $f(z) = z^3 \mathrm{e}^{\frac{1}{z}}$ 的本质奇点，这是因为

$$z^3 \mathrm{e}^{\frac{1}{z}} = z^3 + z^2 + \frac{z}{2!} + \frac{1}{3!} + \frac{1}{4!z} + \cdots + \frac{1}{n!z^{n-3}} + \cdots \quad (0 < |z| < +\infty)$$

洛朗展开式中含有无穷多项关于 z 的负幂项.

同理，由例 4.20 知，$z = 1$ 是函数 $\sin \dfrac{z}{z-1}$ 的本质奇点.

4.5.3　解析函数在无穷远点的性质

前面我们讨论了函数的孤立奇点为有限点的情形，下面我们再来讨论无穷远点的情形. 由于函数 $f(z)$ 在无穷远点处无法定义差商，即导数不存在，所以 ∞ 总是 $f(z)$ 的奇点.

定义 4.11　设函数 $f(z)$ 在无穷远点的去心邻域

$$N - \{\infty\} : r < |z| < +\infty$$

内解析,则称 ∞ 是函数 $f(z)$ 的一个**孤立奇点**.

设点 ∞ 是 $f(z)$ 的孤立奇点,作变换 $\zeta = \dfrac{1}{z}$,于是

$$\varphi(\zeta) = f\left(\frac{1}{\zeta}\right) = f(z) \tag{4.42}$$

在去心邻域 $K - \{0\}: 0 < |\zeta| < \dfrac{1}{r}$(如果 $r = 0$,规定 $\dfrac{1}{r} = +\infty$)内解析. $\zeta = 0$ 就是 $\varphi(\zeta)$ 的孤立奇点. 我们还看出:

(1)对应于扩充 z 平面上无穷远点的去心邻域 $N - \{\infty\}$,有扩充的 ζ 平面上原点的去心邻域 $K - \{0\}$;

(2)在对应的点 z 与 ζ 上,函数 $f(z)$ 与 $\varphi(\zeta)$ 的值相等;

(3) $\lim\limits_{z \to \infty} f(z) = \lim\limits_{\zeta \to 0} \varphi(\zeta)$,或者两个极限都不存在.

因此,我们可以根据 $\varphi(\zeta)$ 在原点的状态来规定函数 $f(z)$ 在无穷远点的状态. 即有以下定义:

定义 4.12　若 $\zeta = 0$ 是函数 $\varphi(\zeta)$ 的可去奇点(解析点)、m 阶极点或本质奇点,则我们相应地称 $z = \infty$ 为函数 $f(z)$ 的可去奇点、极点或本质奇点.

虽然我们可以定义 $f(\infty)$,但在无穷远点处没有定义差商,因此没有定义 $f(z)$ 在无穷远点处的可微性. 但由定义 4.12 可知,所谓 $f(z)$ 在 ∞ 处解析,是指点 ∞ 是 $f(z)$ 的可去奇点,且定义 $f(\infty) = \lim\limits_{z \to \infty} f(z)$.

在去心邻域 $K - \{0\}: 0 < |\zeta| < \dfrac{1}{r}$ 内,将 $\varphi(\zeta)$ 展开成洛朗级数:

$$\varphi(\zeta) = \sum_{n = -\infty}^{\infty} c_n \zeta^n$$

令 $\zeta = \dfrac{1}{z}$,并根据式(4.42),有

$$f(z) = \sum_{n = -\infty}^{\infty} b_n z^n \tag{4.43}$$

其中 $b_n = c_{-n}$ $(n = 0, \pm 1, \pm 2, \cdots)$. 即 $\sum\limits_{n = -\infty}^{\infty} c_n \zeta^n$ 的负幂项——对应着 $\sum\limits_{n = -\infty}^{\infty} b_n z^n$ 的正幂项;

$\sum\limits_{n = -\infty}^{\infty} c_n \zeta^n$ 的正幂项——对应着 $\sum\limits_{n = -\infty}^{\infty} b_n z^n$ 的负幂项.

式(4.43)为函数 $f(z)$ 在 ∞ 点的去心邻域 $N - \{\infty\}: 0 \leqslant r < |z| < +\infty$ 内的洛朗级数展开式. 对应于 $\varphi(\zeta)$ 在 $\zeta = 0$ 的主要部分,我们称 $\sum\limits_{n = 0}^{\infty} b_n z^n$ 为 $f(z)$ 在 ∞ 点的主要部分. 与有限远孤立奇点的分类一样:

(1)如果级数(4.43)不含正幂项,则称 ∞ 是 $f(z)$ 的**可去奇点**;

(2)如果级数(4.43)只含有限正幂项,即

$$f(z) = \sum_{n = 1}^{\infty} b_{-n} z^{-n} + b_0 + b_1 z + \cdots + b_m z^m \quad (b_m \neq 0)$$

则称 ∞ 是 $f(z)$ 的 $\boldsymbol{m}$ **阶极点**;

（3）如果级数（4.43）含有无穷多正幂项，则称∞是 $f(z)$ 的**本质奇点**.

当∞为孤立奇点时，利用上述的定义及性质，我们容易得到与定理（4.17）（4.18）（4.19）和（4.20）对应的定理，用来判断∞的类型.

定理 4.17'　函数 $f(z)$ 以∞为可去奇点的充分必要条件是 $\lim\limits_{z\to\infty}f(z)=b(\neq\infty)$.

定理 4.18'　设函数 $f(z)$ 以∞为孤立奇点，则下列三条是等价的，即它们中的任何一条都是 m 阶极点的特征.

（1）$f(z)$ 在∞点的主要部分为

$$b_1 z + b_2 z^2 + \cdots + b_m z^m \quad (b_m \neq 0)$$

（2）$f(z)$ 在∞点的去心邻域内能表示成

$$f(z) = z^m \mu(z)$$

其中 $\mu(z)$ 在∞点的邻域 N 内解析，且 $\mu(\infty)\neq 0$；

（3）$g(z)=\dfrac{1}{f(z)}$ 以∞为 m 阶零点（可去奇点要当作解析点看，只要令 $g(\infty)=0$）.

定理 4.19'　函数 $f(z)$ 以∞为极点的充要条件是 $\lim\limits_{z\to\infty}f(z)=\infty$.

定理 4.21'　函数 $f(z)$ 以∞为本质奇点的充要条件是 $\lim\limits_{z\to\infty}f(z)\neq\begin{cases}b,\\\infty\end{cases}$（$b$ 为有限数）.

例 4.24　试判断∞是函数 $f(z)=\dfrac{1}{(z-1)(z-2)}$ 的什么类型的奇点.

解　对于函数 $f(z)=\dfrac{1}{(z-1)(z-2)}$，由例 4.17（3）知，其在∞点的去心邻域 $2<|z|<+\infty$ 内的洛朗级数展开式为

$$f(z) = \sum_{n=1}^{\infty}(2^n-1)\frac{1}{z^{n+1}}$$

不含 z 的正幂项，所以∞是该函数的可去奇点.

例 4.25　设函数 $g(z)=(z-1)(z-2)$，试判断∞是其什么类型的极点.

解　由于 $\lim\limits_{z\to\infty}g(z)=\lim\limits_{z\to\infty}(z-1)(z-2)=\infty$，所以∞是该函数的极点. 又因为 $g(z)=z^2\left(1-\dfrac{1}{z}\right)\left(1-\dfrac{2}{z}\right)$，设 $\mu(z)=\left(1-\dfrac{1}{z}\right)\left(1-\dfrac{2}{z}\right)$，显然 $\lim\limits_{z\to\infty}\mu(z)=1$. 令 $\mu(\infty)=1$，则函数 $\mu(z)$ 在∞点解析. 故∞是 $g(z)$ 的二阶极点.

例 4.26　试判断∞是函数 $f(z)=z^3 \mathrm{e}^{\frac{1}{z}}$ 的什么类型的奇点.

解　由例 4.19 知，函数 $f(z)=z^3 \mathrm{e}^{\frac{1}{z}}$，其在∞点的去心邻域 $0<|z|<+\infty$ 内的洛朗展开式为

$$z^3 \mathrm{e}^{\frac{1}{z}} = z^3 + z^2 + \frac{z}{2!} + \frac{1}{3!} + \frac{1}{4!z} + \cdots + \frac{1}{n!z^{n-3}} + \cdots \quad (0<|z|<+\infty)$$

故∞是 $f(z)$ 的三阶极点.

例 4.27　函数 $\dfrac{1-\cos z}{z^2}$ 在扩充的复平面上有些什么类型的奇点？

解　在扩充的复平面上，函数 $\dfrac{1-\cos z}{z^2}$ 有两个奇点：$z=0$ 和 $z=\infty$. 由例 4.21 知，其在

$0 < |z| < +\infty$（$0 < |z| < +\infty$ 既是 $z=0$ 的去心邻域，也是 $z=\infty$ 的去心邻域）内的洛朗展开式为

$$\frac{1-\cos z}{z^2} = \frac{1}{2!} - \frac{z^2}{4!} + \frac{z^4}{6!} - \cdots$$

由定义 4.10(1) 知，$z=0$ 是它的可去奇点；由定义 4.12(3) 知，∞ 是它的本质奇点.

例 4.28　函数 $\dfrac{\tan(z-1)}{z-1}$ 在扩充的复平面上有些什么类型的奇点（包括无穷点）？如果是极点，指出它的阶.

解　由于 $\dfrac{\tan(z-1)}{z-1} = \dfrac{\sin(z-1)}{(z-1)\cos(z-1)}$，使分母为零的点及 ∞ 是它的奇点.

令 $(z-1)\cos(z-1)=0$，得函数的奇点为 $z=1$ 及 $z_k = 1 + \dfrac{2k+1}{2}\pi$，$k=0,\pm1,\pm2,\cdots$

（1）对于 $z=1$，由于

$$\lim_{z\to1}\frac{\tan(z-1)}{z-1} = \lim_{z\to1}\frac{1}{\cos^2(z-1)} = 1$$

则 $z=1$ 是函数的可去奇点.

（2）对于奇点 $z_k = 1 + \dfrac{2k+1}{2}\pi$（$k=0,\pm1,\pm2,\cdots$），它是函数 $\dfrac{\tan(z-1)}{z-1} = \dfrac{\dfrac{\sin(z-1)}{z-1}}{\cos(z-1)}$ 分子 $\dfrac{\sin(z-1)}{z-1}$ 的解析点，但不是它的零点，而是分母 $\cos(z-1)$ 的零点，且

$$[\cos(z-1)]'\big|_{z=z_k} = -\sin(z-1)\big|_{z=z_k} = -\sin\frac{2k+1}{2}\pi = (-1)^{k+1} \neq 0$$

即 $z_k = 1 + \dfrac{2k+1}{2}\pi$（$k=0,\pm1,\pm2,\cdots$）是分母的一阶零点. 由定理 4.20 知，它们是函数 $\dfrac{\tan(z-1)}{z-1}$ 的一阶极点.

（3）由于奇点列 $z_k = 1 + \dfrac{2k+1}{2}\pi \to \infty$（$k\to\infty$），即 ∞ 是该奇点列的极限点，所以 ∞ 是函数的非孤立奇点.

注　在本节最后，我们把第 1 章 1.6 节中定义的无穷远点的邻域的概念推广如下：

无穷远点的邻域正好对应着以北极点 N 为中心的一个球盖，在复平面 C_∞ 上就是任何一个圆周的外部（包含点 ∞）. 确切地说，$N_\infty : r < |z-z_0|$ 就称为以 $z=z_0$ 为中心的 ∞ 的邻域（包含点 ∞）；$N_\infty - \{\infty\} : r < |z-z_0| < +\infty$ 就称为以 $z=z_0$ 为中心的 ∞ 的去心邻域.

*4.6　奇点在平面向量场的应用

4.6.1　奇点的流体力学意义

在第 3 章 3.5 节中我们已经知道，流体在区域 D 内做无源、漏的无旋流动时，对应复

势 $f(z)$ 是 D 内的解析函数(可能是多值的). 现在我们举两个例子来说明某些奇点具有流体力学意义.

例 4.29　考察复势 $f(z) = \dfrac{N}{2\pi}\ln z$ 的流动情况(N 为非零实数).

解　我们知道, $f(z) = \dfrac{N}{2\pi}\ln z$ 对应的流动在 $0 < |z| < +\infty$ 内是无源(漏)的,并且是无旋的. 现在我们来看 $z = 0$ 和 $z = \infty$ (作为 $\ln z$ 的奇点)有什么样的性质.

令 $z = re^{i\theta}$,易知其势函数和流函数分别为

$$\varphi(r,\theta) = \frac{N}{2\pi}\ln r, \quad \psi(r,\theta) = \frac{N}{2\pi}\theta$$

为了确定 $z = 0$, $z = \infty$ 和 N 的物理意义,考察圆周 $C : |z| = r = $ 常数的环量及流量. 由于

$$\Gamma_C + iN_C = \oint_C f'(z)\mathrm{d}z = \frac{N}{2\pi}\oint_C \frac{1}{z}\mathrm{d}z = iN$$

故 $\Gamma_C = 0$, $N_C = N$. 即对于任意的同心圆($r = $ 常数),均有相同的流量流过. 这恰好说明,每单位时间内有 $|N|$ 这样多的流量自原点涌出($N > 0$)到点 ∞ 漏掉,或自点 ∞ 涌出($N < 0$)到原点漏掉. 即原点就是一个源($N > 0$)或漏($N < 0$). 对应的, ∞ 就是一个漏($N > 0$)或源($N < 0$). 称 $|N|$ 为**源(漏)强**(见图 4.5).

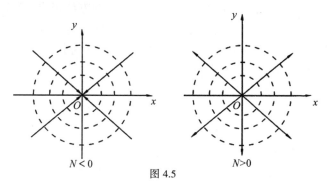

图 4.5

所以,势线是同心圆周 $C : |z| = r = $ 常数,流线是过原点的射线 $\theta = $ 常数,且此流动的复速度 $\overline{v(z)} = f'(z) = \dfrac{N}{2\pi z}$ 以 $z = 0$ 为一阶极点,以 $z = \infty$ 为一阶零点(只要令 $v(\infty) = 0$).

例 4.30　考察复势 $f(z) = \dfrac{1}{z}$ 的流动情况.

解　我们知道, $f(z) = \dfrac{1}{z}$ 以 $z = 0$ 为一阶极点,以 $z = \infty$ 为可去奇点(一阶零点,只要令 $f(\infty) = 0$),它在 $0 < |z| < +\infty$ 内是无源(漏)的,并且是无旋的.

其次,我们容易算得势函数和流函数分别为

$$\varphi(x,y) = \frac{x}{x^2 + y^2}, \quad \psi(x,y) = \frac{-y}{x^2 + y^2}$$

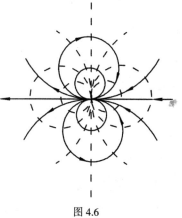

图 4.6

故势线和流线是经过原点且相互正交的圆周(见图 4.6).

设 C 是不过原点但包围原点的周线,则

$$\Gamma_C + iN_C = \oint_C f'(z)\,\mathrm{d}z = -\oint_C \frac{1}{z^2}\,\mathrm{d}z = 0$$

这种流动可以想象为在原点处有充分多的流体以无限大的流速涌出,同时又以无限大的速度被漏掉. 原点称为**重源**或**偶极子**,它是强度相同的一个源及一个漏无限接近,而它们的强度无限增大的极限情形.

4.6.2 在电场中的应用举例

在平面电场中,电通 φ 和电位 ψ 都是调和函数,即它们都满足拉普拉斯方程,而且电力线(相当于势线)$\varphi = k_1$ 和等位线(相当于流线)$\psi = k_2$ 互相正交. 这种性质正好和一个解析函数的实部和虚部所具有的性质相符合. 因此,在研究平面电场时,常将电场的电通 φ(相当于势函数)和电位 ψ(相当于流函数)分别看作一个解析函数的实部和虚部,而将它们合为一个解析函数进行研究. 这种由电通作实部、电位作虚部组成的解析函数

$$f(z) = \varphi(x,y) + i\psi(x,y)$$

称为电场的**复电位**(相当于复势).

如果不是利用解析函数作为研究电场的工具,则研究电场的电通和电位是孤立进行的,看不出它们之间的关联,在研究过程中也没有一定的方法可循. 如果使用解析函数,则这些缺点都可以克服,而且计算起来也较简单. 反过来,如果知道了一个平面电场的复电位,则通过对复电位的实部和虚部的研究,便可得出电场的分布情况.

注 静电场的势函数一定是单值的.

例 4.31 已知一电场的电力线方程为

$$\arctan \frac{y}{x+b} - \arctan \frac{y}{x-b} = k_1$$

试求其等位线方程和复电位.

解 设复电位 $f(z) = \varphi(x,y) + i\psi(x,y)$,则

$$\varphi(x,y) = \arctan \frac{y}{x+b} - \arctan \frac{y}{x-b}$$

$\varphi(x,y)$ 和 $\psi(x,y)$ 满足 C.-R. 方程,即

$$\frac{\partial \psi}{\partial y} = \frac{\partial \varphi}{\partial x} = \frac{-y}{(x+b)^2 + y^2} + \frac{y}{(x-b)^2 + y^2}$$

两边对 y 积分,得

$$\psi(x,y) = \int \frac{\partial \psi}{\partial y}\mathrm{d}y = \int \left[\frac{-y}{(x+b)^2 + y^2} + \frac{y}{(x-b)^2 + y^2} \right]\mathrm{d}y$$

$$= \frac{1}{2}\ln[(x-b)^2 + y^2] - \frac{1}{2}\ln[(x+b)^2 + y^2] + \mu(x)$$

两边对 x 求导,得

$$\frac{\partial \psi}{\partial x} = \frac{x-b}{(x-b)^2 + y^2} - \frac{x+b}{(x+b)^2 + y^2} + \mu'(x)$$

而 $\dfrac{\partial \psi}{\partial x} = -\dfrac{\partial \varphi}{\partial y}$，且

$$\frac{\partial \varphi}{\partial y} = \frac{x+b}{(x+b)^2 + y^2} - \frac{x-b}{(x-b)^2 + y^2}$$

故 $\mu'(x) = 0$，即 $\mu(x) = c$ 为一常数. 于是得等位线方程为

$$\frac{1}{2}\ln[(x-b)^2 + y^2] - \frac{1}{2}\ln[(x+b)^2 + y^2] + c = c_1$$

或

$$\ln \sqrt{\frac{(x-b)^2 + y^2}{(x+b)^2 + y^2}} = k_2 \quad (k_2 = c_1 - c)$$

复电位为

$$f(z) = \left(\arctan \frac{y}{x+b} - \arctan \frac{y}{x-b}\right) + \mathrm{i}\ln \sqrt{\frac{(x-b)^2 + y^2}{(x+b)^2 + y^2}}$$

或

$$f(z) = \mathrm{i}\ln \frac{z-b}{z+b}$$

这时双曲线传输线所产生的电场如图 4.7 所示, $f(z)$ 的两个奇点 $z = -b$ 和 $z = b$ 就是这个电场的正、负电荷的位置.

通过上面的讨论,我们知道,利用解析函数对电场进行研究是非常理想的,它可以将对电场的电位和电通的研究联系起来,克服了分别研究的复杂手续,而且使问题得到了简化. 但找出这样的解析函数是极不容易的. 因此,一般将问题反转过来,找出它们所表示的电场图形,再由这些电场图形推出带电导体的形状. 如此就积累了一些电场图形与解析函数之间的关系,再由这些已知的关系,推出新电场的复电位函数. 即使现有导体的形状为

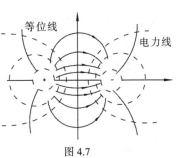

图 4.7

已知的关系所不具备,也可选用近似的形状,把所得的解析函数用于现有的情况,较无根据的猜测总要好些. 下面介绍解析函数所表示的电场.

例 4.32　求由 $f(z) = z^{\frac{1}{2}}$ 所表示的电场.

解　设 $f(z) = u + \mathrm{i}v$,则

$$(u + \mathrm{i}v)^2 = z = x + \mathrm{i}y$$

即

$$u^2 - v^2 = x, \quad 2uv = y$$

把 u 和 v 作为参变量,可得

$$y^2 = 4u^2(u^2 - x)$$

或

$$y^2 = 4v^2(v^2 + x)$$

令 $u = k_1$,得电力线方程为

$$y^2 = 4k_1^2(k_1^2 - x)$$

即

$$y^2 = -4k_1^2(x - k_1^2)$$

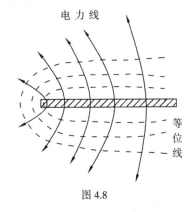

图 4.8

这是一条以 x 轴为对称轴,开口朝左的抛物线(见图 4.8 中的实线).

令 $v = k_2$，得等位线方程为

$$y^2 = 4k_2^2(k_2^2 + x)$$

即

$$y^2 = 4k_2^2(x + k_2^2)$$

这是一条以 x 轴为对称轴，开口朝右的抛物线（见图 4.8 中的虚线）.

习题 4

1. 下列数列 $\{\alpha_n\}$ 是否收敛？如果收敛，求出它们的极限.

(1) $\alpha_n = \dfrac{1 + ni}{1 - ni}$；

(2) $\alpha_n = \left(1 + \dfrac{i}{2}\right)^{-n}$；

(3) $\alpha_n = (-1)^n + \dfrac{i}{n + 1}$；

(4) $\alpha_n = \left(\dfrac{\sqrt{3}}{2} + \dfrac{i}{2}\right)^n$.

2. 证明：

$$\lim_{n \to \infty} \alpha^n = \begin{cases} 0, & |\alpha| < 1, \\ \infty, & |\alpha| > 1, \\ 1, & \alpha = 1, \\ \text{不存在}, & |\alpha| = 1, \text{且 } \alpha \neq 1. \end{cases}$$

3. 判断下列级数的敛散性. 如果收敛，是绝对收敛，还是条件收敛？

(1) $\displaystyle\sum_{n=1}^{\infty} \dfrac{i^n}{n}$；

(2) $\displaystyle\sum_{n=1}^{\infty} \dfrac{(3 + 4i)^n}{7^n}$；

(3) $\displaystyle\sum_{n=2}^{\infty} \dfrac{i^n}{\ln n}$；

(4) $\displaystyle\sum_{n=1}^{\infty} \left(\dfrac{\sqrt{3}}{2} + \dfrac{i}{2}\right)^n$；

(5) $\displaystyle\sum_{n=1}^{\infty} \dfrac{e^{i\frac{\pi}{n}}}{n}$；

(6) $\displaystyle\sum_{n=1}^{\infty} \left(\dfrac{1 + 3i}{2}\right)^n$.

4. 下列说法是否正确？为什么？

(1) 幂级数在它的收敛圆周上处处收敛；

(2) 幂级数的和函数在其收敛圆内可能有奇点；

(3) 在 z_0 连续的函数，一定可以在 z_0 的邻域内展开为泰勒级数.

5. 幂级数 $\displaystyle\sum_{n=0}^{\infty} c_n(z - 2)^n$ 能否在 $z = 0$ 处收敛，而在 $z = 3$ 处发散？

6. 求下列幂级数的收敛半径，并写出收敛圆：

(1) $\displaystyle\sum_{n=1}^{\infty} \dfrac{z^n}{n^p}$（$p$ 为正整数）；

(2) $\displaystyle\sum_{n=1}^{\infty} \dfrac{n}{2^n}(z - i)^n$；

(3) $\displaystyle\sum_{n=1}^{\infty} \dfrac{(n!)^2}{n^n} z^n$；

(4) $\displaystyle\sum_{n=0}^{\infty} (1 + i)^n(z - 1)^n$；

(5) $\displaystyle\sum_{n=1}^{\infty} \dfrac{e^{i\frac{\pi}{n}}}{n} z^n$；

(6) $\displaystyle\sum_{n=0}^{\infty} (-i)^{n-1} \dfrac{2n - 1}{2^n} z^{2n-1}$.

7. 求出下列幂级数的和函数：

$(1) \sum_{n=1}^{\infty} (-1)^n n z^{n-1}$; $\qquad$ $(2) \sum_{n=0}^{\infty} (-1)^n \dfrac{z^{2n}}{(2n)!}$.

8. 将下列函数展开成关于 z 的幂级数,并指出收敛半径:

$(1) \dfrac{1}{1+z^3}$; $\qquad\qquad$ $(2) \displaystyle\int_0^z e^{z^2} dz$;

$(3) \sin^2 z$; $\qquad\qquad$ $(4) \dfrac{1}{(1-z)^2}$;

$(5) e^{\frac{z}{1-z}}$; $\qquad\qquad$ $(6) \dfrac{1}{az+b}$(a,b 为复数,且 $b \neq 0$).

9. 求下列函数在指定点 z_0 处的泰勒级数展开式,并求收敛圆:

$(1) \sin z, z_0 = 1$; $\qquad\qquad$ $(2) \dfrac{z-1}{z+1}, z_0 = 1$;

$(3) \dfrac{z}{z^2+3z+2}, z_0 = 2$; $\qquad$ $(4) \dfrac{1}{z^2}, z_0 = -1$;

$(5) \tan z, z_0 = \dfrac{\pi}{4}$; $\qquad\qquad$ $(6) \arctan z, z_0 = 0$.

10. 指出下列函数的零点 $z_0 = 0$ 的阶:

$(1) z^2(e^{z^2}-1)$; $\qquad\qquad$ $(2) 6\sin z^3 + z^3(z^6-6)$.

11. 设 z_0 是函数 $f(z)$ 的 m 阶零点,是函数 $g(z)$ 的 n 阶零点. 试问:下列函数在 z_0 处有何种性质?

$(1) f(z) + g(z)$; $\qquad$ $(2) f(z) \cdot g(z)$; $\qquad$ $(3) \dfrac{f(z)}{g(z)}$.

12. 把下列函数在指定的圆环域内展开成洛朗级数:

$(1) \dfrac{z+1}{z^2(z-1)}, 0 < |z| < 1, 1 < |z| < +\infty$;

$(2) \dfrac{z^2-2z+5}{(z-2)(z^2+1)}, 1 < |z| < 2$;

$(3) \dfrac{1}{z(1-z)^2}, 0 < |z| < 1, 0 < |z-1| < 1$;

$(4) \dfrac{e^z}{z(z^2+1)}, 0 < |z| < 1$,只要含 $\dfrac{1}{z}$ 到 z^2 的各项;

$(5) e^{\frac{1}{1-z}}, 1 < |z| < +\infty$.

13. 将下列各函数在指定点的去心邻域内展开成洛朗级数,并指出其收敛范围:

$(1) \dfrac{1}{(z^2+1)^2}, z = i$;

$(2) z^2 e^{\frac{1}{z}}, z = 0, z = \infty$;

$(3) e^{\frac{1}{1-z}}, z = 1, z = \infty$.

14. 将下列函数在以指定点为中心的各个圆环域内展开为洛朗级数:

$(1) \dfrac{1}{z^2(z+i)}$ 在以 $z = i$ 为中心的各个圆环域内;

(2) $\dfrac{z}{z^2 + z - 2}$ 在以 $z = 0$ 为中心的各个圆环域内.

15. 下面的结论是否正确？为什么？

$$\frac{z}{1-z} = z(1 + z + z^2 + \cdots) = z + z^2 + z^3 + \cdots$$

$$\frac{z}{z-1} = \frac{1}{1 - \dfrac{1}{z}} = 1 + \frac{1}{z} + \frac{1}{z^2} + \frac{1}{z^3} + \cdots$$

由于 $\dfrac{z}{1-z} + \dfrac{z}{z-1} = 0$, 所以

$$\cdots + \frac{1}{z^3} + \frac{1}{z^2} + \frac{1}{z} + 1 + z + z^2 + z^3 + \cdots = 0$$

16. 试证

$$\sin\left[t\left(z + \frac{1}{z}\right)\right] = c_0 + \sum_{n=0}^{\infty} c_n(z^n + z^{-n}) \quad (0 < |z| < +\infty)$$

其中 t 是与 z 无关的实参数,

$$c_n = \frac{1}{2\pi} \int_0^{2\pi} \sin(2t\cos\theta)\cos n\theta \, \mathrm{d}\theta \quad (n = 0, 1, 2, \cdots)$$

17. 求出下列函数在扩充的复平面上的所有奇点, 并确定它们的类型. 如果是极点, 试指出它们的阶:

(1) $\dfrac{z-1}{z(z^2+4)}$;

(2) $\dfrac{z-1}{\sin z + \cos z}$;

(3) $\sin z + \cos z$;

(4) $\dfrac{1 - \mathrm{e}^z}{1 + \mathrm{e}^z}$;

(5) $\cos \dfrac{1}{z+\mathrm{i}}$;

(6) $\dfrac{1 - \cos z}{z^2}$;

(7) $\dfrac{1}{\mathrm{e}^z - 1} - \dfrac{1}{z}$;

(8) $\sin \dfrac{1}{z} - \dfrac{1}{z}$.

18. 对于函数 $f(z) = \dfrac{1}{z(z-1)^2}$, "$z = 1$ 是它的二阶极点". 这个函数又有下面的幂级数展开式:

$$\frac{1}{z(z-1)^2} = \frac{1}{(z-1)^3} \cdot \frac{1}{1 + \dfrac{1}{z-1}} = \sum_{n=0}^{\infty} \frac{(-1)^n}{(z-1)^{n+3}}$$

所以 "$z = 1$ 是这个函数的本质奇点". 这两种说法哪个正确？为什么？

第5章 留数理论及其应用

这一章是柯西积分理论的继续,中间插入的泰勒级数和洛朗级数是研究解析函数的有力工具. 本章的中心问题是留数定理,它是留数理论的基础. 柯西积分定理和柯西积分公式都是留数定理的特殊情况. 应用留数定理可以把计算闭曲线的积分转化为计算孤立奇点处的留数. 应用留数定理,还可以计算一些定积分和广义积分. 其中有些积分,我们过去在高等数学中已经计算过,但计算时比较复杂,用留数理论可以在分类后作统一处理. 所以,留数理论在复变函数理论本身及其实际应用中都是很重要的.

5.1 留 数

5.1.1 留数的定义及留数定理

如果函数 $f(z)$ 在点 z_0 是解析的,周线 C 在 z_0 的某邻域内,并包围点 z_0,则由柯西积分定理,有

$$\oint_C f(z)\,\mathrm{d}z = 0$$

但是,如果点 z_0 是 $f(z)$ 的一个孤立奇点,而 C 是 z_0 的某去心邻域 $0 < |z - z_0| < R$ 内的一条周线,且包围点 z_0,则积分

$$\oint_C f(z)\,\mathrm{d}z$$

的值,一般情况下不再为零. 我们将函数 $f(z)$ 在 z_0 的某去心邻域 $0 < |z - z_0| < R$ 内展开为洛朗级数:

$$f(z) = \cdots + c_{-n}(z - z_0)^{-n} + \cdots + c_{-1}(z - z_0)^{-1}$$
$$+ c_0 + c_1(z - z_0) + c_2(z - z_0)^2 + \cdots + c_n(z - z_0)^n + \cdots$$

然后对此展开式的两端沿周线 C 逐项积分. 右端各项的积分除了 $c_{-1}(z - z_0)^{-1}$ 这一项外,其余各项的积分都等于零,所以

$$\oint_C f(z)\,\mathrm{d}z = c_{-1}\oint_C (z - z_0)^{-1}\mathrm{d}z = 2\pi\mathrm{i}c_{-1}$$

由此,我们给出下面的定义:

定义 5.1 设函数 $f(z)$ 以有限点 z_0 为孤立奇点,即 $f(z)$ 在点 z_0 的某去心邻域 $0 < |z - z_0| < R$ 内解析,C 是该邻域内一条包围点 z_0 的周线,则称积分

$$\frac{1}{2\pi\mathrm{i}}\oint_C f(z)\,\mathrm{d}z$$

为函数 $f(z)$ 在 z_0 点的**留数**(residiu),记为 Res $[f(z), z_0]$,即

$$\text{Res}\ [f(z),z_0] = \frac{1}{2\pi i}\oint_C f(z)\,dz \qquad (5.1)$$

从而有

$$\text{Res}\ [f(z),z_0] = c_{-1} \qquad (5.2)$$

也就是说，$f(z)$ 在 z_0 点的留数就是 $f(z)$ 在 z_0 的<u>去心邻域内的洛朗级数展开式中的</u><u>$(z-z_0)^{-1}$项的系数 c_{-1}.</u>

由此可知，函数在有限可去奇点(解析点)处的留数为零.

关于留数，我们有下面的基本定理：

定理 5.1(柯西留数定理) 设函数 $f(z)$ 在区域 D 内除了有限个孤立奇点 $z_1,z_2,\cdots z_n$ 外，处处解析，C 是 D 内包围诸奇点的一条周线，则

$$\oint_C f(z)\,dz = 2\pi i\sum_{k=1}^{n}\text{Res}\ [f(z),z_k] \qquad (5.3)$$

证 以 $z_k(k=1,2,\cdots,n)$ 为中心，充分小的正数 $\rho_k(k=1,2,\cdots,n)$ 为半径，作圆周 $\Gamma_k:|z-z_k|=\rho_k(k=1,2,\cdots,n)$，使这些圆周互不包含、互不相交，同时都在周线 C 内，则由复合闭路定理(复周线的柯西积分定理3.6)，得

$$\oint_C f(z)\,dz = \sum_{k=1}^{n}\oint_{\Gamma_k} f(z)\,dz$$

再由留数的定义，有

$$\oint_{\Gamma_k} f(z)\,dz = 2\pi i\text{Res}\ [f(z),z_k] \quad (k=1,2,\cdots,n)$$

代入上式，即可得

$$\oint_C f(z)\,dz = 2\pi i\sum_{k=1}^{n}\text{Res}\ [f(z),z_k]$$

证毕.

留数定理把计算周线积分的整体问题，化为计算各孤立奇点处留数的局部问题. 由此可见，留数定理的效用依赖于如何能有效地求出 $f(z)$ 在孤立奇点 z_0 处的留数. 下面我们就来看，如何求一个解析函数在其孤立奇点处的留数.

5.1.2 留数的求法

一般来说，要求函数 $f(z)$ 在孤立奇点 z_0 处的留数，只需求出它在点 z_0 的去心邻域内的洛朗展开式中的 $(z-z_0)^{-1}$ 项的系数 c_{-1} 即可. 所以，用洛朗级数求留数是一般方法. 如果能先知道奇点的类型，对求留数更为有利. 例如，如果已知 z_0 是 $f(z)$ 的可去奇点，则 $\text{Res}\ [f(z),z_0]=0$，因为 $f(z)$ 在 z_0 的去心邻域内的洛朗展开式不含 $z-z_0$ 的负幂项，所以 $c_{-1}=0$. 如果 z_0 是 $f(z)$ 的本质奇点，就只能用 $f(z)$ 在 z_0 的去心邻域内的洛朗展开式来求 c_{-1}.

下面的规则 I，II，III 是求极点处的留数的公式. 有了这几个规则，就可以避免每求一个极点处的留数，都要展开一次洛朗级数.

规则 I 如果 z_0 是 $f(z)$ 的一阶极点，那么

$$\text{Res}\ [f(z),z_0] = \lim_{z \to z_0}(z - z_0)f(z) \tag{5.4}$$

证　由题设, $f(z)$ 在 z_0 的去心邻域内的洛朗展开式为

$$f(z) = c_{-1}(z - z_0)^{-1} + c_0 + c_1(z - z_0) + c_2(z - z_0)^2 + \cdots \quad (c_{-1} \neq 0)$$

上式两边同乘以 $z - z_0$,得

$$(z - z_0)f(z) = c_{-1} + c_0(z - z_0) + c_1(z - z_0)^2 + c_2(z - z_0)^3 + \cdots$$

两边取极限,得

$$\lim_{z \to z_0}(z - z_0)f(z) = c_{-1}$$

证毕.

规则 Ⅱ　如果 z_0 是 $f(z)$ 的 m 阶极点,则

$$\text{Res}\ [f(z),z_0] = \frac{1}{(m-1)!}\lim_{z \to z_0}\frac{\mathrm{d}^{m-1}}{\mathrm{d}z^{m-1}}[(z - z_0)^m f(z)] \tag{5.5}$$

证　由题设, $f(z)$ 在 z_0 的去心邻域内的洛朗展开式为

$$f(z) = c_{-m}(z - z_0)^{-m} + \cdots + c_{-1}(z - z_0)^{-1} + c_0 + c_1(z - z_0) + \cdots \quad (c_{-m} \neq 0)$$

上式两边同乘以 $(z - z_0)^m$,得

$$(z - z_0)^m f(z) = c_{-m} + c_{-m+1}(z - z_0) + \cdots + c_{-1}(z - z_0)^{m-1} + c_0(z - z_0)^m + \cdots$$

上式两边求直到 $m-1$ 阶导数,得

$$\frac{\mathrm{d}^{m-1}}{\mathrm{d}z^{m-1}}[(z - z_0)^m f(z)] = (m-1)!\ c_{-1} + m \cdot (m-1)\cdots 3 \cdot 2 c_0(z - z_0) + \cdots$$

两边取极限,得

$$\lim_{z \to z_0}\frac{\mathrm{d}^{m-1}}{\mathrm{d}z^{m-1}}[(z - z_0)^m f(z)] = (m-1)!\ c_{-1}$$

即

$$\frac{1}{(m-1)!}\lim_{z \to z_0}\frac{\mathrm{d}^{m-1}}{\mathrm{d}z^{m-1}}[(z - z_0)^m f(z)] = c_{-1}$$

证毕.

规则 Ⅲ　设函数 $f(z) = \dfrac{P(z)}{Q(z)}$, $P(z)$ 和 $Q(z)$ 在 z_0 点都解析,如果 $P(z_0) \neq 0$, $Q(z_0) = 0$,但 $Q'(z_0) \neq 0$,则 z_0 是 $f(z)$ 的一阶极点,且

$$\text{Res}\ [f(z),z_0] = \frac{P(z)}{Q'(z)}\bigg|_{z = z_0} = \frac{P(z_0)}{Q'(z_0)} \tag{5.6}$$

证　由于 z_0 是 $f(z)$ 的一阶极点,由规则 Ⅰ,有

$$\text{Res}\ [f(z),z_0] = \lim_{z \to z_0}\left[(z - z_0)\frac{P(z)}{Q(z)}\right]$$

$$= \lim_{z \to z_0}\frac{P(z)}{\dfrac{Q(z) - Q(z_0)}{z - z_0}} = \frac{P(z_0)}{Q'(z_0)}$$

证毕.

例 5.1　求函数 $f(z) = \dfrac{3z - 1}{z(z - 1)^2}$ 在 $z = 0$ 和 $z = 1$ 处的留数.

解　由于 $z = 0$ 和 $z = 1$ 分别是函数的一阶和二阶极点,由规则 Ⅰ 和规则 Ⅱ,分别得

$$\text{Res}\,[f(z),0] = \lim_{z \to 0}\left[z \cdot \frac{3z-1}{z(z-1)^2}\right] = -1$$

$$\text{Res}\,[f(z),1] = \frac{1}{1!}\lim_{z \to 1}\frac{\mathrm{d}}{\mathrm{d}z}\left[(z-1)^2 \cdot \frac{3z-1}{z(z-1)^2}\right] = 1$$

例 5.2 求函数 $f(z) = \dfrac{\mathrm{e}^z}{\sin z}$ 在 $z=0$ 处的留数.

解 设 $P(z) = \mathrm{e}^z, Q(z) = \sin z$，则 $P(0) = 1 \neq 0, Q(0) = 0$，但 $Q'(0) = 1 \neq 0$. 依据规则 Ⅲ，有

$$\text{Res}\,[f(z),0] = \frac{P(0)}{Q'(0)} = 1$$

上面我们介绍了求极点处留数的若干公式，用这些公式解题有时比较方便，但有时也未必尽然. 例如，求函数 $f(z) = \dfrac{z - \sin z}{z^6}$ 在 $z=0$ 处的留数. 由于

$$z - \sin z = z - \left(z - \frac{z^3}{3!} + \frac{z^5}{5!} - \frac{z^7}{7!} + \cdots\right)$$

$$= z^3\left(\frac{1}{3!} - \frac{z^2}{5!} + \frac{z^4}{7!} - \cdots\right)$$

因此，$z=0$ 是分子的三阶零点，是分母的六阶零点，故它是 $f(z)$ 的三阶极点. 应用规则 Ⅱ，有

$$\text{Res}\,[f(z),0] = \frac{1}{2!}\lim_{z \to 0}\frac{\mathrm{d}^2}{\mathrm{d}z^2}\left(z^3 \cdot \frac{z - \sin z}{z^6}\right)$$

$$= \frac{1}{2!}\lim_{z \to 0}\frac{\mathrm{d}^2}{\mathrm{d}z^2}\left(\frac{z - \sin z}{z^3}\right)$$

要想求出这个留数，需要先求一个分式函数的二阶导数，然后再取极限，这十分繁杂. 如果利用洛朗展开式求 c_{-1}，就比较方便. 因为

$$\frac{z - \sin z}{z^6} = \frac{1}{z^6}\left[z - \left(z - \frac{z^3}{3!} + \frac{z^5}{5!} - \frac{z^7}{7!} + \cdots\right)\right]$$

$$= \frac{1}{3!z^3} - \frac{1}{5!z} + \frac{z}{7!} - \cdots$$

所以

$$\text{Res}\,[f(z),0] = c_{-1} = -\frac{1}{5!}$$

可见，解题的关键是根据具体问题灵活选择方法，不要拘泥于公式.

还应指出，在规则 Ⅱ 的证明过程中，如果函数 $f(z)$ 的极点 z_0 的阶不是 m，而是比 m 低，这时表达式

$$f(z) = c_{-m}(z-z_0)^{-m} + \cdots + c_{-1}(z-z_0)^{-1} + c_0 + c_1(z-z_0) + \cdots$$

中的系数 $c_{-m}, c_{-m+1}, \cdots, c_{-1}$ 中可能有一个或几个等于零，规则 Ⅱ 仍然有效. 这样函数 $f(z) = \dfrac{z - \sin z}{z^6}$ 在 $z=0$ 处的留数就可以按下面的方法计算：

$$\text{Res}\,[f(z),0] = \frac{1}{5!}\lim_{z \to 0}\frac{\mathrm{d}^5}{\mathrm{d}z^5}\left(z^6 \cdot \frac{z - \sin z}{z^6}\right)$$

$$= \frac{1}{5!}\lim_{z\to 0}(-\cos z) = -\frac{1}{5!}$$

例 5.3　计算积分 $\oint_C \frac{z\mathrm{e}^z}{z^2-1}\mathrm{d}z$，其中 C 是周线 $|z|=2$.

解　函数 $f(z)=\frac{z\mathrm{e}^z}{z^2-1}$ 有两个一阶极点 $:z=\pm 1$，都在积分曲线 C 内. 依据留数定理，有

$$\oint_C \frac{z\mathrm{e}^z}{z^2-1}\mathrm{d}z = 2\pi\mathrm{i}\{\mathrm{Res}\,[f(z),1]+\mathrm{Res}\,[f(z),-1]\}$$

$$\mathrm{Res}\,[f(z),1]=\lim_{z\to 1}\Big[(z-1)\cdot\frac{z\mathrm{e}^z}{z^2-1}\Big]=\frac{\mathrm{e}}{2}$$

$$\mathrm{Res}\,[f(z),-1]=\lim_{z\to -1}\Big[(z+1)\cdot\frac{z\mathrm{e}^z}{z^2-1}\Big]=\frac{\mathrm{e}^{-1}}{2}$$

所以

$$\oint_C \frac{z\mathrm{e}^z}{z^2-1}\mathrm{d}z = 2\pi\mathrm{i}\Big(\frac{\mathrm{e}}{2}+\frac{\mathrm{e}^{-1}}{2}\Big)=2\pi\mathrm{ich}\,1$$

当然，我们也可以用规则Ⅲ来求上面例题中一阶极点处的留数：

$$\mathrm{Res}\,[f(z),1]=\frac{z\mathrm{e}^z}{(z^2-1)'}\Big|_{z=1}=\frac{\mathrm{e}}{2}$$

$$\mathrm{Res}\,[f(z),-1]=\frac{z\mathrm{e}^z}{(z^2-1)'}\Big|_{z=-1}=\frac{\mathrm{e}^{-1}}{2}$$

例 5.4　计算积分 $\oint_C \tan\pi z\mathrm{d}z$，其中 C 是周线 $|z|=3$.

解　因为 $\tan\pi z=\frac{\sin\pi z}{\cos\pi z}$，所以 $z_k=k+\frac{1}{2}(k=0,\pm 1,\pm 2,\cdots)$ 是它的一阶极点. 根据规则Ⅲ，有

$$\mathrm{Res}\,[\tan\pi z,z_k]=\frac{\sin\pi z}{(\cos\pi z)'}\Big|_{z=k+\frac{1}{2}}=-\frac{1}{\pi}\quad(k=0,\pm 1,\pm 2,\cdots)$$

只有当 k 取 $0,\pm 1,\pm 2,-3$ 时的 6 个奇点在 C 内. 由留数定理，有

$$\oint_C \tan\pi z\mathrm{d}z = 2\pi\mathrm{i}\sum_{k=-3}^{2}\mathrm{Res}\,[\tan\pi z,z_k]=-12\mathrm{i}$$

例 5.5　计算积分 $\oint_C \frac{z\sin z}{(1-\mathrm{e}^z)^2}\mathrm{d}z$，其中 C 是圆周 $|z|=1$.

解　函数 $f(z)=\frac{z\sin z}{(1-\mathrm{e}^z)^3}$ 的奇点，也就是使分母为零的点 $z_k=2k\pi\mathrm{i}(k=0,\pm 1,\pm 2,\cdots)$，只有 $z_0=0$ 在积分曲线 C 内. 而 $z_0=0$ 分别是分子和分母的二阶零点和三阶零点，所以它是 $f(z)$ 的一阶极点. 由留数定理及规则Ⅰ，有

$$\oint_C \frac{z\sin z}{(1-\mathrm{e}^z)^3}\mathrm{d}z = 2\pi\mathrm{i}\mathrm{Res}\,[f(z),0]$$

$$=2\pi\mathrm{i}\cdot\lim_{z\to 0}z\cdot\frac{z\sin z}{(1-\mathrm{e}^z)^3}=2\pi\mathrm{i}\lim_{z\to 0}\Big[\frac{\sin z}{z}\cdot\frac{z^3}{(1-\mathrm{e}^z)^3}\Big]$$

$$= 2\pi i (\lim_{z \to 0} \frac{z}{1 - e^z})^3 = -2\pi i$$

例 5.6 计算积分 $\oint_{|z|=1} e^{\frac{1}{z^2}} dz$.

解 被积函数 $e^{\frac{1}{z^2}}$ 只有一个奇点 $z = 0$, 在积分曲线 $|z| = 1$ 内. 且

$$e^{\frac{1}{z^2}} = 1 + \frac{1}{z^2} + \frac{1}{2!z^4} + \frac{1}{3!z^6} + \cdots$$

由留数定理, 有

$$\oint_{|z|=1} e^{\frac{1}{z^2}} dz = 2\pi i \text{Res}\,[f(z), 0] = 2\pi i \cdot c_{-1} = 0$$

由上面的例题可以看出, 用留数求沿周线的积分, 是一种非常有效的方法.

5.1.3 函数在无穷远处的留数

留数的概念可以推广到无穷远点的情形.

定义 5.2 设 ∞ 是函数 $f(z)$ 的一个孤立奇点, 即 $f(z)$ 在 ∞ 的去心邻域 $N - \{\infty\}$: $0 \le r < |z| < +\infty$ 内解析, C 是该邻域内一条包围原点的正向周线, 则称积分

$$\frac{1}{2\pi i} \oint_{C^-} f(z) dz$$

为函数 $f(z)$ 在 ∞ 点的**留数**, 记为 $\text{Res}\,[f(z), \infty]$, 即

$$\text{Res}\,[f(z), \infty] = \frac{1}{2\pi i} \oint_{C^-} f(z) dz \tag{5.7}$$

设 $f(z)$ 在 $0 \le r < |z| < +\infty$ 内的洛朗展开式为

$$f(z) = \cdots + c_{-n} z^{-n} + \cdots + c_{-1} z^{-1} + c_0 + c_1 z + \cdots + c_n z^n + \cdots$$

将等式两边沿 C 逐项求积分, 得

$$\oint_C f(z) dz = 2\pi i c_{-1}$$

再由无穷远点的留数的定义, 得

$$\text{Res}\,[f(z), \infty] = -c_{-1} \tag{5.8}$$

也就是说, $f(z)$ 在 ∞ 点的留数就是 $f(z)$ 在 ∞ 的去心邻域内的洛朗级数展开式中 z^{-1} 项的系数 c_{-1} 的相反数.

特别注意 虽然在 $f(z)$ 的有限可去奇点 z_0 处, 有 $\text{Res}\,[f(z), z_0] = 0$, 但是如果点 ∞ 是 $f(z)$ 的可去奇点, $\text{Res}\,[f(z), \infty]$ 可以不是零. 例如,

$$e^{\frac{1}{z}} = 1 + \frac{1}{z} + \frac{1}{2!z^2} + \frac{1}{3!z^3} + \cdots + \frac{1}{n!z^n} + \cdots \quad (0 < |z| < +\infty)$$

∞ 是 $e^{\frac{1}{z}}$ 的可去奇点, 但 $\text{Res}\,[f(z), \infty] = -1 \ne 0$.

定理 5.2 如果函数 $f(z)$ 在扩充的复平面上只有有限个孤立奇点 (包括无穷远点在内), 则 $f(z)$ 在所有孤立奇点处的留数的总和为零.

证 不妨假设 $f(z)$ 在扩充的复平面上的所有的孤立奇点为 $z_1, z_2, \cdots, z_n$ 和 ∞. 作一条周线 C 把 $z_1, z_2, \cdots, z_n$ 全围在里面, 则由留数定理及无穷远点的留数的定义, 有

$$\text{Res}\,[f(z), \infty] + \sum_{k=1}^{n} \text{Res}\,[f(z), z_k]$$

$$= \frac{1}{2\pi i}\oint_{C^-} f(z)\mathrm{d}z + \frac{1}{2\pi i}\oint_C f(z)\mathrm{d}z = 0$$

证毕.

这个定理告诉我们,计算无穷远点的留数,可以借助于有限孤立奇点的留数. 关于无穷远点留数的计算,我们还有以下规则:

规则 Ⅳ

$$\mathrm{Res}\,[f(z),\infty] = -\left[\frac{1}{z^2}\cdot f\left(\frac{1}{z}\right),0\right] \tag{5.9}$$

事实上,在无穷远点的留数的定义中,取正向简单闭曲线 C 为一半径足够大的圆周: $|z| = \rho$. 令 $z = \frac{1}{\zeta}$,并设 $z = \rho \mathrm{e}^{\mathrm{i}\theta}$,$\zeta = \lambda \mathrm{e}^{\mathrm{i}\varphi}$,则 $\rho = \frac{1}{\lambda}$,$\theta = -\varphi$,于是有

$$\begin{aligned}
\mathrm{Res}\,[f(z),\infty] &= \frac{1}{2\pi i}\oint_{C^-} f(z)\mathrm{d}z \\
&= \frac{1}{2\pi i}\int_0^{-2\pi} f(\rho \mathrm{e}^{\mathrm{i}\theta})\rho \mathrm{i}\mathrm{e}^{\mathrm{i}\theta}\mathrm{d}\theta \\
&= -\frac{1}{2\pi i}\int_0^{2\pi} f\left(\frac{1}{\lambda}e^{-\mathrm{i}\varphi}\right)\frac{\mathrm{i}}{\lambda}\mathrm{e}^{-\mathrm{i}\varphi}\mathrm{d}\varphi \\
&= -\frac{1}{2\pi i}\int_0^{2\pi} f\left(\frac{1}{\lambda \mathrm{e}^{\mathrm{i}\varphi}}\right)\frac{1}{(\lambda \mathrm{e}^{\mathrm{i}\varphi})^2}\mathrm{d}(\lambda \mathrm{e}^{\mathrm{i}\varphi}) \\
&= -\frac{1}{2\pi i}\oint_{|\zeta|=\frac{1}{\rho}} f\left(\frac{1}{\zeta}\right)\frac{1}{\zeta^2}\mathrm{d}\zeta
\end{aligned}$$

$|\zeta| = \frac{1}{\rho}$ 为正向. 由于 $f(z)$ 在 $0 \leqslant r < |z| < +\infty$ 内解析,则 $f\left(\frac{1}{\zeta}\right)$ 在 $0 < |\zeta| < \frac{1}{r}$ 内解析,因此 $\frac{1}{\zeta^2}f\left(\frac{1}{\zeta}\right)$ 在 $0 < |\zeta| < \frac{1}{r}$ 内没有其他奇点. 由留数定理,得

$$\frac{1}{2\pi i}\oint_{|\zeta|=\frac{1}{\rho}} f\left(\frac{1}{\zeta}\right)\frac{1}{\zeta^2}\mathrm{d}\zeta = \mathrm{Res}\left[f\left(\frac{1}{\zeta}\right)\frac{1}{\zeta^2},0\right]$$

所以

$$\mathrm{Res}\,[f(z),\infty] = -\left[\frac{1}{z^2}\cdot f\left(\frac{1}{z}\right),0\right]$$

证毕.

例 5.7 判断 ∞ 是函数 $f(z) = \dfrac{2z}{z^2-4}$ 的什么奇点,并求 $f(z)$ 在 ∞ 点的留数.

解 由于 $\lim\limits_{z\to\infty}\dfrac{2z}{z^2-4} = 0$,所以 ∞ 是 $f(z)$ 的可去奇点. $z = \pm 2$ 是 $f(z)$ 的两个一阶极点.

由定理 5.2,有

$$\begin{aligned}
\mathrm{Res}\,[f(z),\infty] &= -\{\mathrm{Res}\,[f(z),2] + \mathrm{Res}\,[f(z),-2]\} \\
&= -\left[\lim_{z\to 2}(z-2)\cdot\frac{2z}{z^2-2} + \lim_{z\to -2}(z+2)\cdot\frac{2z}{z^2-2}\right] = -2
\end{aligned}$$

例 5.8 计算积分 $\oint_{|z|=4} \dfrac{z^{15}}{(z^2+1)^2(z^4+2)^3}\mathrm{d}z$.

解　函数 $\dfrac{z^{15}}{(z^2+1)^2(z^4+2)^3}$ 一共有 7 个奇点: $z=\pm i, z=\sqrt[4]{2}\,\mathrm{e}^{\mathrm{i}\frac{(2k+1)\pi}{4}}$ ($k=0,1,2,3$) 以及

∞. 要计算积分曲线 $|z|=4$ 内的 6 个孤立奇点的留数的和是十分麻烦的, 所以应用留数定理及定理 5.2, 得

$$\oint_{|z|=4} \frac{z^{15}}{(z^2+1)^2(z^4+2)^3}\,\mathrm{d}z = 2\pi\mathrm{i}\{-\operatorname{Res}[f(z),\infty]\}$$

再由规则 IV, 得

$$\operatorname{Res}[f(z),\infty] = -\operatorname{Res}\left[\frac{1}{z^2}f\left(\frac{1}{z}\right),0\right]$$

$$= \operatorname{Res}\left[\frac{1}{z^2}\cdot\frac{\dfrac{1}{z^{15}}}{\left(\dfrac{1}{z^2}+1\right)^2\left(\dfrac{1}{z^4}+2\right)^3},0\right]$$

$$= -\operatorname{Res}\left[\frac{1}{z(1+z^2)^2(1+2z^4)^3},0\right] = -1$$

所以

$$\oint_{|z|=4} \frac{z^{15}}{(z^2+1)^2(z^4+2)^3}\,\mathrm{d}z = 2\pi\mathrm{i}$$

思考题　计算函数 $f(z)$ 沿周线 C 的积分的方法有哪些?

5.2　利用留数定理计算实积分

某些实积分可以应用留数定理进行计算, 尤其是对于原函数不易直接求得的定积分和反常积分, 常是一个有效的方法. 留数定理是用来计算解析函数沿周线的积分的一个有力工具. 因此, 用它来计算实积分时要注意以下两点: (1) 把实积分的被积函数化为解析函数; (2) 把积分区间化为周线.

5.2.1　计算 $\displaystyle\int_0^{2\pi} R(\cos\theta,\sin\theta)\,\mathrm{d}\theta$ 型积分

在这里, $R(\cos\theta,\sin\theta)$ 表示 $\cos\theta,\sin\theta$ 的有理函数, 并且在 $[0,2\pi]$ 上连续. 如果令 $z=\mathrm{e}^{\mathrm{i}\theta}$, 则 $\mathrm{d}z=\mathrm{i}\mathrm{e}^{\mathrm{i}\theta}\mathrm{d}\theta$, 即 $\mathrm{d}\theta=\dfrac{\mathrm{d}z}{\mathrm{i}z}$, 且

$$\cos\theta = \frac{\mathrm{e}^{\mathrm{i}\theta}+\mathrm{e}^{-\mathrm{i}\theta}}{2} = \frac{z+z^{-1}}{2}$$

$$\sin\theta = \frac{\mathrm{e}^{\mathrm{i}\theta}-\mathrm{e}^{-\mathrm{i}\theta}}{2\mathrm{i}} = \frac{z-z^{-1}}{2\mathrm{i}}$$

当 θ 经历变程 $[0,2\pi]$ 时, z 沿单位圆周 $|z|=1$ 的正方向绕行一周. 因此有

$$\int_0^{2\pi} R(\cos\theta,\sin\theta)\,\mathrm{d}\theta = \int_{|z|=1} R\left(\frac{z+z^{-1}}{2},\frac{z-z^{-1}}{2\mathrm{i}}\right)\frac{\mathrm{d}z}{\mathrm{i}z} \tag{5.10}$$

式 (5.10) 右端是一个有理函数沿周线 $|z|=1$ 的积分, 并且积分路径上无奇点, 用留数定理就可以求得积分值.

注　这里的关键一步是作变量代换 $z=\mathrm{e}^{\mathrm{i}\theta}$, 至于被积函数 $R(\cos\theta,\sin\theta)$ 在 $[0,2\pi]$ 上

的连续性可以不必先检验,只要看变换后的函数在 $|z|=1$ 上是否有奇点就可以了.

例 5.9　计算积分 $I = \int_0^{2\pi} \dfrac{1}{1-2p\cos\theta+p^2}\mathrm{d}\theta\,(\,|p|<1)$.

解　令 $z=\mathrm{e}^{\mathrm{i}\theta}$,则 $\mathrm{d}\theta=\dfrac{\mathrm{d}z}{\mathrm{i}z}$,$\cos\theta=\dfrac{z+z^{-1}}{2}$,因而

$$I = \oint_{|z|=1} \frac{1}{1-2p\cdot\dfrac{z+z^{-1}}{2}+p^2}\cdot\frac{\mathrm{d}z}{\mathrm{i}z}$$

$$= \frac{1}{\mathrm{i}}\oint_{|z|=1}\frac{\mathrm{d}z}{(z-p)(1-pz)}$$

由于 $|p|<1$,所以 $\dfrac{1}{(z-p)(1-pz)}$ 在积分路径上没有奇点,且在 $|z|=1$ 内有唯一的一阶极点 $z=p$. 由留数定理及规则 I,得

$$I = \frac{1}{\mathrm{i}}\cdot 2\pi\mathrm{i}\lim_{z\to p}\left[(z-p)\cdot\frac{1}{(z-p)(1-pz)}\right] = \frac{2\pi}{1-p^2}$$

注　此题在高等数学中可用万能代换的方法求解,相比而言,用留数来计算要简单得多.

思考　如果 $|p|>1$,积分 $I = \int_0^{2\pi}\dfrac{1}{1-2p\cos\theta+p^2}\mathrm{d}\theta$ 的值是什么?

例 5.10　计算积分 $I = \int_0^{2\pi}\dfrac{\sin^2\theta}{a+b\cos\theta}\mathrm{d}\theta\,(a>b>0)$.

解　令 $z=\mathrm{e}^{\mathrm{i}\theta}$,则

$$I = \oint_{|z|=1}\left(\frac{z-z^{-1}}{2\mathrm{i}}\right)^2\frac{1}{a+b\cdot\dfrac{z+z^{-1}}{2}}\cdot\frac{\mathrm{d}z}{\mathrm{i}z}$$

$$= \frac{\mathrm{i}}{2b}\oint_{|z|=1}\frac{(z^2-1)^2}{z^2\left(z^2+\dfrac{2a}{b}z+1\right)}\mathrm{d}z$$

$$= \frac{\mathrm{i}}{2b}\oint_{|z|=1}\frac{(z^2-1)^2}{z^2(z-\alpha)(z-\beta)}\mathrm{d}z$$

其中 $\alpha=\dfrac{-a+\sqrt{a^2-b^2}}{b}$,$\beta=\dfrac{-a-\sqrt{a^2-b^2}}{b}$ 是实系数二次方程 $z^2+\dfrac{2a}{b}z+1=0$ 的两个相异的实根. 由根与系数的关系知 $\alpha\beta=1$,即 $|\alpha||\beta|=1$. 显然 $|\alpha|<|\beta|$,故必有 $|\alpha|<1$,$|\beta|>1$. 因而在积分曲线 $|z|=1$ 内,被积函数 $f(z)=\dfrac{(z^2-1)^2}{z^2(z-\alpha)(z-\beta)}$ 有一个二阶极点 $z=0$ 和一个一阶极点 $z=\alpha$.

$$\mathrm{Res}\,[f(z),0] = \lim_{z\to 0}\frac{\mathrm{d}}{\mathrm{d}z}\left[\frac{(z^2-1)^2}{z^2+\dfrac{2a}{b}z+1}\right] = -\frac{2a}{b}$$

$$\mathrm{Res}\,[f(z),\alpha] = \lim_{z\to\alpha}\frac{(z^2-1)^2}{z^2(z-\beta)} = \frac{(\alpha^2-1)^2}{\alpha^2(\alpha-\beta)}$$

$$= \frac{\left(\alpha - \dfrac{1}{\alpha} \right)^2}{\alpha - \beta} = \frac{(\alpha - \beta)^2}{\alpha - \beta} = \alpha - \beta = \frac{2\sqrt{a^2 - b^2}}{b}$$

由留数定理,得

$$I = \frac{i}{2b} \cdot 2\pi i \left(-\frac{2a}{b} + \frac{2\sqrt{a^2 - b^2}}{b} \right) = \frac{2\pi(a - \sqrt{a^2 - b^2})}{b^2}$$

注　若 $R(\cos\theta, \sin\theta)$ 为 θ 的偶函数,则 $\int_0^\pi R(\cos\theta, \sin\theta)\mathrm{d}\theta$ 的值也可以由上述方法求得,因为

$$\int_0^\pi R(\cos\theta, \sin\theta)\mathrm{d}\theta = \frac{1}{2}\int_{-\pi}^\pi R(\cos\theta, \sin\theta)\mathrm{d}\theta$$

仍然令 $z = \mathrm{e}^{\mathrm{i}\theta}$,与前面的方法相同,可以将 $\int_{-\pi}^\pi R(\cos\theta, \sin\theta)\mathrm{d}\theta$ 化为解析函数沿单位圆周 $|z| = 1$ 的积分.

例 5.11　计算积分 $I = \int_0^\pi \dfrac{\cos mx}{5 - 4\cos x}\mathrm{d}x$.

解　由于被积函数 $\dfrac{\cos mx}{5 - 4\cos x}$ 是 x 的偶函数,故 $I = \dfrac{1}{2}\int_{-\pi}^\pi \dfrac{\cos mx}{5 - 4\cos x}\mathrm{d}x$. 因为函数 $\dfrac{\sin mx}{5 - 4\cos x}$ 是 x 的奇函数,所以 $\int_{-\pi}^\pi \dfrac{\sin mx}{5 - 4\cos x}\mathrm{d}x = 0$. 原来的积分可以表示为

$$I = \frac{1}{2}\left(\int_{-\pi}^\pi \frac{\cos mx}{5 - 4\cos x}\mathrm{d}x + i\int_{-\pi}^\pi \frac{\sin mx}{5 - 4\cos x}\mathrm{d}x \right)$$

$$= \frac{1}{2}\int_{-\pi}^\pi \frac{\cos mx + i\sin mx}{5 - 4\cos x}\mathrm{d}x = \frac{1}{2}\int_{-\pi}^\pi \frac{\mathrm{e}^{imx}}{5 - 4\cos x}\mathrm{d}x$$

令 $z = \mathrm{e}^{\mathrm{i}x}$,则

$$I = \frac{1}{2}\oint_{|z|=1} \frac{z^m}{5 - 4 \cdot \dfrac{z + z^{-1}}{2}} \cdot \frac{\mathrm{d}z}{\mathrm{i}z} = -\frac{1}{2\mathrm{i}}\oint_{|z|=1} \frac{z^m}{2z^2 - 5z + 2}\mathrm{d}z$$

在积分曲线 $|z| = 1$ 内,被积函数 $f(z) = \dfrac{z^m}{2z^2 - 5z + 2}$ 仅有一个一阶极点 $z = \dfrac{1}{2}$,于是由规则Ⅲ,有

$$I = -\frac{1}{2\mathrm{i}} \cdot 2\pi i \cdot \frac{z^m}{4z - 5}\bigg|_{z=\frac{1}{2}} = \frac{\pi}{3 \cdot 2^m}$$

在实际问题中,往往需要计算广义积分,如 $\int_0^{+\infty} \dfrac{\sin x}{x}\mathrm{d}x$(有阻尼的振动)、$\int_0^{+\infty} \sin x^2\mathrm{d}x$ (光的折射)、$\int_0^{+\infty} \mathrm{e}^{-\alpha x^2}\cos bx\mathrm{d}x$(热传导),等等. 回忆在高等数学里计算广义积分的方法,要计算上面几个广义积分是非常麻烦的,且没有统一的方法. 但是用留数定理来计算,往往就比较简捷. 下面我们分几种类型讨论这类问题.

5.2.2　**计算 $\int_{-\infty}^{+\infty} \dfrac{P(x)}{Q(x)}\mathrm{d}x$ 型的积分**

定理 5.3　设 $R(z) = \dfrac{P(z)}{Q(z)}$ 为有理分式,其中

$$P(z) = z^n + a_1 z^{n-1} + \cdots + a_n$$

与
$$Q(z) = z^m + b_1 z^{m-1} + \cdots + b_m$$

为互质的多项式,且符合条件(1) $m - n \geq 2$;(2)在实轴上, $Q(z) \neq 0$,即 $Q(x) \neq 0$. 则有

$$\int_{-\infty}^{+\infty} \frac{P(x)}{Q(x)} dx = 2\pi i \sum_{\mathrm{Im}\, z_k > 0} \mathrm{Res}\left[\frac{P(z)}{Q(z)}, z_k\right] \tag{5.11}$$

注　这个积分值等于" $R(z)$ 在上半复平面所有孤立奇点处的留数的和乘以 $2\pi i$".

证　根据已知条件,有理分式 $R(z) = \dfrac{P(z)}{Q(z)}$ 在 z 平面上的奇点,即分母 $Q(z)$ 的零点, 最多有 m 个,而且这些奇点都不在实轴上. 现在,我们在上半 z 平面作一个以原点为中心、R 为半径的半圆 C_R,这个半圆 C_R 与实轴上的线段 $[-R, R]$ 合成一条围线(见图 5. 1),使这条围线把 $R(z)$ 在上半 z 平面的所有奇点 $z_k(\mathrm{Im}\, z_k > 0)$ 都围在里面(只要 R 足够大就可以做到). 这样,在围线 $C_R + [-R, R]$ 内,只含有 $R(z)$ 的有限个孤立奇点 $z_k(\mathrm{Im}\, z_k > 0)$.

由复积分的性质及留数定理,得

$$\int_{-R}^{R} R(x)dx + \int_{C_R} R(z)dz = 2\pi i \sum_{\mathrm{Im}\, z_k > 0} \mathrm{Res}\left[R(z), z_k\right] \tag{5.12}$$

这个等式不因 R 的增加而改变. 观察这个等式,下面我们只需要证明 $\lim\limits_{R \to +\infty} \int_{C_R} R(z)dz = 0$ 即可. 因为

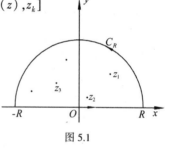

图 5.1

$$|R(z)| = \frac{1}{|z|^{m-n}} \cdot \frac{|1 + a_1 z^{-1} + \cdots + a_n z^{-n}|}{|1 + b_1 z^{-1} + \cdots + b_m z^{-m}|}$$

在半径 R 充分大的半圆周 C_R 上, $|z|$ 充分大,总可使

$$|a_1 z^{-1} + \cdots + a_n z^{-n}| < \frac{1}{3}, \qquad |b_1 z^{-1} + \cdots + b_m z^{-m}| < \frac{1}{3}$$

又因为 $m - n \geq 2$,则 $|z|^{m-n} \geq |z|^2$,故有

$$|R(z)| \leq \frac{1}{|z|^{m-n}} \cdot \frac{1 + \dfrac{1}{3}}{1 - \dfrac{1}{3}} = \frac{2}{|z|^{m-n}} \leq \frac{2}{|z|^2}$$

因此,在半径 R 充分大的半圆周 C_R 上有

$$\left|\int_{C_R} R(z)dz\right| \leq \int_{C_R} |R(z)| ds \leq \int_{C_R} \frac{2}{|z|^2} ds$$

$$= \frac{2}{R^2} \cdot \pi R = \frac{2\pi}{R} \to 0 \quad (R \to +\infty)$$

所以,当 $R \to +\infty$ 时, $\int_{C_R} R(z)dz \to 0$. 从而由式(5.12)得

$$\int_{-\infty}^{+\infty} R(x)dx = 2\pi i \sum_{\mathrm{Im}\, z_k > 0} \mathrm{Res}\left[R(z), z_k\right]$$

特别地,如果 $R(x)$ 是偶函数,那么

$$\int_0^{+\infty} R(x)\,\mathrm{d}x = \pi\mathrm{i} \sum_{\mathrm{Im}\, z_k > 0} \mathrm{Res}\ [R(z), z_k] \tag{5.13}$$

例5.12　计算积分 $I = \int_{-\infty}^{+\infty} \dfrac{x^2}{(x^2+a^2)(x^2+b^2)}\mathrm{d}x\,(a>0,b>0)$.

解　设 $R(z) = \dfrac{z^2}{(z^2+a^2)(z^2+b^2)}$，则 $m=4,n=2,m-n=2$，且 $R(z)$ 有 4 个一阶极点：$\pm ai$ 和 $\pm bi$，它们都不在实轴上. 奇点 ai,bi 在上半复平面，且

$$\mathrm{Res}\ [R(z), ai] = \left.\dfrac{\dfrac{z^2}{z^2+b^2}}{(z^2+a^2)'}\right|_{z=ai} = \dfrac{a}{2\mathrm{i}(a^2-b^2)}$$

同理可以得到　　　　　　　　$\mathrm{Res}\ [R(z), bi] = \dfrac{b}{2\mathrm{i}(b^2-a^2)}$

再由定理5.3，有

$$I = 2\pi\mathrm{i}\{\mathrm{Res}\ [R(z), ai] + \mathrm{Res}\ [R(z), bi]\} = \dfrac{\pi}{a+b}$$

例5.13　计算积分 $I = \int_0^{+\infty} \dfrac{1}{x^4+a^4}\mathrm{d}x\,(a>0)$.

解　积分 $I = \int_0^{+\infty} \dfrac{1}{x^4+a^4}\mathrm{d}x = \dfrac{1}{2}\int_{-\infty}^{+\infty} \dfrac{1}{x^4+a^4}\mathrm{d}x$. 设 $R(z) = \dfrac{1}{z^4+a^4}$，则 $m=4,n=0$，$m-n=4$，且 $R(z)$ 有 4 个一阶极点：$z_k = a\mathrm{e}^{\mathrm{i}\frac{(2k+1)\pi}{4}}\,(k=0,1,2,3)$，它们都不在实轴上，满足定理5.3 的条件. $z_0 = a\mathrm{e}^{\frac{\pi}{4}\mathrm{i}}, z_1 = a\mathrm{e}^{\frac{3\pi}{4}\mathrm{i}}$ 在上半复平面，且

$$\mathrm{Res}\ [R(z), z_0] = \left.\dfrac{1}{(z^4+a^4)'}\right|_{z=z_0} = \left.\dfrac{1}{4z^3}\right|_{z=z_0} = \dfrac{1}{4a^3}\mathrm{e}^{-\frac{3\pi}{4}\mathrm{i}}$$

$$\mathrm{Res}\ [R(z), z_1] = \left.\dfrac{1}{(z^4+a^4)'}\right|_{z=z_0} = \left.\dfrac{1}{4z^3}\right|_{z=z_1} = \dfrac{1}{4a^3}\mathrm{e}^{-\frac{9\pi}{4}\mathrm{i}}$$

由定理5.3，有

$$I = \pi\mathrm{i}\{\mathrm{Res}\ [R(z), z_0] + \mathrm{Res}\ [R(z), z_1]\}$$

$$= \dfrac{\pi\mathrm{i}}{4a^3}(\mathrm{e}^{-\frac{3\pi}{4}\mathrm{i}} + \mathrm{e}^{-\frac{9\pi}{4}\mathrm{i}}) = \dfrac{\pi}{2\sqrt{2}a^3}$$

5.2.3　计算 $\int_{-\infty}^{+\infty} \dfrac{P(x)}{Q(x)}\mathrm{e}^{aix}\mathrm{d}x\,(a>0)$ 型的积分

定理5.4　设 $R(z) = \dfrac{P(z)}{Q(z)}$ 为有理分式，其中

$$P(z) = z^n + a_1 z^{n-1} + \cdots + a_n$$

与　　　　　　　　　　$Q(z) = z^m + b_1 z^{m-1} + \cdots + b_m$

为互质的多项式，且符合条件(1) $m-n \geq 1$；(2)在实轴上，$Q(z) \neq 0$，即 $Q(x) \neq 0$. 则有

$$\int_{-\infty}^{+\infty} \dfrac{P(x)}{Q(x)}\mathrm{e}^{aix}\mathrm{d}x = 2\pi\mathrm{i} \sum_{\mathrm{Im}\, z_k > 0} \mathrm{Res}\ \left[\dfrac{P(z)}{Q(z)}\mathrm{e}^{aiz}, z_k\right] \tag{5.14}$$

注　这个积分值等于"$R(z)\mathrm{e}^{aiz}$ 在上半复平面所有孤立奇点处的留数的和乘以 $2\pi\mathrm{i}$"，且 $R(z)\mathrm{e}^{aiz}$ 与 $R(z)$ 有相同的奇点.

证 类似于定理 5.3 证明中的处理,有

$$\int_{-R}^{R} R(x) e^{aix} dx + \int_{C_R} R(z) e^{aiz} dz = 2\pi i \sum_{\operatorname{Im} z_k > 0} \operatorname{Res} [R(z) e^{aiz}, z_k] \tag{5.15}$$

由于 $m - n \geq 1$,对于充分大的 $|z|$,有 $|R(z)| < \dfrac{2}{|z|}$. 而 $|e^{aiz}| = |e^{ai(x+iy)}| = |e^{-ay+aix}|$ $= e^{-ay}$,因此,在半径 R 充分大的半圆弧 C_R 上,有

$$\left| \int_{C_R} R(z) e^{aiz} dz \right| \leq \int_{C_R} |R(z)| |e^{aiz}| ds \leq \frac{2}{R} \int_{C_R} e^{-ay} ds$$

这个对弧长的曲线积分,我们可转化为极坐标形式,即 $x = R\cos\theta, y = R\sin\theta, ds = Rd\theta, \theta$ 从 0 变化到 π,动点 z 就沿着半圆弧从 R 转到 $-R$. 所以

$$\left| \int_{C_R} R(z) e^{aiz} dz \right| \leq \frac{2}{R} \int_0^\pi e^{-aR\sin\theta} Rd\theta = 4 \int_0^{\frac{\pi}{2}} e^{-aR\sin\theta} Rd\theta$$

$$\leq 4 \int_0^{\frac{\pi}{2}} e^{-\frac{2aR}{\pi}\theta} d\theta = \frac{2\pi}{aR}(1 - e^{-aR}) \to 0 \quad (R \to +\infty)$$

即

$$\int_{C_R} R(z) e^{aiz} dz \to 0 \quad (R \to +\infty)$$

因此得

$$\int_{-\infty}^{+\infty} R(x) e^{aix} dx = 2\pi i \sum_{\operatorname{Im} z_k > 0} \operatorname{Res} \left[\frac{P(z)}{Q(z)} e^{aiz}, z_k \right]$$

或者

$$\int_{-\infty}^{+\infty} R(x) \cos ax dx + i \int_{-\infty}^{+\infty} R(x) \sin ax dx = 2\pi i \sum_{\operatorname{Im} z_k > 0} \operatorname{Res} \left[\frac{P(z)}{Q(z)} e^{aiz}, z_k \right] \tag{5.16}$$

例 5.14 计算积分 $I = \int_0^{+\infty} \dfrac{x \sin x}{x^2 + a^2} dx \, (a > 0)$.

解 因为 $\dfrac{x \sin x}{x^2 + a^2}$ 是 x 的偶函数,所以 $\int_0^{+\infty} \dfrac{x \sin x}{x^2 + a^2} dx = \dfrac{1}{2} \int_{-\infty}^{+\infty} \dfrac{x \sin x}{x^2 + a^2} dx$; $\dfrac{x \cos x}{x^2 + a^2}$ 是 x 的奇函数,所以 $\int_{-\infty}^{+\infty} \dfrac{x \cos x}{x^2 + a^2} dx = 0$. $\dfrac{x \cos x}{x^2 + a^2} + i \dfrac{x \sin x}{x^2 + a^2} = \dfrac{x e^{ix}}{x^2 + a^2}$.

这里 $m = 2, n = 1, m - n = 1, R(z) = \dfrac{z}{z^2 + a^2}$ 在实轴上无奇点,它在上半平面有唯一的奇点 ai,也是 $R(z) e^{iz}$ 在上半复平面的唯一奇点. 故有

$$\int_{-\infty}^{+\infty} \frac{x}{x^2 + a^2} e^{ix} dx = 2\pi i \operatorname{Res} \left[\frac{z}{z^2 + a^2} e^{iz}, ai \right]$$

$$= 2\pi i \cdot \left. \frac{z e^{iz}}{2z} \right|_{z=ai} = \pi i e^{-a}$$

由式 (5.16),有

$$\int_0^{+\infty} \frac{x \sin x}{x^2 + a^2} dx = \frac{1}{2} \operatorname{Im}(\pi i e^{-a}) = \frac{1}{2} \pi e^{-a}$$

例 5.15 计算积分 $\int_{-\infty}^{+\infty} \dfrac{x \cos x}{x^2 - 2x + 10} dx$.

解 由于 $\dfrac{x\cos x}{x^2 - 2x + 10} + \mathrm{i}\dfrac{x\sin x}{x^2 - 2x + 10} = \dfrac{x\mathrm{e}^{\mathrm{i}x}}{x^2 - 2x + 10}$，故设 $R(z) = \dfrac{z}{z^2 - 2z + 10}$. 显然

$R(z)$ 满足定理 5.4 的条件,且有两个一阶极点: $z = 1 \pm 3\mathrm{i}$,其中 $1 + 3\mathrm{i}$ 在上半复平面. 由于

$$\mathrm{Res}\,[\,R(z)\mathrm{e}^{\mathrm{i}z},1 + 3\mathrm{i}] = \frac{z\mathrm{e}^{\mathrm{i}z}}{(z^2 - 2z + 10)'}\bigg|_{z = 1 + 3\mathrm{i}} = \frac{(1 + 3\mathrm{i})}{6\mathrm{i}}\mathrm{e}^{-3 + \mathrm{i}}$$

故

$$\int_{-\infty}^{+\infty} \frac{x\mathrm{e}^{\mathrm{i}x}}{x^2 - 2x + 10}\mathrm{d}x = 2\pi\mathrm{i} \cdot \frac{(1 + 3\mathrm{i})}{6\mathrm{i}}\mathrm{e}^{-3 + \mathrm{i}}$$

$$= \frac{\pi}{3}\mathrm{e}^{-3}(\cos 1 - 3\sin 1) + \mathrm{i} \cdot \frac{\pi}{3}\mathrm{e}^{-3}(3\cos 1 + \sin 1)$$

所以

$$\int_{-\infty}^{+\infty} \frac{x\cos x}{x^2 - 2x + 10}\mathrm{d}x = \frac{\pi}{3}\mathrm{e}^{-3}(\cos 1 - 3\sin 1)$$

$$\int_{-\infty}^{+\infty} \frac{x\sin x}{x^2 - 2x + 10}\mathrm{d}x = \frac{\pi}{3}\mathrm{e}^{-3}(3\cos 1 + \sin 1)$$

5.2.4 计算积分路径上有奇点的积分

在 5.2.2 和 5.2.3 中提到的两种类型的积分中,都要求被积函数中的 $R(z)$ 在实轴上没有奇点. 那么,不满足这个条件的积分该如何计算呢？ 下面我们通过一个例子来说明其梗概.

例 5.16 计算积分 $\displaystyle\int_0^{+\infty} \frac{\sin x}{x}\mathrm{d}x$.

解 因为 $\dfrac{\sin x}{x}$ 是偶函数,所以

$$\int_0^{+\infty} \frac{\sin x}{x}\mathrm{d}x = \frac{1}{2}\int_{-\infty}^{+\infty} \frac{\sin x}{x}\mathrm{d}x$$

上式的右端与例 5.14 计算的积分相似,故可以从 $\dfrac{\mathrm{e}^{\mathrm{i}z}}{z}$ 沿某一条闭曲线的积分来计算

上式右端的积分. 但是 $\dfrac{\mathrm{e}^{\mathrm{i}z}}{z}$ 的一阶极点 $z = 0$ 在实轴上. 为了使积分路径不经过奇点,我们取

如图 5.2 所示的积分路径. 由柯西积分定理,有

$$\int_{C_R} \frac{\mathrm{e}^{\mathrm{i}z}}{z}\mathrm{d}z + \int_{-R}^{-r} \frac{\mathrm{e}^{\mathrm{i}x}}{x}\mathrm{d}x + \int_{C_r} \frac{\mathrm{e}^{\mathrm{i}z}}{z}\mathrm{d}z + \int_r^R \frac{\mathrm{e}^{\mathrm{i}x}}{x}\mathrm{d}x = 0 \quad (5.17)$$

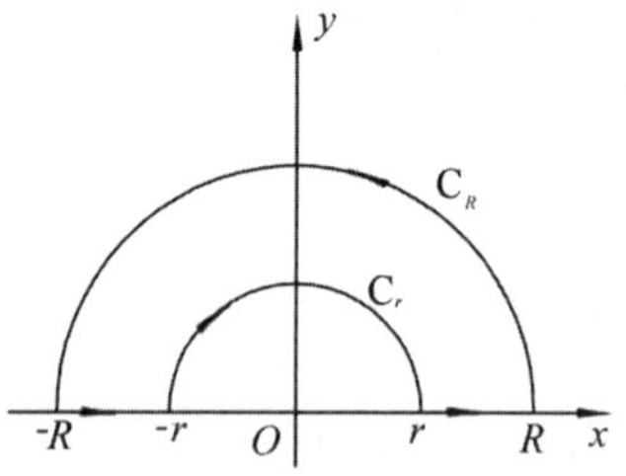

对于积分 $\displaystyle\int_{-R}^{-r} \frac{\mathrm{e}^{\mathrm{i}x}}{x}\mathrm{d}x$,作代换 $x = -t$,则有

$$\int_{-R}^{-r} \frac{\mathrm{e}^{\mathrm{i}x}}{x}\mathrm{d}x = \int_R^r \frac{\mathrm{e}^{-\mathrm{i}t}}{-t}\mathrm{d}(-t) = -\int_r^R \frac{\mathrm{e}^{-\mathrm{i}x}}{x}\mathrm{d}x$$

所以,式(5.17)可以写为

图 5.2

$$\int_r^R \frac{\mathrm{e}^{\mathrm{i}x} - \mathrm{e}^{-\mathrm{i}x}}{x}\mathrm{d}x + \int_{C_R} \frac{\mathrm{e}^{\mathrm{i}z}}{z}\mathrm{d}z + \int_{C_r} \frac{\mathrm{e}^{\mathrm{i}z}}{z}\mathrm{d}z = 0$$

即

$$2\mathrm{i}\int_r^R \frac{\sin x}{x}\mathrm{d}x + \int_{C_R}\frac{\mathrm{e}^{\mathrm{i}z}}{z}\mathrm{d}z + \int_{C_r}\frac{\mathrm{e}^{\mathrm{i}z}}{z}\mathrm{d}z = 0 \tag{5.18}$$

因此,要计算出所求的积分值,需要求出下面两个极限:

$$\lim_{R\to +\infty}\int_{C_R}\frac{\mathrm{e}^{\mathrm{i}z}}{z}\mathrm{d}z, \quad \lim_{r\to 0}\int_{C_r}\frac{\mathrm{e}^{\mathrm{i}z}}{z}\mathrm{d}z$$

由于

$$\left|\int_{C_R}\frac{\mathrm{e}^{\mathrm{i}z}}{z}\mathrm{d}z\right| \leqslant \int_{C_R}\frac{|\mathrm{e}^{\mathrm{i}z}|}{|z|}\mathrm{d}s = \frac{1}{R}\int_{C_R}\mathrm{e}^{-y}\mathrm{d}s = \int_0^\pi \mathrm{e}^{-R\sin\theta}\mathrm{d}\theta$$

$$= 2\int_0^{\frac{\pi}{2}}\mathrm{e}^{-R\sin\theta}\mathrm{d}\theta \leqslant 2\int_0^{\frac{\pi}{2}}\mathrm{e}^{-\frac{2R\theta}{\pi}}\mathrm{d}\theta = \frac{\pi}{R}(1-\mathrm{e}^{-R})\to 0 \quad (R\to +\infty)$$

所以

$$\lim_{R\to +\infty}\int_{C_R}\frac{\mathrm{e}^{\mathrm{i}z}}{z}\mathrm{d}z = 0 \tag{5.19}$$

在 $z=0$ 的去心邻域内,将 $\dfrac{\mathrm{e}^{\mathrm{i}z}}{z}$ 展开为洛朗级数,有

$$\frac{\mathrm{e}^{\mathrm{i}z}}{z} = \frac{1}{z} + \mathrm{i} - \frac{z}{2!} + \cdots + \frac{\mathrm{i}^n z^{n-1}}{n!} + \cdots = \frac{1}{z} + \varphi(z)$$

其中 $\varphi(z) = \mathrm{i} - \dfrac{z}{2!} + \cdots + \dfrac{\mathrm{i}^n z^{n-1}}{n!} + \cdots$,则 $\varphi(z)$ 在 $z=0$ 的邻域内解析,必连续,且 $\varphi(0) = \mathrm{i}$.

因为 $|\varphi(0)| = 1$,由 $\varphi(z)$ 的连续性知,当 $|z|$ 充分小时,完全可使 $|\varphi(z)|\leqslant 2$. 由于

$$\int_{C_r}\frac{\mathrm{e}^{\mathrm{i}z}}{z}\mathrm{d}z = \int_{C_r}\frac{1}{z}\mathrm{d}z + \int_{C_r}\varphi(z)\mathrm{d}z$$

又由于

$$\int_{C_r}\frac{\mathrm{d}z}{z} = \int_\pi^0 \frac{\mathrm{i}r\mathrm{e}^{\mathrm{i}\theta}}{r\mathrm{e}^{\mathrm{i}\theta}}\mathrm{d}\theta = -\mathrm{i}\pi$$

且当 r 充分小时,有

$$\left|\int_{C_r}\varphi(z)\mathrm{d}z\right| \leqslant \int_{C_r}|\varphi(z)|\mathrm{d}s \leqslant \int_{C_r}2\mathrm{d}s = 2\pi r\to 0 \quad (r\to 0)$$

从而有

$$\lim_{r\to 0}\int_{C_r}\varphi(z)\mathrm{d}z = 0$$

故

$$\lim_{r\to 0}\int_{C_r}\frac{\mathrm{e}^{\mathrm{i}z}}{z}\mathrm{d}z = -\pi\mathrm{i} \tag{5.20}$$

由式 $(5.18)\sim(5.20)$,就可以求得

$$\int_0^{+\infty}\frac{\sin x}{x}\mathrm{d}x = \frac{\pi}{2}$$

这个积分在研究阻尼振动中有用.

*5.3　辐角原理及应用

在上一节,我们利用留数理论来计算复积分和某些特定类型的定积分. 这一节,我们

仍然依据留数理论介绍对数留数与辐角原理. 它们可以帮助我们判断一个方程 $f(z) = 0$ 各个根所在的范围,这对研究运动的稳定性往往是有用的.

5.3.1　对数留数

留数理论的重要应用之一是计算积分

$$\frac{1}{2\pi i} \int_C \frac{f'(z)}{f(z)} dz$$

它称为 $f(z)$ 关于曲线 C 的**对数留数**(这个名称来源于 $\frac{f'(z)}{f(z)} = \frac{d}{dz}[\ln f(z)]$). 由它推出的辐角原理为计算解析函数零点个数提供了一个有效方法. 特别是,可以借此研究在一个指定区域内多项式零点的个数问题.

显然,函数 $f(z)$ 的零点和奇点都可能是 $\frac{f'(z)}{f(z)}$ 的奇点. 关于对数留数,我们有下面重要的定理:

定理 5.5　设 C 是一条周线,如果函数 $f(z)$ 符合条件:

(1)在 C 上解析且不为零;

(2)在 C 内除有限个极点外,处处解析.

则有

$$\frac{1}{2\pi i} \int_C \frac{f'(z)}{f(z)} dz = N(f,C) - P(f,C) \tag{5.21}$$

其中 $N(f,C)$ 表示 $f(z)$ 在 C 内零点的个数, $P(f,C)$ 表示 $f(z)$ 在 C 内极点的个数(一个 n 阶零点算作 n 个零点,一个 m 阶极点算作 m 个极点).

证　设 $f(z)$ 在 C 内有一个 n_k 阶零点 a_k,则在 a_k 的邻域 $|z - a_k| < \delta$ 内,有

$$f(z) = (z - a_k)^{n_k} \varphi(z)$$

$\varphi(z)$ 在这个邻域内解析,且 $\varphi(a_k) \neq 0$. 只要 δ 足够小,就可以使得 $\varphi(z)$ 在这个邻域内不等于零. 上式两边求导,得

$$f'(z) = n_k(z - a_k)^{n_k-1} \varphi(z) + (z - a_k)^{n_k} \varphi'(z)$$

由解析函数零点的孤立性,在 $0 < |z - a_k| < \delta$ 内,有

$$\frac{f'(z)}{f(z)} = \frac{n_k}{z - a_k} + \frac{\varphi'(z)}{\varphi(z)}$$

由于在 $|z - a_k| < \delta$ 内, $\varphi(z)$ 解析,因而 $\varphi'(z)$ 也解析,并且 $\varphi(z) \neq 0$,故 $\frac{\varphi'(z)}{\varphi(z)}$ 是这一邻域内的解析函数. 由上式可知, a_k 是 $\frac{f'(z)}{f(z)}$ 的一阶极点,且

$$\text{Res}\left[\frac{f'(z)}{f(z)}, a_k\right] = \lim_{z \to a_k}\left[(z - a_k)\left(\frac{n_k}{z - a_k} + \frac{\varphi'(z)}{\varphi(z)}\right)\right] = n_k$$

同样,设 $f(z)$ 在 C 内有一个 p_j 阶极点 b_j,则在 b_j 的去心邻域 $0 < |z - b_j| < \delta'$ 内,有

$$f(z) = \frac{1}{(z - b_j)^{p_j}} \psi(z)$$

$\psi(z)$ 在 $|z - b_j| < \delta'$ 内解析,且 $\psi(b_j) \neq 0$,从而在这个邻域内 $\psi(z) \neq 0$. 上式两边求导,得

$$f'(z) = -p_j(z - b_j)^{-p_j-1} \psi(z) + (z - b_j)^{-p_j} \psi'(z)$$

故在 $0 < |z - b_j| < \delta'$ 内,有

$$\frac{f'(z)}{f(z)} = \frac{-p_j}{z - b_j} + \frac{\psi'(z)}{\psi(z)}$$

由于在 $|z - b_j| < \delta'$ 内,$\psi(z)$ 解析,因而 $\psi'(z)$ 也解析,并且 $\psi(z) \neq 0$,故 $\dfrac{\psi'(z)}{\psi(z)}$ 是这一邻域内的解析函数. 由上式可知,b_k 是 $\dfrac{f'(z)}{f(z)}$ 的一阶极点,且留数为 $-p_j$.

$$\mathrm{Res}\left[\frac{f'(z)}{f(z)}, b_j\right] = \lim_{z \to b_j}\left[(z - b_j)\left(\frac{-p_j}{z - b_j} + \frac{\psi'(z)}{\psi(z)}\right)\right] = -p_j$$

如果 $f(z)$ 在 C 内有 l 个阶数分别为 $n_1, n_2, \cdots, n_l$ 的零点 $a_1, a_2, \cdots, a_l$ 和 m 个阶数分别为 $p_1, p_2, \cdots, p_m$ 的极点 $b_1, b_2, \cdots, b_m$,那么由上所述及留数定理,得

$$\frac{1}{2\pi i}\oint_C \frac{f'(z)}{f(z)}\mathrm{d}z = \sum_{k=1}^{l} \mathrm{Res}\left[\frac{f'(z)}{f(z)}, a_k\right] + \sum_{j=1}^{m} \mathrm{Res}\left[\frac{f'(z)}{f(z)}, b_j\right]$$

即

$$\frac{1}{2\pi i}\oint_C \frac{f'(z)}{f(z)}\mathrm{d}z = \sum_{k=1}^{l} n_k + \sum_{j=1}^{m} p_j$$

或

$$\frac{1}{2\pi i}\oint_C \frac{f'(z)}{f(z)}\mathrm{d}z = N(f, C) - P(f, C)$$

证毕.

5.3.2　辐角原理

现在我们来解释式(5.21)左端的几何意义. 为此,我们考虑函数 $w = f(z)$. 当 z 从 z_0 起沿周线 C 绕行一周回到 z_0 时,对应的 w 在 w 平面内就画出一条闭曲线 Γ,它不一定是简单的,即 w 可以按正向绕原点若干圈,也可以按负向绕原点若干圈. 由于 $f(z)$ 在 C 上不为零,所以,Γ 不经过原点,如图 5.3 所示.

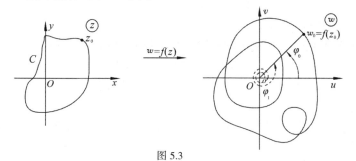

图 5.3

因为

$$\mathrm{dln}\, f(z) = \frac{f'(z)}{f(z)}\mathrm{d}z$$

所以

$$\frac{1}{2\pi i}\oint_C \frac{f'(z)}{f(z)}\mathrm{d}z = \frac{1}{2\pi i}\oint_C \mathrm{dln}\, f(z)$$

$$= \frac{1}{2\pi i}\left[\oint_C \mathrm{dln}|f(z)| + i\oint_C \mathrm{darg}\, f(z)\right]$$

由于函数 $\ln|f(z)|$ 是 z 的单值函数, 当 z 从 z_0 起沿周线 C 绕行一周回到 z_0 时,有

$$\oint_C \mathrm{d}\ln|f(z)| = \ln|f(z_0)| - \ln|f(z_0)| = 0$$

另外, 当 z 从 z_0 起沿周线 C 绕行一周回到 z_0 时, $w = f(z)$ 的辐角 $\arg f(z)$ (这里 $\arg f(z)$ 表示的是 $f(z)$ 的一个辐角) 可能发生改变 (见图 5.3), 即 $\arg f(z)$ 的终值 φ_1 和始值 φ_0 是不一样的, 即

$$\oint_C \mathrm{d}\arg f(z) = \varphi_1 - \varphi_0 = \Delta_C \arg f(z)$$

于是我们有

$$\frac{1}{2\pi\mathrm{i}} \oint_C \frac{f'(z)}{f(z)} \mathrm{d}z = \frac{1}{2\pi\mathrm{i}} \cdot \mathrm{i}\Delta_C \arg f(z) = \frac{\Delta_C \arg f(z)}{2\pi}$$

其中 $\Delta_C \arg f(z)$ 表示 z 沿周线 C 的正向绕行一周后, $\arg f(z)$ 的改变量, 它一定是 2π 的整数倍. 这样我们可以将定理 5.5 改写为下面的定理:

定理 5.6 (辐角原理) 在定理 5.5 的条件下, $f(z)$ 在周线 C 内部的零点个数与极点个数之差等于当 z 沿周线 C 的正向绕行一周后 $\arg f(z)$ 的改变量 $\Delta_C \arg f(z)$ 除以 2π, 即

$$N(f,C) - P(f,C) = \frac{\Delta_C \arg f(z)}{2\pi} \tag{5.22}$$

特别地, 如果 $f(z)$ 在 C 上及内部都解析, 且 $f(z)$ 在 C 上不为零, 则

$$N(f,C) = \frac{\Delta_C \arg f(z)}{2\pi} \tag{5.23}$$

5.3.3 儒歇 (Rouché) 定理

下面的定理是辐角原理的一个推论, 在考察零点的分布时, 用起来很方便.

定理 5.7 (儒歇定理) 设 C 是一条周线, 函数 $f(z)$ 及 $\varphi(z)$ 满足条件:

(1) 它们在 C 内部均解析, 且连续到 C;

(2) 在 C 上, $|f(z)| > |\varphi(z)|$.

则函数 $f(z)$ 及 $f(z) + \varphi(z)$ 在 C 内部有同样多 (几阶算作几个) 的零点, 即

$$N(f+\varphi,C) = N(f,C)$$

证 由假设, $f(z)$ 及 $f(z) + \varphi(z)$ 在 C 内解析, 且连续到 C, 在 C 上有 $|f(z)| > 0$, 且

$$|f(z) + \varphi(z)| \geqslant |f(z)| - |\varphi(z)| > 0$$

这样一来, 这两个函数都满足定理 5.5 的条件. 由于这两个函数在 C 的内部均解析, 于是由式 (5.23), 只需证明

$$\Delta_C \arg[f(z) + \varphi(z)] = \Delta_C \arg f(z) \tag{5.24}$$

由关系式

$$f(z) + \varphi(z) = f(z)\left[1 + \frac{\varphi(z)}{f(z)}\right]$$

$$\Delta_C \arg[f(z) + \varphi(z)] = \Delta_C \arg f(z) + \Delta_C \arg\left[1 + \frac{\varphi(z)}{f(z)}\right] \tag{5.25}$$

根据条件 (2), 当 z 沿 C 变动时, $\left|\dfrac{\varphi(z)}{f(z)}\right| < 1$. 借助函数 $\eta = 1 + \dfrac{\varphi(z)}{f(z)}$ 将 z 平面上的周线 C 变成 η 平面上的闭曲线 Γ. 于是 Γ 全在圆周 $|\eta - 1| = 1$ 的内部 (见图 5.4), 而原点 $\eta = 0$

又不在此圆周的内部. 就是说,点 η 不会围着原点 $\eta = 0$ 绕行. 故

$$\Delta_C \arg\left[1 + \frac{\varphi(z)}{f(z)}\right] = 0$$

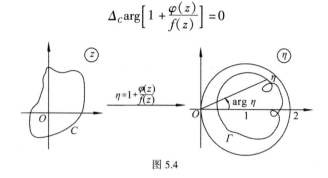

图 5.4

由式(5.25)即知式(5.24)为真.

例 5.17　求函数 $f(z) = \dfrac{1+z^2}{1-\cos 2\pi z}$ 关于圆周 $|z| = \pi$ 的对数留数.

解　令 $1 + z^2 = 0$,得 $f(z)$ 的两个一阶零点:$z = \pm i$. 再令 $1 - \cos 2\pi z = 0$,得 $f(z)$ 的极点 $z_n = n, n = 0, \pm 1, \pm 2, \cdots$. 由于 $(1 - \cos 2\pi z)'\big|_{z_n = n} = 2\pi \sin 2n\pi = 0, (1 - \cos 2\pi z)''\big|_{z_n = n} = 4\pi^2 \neq 0$,所以这些零点都是 $f(z)$ 的二阶极点.

在圆周 $|z| = \pi$ 的内部有 $f(z)$ 的 2 个一阶零点和 7 个二阶极点,由对数留数公式 (5.21),有

$$\frac{1}{2\pi i}\oint_{|z|=\pi} \frac{f'(z)}{f(z)}\mathrm{d}z = 2 - 7 \times 2 = -12$$

例 5.18　设 $f(z) = (z-1)(z-2)^2(z-4), C: |z| = 3$,试验证辐角原理.

解　因为 $f(z)$ 在复平面上处处解析,在 C 上无零点,且在 C 内有一阶零点 $z = 1$ 及二阶零点 $z = 2$. 所以,一方面

$$N(f, C) = 1 + 2 = 3$$

另一方面,当 z 沿 C 正向绕一周时,有

$$\Delta_C \arg f(z) = \Delta_C \arg(z-1) + \Delta_C \arg(z-2)^2 + \Delta_C \arg(z-4)$$
$$= \Delta_C \arg(z-1) + 2\Delta_C \arg(z-2) = 6\pi$$

于是,式(5.23)成立.

例 5.19　试证:当 $|a| > e$ 时,方程 $e^z - az^n = 0$ 在单位圆 $|z| < 1$ 内有 n 个根.

证　在单位圆周 $|z| = 1$ 上,有

$$|-az^n| = |a| > e$$
$$|e^z| = e^{\operatorname{Re} z} \leqslant e^{|z|} = e$$

即有

$$|e^z| < |-az^n|$$

而函数 e^z 和 $-az^n$ 均在单位闭圆 $|z| \leqslant 1$ 上解析,故由儒歇定理,有

$$N(e^z - az^n, |z| = 1) = N(-az^n, |z| = 1) = n$$

即方程 $e^z - az^n = 0$ 在单位圆 $|z| < 1$ 内有 n 个根.

例 5.20　用儒歇定理证明代数学基本定理:任一 n 次方程

$$a_0 z^n + a_1 z^{n-1} + \cdots + a_{n-1} z + a_n = 0 \quad (a_0 \neq 0)$$

有且只有 n 个根(几重根就算作几个根).

解　设 $f(z) = a_0 z^n, \varphi(z) = a_1 z^{n-1} + \cdots + a_{n-1} z + a_n$,则当 z 在充分大的圆周 $C: |z| = R$

上时,例如,取

$$R > \max\left(\frac{|a_1| + \cdots + |a_{n-1}| + |a_n|}{|a_0|}, 1\right)$$

有
$$|\varphi(z)| \leqslant |a_1|R^{n-1} + \cdots + |a_{n-1}|R + |a_n|$$
$$< R^{n-1}(|a_1| + \cdots + |a_{n-1}| + |a_n|)$$
$$< |a_0|R^n = |f(z)|$$

由儒歇定理知,在圆 $|z| < R$ 内,方程

$$a_0 z^n + a_1 z^{n-1} + \cdots + a_{n-1}z + a_n = 0 \quad \text{与} \quad a_0 z^n = 0$$

有相同个数的根. 而 $a_0 z^n = 0$ 在 $|z| < R$ 内有一个 n 重根,所以原 n 次方程在 $|z| < R$ 内有 n 个根.

　　另外,在圆周 $|z| = R$ 上,或者它的外部,任取一点 z_0,则 $|z_0| = R_0 \geqslant R$,于是

$$|a_0 z_0^n + a_1 z_0^{n-1} + \cdots + a_{n-1}z_0 + a_n|$$
$$\geqslant |a_0 z_0^n| - |a_1 z_0^{n-1} + \cdots + a_{n-1}z_0 + a_n|$$
$$\geqslant |a_0|R_0^n - (|a_1|R_0^{n-1} + \cdots + |a_{n-1}|R_0 + |a_n|)$$
$$> |a_0|R_0^n - (|a_1| + \cdots + |a_{n-1}| + |a_n|)R_0^{n-1}$$
$$> |a_0|R_0^n - |a_0|R_0^n = 0$$

这说明原 n 次方程在圆周 $|z| = R$ 上及其外部都没有根. 所以,原 n 次方程有且只有 n 个根.

习题 5

1. 求下列函数在有限孤立奇点处的留数:

(1) $\dfrac{z}{(z-1)(z+1)^2}$;　　　　　　(2) $\dfrac{1}{\sin z}$;

(3) $\dfrac{1 - e^{2z}}{z^4}$;　　　　　　　　(4) $z^2 \sin \dfrac{1}{z}$;

(5) $\dfrac{z}{\cos z}$;　　　　　　　　　(6) $e^{\frac{1}{z-1}}$.

2. 求下列函数在 ∞ 的留数:

(1) $\cos z + \sin z$;　　　　　　　　(2) $z^m \sin \dfrac{1}{z}$;

(3) $\dfrac{e^z}{z^2 - 1}$;　　　　　　　　(4) $\dfrac{2z}{3 + z^2}$;

(5) $\cos \dfrac{1}{1-z}$;　　　　　　　(6) $\dfrac{1}{z(z+1)^4(z-4)}$.

3. 计算下列各积分:

(1) $\oint_C \dfrac{1}{z\sin z}\mathrm{d}z, C: |z| = 1$;　　(2) $\oint_C \dfrac{\mathrm{d}z}{(z-1)^2(z^2+1)}, C: x^2 + y^2 = 2(x+y)$;

(3) $\oint_C \dfrac{e^{2z}}{(z-1)^2}\mathrm{d}z, C: |z| = 2$;　　(4) $\oint_C \dfrac{\sin z}{z}\mathrm{d}z, C: |z| = 2$;

(5) $\oint_C \dfrac{z^3}{1+z}\mathrm{e}^{\frac{1}{z}}\mathrm{d}z,C:|z|=2;$　　　　(6) $\oint_C \dfrac{z^{15}}{(z^2+1)^2(z^4+2)^3}\mathrm{d}z,C:|z|=3.$

4. 求下列各积分:

(1) $\displaystyle\int_0^{2\pi}\dfrac{\mathrm{d}\theta}{5+3\sin\theta};$　　　　(2) $\displaystyle\int_0^{2\pi}\dfrac{\mathrm{d}\theta}{(2+\sqrt{3}\cos\theta)^2};$

(3) $\displaystyle\int_0^{+\infty}\dfrac{x^2}{1+x^4}\mathrm{d}x;$　　　　(4) $\displaystyle\int_{-\infty}^{+\infty}\dfrac{1}{(1+x^2)^2}\mathrm{d}x;$

(5) $\displaystyle\int_{-\infty}^{+\infty}\dfrac{\cos x}{x^2+4x+9}\mathrm{d}x;$　　　　(6) $\displaystyle\int_{-\infty}^{+\infty}\dfrac{x\sin mx}{x^4+a^4}\mathrm{d}x\,(m>0,a>0).$

5. 仿照例 5.16 的方法计算下列积分:

(1) $\displaystyle\int_0^{+\infty}\dfrac{\sin x}{x(x^2+a^2)}\mathrm{d}x\,(a>0);$　　　　(2) $\displaystyle\int_0^{+\infty}\dfrac{\sin x}{x(x^2+1)^2}\mathrm{d}x.$

*6. 利用公式(5.21)计算下列积分:

(1) $\oint_C \tan z\mathrm{d}z,C:|z|=3;$　　　　(2) $\oint_C \dfrac{\mathrm{d}z}{z(z+1)},C:|z|=3.$

*7. 若函数 $f(z)$ 在周线 C 内部除有一个一阶极点外解析,且连续到 C,在 C 上 $|f(z)|=1.$ 证明: $f(z)=a(|a|>1)$ 在 C 内恰好有一个根.

*8. 设 $\varphi(z)$ 在 $C:|z|=1$ 内部解析,且连续到 $C.$ 在 C 上, $|\varphi(z)|<1.$ 试证:在 C 内部只有一个点 z_0,使 $\varphi(z_0)=z_0.$

*9. 证明:方程 $z^7-z^3+12=0$ 的根都在圆环域 $1\leqslant|z|\leqslant 2$ 内.

第6章 共形映射

从第2章开始,我们通过分析的手法,也就是用微分、积分和级数等来讨论解析函数的性质和应用. 这一章,我们将从几何的角度对函数的性质和应用进行讨论.

在第1章里,我们曾经说过,一个复变函数 $w = f(z)(z \in E)$,从几何观点看,可以解释为从 z 平面到 w 平面之间的一个变换(或映射),本章将讨论解析函数所构成的变换(简称"解析变换")的某些重要特性. 我们将看到,这种变换在导数不为零的点处具有一种保角的特性,它在数学本身以及在解决流体力学、弹性力学、电学等学科的某些问题中,都是一种使问题化繁为简的重要方法.

在本章中,我们先分析解析函数所构成的映射的特性,引出共形映射这一重要概念. 共形映射之所以重要,原因在于它能把在比较复杂的区域上所讨论的问题转到在比较简单的区域上去讨论. 然后进一步研究分时线性函数和几个初等函数所构成的共形映射的性质.

6.1 共形映射的概念

6.1.1 解析变换的保角性——导数的几何意义

设函数 $w = f(z)$ 在区域 D 内解析,$z_0 \in D$,在点 z_0 处有导数 $f'(z_0) \neq 0$. 通过 z_0 引一条有向光滑曲线

$$C: z = z(t) \quad (t_0 \leqslant t \leqslant t_1)$$

$z_0 = z(t_0)$,则必有 $z'(t_0)$ 存在,而且 $z'(t_0) \neq 0$,从而 C 在 z_0 处有切线,$z'(t_0)$ 就是切向量,它的倾角为 $\varphi = \arg z'(t_0)$. 经变换 $w = f(z)$,C 的像曲线 $\Gamma = f(C)$ 的参数方程为

$$\Gamma: w = f[z(t)] \quad (t_0 \leqslant t \leqslant t_1)$$

由于 $w'(t_0) = f'(z_0)z'(t_0) \neq 0$,所以 Γ 在 $w_0 = f(z_0)$ 的邻域内是光滑的,且有切线,其切向量为 $w'(t_0)$,其倾角为

$$\Phi = \arg w'(t_0) = \arg f'(z_0) + \arg z'(t_0)$$

即

$$\Phi = \varphi + \arg f'(z_0)$$

假设 $f'(z_0) = Re^{i\alpha}$,则有 $R = |f'(z_0)|$,$\arg f'(z_0) = \alpha$,于是

$$\Phi - \varphi = \alpha \tag{6.1}$$

且

$$\lim_{\Delta z \to 0} \left| \frac{\Delta w}{\Delta z} \right| = R \neq 0 \tag{6.2}$$

如果我们假定 x 轴与 u 轴、y 轴与 v 轴的正方向相同(见图 6.1),而且将原曲线的切线正方向与变换后像曲线的切线方向间的夹角,理解为原曲线经过变换后的旋转角,则式(6.1)表明:像曲线 Γ 在点 $w_0 = f(z_0)$ 的切线正向,可由原像曲线 C 在点 z_0 的切线的正向旋转一个角 $\arg f'(z_0)$ 得出. $\arg f'(z_0)$ 仅与 z_0 有关,而与过 z_0 的曲线 C 的选择无关,称为变换 $w = f(z)$ 在点 z_0 的**旋转角**. 旋转角与曲线 C 的形状和方向无关,这就是导数辐角的几何意义.

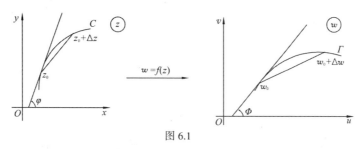

图 6.1

式(6.2)表明:像点间的无穷小距离与原像点间的无穷小距离之间比的极限是 $R = |f'(z_0)|$,它仅与 z_0 有关,而与过 z_0 的曲线 C 的方向无关,称为变换 $w = f(z)$ 在点 z_0 的**伸缩率**. 伸缩率与曲线 C 的形状和方向无关,这就是导数模的几何意义.

上面提到的旋转角与 C 的选择无关的这个性质,就称为**旋转角不变性**;伸缩率与 C 的方向无关的这条性质,称为**伸缩率不变性**.

从几何意义上看:如果忽略高阶无穷小,伸缩率不变性就表示 $w = f(z)$ 将 $z = z_0$ 处的无穷小的圆变成 $w = w_0$ 处的无穷小的圆,其半径之比为 $|f'(z_0)|$.

上面的讨论说明:解析函数在导数不为零的点处具有旋转角不变性和伸缩率不变性.

例 6.1　试求变换 $w = f(z) = z^2 + 2z$ 在点 $z = -1 + 2i$ 处的旋转角,并说明它将 z 平面的哪一部分放大,哪一部分缩小.

解　由于 $f'(z) = 2(z+1)$,$f'(-1+2i) = 4i$. 故 w 在点 $z = -1+2i$ 处的旋转角为

$$\arg f'(-1+2i) = \arg(4i) = \frac{\pi}{2}$$

由前面的讨论知:伸缩率 $|f'(z)| < 1$,就会使图形缩小;而 $|f'(z)| > 1$,就会使图形放大. 又因为 $|f'(z)| = 2|z+1|$,则 $|f'(z)| < 1$ 的充要条件是 $2|z+1| < 1$,即 $|z+1| < \frac{1}{2}$,这是一个以 -1 为中心、$\frac{1}{2}$ 为半径的圆. 故 $w = z^2 + 2z$ 把以 -1 为中心、$\frac{1}{2}$ 为半径的圆内部缩小,外部放大.

现在,我们继续上面的讨论.

经过点 z_0 的两条有向曲线 C_1 和 C_2 的切线方向所构成的角,称为两曲线在该点的**夹角**. 设 $C_i(i=1,2)$ 在点 z_0 的切线的倾角为 $\varphi_i(i=1,2)$;C_i 在变换 $w = f(z)$ 下的像曲线 Γ_i $(i=1,2)$ 在点 $w_0 = f(z_0)$ 的切线的倾角为 $\Phi_i(i=1,2)$,则由式(6.1),有

$$\Phi_1 - \varphi_1 = \alpha, \quad \Phi_2 - \varphi_2 = \alpha$$

即

$$\Phi_1 - \varphi_1 = \Phi_2 - \varphi_2$$

所以
$$\Phi_1 - \Phi_2 = \varphi_1 - \varphi_2 = \delta$$

这里 $\varphi_1 - \varphi_2$ 是曲线 C_1 和 C_2 在点 z_0 的夹角(逆时针方向为正);$\Phi_1 - \Phi_2$ 则是曲线 Γ_1 和 Γ_2 在点 $w_0 = f(z_0)$ 的夹角(逆时针方向为正). 由此可见,这种保角性既保持了夹角的大小,又保持了夹角的方向(见图 6.2).

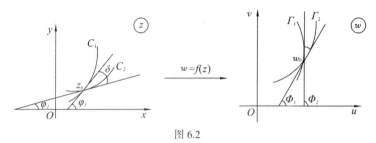

图 6.2

定义 6.1　若函数 $w = f(z)$ 在点 z_0 的邻域内有定义,且在点 z_0 具有:

(1)伸缩率不变性;

(2)过点 z_0 的任意两条曲线的夹角在变换 $w = f(z)$ 下,既保持大小,又保持方向. 则称函数 $w = f(z)$ 在点 z_0 处是**保角的**,或称 $w = f(z)$ 在点 z_0 处是**保角变换**. 如果 $w = f(z)$ 在区域 D 内处处都是保角的,则称 $w = f(z)$ 在区域 D 内是**保角变换**.

总结以上的讨论,我们可得到下面的定理:

定理 6.1　设函数 $w = f(z)$ 在区域 D 内解析,z_0 为 D 内一点,且 $f'(z_0) \neq 0$,那么映射 $w = f(z)$ 在点 z_0 具有以下两个性质:

(1)保角性:过 z_0 的两条曲线间的夹角与映射后得到的两条像曲线间的夹角在大小和方向上保持不变.

(2)伸缩率不变性:过 z_0 的任意一条曲线的伸缩率均为 $|f'(z_0)|$,与其形状和方向无关.

例 6.2　试证:$w = \mathrm{e}^{\mathrm{i}z}$ 将互相正交的直线族 $\mathrm{Re}\, z = c_1$ 与 $\mathrm{Im}\, z = c_2$ 依次映射成直线族 $v = u \tan c_1$ 与圆族 $u^2 + v^2 = \mathrm{e}^{-2c_2}$.

证　正交直线族 $\mathrm{Re}\, z = c_1$ 与 $\mathrm{Im}\, z = c_2$ 在映射 $w = \mathrm{e}^{\mathrm{i}z}$ 下,有
$$u + \mathrm{i}v = \mathrm{e}^{\mathrm{i}z} = \mathrm{e}^{\mathrm{i}(c_1 + \mathrm{i}c_2)} = \mathrm{e}^{-c_2} \mathrm{e}^{\mathrm{i}c_1}$$
即有像曲线组
$$u^2 + v^2 = \mathrm{e}^{-2c_2} \text{与} \frac{v}{u} = \tan c_1, \text{即} v = u \tan c_1$$

在 z 平面上,由于 $w = \mathrm{e}^{\mathrm{i}z}$ 处处解析,且 $w' = \mathrm{i}\mathrm{e}^{\mathrm{i}z} \neq 0$. 由定理 6.1(1)知,在 w 平面上,圆族 $u^2 + v^2 = \mathrm{e}^{-2c_2}$ 与直线族 $v = u \tan c_1$ 是互相正交的.

6.1.2　共形映射的概念

定义 6.2　设函数 $w = f(z)$ 在 z_0 的邻域内是一一映射的,在 z_0 具有保角性和伸缩率不变性,那么称映射 $w = f(z)$ 在 z_0 是**共形的**,或称 $w = f(z)$ 在 z_0 是**共形映射**. 如果映射 $w = f(z)$ 在区域 D 内的每一点都是共形的,那么称 $w = f(z)$ 是区域 D 内的**共形映射**.

由以上的讨论及定理 6.1 和定义 6.2,我们可以得到下面的定理:

定理 6.2　如果函数 $w = f(z)$ 在 z_0 解析,且 $f'(z_0) \neq 0$,那么映射 $w = f(z)$ 在 z_0 是共形的,而且 $\arg f'(z_0)$ 表示这个映射在 z_0 的旋转角,$|f'(z_0)|$ 表示伸缩率. 如果解析函数 $w = f(z)$ 在区域 D 内处处有 $f'(z) \neq 0$,那么映射 $w = f(z)$ 是区域 D 内的共形映射.

下面我们来阐释定理 6.2 的几何意义. 设函数 $w = f(z)$ 在区域 D 内解析,$z_0 \in D$,$w_0 = f(z_0)$,$f'(z_0) \neq 0$. 在 D 内作以 z_0 为其一个顶点的小三角形,在映射 $w = f(z)$ 下,得到一个以 w_0 为其一个顶点的小曲边三角形. 定理 6.2 告诉我们,这两个小三角形的对应角相等,对应边长之比近似地等于 $|f'(z_0)|$,所以,这两个小三角形近似地相似.

又因为伸缩率 $|f'(z_0)|$ 是比值 $\left| \dfrac{f(z) - f(z_0)}{z - z_0} \right| = \left| \dfrac{w - w_0}{z - z_0} \right|$ 的极限,所以可近似地用 $|f'(z_0)|$ 表示 $\left| \dfrac{w - w_0}{z - z_0} \right|$. 由此可以看出,映射 $w = f(z)$ 也将很小的圆 $|z - z_0| < \delta$ 近似地映射成圆 $|w - w_0| = |f'(z_0)|\delta$.

上述的这些几何意义是我们把区域 D 内的解析函数 $w = f(z)$ 当 $z \in D$,$f'(z) \neq 0$ 时所构成的映射称为共形映射的缘由.

以上定义的共形映射,不仅要求保持曲线间的夹角的大小不变,而且要求方向也不变. 如果映射 $w = f(z)$ 具有伸缩率不变,但仅保持夹角的绝对值不变,而方向相反,那么这样的映射称为**第二类共形映射**. 从而称前面定义的共形映射为**第一类共形映射**.

6.2　分式线性映射

6.2.1　分式线性映射

分式线性映射是共形映射中比较简单,但又很重要的一类映射. 它是由

$$w = \frac{az + b}{cz + d} \quad \left(\begin{vmatrix} a & b \\ c & d \end{vmatrix} = ad - bc \neq 0 \right) \tag{6.3}$$

定义的,其中 a, b, c, d 均为常数,我们称此映射为**分式线性映射**. 简记为 $w = L(z)$.

注　条件 $ad - bc \neq 0$ 不能省略,否则将导致 $w = L(z)$ 恒为常数.

事实上,若 $ad - bc = 0$,$L'(z) = \dfrac{ad - bc}{(cz + d)^2} = 0$,故 $w = L(z)$ 为常数,它将整个 z 平面映射为一点.

此外,我们将式 (6.3) 在扩充的 z 平面上补充定义:

如果 $c \neq 0$,定义:$L\left(-\dfrac{d}{c} \right) = \infty$,$L(\infty) = \dfrac{a}{c}$;

如果 $c = 0$,定义:$L(\infty) = \infty$.

这样,我们总认为分式线性映射 $w = L(z)$ 是定义在扩充的 z 平面上的. 映射 (6.3) 将扩充的 z 平面——地映射成扩充的 w 平面.

事实上,式 (6.3) 具有逆变换

$$z = \frac{-dw + b}{cw - a}, \quad \begin{vmatrix} -d & b \\ c & -a \end{vmatrix} = ad - bc \neq 0 \tag{6.4}$$

也是一个分式线性映射. 因此, 分式线性映射又称为**双线性映射**. 它是德国数学家默比乌斯 (Möbius, 1790 ~ 1868) 首先提出的, 他对分式线性映射做过大量的研究. 因此, 分式线性映射也称为**默比乌斯映射**.

分式线性映射 (6.3) 总可以分解成下面简单类型映射的复合:

(Ⅰ) $w = kz + h$ $(k \neq 0)$;

(Ⅱ) $w = \dfrac{1}{z}$.

事实上, 当 $c = 0$ 时, 式 (6.3) 已经是 (Ⅰ) 型映射

$$w = \frac{a}{d} z + \frac{b}{d}$$

当 $c \neq 0$ 时, 式 (6.3) 可以改写为

$$w = \frac{a}{c} + \frac{bc - ad}{c(cz + d)} = \frac{bc - ad}{c} \cdot \frac{1}{cz + d} + \frac{a}{c} \tag{6.3}$$

它就是下面三个形如 (Ⅰ) 和 (Ⅱ) 的映射

$$\zeta = cz + d, \quad \eta = \frac{1}{\zeta}, \quad w = \frac{bc - ad}{c} \eta + \frac{a}{c}$$

复合而成的.

因此, 弄清 (Ⅰ) 和 (Ⅱ) 型映射的几何性质, 就可以弄清一般分式线性映射 (6.3) 的性质.

下面我们来考察 (Ⅰ) 和 (Ⅱ) 型映射的几何意义. 为了讨论方便, 我们暂且将 w 平面看成是与 z 平面重合.

(Ⅰ) 型映射 $w = kz + h (k \neq 0)$, 可以称为**整线性变换**. 如果 $k = \rho e^{i\alpha} (\rho > 0, \alpha$ 为实数$)$, 则

$$w = \rho e^{i\alpha} z + h$$

由复数乘法和加法的几何意义, 此变换可以分解成三个更简单的变换: **旋转、伸缩**和**平移**:

①先将 z 旋转角度 α, 得到变量 $e^{i\alpha} z$;

②使 $e^{i\alpha} z$ 方向保持不变, 将长度伸缩到原来的 ρ 倍, 得到变量 $\rho e^{i\alpha} z$;

③将 $\rho e^{i\alpha} z$ 平移 h, 得到 $w = \rho e^{i\alpha} z + h$.

也就是说, 在整线性变换下, 原像与像相似. 不过这种变换不是任意的相似变换, 而是不改变图形方向的相似变换 (见图 6.3), 原像那个三角形的顶点顺序如果是反时针方向的, 则其像三角形的像顶点顺序也应是反时针方向的.

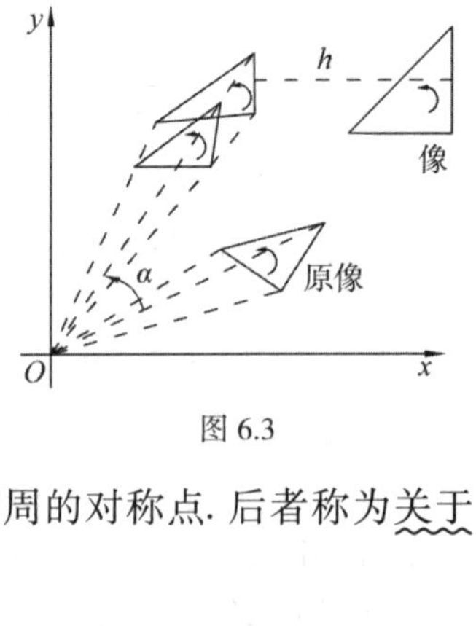

(Ⅱ) 型变换 $w = \dfrac{1}{z}$ 可称为**反演变换**. 它可分解为下面两个更简单的变换的复合:

$$\omega = \frac{1}{\bar{z}}, \quad w = \bar{\omega}$$

图 6.3

前者是关于单位圆周的**对称变换**, 并称 z 与 ω 是关于单位圆周的对称点. 后者称为关于实轴的**对称变换**, 并称 w 与 ω 是关于实轴的对称点.

已知点 z，可用如图 6.4 所示的几何方法作出 $w = \dfrac{1}{z}$，然后就可以作出 $w = \overline{\omega} = \dfrac{1}{z}$．

由图 6.4 可知，直角三角形 OzA 与直角三角形 $OA\omega$ 相似．于是

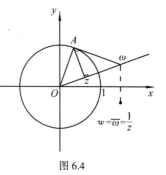

图 6.4

$$\frac{1}{|\omega|} = \frac{|z|}{1}$$

从而

$$|\omega||z| = 1^2（即等于半径的平方）$$

并且 ω, z 都在过单位圆圆心 O 的同一条射线上，这就是关于单位圆对称的性质．

另外，我们还规定，圆心 O 与点 ∞ 为关于单位圆周的对称点．

其次，我们称满足 $L(z) = z$ 的点 z 为分式线性变换的不动点，不动点 z 满足方程

$$cz^2 + (d - a)z - b = 0$$

因此，不为恒等变换的分式线性变换至多只有两个不动点．如果一个分式线性变换有三个不动点，则必为恒等变换．

6.2.2　分式线性映射的共形性

为了证明分式线性映射(6.3)在扩充的 z 平面上是共形的，我们只需要证明（Ⅰ）和（Ⅱ）型变换在扩充的 z 平面上是保角的，因为式(6.3)在扩充的 z 平面上是一一对应的．

对于（Ⅱ）型变换 $w = \dfrac{1}{z}$ 来说，当 $z \neq 0, z \neq \infty$ 时，有

$$\frac{\mathrm{d}w}{\mathrm{d}z} = -\frac{1}{z^2} \neq 0$$

根据定理 6.1(1)知，在 $z \neq 0, z \neq \infty$ 的各处是保角的．至于在 $z = 0$ 和 $z = \infty$ 处，就涉及我们如何理解两条曲线在无穷远处交角的意义．

从第 4 章 4.5 节中对无穷远点情形讨论的启发中，我们有下面的定义：

定义 6.3　两条曲线在无穷远点处的交角为 α，就是指它们在反演变换下的像曲线在原点处的交角为 α．

按照这样的定义，（Ⅱ）型变换 $w = \dfrac{1}{z}$ 在 $z = 0$ 及 $z = \infty$ 处是保角的．

因而，（Ⅱ）型变换在扩充的 z 平面上是保角的．

下面，我们来看（Ⅰ）型变换

$$w = kz + h \quad (k \neq 0)$$

在扩充的 z 平面上的保角性．

由于

$$\frac{\mathrm{d}w}{\mathrm{d}z} = k \neq 0$$

由定理 6.1(1)知，在 $z \neq \infty$ 的各处是保角的．

要证（Ⅰ）型变换在 $z = \infty$（像点为 ∞）处保角，由定义 6.3，我们引入两个反演变换：

$$\lambda = \frac{1}{z}, \quad \mu = \frac{1}{w}$$

它们分别将 z 平面上的无穷远点保角变换为 λ 平面的原点,将 w 平面上的无穷远点保角变换为 μ 平面的原点. 现将它们代入(Ⅰ)型变换,得

$$\frac{1}{\mu} = k \cdot \frac{1}{\lambda} + h$$

即

$$\mu = \frac{\lambda}{h\lambda + k} \tag{6.5}$$

它将 λ 平面的原点 $\lambda = 0$ 变为 μ 平面的原点 $\mu = 0$.

而

$$\frac{\mathrm{d}\mu}{\mathrm{d}\lambda} = \frac{h\lambda + k - h\lambda}{(h\lambda + k)^2}\bigg|_{\lambda = 0} = \frac{1}{k} \neq 0$$

故变换(6.5)在 $\lambda = 0$ 处是保角的.

于是(Ⅰ)型变换在 $z = \infty$ 处是保角的,因而在扩充的 z 平面上是保角的.

这样我们就证明了下面的定理:

定理 6.3　分式线性映射(6.3)在扩充的 z 平面上是一一对应的,且是共形的.

注　在无穷远点处不考虑伸缩率的不变性.

6.2.3　分式线性映射的保圆性

我们还要指出,映射 $w = kz + h(k \neq 0)$ 及 $w = \frac{1}{z}$ 都具有将圆周映射成圆周的性质.

根据上面的讨论,整线性变换 $w = kz + h(k \neq 0)$ 是将 z 平面内的一点经过旋转、伸缩和平移得到像点 w 的. 因此,z 平面内的一个圆周或一条直线经过映射 $w = kz + h(k \neq 0)$ 所得的像曲线显然仍是一个圆周或一条直线. 如果我们把直线看成是半径为无穷大的圆周,那么这个映射在扩充的复平面上把圆周映射成圆周. 这个性质称为保圆性.

下面我们来证明反演变换 $w = \frac{1}{z}$ 也具有保圆性. 事实上,圆周或直线的方程可表示为(见习题 1 中的第 13 ~ 14 题)

$$Az\bar{z} + \bar{\beta}z + \beta\bar{z} + C = 0 \tag{6.6}$$
$$(A, C \text{ 为实数}, |\beta|^2 > AC)$$

当 $A = 0$ 时,式(6.6)就表示直线. 经过反演变换 $w = \frac{1}{z}$,式(6.6)变为

$$A \cdot \frac{1}{w} \cdot \frac{1}{\bar{w}} + \bar{\beta} \cdot \frac{1}{w} + \beta \cdot \frac{1}{\bar{w}} + C = 0$$

即

$$Cw\bar{w} + \bar{\beta}\bar{w} + \beta w + A = 0$$

它表示直线或圆周(视 C 是否为零而定).

因为分式线性映射是(Ⅰ)型和(Ⅱ)型变换的复合,这样,我们就证明了下面的定理:

定理 6.4　分式线性映射将平面上的圆周(直线)变为圆周或直线,即分式线性映射具有保圆性.

注　在扩充的复平面上,直线可以看成是经过无穷远点的圆周. 事实上,式(6.6)可以改写为

$$A + \frac{\bar{\beta}}{z} + \frac{\beta}{\bar{z}} + \frac{C}{z\bar{z}} = 0$$

欲其经过无穷远点,必须且只需 $A = 0$. 因此可以说:分式线性映射将扩充的 z 平面上的圆周变为扩充的 w 平面上的圆周,同时圆被保形成圆.

根据保圆性,容易推知:在分式线性映射下,如果给定的圆周或直线上没有点映射成无穷远点,那么,它就映射成半径为有限的圆周;如果有一个点映射成无穷远点,那么它就映射成直线.

6.2.4　分式线性映射的保对称性

分式线性映射除了保角与保圆之外,还有保持对称点不变的性质,简称**保对称性**.

在前面,我们讲过关于单位圆周的对称点这样的概念,现在我们推广一下:

定义 6.4　z_1, z_2 关于圆周 $C: |z - z_0| = R$ 对称是指 z_1, z_2 都在过圆心 z_0 的同一条射线上,且满足

$$|z_1 - z_0| |z_2 - z_0| = R^2 \tag{6.7}$$

此外,还规定圆心 z_0 与点 ∞ 也是关于圆周 C 对称的.

由该定义即知,z_1, z_2 关于圆周 $C: |z - z_0| = R$ 对称,必须而且只需

$$z_2 - z_0 = \frac{R^2}{\overline{z_1 - z_0}} \tag{6.8}$$

下面这个定理从几何的角度阐明了对称点的特性:

定理 6.5　扩充的 z 平面上的两点 z_1, z_2 是关于圆周 $C: |z - z_0| = R$ 的一对对称点的充分必要条件是经过 z_1, z_2 的任何圆周 Γ 均与 C 正交.

证　当 C 为直线时,定理的正确性很明显. 我们只需证明 C 为有限圆周的情形即可.

必要性:设 Γ 是过点 z_1, z_2 的任一圆周(非直线). 过 z_0 作圆周 Γ 的切线,设切点为 ζ(见图 6.5). 由平面几何知识可得

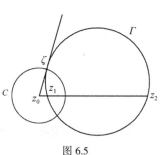

图 6.5

$$|z_1 - z_0| |z_2 - z_0| = |\zeta - z_0|^2$$

由 z_1, z_2 关于圆周 C 对称的定义,有

$$|z_1 - z_0| |z_2 - z_0| = R^2$$

所以

$$|\zeta - z_0| = R$$

即线段 $z_0\zeta$ 是圆周 C 的半径,而 ζ 又在 Γ 上,因此 Γ 与 C 正交.

充分性:经过点 z_1, z_2 的每一个圆周都与 C 正交. 过 z_1, z_2 任作一圆周 Γ,则 Γ 与 C 正交. 设交点为 ζ,则 C 的半径 $z_0\zeta$ 必为切线.

连接 z_1, z_2 的延长线后必经过 z_0(因为过 z_1, z_2 的直线与 C 正交). 于是,z_1, z_2 在从 z_0 出发的同一条射线上,并且由平面几何知识得

$$R^2 = |\zeta - z_0|^2 = |z_1 - z_0| |z_2 - z_0|$$

因此, z_1, z_2 是关于圆周 C 对称的.

下面的定理就是分式线性映射的保对称性:

定理 6.6　如果扩充的 z 平面上的两点 z_1, z_2 关于圆周 $C: |z - z_0| = R$ 对称, $w = L(z)$ 为一分式线性映射, 则 $w_1 = L(z_1), w_2 = L(z_2)$ 两点关于圆周 $\Gamma = L(C)$ 对称.

证　设 K 是扩充的 z 平面上经过 w_1, w_2 的任意圆周. 此时必存在一个圆周 γ, 经过 z_1, z_2, 并使 $K = L(\gamma)$. 因为 z_1, z_2 关于 C 对称, 故由定理 6.5 知, γ 必与 C 正交. 由于分式线性映射 $w = L(z)$ 的保角性, $K = L(\gamma)$ 与 $\Gamma = L(C)$ 亦正交. 这样, 再由定理 6.5 即知, w_1, w_2 关于 $\Gamma = L(C)$ 对称.

6.2.5　分式线性映射的应用

分式线性变换在处理边界为圆弧或直线的区域的变换中, 具有很大的作用.

下面三个例子就是反映这个事实的重要特例:

例 6.3　试证: 把上半 z 平面共形映射成上半 w 平面的分式线性变换可以写成

$$w = \frac{az + b}{cz + d}$$

其中 a, b, c, d 是实数, 且满足条件

$$ad - bc > 0 \tag{6.9}$$

证　上面所述的变换, 是将 z 平面的实轴变为 w 平面的实轴, 且当 z 为实数时,

$$\frac{\mathrm{d}w}{\mathrm{d}z} = \frac{ad - bc}{(cz + d)^2} > 0$$

即实轴变成实轴是同向的 (见图 6.6), 因此上半 z 平面共形映射成上半 w 平面.

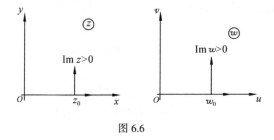

图 6.6

当然, 也可以直接由下面的推导看出:

$$\begin{aligned}
\operatorname{Im} w &= \frac{1}{2\mathrm{i}}(w - \bar{w}) = \frac{1}{2\mathrm{i}}\left(\frac{az + b}{cz + d} - \frac{a\bar{z} + b}{c\bar{z} + d}\right) \\
&= \frac{1}{2\mathrm{i}} \cdot \frac{ad - bc}{|cz + d|^2}(z - \bar{z}) = \frac{ad - bc}{|cz + d|^2}\operatorname{Im} z
\end{aligned}$$

注　满足条件 (6.9) 的分式线性映射也将下半 z 平面共形映射成下半 w 平面.

例 6.4　求出将上半平面 $\operatorname{Im} z > 0$ 共形映射成单位圆 $|w| < 1$ 的分式线性变换, 并使上半平面内的一点 $z = z_0 (\operatorname{Im} z_0 > 0)$ 变为 $w = 0$.

解　根据分式线性映射的保对称性, 点 z_0 关于实轴的对称点 $\bar{z}_0$, 应该变为 $w = 0$ 关于单位圆周的对称点 $w = \infty$. 因此, 这个线性变换应当具有形式

$$w = k \frac{z - z_0}{z - \bar{z}_0}$$

其中 k 是常数. k 的确定, 可以使实轴上一点, 如 $z = 0$, 变到单位圆周上的一点, 即

$$w = k \frac{z_0}{\bar{z}_0}$$

因此

$$1 = |k| \left| \frac{z_0}{\bar{z}_0} \right| = |k|$$

所以, 可以令 $k = e^{i\beta}$ (β 是实数), 最后得到所要求的变换为

$$w = e^{i\beta} \cdot \frac{z - z_0}{z - \bar{z}_0} \quad (\operatorname{Im} z_0 > 0) \tag{6.10}$$

在变换 (6.10) 中, 即使 z_0 给定了, 还有一个实参数 β 需要确定. 为了确定 β, 或者指出实轴上一点与单位圆周上某点的对应关系, 或者指出变换在 $z = z_0$ 处的旋转角 $\arg w'(z_0)$.

由式 (6.10) 可知, 同心圆周族 $|w| = k (0 < k < 1)$ 的原像是圆周族

$$\left| \frac{z - z_0}{z - \bar{z}_0} \right| = |w| = k$$

这是上半 z 平面内以 $z_0, \bar{z}_0$ 为对称点的圆周族. 又根据保对称性可知, 单位圆 $|w| < 1$ 内的直径的原像是过 $z_0, \bar{z}_0$ 的圆周在上半 z 平面内的半圆弧.

例 6.5　求出将单位圆 $|z| < 1$ 共形映射成单位圆 $|w| < 1$ 的分式线性变换, 并使一点 $z = a (|a| < 1)$ 变到 $w = 0$.

解　根据分式线性映射的保对称性, 点 a (不妨假设 $a \neq 0$) 关于单位圆周 $|z| = 1$ 的对称点 $a^* = \dfrac{1}{\bar{a}}$, 应该变成 $w = 0$ 关于单位圆周 $|w| = 1$ 的对称点 $w = \infty$. 因此, 所求变换应当具有形式

$$w = k \frac{z - a}{z - \dfrac{1}{\bar{a}}} = k_1 \frac{z - a}{1 - \bar{a} z}$$

其中 k_1 是常数. 选择 k_1, 使得 $z = 1$ 变成单位圆周 $|w| = 1$ 上的点, 于是

$$|w| = |k_1| \left| \frac{1 - a}{1 - \bar{a}} \right| = |w| = 1$$

因此, 令 $k_1 = e^{i\theta}$ (其中 θ 是实数), 最后得到所求的变换为

$$w = e^{i\theta} \frac{z - a}{1 - \bar{a} z} \quad (|a| < 1) \tag{6.11}$$

θ 的确定需要加附加条件 (对于变换 (6.11), 有 $\arg w'(a) = \theta$).

由式 (6.11) 可见, 同心圆周族 $|w| = k (0 < k < 1)$ 的原像是

$$\left| \frac{z - a}{1 - \bar{a} z} \right| = k$$

这是 z 平面上单位圆周内以 $a, \dfrac{1}{\bar{a}}$ 为对称点的圆周族:

$$\left| \frac{z-a}{z-\dfrac{1}{\overline{a}}} \right| = |a|k$$

而单位圆 $|w|<1$ 内的直径的原像是过点 $a,\dfrac{1}{\overline{a}}$ 的圆周在单位圆 $|w|<1$ 内的圆弧.

注 上两例我们看到的分式线性变换 $w=L(z)$ 的唯一性条件是下列两种形式:

(1) $L(a)=b$(一对内点对应),再加一对边界点对应.

(2) $L(a)=b$(一对内点对应),$\arg L'(a)=\alpha$(即在点 a 处的旋转角固定).

思考题 (1) 将上半平面 $\operatorname{Im} z>0$ 共形映射成下半平面 $\operatorname{Im} w<0$ 的分式线性变换是什么?

(2) 将上半平面 $\operatorname{Im} z>0$ 共形映射成单位圆的外部 $|w|>1$ 的分式线性变换是什么?

(3) 将单位圆 $|z|<1$ 共形映射成单位圆的外部 $|w|>1$ 的分式线性变换是什么?

例 6.6 求将上半 z 平面共形映射成上半 w 平面的分式线性变换 $w=L(z)$,使其符合条件

$$L(\mathrm{i})=1+\mathrm{i}, \qquad L(0)=0$$

解 设所求分式线性变换 $w=L(z)$ 为

$$w=\frac{az+b}{cz+d}$$

其中 a,b,c,d 都是实数,$ac-bd>0$.

由于 $L(0)=0$,故 $b=0$,因而 $a\neq0$,所以 $w=L(z)$ 可以变形为

$$w=\frac{z}{ez+f}$$

其中 $e=\dfrac{c}{a},f=\dfrac{d}{a}$ 都是实数.

再将条件 $L(\mathrm{i})=1+\mathrm{i}$ 代入上式,得

$$1+\mathrm{i}=\frac{\mathrm{i}}{e\mathrm{i}+f}$$

即

$$(f-e)+\mathrm{i}(f+e)=\mathrm{i}$$

解得 $f=e=\dfrac{1}{2}$,故所求分式线性变换为

$$w=\frac{z}{\dfrac{z}{2}+\dfrac{1}{2}}$$

即

$$w=\frac{2z}{z+1}$$

例 6.7 求将上半 z 平面共形映射成圆 $|w-w_0|<R$ 的分式线性变换 $w=L(z)$,使其符合条件

$$L(\mathrm{i})=w_0, \qquad L'(\mathrm{i})>0$$

解 先作分式线性变换

$$\zeta=\frac{w-w_0}{R}$$

将 w 平面的圆 $|w-w_0|<R$ 映射成 ζ 平面的单位圆 $|\zeta|<1$.

其次,作上半 z 平面 $\mathrm{Im}\,z>0$ 到单位圆 $|\zeta|<1$ 的共形映射,使 $\zeta(\mathrm{i})=0$,此分式线性变换(见图 6.7)为

$$\zeta = \mathrm{e}^{\mathrm{i}\varphi}\frac{z-\mathrm{i}}{z+\mathrm{i}}$$

复合上述两个分式线性变换,得

$$\frac{w-w_0}{R} = \mathrm{e}^{\mathrm{i}\varphi}\frac{z-\mathrm{i}}{z+\mathrm{i}}$$

即

$$w = R\mathrm{e}^{\mathrm{i}\varphi}\frac{z-\mathrm{i}}{z+\mathrm{i}} + w_0$$

它将上半 z 平面共形映射成圆 $|w-w_0|<R$,i 变成 w_0. 对上式两边求导,得

$$\frac{\mathrm{d}w}{\mathrm{d}z} = \frac{2\mathrm{i}R\mathrm{e}^{\mathrm{i}\varphi}}{(z+\mathrm{i})^2}$$

再将条件 $L'(\mathrm{i})>0$ 代入上式,则

$$\left.\frac{\mathrm{d}w}{\mathrm{d}z}\right|_{z=\mathrm{i}} = \frac{2\mathrm{i}R\mathrm{e}^{\mathrm{i}\varphi}}{(\mathrm{i}+\mathrm{i})^2} = \frac{R\mathrm{e}^{\mathrm{i}\varphi}}{2\mathrm{i}} = \frac{R}{2}\mathrm{e}^{\mathrm{i}\left(\varphi-\frac{\pi}{2}\right)} > 0$$

于是 $\varphi-\dfrac{\pi}{2}=0$,即 $\varphi=\dfrac{\pi}{2}$. 故所求分式线性映射为

$$w = R\mathrm{i}\frac{z-\mathrm{i}}{z+\mathrm{i}} + w_0$$

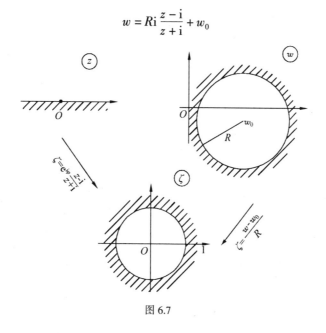

图 6.7

6.3　几个初等函数所构成的共形映射

初等函数构成的共形映射是研究比较复杂函数的共形映射的基础.

6.3.1　整幂函数与根式函数

先讨论整幂函数

$$w = z^n \tag{6.12}$$

其中 n 是大于 1 的自然数.

当 $z \neq 0$ 时,由于

$$\frac{\mathrm{d}w}{\mathrm{d}z} = nz^{n-1} \neq 0$$

因而,在 z 平面除了 $z = 0$ 及 $z = \infty$ 外,由 $w = z^n$ 所构成的映射是保角的.

为了讨论这个映射的性质,我们令

$$z = re^{i\theta}, \qquad w = \rho e^{i\varphi}$$

即

$$\rho = r^n, \qquad \varphi = n\theta$$

显然,$w = z^n$ 把 z 平面上的角形域 $0 < \theta < \theta_0 \left(< \frac{2\pi}{n} \right)$ 映射成 w 平面上的角形域 $0 < \varphi < n\theta_0$ (见图 6.8). 从这里可以看出,顶点为 $z = 0$ 的角形域,经过这一映射后,张角变成了原来的 n 倍. 因而,$w = z^n$ 把角形域 $0 < \theta < \frac{2\pi}{n}$ 映射成沿正实轴剪开的 w 平面上的角形域 $0 < \varphi < 2\pi$(见图 6.9).

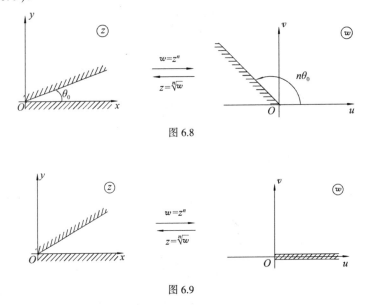

图 6.8

图 6.9

作为 $w = z^n$ 的逆变换,

$$z = \sqrt[n]{w} \tag{6.13}$$

把 w 平面上的角形域 $0 < \varphi < n\theta_0$ 共形映射成 z 平面上的角形域 $0 < \theta < \theta_0 \left(\theta_0 < \frac{2\pi}{n} \right)$.

总之,要将角形域的张度拉大或缩小,可以利用整幂函数(6.12)或根式函数(6.13).

例 6.8　求一变换,把具有割痕 $\mathrm{Re}\, z = a, 0 \leqslant \mathrm{Im}\, z \leqslant h$ 的上半 z 平面共形映射成上半 w

平面,并把点 $z = a + ih$ 映射成点 $w = a$.

解 显然,要解决本问题,关键是要设法将垂直于 x 轴的割痕的两侧与 x 轴之间的夹角展平.

第一,作变换 $z_1 = z - a$,把上半 z 平面向左平移 a;

第二,作变换 $z_2 = z_1^2$,得到一个具有割痕 $-h^2 \leq \mathrm{Re}\, z_2 < +\infty$,$\mathrm{Im}\, z_2 = 0$ 的 z_2 平面;

第三,作变换 $z_3 = z_2 + h^2$,便得到了去掉正实轴的 z_3 平面;

第四,作变换 $z_4 = \sqrt{z_3}$,便得到了上半 z_4 平面;

第五,作变换 $w = z_4 + a$,便得到了满足条件 $w(a + ih) = a$ 的上半 w 平面.

复合上面的 5 个变换,就是所要求的变换:

$$w = \sqrt{(z - a)^2 + h^2} + a$$

上面所作的 5 个映射如图 6.10 所示.

6.3.2 指数函数与对数函数

对于指数函数 $w = \mathrm{e}^z$,由于

$$\frac{\mathrm{d}w}{\mathrm{d}z} = \mathrm{e}^z \neq 0$$

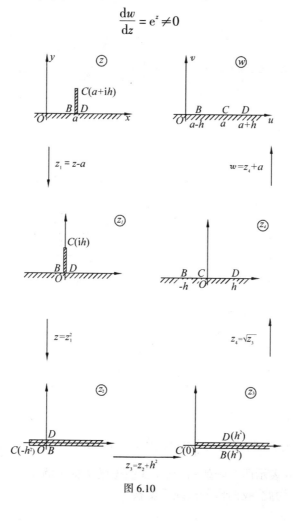

图 6.10

所以,$w = e^z$ 所构成的映射是整个 z 平面的共形映射. 设 $z = x + \mathrm{i}y$, $w = \rho e^{\mathrm{i}\varphi}$, 则

$$\rho = e^x, \qquad \varphi = y$$

由此可知:$w = e^z$ 把 z 平面上的直线 $x = a$ 映射成 w 平面上的圆周 $\rho = e^a$, 把 z 平面上的直线 $y = h$ 映射成 w 平面上的射线 $\varphi = h$. 因而,$w = e^z$ 把 z 平面上的带形域 $D:0 < \operatorname{Im} z < h$ $(0 < h < 2\pi)$, 共形映射成 w 平面上的角形域 $G:0 < \arg w < h$(见图 6.10).

特别地,$w = e^z$ 将带形域 $0 < \operatorname{Im} z < 2\pi$ 共形映射成 w 平面上除去原点及正实轴的区域.

作为 $w = e^z$ 的逆变换,

$$z = \ln w$$

将图 6.11 所示的 w 平面上的角形域 $G:0 < \arg w < h (0 < h < 2\pi)$ 共形映射成 z 平面上的带形域 $D:0 < \operatorname{Im} z < h$.

例 6.9　求一变换,将带形域 $0 < \operatorname{Im} z < \pi$ 共形映射成单位圆 $|w| < 1$.

解　先作变换 $\zeta = e^z$, 将带形域 $0 < \operatorname{Im} z < \pi$ 共形映射成上半 ζ 平面 $\operatorname{Im} \zeta > 0$；

再作分式线性变换 $w = \dfrac{\zeta - \mathrm{i}}{\zeta + \mathrm{i}}$, 将上半 ζ 平面 $\operatorname{Im} \zeta > 0$ 共形映射成单位圆 $|w| < 1$.

将上面两个变换(见图 6.12)复合,就得所求变换

$$w = \frac{e^z - \mathrm{i}}{e^z + \mathrm{i}}$$

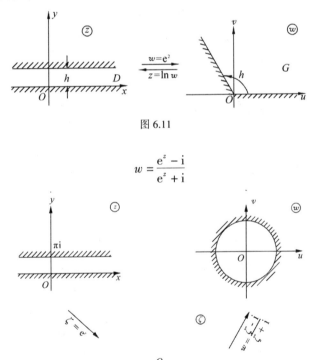

图 6.11

图 6.12

例 6.10　求一变换,将交角为 $\dfrac{\pi}{n}$ 的两个圆弧所构成的区域共形映射成上半复平面.

解　分别用 a, b 表示两个圆弧的交点. 我们先设法将两圆弧所构成的区域变成从原点出发的两条射线. 为此,我们作分式线性变换

$$\zeta = k\frac{z-a}{z-b}$$

其中 k 是常数. 选择适当的 k, 就可使给定的区域共形映射成角形域

$$0 < \arg \zeta < \frac{\pi}{n}$$

再通过幂函数

$$w = \zeta^n$$

共形映射成上半平面. 故所求变换具有形式

$$w = \left(k\frac{z-a}{z-b}\right)^n$$

例 6.11　求一变换, 将相切于点 a 的两个圆所构成的月牙形的区域共形映射成上半复平面.

解　我们先作分式线性变换

$$\zeta = \frac{cz+d}{z-a}$$

将两个圆变成两条平行线. 只要适当地选取 c, d, 所述区域就能共形映射成带形区域

$$0 < \operatorname{Im} \zeta < \pi$$

再通过指数函数

$$w = \mathrm{e}^{\zeta}$$

将其共形映射成上半平面. 故所求变换具有形式

$$w = \mathrm{e}^{\frac{cz+d}{z-a}}$$

习题 6

1. 求 $w = z^2$ 在 $z = \mathrm{i}$ 处的伸缩率和转动角. 问: $w = z^2$ 将经过点 $z = \mathrm{i}$ 且平行于实轴正向的曲线的切线方向映射成 w 平面上的哪一个方向? 并作图.

2. 一个解析函数所构成的映射在什么条件下具有伸缩率和转动角的不变性? 映射在 z 平面的每一点都具有这样的性质吗?

3. $w = f(z)$ 在 z_0 解析, 且 $f'(z_0) \neq 0$. 为什么说曲线 C 经过映射 $w = f(z)$ 后, 在 z_0 的转动角与伸缩率跟曲线 C 的形状和方向无关?

4. 在映射 $w = \mathrm{i}z$ 下, 下列图形分别变成什么图形?

(1) 以 $z_1 = \mathrm{i}, z_2 = -1, z_3 = 1$ 为顶点的三角形;

(2) 闭圆 $|z - 1| \leqslant 1$.

5. 求分式线性映射 $w = \dfrac{az+b}{cz+d}(ad - bc \neq 0)$ 的不动点.

6. 如果 $w = \dfrac{az+b}{cz+d}$ 将单位圆周变成直线, 其系数应满足什么条件?

7. 分别将上半 z 平面 $\operatorname{Im} z > 0$ 共形映射成单位圆 $|w| < 1$ 的分式线性映射 $w = L(z)$, 使其符合条件:

(1) $L(\mathrm{i}) = 0, L'(\mathrm{i}) > 0$;

(2)$L(\mathrm{i}) = 0, \arg L'(\mathrm{i}) = \dfrac{\pi}{2}$.

8. 分别求出将单位圆 $|z| < 1$ 映射成单位圆 $|w| < 1$ 的分式线性映射 $w = L(z)$, 使其符合条件:

(1)$L\left(\dfrac{1}{2}\right) = 0, L(1) = -1$;

(2)$L\left(\dfrac{1}{2}\right) = 0, \arg L'\left(\dfrac{1}{2}\right) = -\dfrac{\pi}{2}$.

9. 求出将圆 $|z - 4\mathrm{i}| < 2$ 变成半平面 $v > u$ 的共形映射, 使得圆心变到 -4, 而圆周上的点 $2\mathrm{i}$ 变到 $w = 0$.

10. 求将上半 z 平面 $\operatorname{Im} z$ 共形映射成圆 $|w| < R$ 的分式线性变换 $w = L(z)$, 使其符合条件 $L(\mathrm{i}) = 0$; 如果再要求 $L'(\mathrm{i}) = 1$, 此变换是否存在?

11. 求将圆 $|z| < r$ 共形映射成圆 $|w| < R$ 的分式线性映射, 使其符合条件 $w(a) = 0$ $(|a| < r)$.

12. 求出圆 $|z| < 2$ 到右半平面 $\operatorname{Re} w > 0$ 的共形映射 $w = L(z)$, 使其符合条件 $L(0) = 1, \arg L'(0) = \dfrac{\pi}{2}$.

13. 求下列各区域到上半平面的一个共形映射:

(1)$|z + \mathrm{i}| < 2, \operatorname{Im} z > 0$;

(2)$|z + \mathrm{i}| > \sqrt{2}, |z - \mathrm{i}| < \sqrt{2}$;

(3)$|z| < 2, |z - 1| > 1$.

14. 求出角形域 $0 < \arg z < \dfrac{\pi}{4}$ 到单位圆 $|w| < 1$ 的一个共形映射.

15. 求出将上半单位圆: $|z| < 1$ 且 $\operatorname{Im} z > 0$ 变成上半平面的共形映射, 使 $z = 1, -1, 0$ 分别映射成 $w = -1, 1, \infty$.

16. 求出第一象限到上半平面的共形映射, 使 $z = \sqrt{2}\mathrm{i}, 0, 1$ 分别映射成 $w = 0, \infty, -1$.

17. 求将扩充的 z 平面割去从 $1 + \mathrm{i}$ 到 $2 + 2\mathrm{i}$ 的直线段后剩下的区域共形映射成上半平面的共形映射.

18. 求将单位圆割去 0 到 1 的半径后剩下的区域共形映射成上半平面的共形映射.

第7章 傅里叶变换

在自然科学和工程技术中,为了把较复杂的运算转化为较简单的运算,常常采用一种手段,如数量的乘积或商可以通过对数变换变成对数的和与差,然后再取反对数,即得到原来的数量积或商. 这一方法的实质就是把较复杂的乘除运算通过对数变换化为较简单的加减运算. 再如,解析几何中的坐标变换、复变函数中的保角变换等都属于这种情况. 积分变换的方法不仅仅在数学的诸多分支中得到了广泛的应用,而且在许多科学技术领域中发挥着重要的作用,如在物理、力学、无线电技术、自动控制及信号处理等方面.

积分变换起源于 19 世纪的运算积分,是英国著名无线电工程师赫维赛德(O. Heaviside)在用它去求解电工学、物理学等领域中的线性微分方程的过程中逐步形成的一种所谓的符号法,后来符号法又演变成今天的积分变换. 所谓积分变换,就是通过积分运算,把一个函数 $f(t)$ 变成另一个函数 $F(\tau)$ 的变换. 这类积分一般是含有参变量 τ 的积分,具体可写成如下形式:

$$F(\tau) = \int_a^b f(t) K(t,\tau) \mathrm{d}t$$

它的实质就是把 A 类函数 $f(t)$ 通过上述积分运算变成 B 类函数 $F(\tau)$,这里的 $K(t,\tau)$ 是一个确定的二元函数,称为积分变换的核,$f(t)$ 称为原像函数,$F(\tau)$ 称为像函数. 当选取不同的积分区域和核函数时,就得到不同名称的积分变换. 当核函数 $K(t,\omega) = \mathrm{e}^{-\mathrm{j}\omega t}$, $a = -\infty$,$b = +\infty$ 时,则

$$F(\omega) = \int_{-\infty}^{+\infty} f(t) \mathrm{e}^{-\mathrm{j}\omega t} \mathrm{d}t$$

称为函数 $f(t)$ 的傅里叶(Fourier)变换.

注 由于积分变换主要是解决电学等实际问题的工具,为了避免与电流的符号混淆,从这一章开始,我们按照电工学通常的习惯,用"j"表示虚数单位.

本章就一维情形介绍傅里叶变换的定义、存在条件及简单性质.

7.1 傅里叶变换及傅里叶积分定理

7.1.1 傅里叶积分

在学习傅里叶级数的时候,我们已经知道,一个以 T 为周期的函数 $f_T(t)$,如果在 $\left[-\dfrac{T}{2}, \dfrac{T}{2}\right]$ 上满足狄利克雷(Dirichlet)条件,即

(1)连续或只有有限个第一类间断点;

　　(2)只能取得有限次极值.

那么，$f_T(t)$ 在 $\left[-\dfrac{T}{2},\dfrac{T}{2}\right]$ 上就可以展开成傅里叶级数

$$\frac{a_0}{2}+\sum_{n=1}^{\infty}\left(a_n\cos n\omega t+b_n\sin n\omega t\right) \tag{7.1}$$

则级数(7.1)

　　(1)在 $f_T(t)$ 的连续点处收敛于 $f_T(t)$，即

$$f_T(t)=\frac{a_0}{2}+\sum_{n=1}^{\infty}\left(a_n\cos n\omega t+b_n\sin n\omega t\right)$$

　　(2)在 $f_T(t)$ 的间断点 a 处收敛于 $\dfrac{f_T(a-0)+f_T(a+0)}{2}$.

其中

$$\omega=\frac{2\pi}{T}$$

$$a_0=\frac{2}{T}\int_{-\frac{T}{2}}^{\frac{T}{2}}f_T(t)\mathrm{d}t$$

$$a_n=\frac{2}{T}\int_{-\frac{T}{2}}^{\frac{T}{2}}f_T(t)\cos n\omega t\mathrm{d}t\quad(n=1,2,\cdots)$$

$$b_n=\frac{2}{T}\int_{-\frac{T}{2}}^{\frac{T}{2}}f_T(t)\sin n\omega t\mathrm{d}t\quad(n=1,2,\cdots)$$

　　为了今后应用方便，下面我们把傅里叶级数的三角形式转化为指数形式. 利用复变函数中正、余弦函数的定义，有

$$\cos\theta=\frac{\mathrm{e}^{\mathrm{j}\theta}+\mathrm{e}^{-\mathrm{j}\theta}}{2},\quad\sin\theta=\frac{\mathrm{e}^{\mathrm{j}\theta}-\mathrm{e}^{-\mathrm{j}\theta}}{2\mathrm{j}}=-\mathrm{j}\cdot\frac{\mathrm{e}^{\mathrm{j}\theta}-\mathrm{e}^{-\mathrm{j}\theta}}{2}$$

此时式(7.1)可以写为

$$\frac{a_0}{2}+\sum_{n=1}^{\infty}\left(a_n\cdot\frac{\mathrm{e}^{\mathrm{j}n\omega t}+\mathrm{e}^{-\mathrm{j}n\omega t}}{2}-\mathrm{j}b_n\cdot\frac{\mathrm{e}^{\mathrm{j}n\omega t}-\mathrm{e}^{-\mathrm{j}n\omega t}}{2}\right)$$

$$=\frac{a_0}{2}+\sum_{n=1}^{\infty}\left(\frac{a_n-\mathrm{j}b_n}{2}\mathrm{e}^{\mathrm{j}n\omega t}+\frac{a_n+\mathrm{j}b_n}{2}\mathrm{e}^{-\mathrm{j}n\omega t}\right)$$

如果令

$$c_0=\frac{a_0}{2}=\frac{1}{T}\int_{-\frac{T}{2}}^{\frac{T}{2}}f_T(t)\mathrm{d}t$$

$$c_n=\frac{a_n-\mathrm{j}b_n}{2}=\frac{1}{T}\left[\int_{-\frac{T}{2}}^{\frac{T}{2}}f_T(t)\cos n\omega t\mathrm{d}t-\mathrm{j}\int_{-\frac{T}{2}}^{\frac{T}{2}}f_T(t)\sin n\omega t\mathrm{d}t\right]$$

$$=\frac{1}{T}\left[\int_{-\frac{T}{2}}^{\frac{T}{2}}f_T(t)(\cos n\omega t-\mathrm{j}\sin n\omega t)\mathrm{d}t\right]$$

$$= \frac{1}{T} \int_{-\frac{T}{2}}^{\frac{T}{2}} f_T(t) e^{-jn\omega t} dt \quad (n = 1, 2, \cdots)$$

$$c_{-n} = \frac{a_n + jb_n}{2} = \frac{1}{T} \int_{-\frac{T}{2}}^{\frac{T}{2}} f_T(t) e^{-jn\omega t} dt \quad (n = 1, 2, \cdots)$$

上面三个关于系数的式子可以统一成一个式子,即

$$c_n = \frac{1}{T} \int_{-\frac{T}{2}}^{\frac{T}{2}} f_T(t) e^{-jn\omega t} dt \quad (n = 0, \pm 1, \pm 2, \cdots)$$

再令 $n\omega = \omega_n$,则式(7.1)可以改写为

$$c_0 + \sum_{n=1}^{\infty} (c_n e^{j\omega_n t} + c_{-n} e^{-j\omega_n t}) = \sum_{n=-\infty}^{\infty} c_n e^{j\omega_n t}$$

这就是傅里叶级数的指数形式. 或者写为

$$\frac{1}{T} \sum_{n=-\infty}^{\infty} \left(\int_{-\frac{T}{2}}^{\frac{T}{2}} f_T(\tau) e^{-j\omega_n \tau} d\tau \right) e^{j\omega_n t} \tag{7.2}$$

即在 $f_T(t)$ 的连续点处, $f_T(t)$ 可以表示为

$$f_T(t) = \frac{1}{T} \sum_{n=-\infty}^{\infty} \left(\int_{-\frac{T}{2}}^{\frac{T}{2}} f_T(\tau) e^{-j\omega_n \tau} d\tau \right) e^{j\omega_n t} \tag{7.3}$$

下面我们来讨论非周期函数的展开问题. 任何一个非周期函数都可以看成是由某个周期函数 $f_T(t)$ 当 $T \to +\infty$ 时转化而来的. 为了说明这一点,我们作周期为 T 的函数 $f_T(t)$,使它在 $\left[-\frac{T}{2}, \frac{T}{2} \right]$ 之内等于 $f(t)$,而在 $\left[-\frac{T}{2}, \frac{T}{2} \right)$ 之外按周期 T 延拓到 $(-\infty, +\infty)$(见图7.1). 这样 $f_T(t)$ 就是 $(-\infty, +\infty)$ 内的一个以 T 为周期的函数. 显然,T 越大,$f_T(t)$ 与 $f(t)$ 相等的范围越大. 这表明,当 $T \to +\infty$ 时,$f_T(t)$ 完全可以转化为 $f(t)$,即

$$\lim_{T \to \infty} f_T(t) = f(t)$$

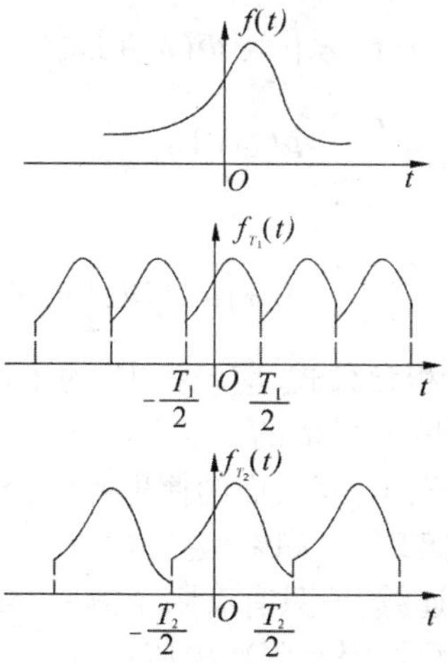

图 7.1

这样,对式(7.3)两边取极限($T \to +\infty$),结果就可以看成是非周期函数$f(t)$的展开式:

$$f(t) = \lim_{T \to \infty} \frac{1}{T} \sum_{n=-\infty}^{\infty} \left[\int_{-\frac{T}{2}}^{\frac{T}{2}} f_T(\tau) \mathrm{e}^{-\mathrm{j}\omega_n \tau} \mathrm{d}\tau \right] \mathrm{e}^{\mathrm{j}\omega_n t} \tag{7.4}$$

当n取遍一切整数时,ω_n对应的点均匀地分布在$(-\infty, +\infty)$内(见图7.2),两个相邻的点的距离以$\Delta\omega_n$表示,即

$$\Delta\omega_n = \omega_n - \omega_{n-1} = \frac{2\pi}{T}$$

则当$T \to +\infty$时,有$\Delta\omega_n \to 0$,所以式(7.4)又可以写成

$$f(t) = \lim_{\Delta\omega_n \to 0} \frac{1}{2\pi} \sum_{n=-\infty}^{\infty} \left(\int_{-\frac{T}{2}}^{\frac{T}{2}} f_T(\tau) \mathrm{e}^{-\mathrm{j}\omega_n \tau} \mathrm{d}\tau \right) \mathrm{e}^{\mathrm{j}\omega_n t} \Delta\omega_n \tag{7.5}$$

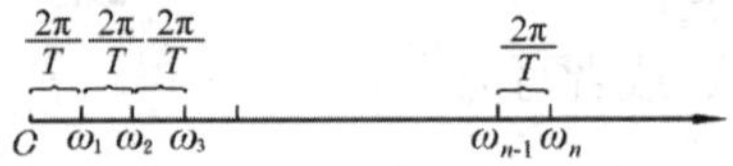

图 7.2

当t固定时,$\frac{1}{2\pi} \left(\int_{-\frac{T}{2}}^{\frac{T}{2}} f_T(\tau) \mathrm{e}^{-\mathrm{j}\omega_n \tau} \mathrm{d}\tau \right) \mathrm{e}^{\mathrm{j}\omega_n t}$是关于参数$\omega_n$的函数,记为$\Phi_T(\omega_n)$,即

$$\Phi_T(\omega_n) = \frac{1}{2\pi} \left(\int_{-\frac{T}{2}}^{\frac{T}{2}} f_T(\tau) \mathrm{e}^{-\mathrm{j}\omega_n \tau} \mathrm{d}\tau \right) \mathrm{e}^{\mathrm{j}\omega_n t}$$

这样,式(7.5)可以写成

$$f(t) = \lim_{\Delta\omega_n \to 0} \sum_{n=-\infty}^{\infty} \Phi_T(\omega_n) \Delta\omega_n$$

显然,当$\Delta\omega_n \to 0$,即$T \to +\infty$时,$\Phi_T(\omega_n) \to \Phi(\omega_n)$,因而

$$\Phi(\omega_n) = \frac{1}{2\pi} \left[\int_{-\infty}^{+\infty} f(\tau) \mathrm{e}^{-\mathrm{j}\omega_n \tau} \mathrm{d}\tau \right] \mathrm{e}^{\mathrm{j}\omega_n t}$$

从而$f(t)$可以看作是$\Phi(\omega_n)$在$(-\infty, +\infty)$内的积分,则

$$f(t) = \int_{-\infty}^{+\infty} \Phi(\omega_n) \mathrm{d}\omega_n$$

即

$$f(t) = \int_{-\infty}^{+\infty} \Phi(\omega) \mathrm{d}\omega$$

故而

$$f(t) = \frac{1}{2\pi} \int_{-\infty}^{+\infty} \left[\int_{-\infty}^{+\infty} f(\tau) \mathrm{e}^{-\mathrm{j}\omega \tau} \mathrm{d}\tau \right] \mathrm{e}^{\mathrm{j}\omega t} \mathrm{d}\omega \tag{7.6}$$

式(7.6)称为函数$f(t)$的**傅里叶积分公式**.应该指出,为了帮助读者理解,式(7.6)只是式(7.5)右端从形式上推出来的,是不严格的.至于一个非周期函数$f(t)$应该满足什么条件,才可以用傅里叶积分公式来表示,有下面的傅里叶积分存在定理.

定理7.1(傅里叶积分存在定理)　如果函数$f(t)$在$(-\infty, +\infty)$上满足条件:

(1)$f(t)$在任一有限区间上连续,或只有有限个第一类间断点;

(2)$f(t)$在任一有限区间上只取得有限次极值;

(3)$f(t)$在$(-\infty, +\infty)$上绝对可积,即$\int_{-\infty}^{+\infty} |f(t)| \mathrm{d}t$收敛.

则

（1）在 $f(t)$ 的连续点处，有

$$f(t) = \frac{1}{2\pi} \int_{-\infty}^{+\infty} \left[\int_{-\infty}^{+\infty} f(\tau) \mathrm{e}^{-\mathrm{j}\omega\tau} \mathrm{d}\tau \right] \mathrm{e}^{\mathrm{j}\omega t} \mathrm{d}\omega$$

（2）在 $f(t)$ 的间断点处，有

$$\frac{f(t-0)+f(t+0)}{2} = \frac{1}{2\pi} \int_{-\infty}^{+\infty} \left[\int_{-\infty}^{+\infty} f(\tau) \mathrm{e}^{-\mathrm{j}\omega\tau} \mathrm{d}\tau \right] \mathrm{e}^{\mathrm{j}\omega t} \mathrm{d}\omega$$

式（7.6）是 $f(t)$ 的傅里叶积分公式的复数形式，利用欧拉公式，可以将它转化为三角形式，即

$$\begin{aligned}
f(t) &= \frac{1}{2\pi} \int_{-\infty}^{+\infty} \left[\int_{-\infty}^{+\infty} f(\tau) \mathrm{e}^{-\mathrm{j}\omega\tau} \mathrm{d}\tau \right] \mathrm{e}^{\mathrm{j}\omega t} \mathrm{d}\omega \\
&= \frac{1}{2\pi} \int_{-\infty}^{+\infty} \left[\int_{-\infty}^{+\infty} f(\tau) \mathrm{e}^{-\mathrm{j}\omega(\tau-t)} \mathrm{d}\tau \right] \mathrm{d}\omega \\
&= \frac{1}{2\pi} \int_{-\infty}^{+\infty} \left\{ \int_{-\infty}^{+\infty} f(\tau) [\cos \omega(\tau-t) - \mathrm{j}\sin \omega(\tau-t)] \mathrm{d}\tau \right\} \mathrm{d}\omega \\
&= \frac{1}{2\pi} \int_{-\infty}^{+\infty} \left[\int_{-\infty}^{+\infty} f(\tau) \cos \omega(\tau-t) \mathrm{d}\tau - \mathrm{j} \int_{-\infty}^{+\infty} f(\tau) \sin \omega(\tau-t) \mathrm{d}\tau \right] \mathrm{d}\omega
\end{aligned}$$

由于积分 $\int_{-\infty}^{+\infty} f(\tau) \sin \omega(\tau-t) \mathrm{d}\tau$ 是 ω 的奇函数，所以

$$\int_{-\infty}^{+\infty} \left[\int_{-\infty}^{+\infty} f(\tau) \sin \omega(\tau-t) \mathrm{d}\tau \right] \mathrm{d}\omega = 0$$

从而

$$f(t) = \frac{1}{2\pi} \int_{-\infty}^{+\infty} \left[\int_{-\infty}^{+\infty} f(\tau) \cos \omega(\tau-t) \mathrm{d}\tau \right] \mathrm{d}\omega \tag{7.7}$$

又因为积分 $\int_{-\infty}^{+\infty} f(\tau) \cos \omega(\tau-t) \mathrm{d}\tau$ 是 ω 的偶函数，所以式（7.7）又可以写为

$$f(t) = \frac{1}{\pi} \int_{0}^{+\infty} \left[\int_{-\infty}^{+\infty} f(\tau) \cos \omega(\tau-t) \mathrm{d}\tau \right] \mathrm{d}\omega \tag{7.8}$$

式（7.8）称为**傅里叶积分公式的三角形式**.

例 7.1　求函数 $f(t) = \begin{cases} 1, & |t| \leqslant 1, \\ 0, & |t| > 1 \end{cases}$ 的傅里叶积分表达式（傅里叶积分公式）.

解　根据公式（7.6），我们有

$$\begin{aligned}
f(t) &= \frac{1}{2\pi} \int_{-\infty}^{+\infty} \left[\int_{-\infty}^{+\infty} f(\tau) \mathrm{e}^{-\mathrm{j}\omega\tau} \mathrm{d}\tau \right] \mathrm{e}^{\mathrm{j}\omega t} \mathrm{d}\omega \\
&= \frac{1}{2\pi} \int_{-\infty}^{+\infty} \left(\int_{-1}^{1} \mathrm{e}^{-\mathrm{j}\omega\tau} \mathrm{d}\tau \right) \mathrm{e}^{\mathrm{j}\omega t} \mathrm{d}\omega \\
&= \frac{1}{2\pi} \int_{-\infty}^{+\infty} \left[\int_{-1}^{1} (\cos \omega\tau - \mathrm{j}\sin \omega\tau) \mathrm{d}\tau \right] \mathrm{e}^{\mathrm{j}\omega t} \mathrm{d}\omega \\
&= \frac{1}{\pi} \int_{-\infty}^{+\infty} \left(\int_{0}^{1} \cos \omega\tau \mathrm{d}\tau \right) \mathrm{e}^{\mathrm{j}\omega t} \mathrm{d}\omega \\
&= \frac{1}{\pi} \int_{-\infty}^{+\infty} \left[\frac{\sin \omega}{\omega} (\cos \omega t + \mathrm{j}\sin \omega t) \right] \mathrm{d}\omega
\end{aligned}$$

$$= \frac{2}{\pi} \int_0^{+\infty} \frac{\sin \omega \cos \omega t}{\omega} \mathrm{d}\omega \quad (t \neq \pm 1)$$

当 $t = \pm 1$ 时，$\dfrac{2}{\pi} \displaystyle\int_0^{+\infty} \dfrac{\sin \omega \cos \omega t}{\omega} \mathrm{d}\omega$ 收敛于 $\dfrac{f(\pm 1 - 0) + f(\pm 1 + 0)}{2} = \dfrac{1}{2}$，即如果定义

$f(\pm 1) = \dfrac{1}{2}$，则

$$f(t) = \frac{2}{\pi} \int_0^{+\infty} \frac{\sin \omega \cos \omega t}{\omega} \mathrm{d}\omega \quad t \in (-\infty, +\infty)$$

7.1.2　傅里叶变换

我们已经知道，如果函数 $f(t)$ 满足傅里叶变换定理中的条件，则在 $f(t)$ 的连续点处式 (7.6) 成立. 等式的右端是一个广义二重积分，在这个二重积分中，先看对时间 τ 的积分，结果是 ω 的函数：

$$F(\omega) = \int_{-\infty}^{+\infty} f(\tau) \mathrm{e}^{-\mathrm{j}\omega\tau} \mathrm{d}\tau \tag{7.9}$$

则第二重积分就可以表示为

$$f(t) = \frac{1}{2\pi} \int_{-\infty}^{+\infty} F(\omega) \mathrm{e}^{\mathrm{j}\omega t} \mathrm{d}\omega \tag{7.10}$$

从上面两个式子可以看出，$f(t)$ 和 $F(\omega)$ 可以通过指定的运算相互表达.

定义 7.1　式 (7.9) 称为 $f(t)$ 的**傅里叶变换**，记为 $\mathscr{F}[f(t)]$，即

$$F(\omega) = \mathscr{F}[f(t)] = \int_{-\infty}^{+\infty} f(t) \mathrm{e}^{-\mathrm{j}\omega t} \mathrm{d}t$$

$F(\omega)$ 叫作 $f(t)$ 的**像函数**. 式 (7.10) 称为 $F(\omega)$ 的傅里叶逆变换，记为 $\mathscr{F}^{-1}[F(\omega)]$，即

$$f(t) = \mathscr{F}^{-1}[F(\omega)] = \frac{1}{2\pi} \int_{-\infty}^{+\infty} F(\omega) \mathrm{e}^{\mathrm{j}\omega t} \mathrm{d}\omega$$

$f(t)$ 叫作 $F(\omega)$ 的**像原函数**. 像函数 $F(\omega)$ 和像原函数 $f(t)$ 构成了一个傅里叶变换对.

例 7.2　求函数 $f(t) = \begin{cases} 0, & t < 0, \\ \mathrm{e}^{-\beta t}, & t \geqslant 0 \end{cases}$ 的傅里叶变换及其积分表达式，其中 $\beta > 0$（这个函数叫作**指数衰减函数**，是工程技术中常遇到的一个函数）.

解　$f(t)$ 的傅里叶变换为

$$F(\omega) = \mathscr{F}[f(t)] = \int_{-\infty}^{+\infty} f(t) \mathrm{e}^{-\mathrm{j}\omega t} \mathrm{d}t$$

$$= \int_0^{+\infty} \mathrm{e}^{-\beta t} \mathrm{e}^{-\mathrm{j}\omega t} \mathrm{d}t = \int_0^{+\infty} \mathrm{e}^{-(\beta + \mathrm{j}\omega)t} \mathrm{d}t$$

$$= -\frac{1}{\beta + \mathrm{j}\omega} \mathrm{e}^{-(\beta + \mathrm{j}\omega)t} \Big|_0^{+\infty}$$

由于 $\lim\limits_{t \to +\infty} |\mathrm{e}^{-(\beta + \mathrm{j}\omega)t}| = \lim\limits_{t \to +\infty} \mathrm{e}^{-\beta t} = 0$，所以 $\lim\limits_{t \to +\infty} \mathrm{e}^{-(\beta + \mathrm{j}\omega)t} = 0$. 故指数衰减函数的傅里叶变换为

$$F(\omega) = \frac{1}{\beta + \mathrm{j}\omega} = \frac{\beta - \mathrm{j}\omega}{\beta^2 + \omega^2}$$

下面我们来求指数衰减函数的积分表达式:

$$f(t) = \mathscr{F}^{-1}[F(\omega)] = \frac{1}{2\pi}\int_{-\infty}^{+\infty} F(\omega)\mathrm{e}^{\mathrm{j}\omega t}\mathrm{d}\omega$$

$$= \frac{1}{2\pi}\int_{-\infty}^{+\infty} \frac{\beta - \mathrm{j}\omega}{\beta^2 + \omega^2}\mathrm{e}^{\mathrm{j}\omega t}\mathrm{d}\omega$$

$$= \frac{1}{2\pi}\int_{-\infty}^{+\infty} \frac{\beta\cos\omega t + \omega\sin\omega t + \mathrm{j}(\beta\sin\omega t - \omega\cos\omega t)}{\beta^2 + \omega^2}\mathrm{d}\omega$$

$$= \frac{1}{2\pi}\int_{-\infty}^{+\infty} \frac{\beta\cos\omega t + \omega\sin\omega t}{\beta^2 + \omega^2}\mathrm{d}\omega$$

$$= \frac{1}{\pi}\int_{0}^{+\infty} \frac{\beta\cos\omega t + \omega\sin\omega t}{\beta^2 + \omega^2}\mathrm{d}\omega$$

我们顺便得到了一个含有参变量广义积分的结果:

$$\int_{0}^{+\infty} \frac{\beta\cos\omega t + \omega\sin\omega t}{\beta^2 + \omega^2}\mathrm{d}\omega = \begin{cases} 0, & t < 0, \\ \dfrac{\pi}{2}, & t = 0, \\ \pi\mathrm{e}^{-\beta t}, & t > 0. \end{cases}$$

在实际应用中,我们要常常考虑奇函数和偶函数的傅里叶积分公式. 当 $f(t)$ 为奇函数时,根据式(7.6),再利用正、余弦函数的奇偶性,得

$$f(t) = \frac{1}{2\pi}\int_{-\infty}^{+\infty}\left[\int_{-\infty}^{+\infty} f(\tau)\mathrm{e}^{-\mathrm{j}\omega\tau}\mathrm{d}\tau\right]\mathrm{e}^{\mathrm{j}\omega t}\mathrm{d}\omega$$

$$= \frac{1}{2\pi}\int_{-\infty}^{+\infty}\left[\int_{-\infty}^{+\infty} f(\tau)(\cos\omega\tau - \mathrm{j}\sin\omega\tau)\mathrm{d}\tau\right]\mathrm{e}^{\mathrm{j}\omega t}\mathrm{d}\omega$$

$$= -\frac{\mathrm{j}}{2\pi}\int_{-\infty}^{+\infty}\left[\int_{-\infty}^{+\infty} f(\tau)\sin\omega\tau\mathrm{d}\tau\right]\mathrm{e}^{\mathrm{j}\omega t}\mathrm{d}\omega$$

$$= -\frac{\mathrm{j}}{\pi}\int_{-\infty}^{+\infty}\left[\int_{0}^{+\infty} f(\tau)\sin\omega\tau\mathrm{d}\tau\right](\cos\omega t + \mathrm{j}\sin\omega t)\mathrm{d}\omega$$

$$= \frac{1}{\pi}\int_{-\infty}^{+\infty}\left[\int_{0}^{+\infty} f(\tau)\sin\omega\tau\mathrm{d}\tau\right]\sin\omega t\mathrm{d}\omega$$

$$= \frac{2}{\pi}\int_{0}^{+\infty}\left[\int_{0}^{+\infty} f(\tau)\sin\omega\tau\mathrm{d}\tau\right]\sin\omega t\mathrm{d}\omega$$

因此

$$f(t) = \frac{2}{\pi}\int_{0}^{+\infty}\left[\int_{0}^{+\infty} f(\tau)\sin\omega\tau\mathrm{d}\tau\right]\sin\omega t\mathrm{d}\omega \tag{7.11}$$

同理,当 $f(t)$ 为偶函数时,有

$$f(t) = \frac{2}{\pi}\int_{0}^{+\infty}\left[\int_{0}^{+\infty} f(\tau)\cos\omega\tau\mathrm{d}\tau\right]\cos\omega t\mathrm{d}\omega \tag{7.12}$$

式(7.11)和(7.12)分别称为 $f(t)$ 的**傅里叶正弦积分公式**和**傅里叶余弦积分公式**. 由公式(7.11)和(7.12),我们给出下面的定义:

定义 7.2 当 $f(t)$ 为奇函数时,我们称积分

$$F_s(\omega) = \int_{0}^{+\infty} f(t)\sin\omega t\mathrm{d}t \tag{7.13}$$

为函数 $f(t)$ 的**傅里叶正弦变换**,记为 $\mathscr{F}_s[f(t)]$,即

$$F_s(\omega) = \mathscr{F}_s[f(t)] = \int_0^{+\infty} f(t)\sin \omega t \mathrm{d}t$$

而

$$f(t) = \frac{2}{\pi}\int_0^{+\infty} F_s(\omega)\sin \omega t \mathrm{d}\omega \tag{7.14}$$

叫作 $F(\omega)$ 的**傅里叶正弦逆变换**,记为 $\mathscr{F}_s^{-1}[F(\omega)]$,即

$$f(t) = \mathscr{F}_s^{-1}[F(\omega)] = \frac{2}{\pi}\int_0^{+\infty} F_s(\omega)\sin \omega t \mathrm{d}\omega$$

当 $f(t)$ 为偶函数时,我们称积分

$$F_c(\omega) = \int_0^{+\infty} f(t)\cos \omega t \mathrm{d}t \tag{7.15}$$

为函数 $f(t)$ 的**傅里叶余弦变换**,记为 $\mathscr{F}_c[f(t)]$,即

$$F_c(\omega) = \mathscr{F}_c[f(t)] = \int_0^{+\infty} f(t)\cos \omega t \mathrm{d}t$$

而

$$f(t) = \frac{2}{\pi}\int_0^{+\infty} F_c(\omega)\cos \omega t \mathrm{d}\omega \tag{7.16}$$

叫作 $F(\omega)$ 的**傅里叶余弦逆变换**,记为 $\mathscr{F}_c^{-1}[F(\omega)]$,即

$$f(t) = \mathscr{F}_c^{-1}[F(\omega)] = \frac{2}{\pi}\int_0^{+\infty} F_c(\omega)\cos \omega t \mathrm{d}\omega$$

注　(1)当 $f(t)$ 为奇函数时,其傅里叶变换 $F(\omega) = -2\mathrm{j}\int_0^{+\infty} f(t)\sin \omega t \mathrm{d}t$ 为复值函数. 为了用实数形式表达,常常引入傅里叶正弦变换和逆变换. 但要注意 $|F(\omega)| = 2|F_s(\omega)|$.

(2)当 $f(t)$ 仅仅定义在 $[0, +\infty)$ 上,且满足傅里叶存在定理的条件时,只需要将 $f(t)$ 在 $(-\infty, 0)$ 上进行奇延拓(或偶延拓),总可以用傅里叶正弦积分(或余弦积分)公式表示 $f(t)$,并可以求其傅里叶正弦变换(或余弦变换).

(3)在 $f(t)$ 的傅里叶正弦积分(或余弦积分)公式

$$f(t) = \frac{2}{\pi}\int_0^{+\infty}\left[\int_0^{+\infty} f(\tau)\sin \omega\tau \mathrm{d}\tau\right]\sin \omega t \mathrm{d}\omega$$

$$\left(\text{或} f(t) = \frac{2}{\pi}\int_0^{+\infty}\left[\int_0^{+\infty} f(\tau)\cos \omega\tau \mathrm{d}\tau\right]\cos \omega t \mathrm{d}\omega\right)$$

中,右端的积分公式在 $f(t)$ 的间断点处收敛于 $\dfrac{f(t-0) + f(t+0)}{2}$.

例 7.3　求函数 $f(t) = \begin{cases} 1, & 0 \leqslant t < 1, \\ 0, & t \geqslant 1 \end{cases}$ 的傅里叶正弦变换和余弦变换.

解　$f(t)$ 的傅里叶正弦变换为

$$F_s(\omega) = \mathscr{F}_s[f(t)] = \int_0^{+\infty} f(t)\sin \omega t \mathrm{d}t$$

$$= \int_0^1 \sin \omega t \mathrm{d}t = \frac{1 - \cos \omega}{\omega}$$

$f(t)$ 的傅里叶余弦变换为

$$F_c(\omega) = \mathscr{F}_c[f(t)] = \int_0^{+\infty} f(t) \cos \omega t \mathrm{d}t$$

$$= \int_0^1 \cos \omega t \mathrm{d}t = \frac{\sin \omega}{\omega}$$

可以看到,在半无限区间上的同一函数 $f(t)$,其正弦变换和余弦变换是不同的.

7.2 单位脉冲函数及其傅里叶变换

7.2.1 单位脉冲函数

在物理和工程技术中,我们常常要考虑质量和能量在空间或时间上高度集中的各种现象,即所谓的脉冲性质. 如在电学中,我们要研究线性电路受具有脉冲性质的电势的作用后所产生的电流;在力学中,要研究机械系统受冲击力作用后的运动情况等. 单位脉冲函数即是用来描述这一物理模型的数学工具. 为了读者能够比较自然地认识单位脉冲函数,我们先来看两个例子:

例 7.3 在原来电流为零的电路中,某一瞬间(设为 $t=0$)进入一单位电量的脉冲,试确定电路上的电流强度 $i(t)$.

解 设 $q(t)$ 表示上述电路中到时刻 t 为止通过导体截面的电荷函数(即累积电量),则

$$q(t) = \begin{cases} 0, & t \leqslant 0, \\ 1, & t > 0. \end{cases}$$

由于电流强度是电路中电荷相对于时间的变化率,即

$$i(t) = \frac{\mathrm{d}q(t)}{\mathrm{d}t} = \lim_{\Delta t \to 0} \frac{q(t + \Delta t) - q(t)}{\Delta t}$$

(1)当 $t \neq 0$ 时,$i(t) = 0$;

(2)当 $t = 0$ 时,$q(t)$ 是不连续的,从而在普通导数的意义下,$q(t)$ 在 $t = 0$ 处的导数不存在. 如果我们在形式上计算这个导数,可得

$$i(0) = \lim_{\Delta t \to 0^+} \frac{q(0 + \Delta t) - q(0)}{\Delta t} = \lim_{\Delta t \to 0^+} \frac{1}{\Delta t} = \infty$$

这就表明,再用通常意义的函数无法表示电路中的电流强度,但我们可以得到

$$\int_{-\infty}^{+\infty} i(t) \mathrm{d}t = 1$$

例 7.4 设在 x 轴上一点 $x = x_0$ 处,集中分布一单位质量的物质,而在其他点处没有物质分布. 试确定 x 轴上各点处的物质分布密度函数 $\rho(x)$.

解 设 $m[a,b]$ 表示分布在区间 $[a,b]$ 上的物质总量,令 $\Delta = b - a$,则

$$\rho(x) = \lim_{\substack{\Delta \to 0 \\ x \in [a,b]}} \frac{m[a,b]}{\Delta} = \begin{cases} 0, & x \neq x_0, \\ \infty, & x = x_0. \end{cases}$$

而且分布在整个 x 轴上的物质总量为

$$m(-\infty, +\infty) = \int_{-\infty}^{+\infty} \rho(x)\mathrm{d}x = 1$$

观察例 7.3 和例 7.4，函数 $i(t)$ 和 $\rho(x)$ 都反映了集中分布的物理量的物理特性. 类似的例子不胜枚举. 为了描述这样一类函数，必须引进一个新的函数，这个函数称为**狄拉克(Dirac)函数**，简单地记为 δ - 函数. 有了这种函数，对于许多集中于一点或一瞬时的量，如点电荷、点热源、集中于一点的质量以及脉冲技术中的非常窄的脉冲等，就能够像处理连续分布量那样，以统一的方法解决.

δ - 函数是一个广义函数，它没有普通意义下的"函数值"，所以，它不能用通常意义下"值的对应关系"来定义. 在广义函数论中，δ - 函数定义为某基本函数空间上的线性连续泛函，但要讲清楚这个定义，需要用数学专业的理论知识，超出了工科院校教学大纲的范畴. 为了方便理解，我们仅把 δ - 函数看成是弱收敛函数序列的弱极限.

定义 7.3 对于任何一个无限次可微函数 $f(t)$，如果满足

$$\int_{-\infty}^{+\infty} \delta(t)f(t)\mathrm{d}t = \lim_{\varepsilon \to 0} \int_{-\infty}^{+\infty} \delta_{\varepsilon}(t)f(t)\mathrm{d}t \qquad (7.17)$$

其中 $\delta_{\varepsilon}(t) = \begin{cases} 0, & t < 0, \\ \dfrac{1}{\varepsilon}, & 0 \leq t \leq \varepsilon, \\ 0, & t > \varepsilon, \end{cases}$ 则称 $\delta_{\varepsilon}(t)$ 的弱极限为 δ - 函数，记为 $\delta(t)$，即

$$\delta_{\varepsilon}(t) \underset{\varepsilon \to 0}{\overset{弱}{\Longrightarrow}} \delta(t)$$

或简记为

$$\lim_{\varepsilon \to 0} \delta_{\varepsilon}(t) = \delta(t)$$

$\delta_{\varepsilon}(t)$ 的图形如图 7.3 所示. 对任意的正数 ε，显然有

$$\lim_{\varepsilon \to 0} \int_{-\infty}^{+\infty} \delta_{\varepsilon}(t)\mathrm{d}t = \lim_{\varepsilon \to 0} \int_0^{\varepsilon} \frac{1}{\varepsilon}\mathrm{d}t = 1$$

当 $f(t) = 1$ 时，根据 δ - 函数的定义，得

$$\int_{-\infty}^{+\infty} \delta(t)\mathrm{d}t = \lim_{\varepsilon \to 0} \int_{-\infty}^{+\infty} \delta_{\varepsilon}(t)\mathrm{d}t = 1$$

工程上常将 δ - 函数称为**单位脉冲函数**. 有些工程书上，将 δ - 函数用一个长度为 1 的有向线段来表示(见图 7.4). 这个线段的长度表示 δ - 函数的积分值，称为 δ - 函数的**强度**.

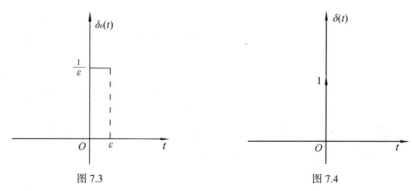

图 7.3　　　　　　　　　　　　　　　图 7.4

7.2.2　δ - 函数的性质

由式(7.17)给出的单位脉冲函数的定义,可以推出单位脉冲函数的重要的结果,也称为单位脉冲函数的筛选性质.

(1)如果$f(t)$是无限次可微函数,则有

$$\int_{-\infty}^{+\infty} \delta(t)f(t)\mathrm{d}t = f(0) \tag{7.18}$$

事实上,

$$\int_{-\infty}^{+\infty} \delta(t)f(t)\mathrm{d}t = \lim_{\varepsilon \to 0}\int_{-\infty}^{+\infty} \delta_{\varepsilon}(t)f(t)\mathrm{d}t$$

$$= \lim_{\varepsilon \to 0}\int_{0}^{\varepsilon} \frac{1}{\varepsilon}f(t)\mathrm{d}t = \frac{1}{\varepsilon}\lim_{\varepsilon \to 0}\int_{0}^{\varepsilon} f(t)\mathrm{d}t$$

由于$f(t)$是无限次可微函数,显然连续. 根据积分中值定理,得

$$\int_{-\infty}^{+\infty} \delta(t)f(t)\mathrm{d}t = \frac{1}{\varepsilon}\lim_{\varepsilon \to 0}\int_{0}^{\varepsilon} f(t)\mathrm{d}t$$

$$= \frac{1}{\varepsilon}\lim_{\varepsilon \to 0} \varepsilon \cdot f(\theta\varepsilon) = \lim_{\varepsilon \to 0}f(\theta\varepsilon) = f(0) \quad (0 < \theta < 1)$$

即

$$\int_{-\infty}^{+\infty} \delta(t)f(t)\mathrm{d}t = f(0)$$

更一般地,可以得到

$$\int_{-\infty}^{+\infty} \delta(t - t_0)f(t)\mathrm{d}t = f(t_0) \tag{7.19}$$

δ - 函数除了重要的筛选性质以外,还有一些性质不难得到.

(2)如果$f(t)$是无限次可微函数,则有

$$\int_{-\infty}^{+\infty} \delta'(t)f(t)\mathrm{d}t = -f'(0) \tag{7.20}$$

一般地,有

$$\int_{-\infty}^{+\infty} \delta^{(n)}(t)f(t)\mathrm{d}t = (-1)^n f^n(0) \tag{7.21}$$

事实上,利用分部积分法,可得

$$\int_{-\infty}^{+\infty} \delta'(t)f(t)\mathrm{d}t = \delta(t)f(t)\Big|_{-\infty}^{+\infty} - \int_{-\infty}^{+\infty} \delta(t)f'(t)\mathrm{d}t$$

$$= -\int_{-\infty}^{+\infty} \delta(t)f'(t)\mathrm{d}t = -f'(0)$$

依次推下去,可以得到

$$\int_{-\infty}^{+\infty} \delta^{(n)}(t)f(t)\mathrm{d}t = (-1)^n f^{(n)}(0)$$

更一般地,可以得到

$$\int_{-\infty}^{+\infty} \delta^{(n)}(t - t_0)f(t)\mathrm{d}t = (-1)^n f^{(n)}(t_0) \tag{7.22}$$

(3)δ - 函数是偶函数,即$\delta(-t) = \delta(t)$.

(4) $\int_{-\infty}^{t} \delta(\tau)\mathrm{d}\tau = u(t)$, $\dfrac{\mathrm{d}}{\mathrm{d}t}u(t) = \delta(t)$, 其中 $u(t) = \begin{cases} 0, & t < 0 \\ 1, & t > 0 \end{cases}$, 称为**单位阶跃函数**.

根据式(7.18), 我们可以很方便地求出 δ - 函数的傅里叶变换, 即

$$F(\omega) = \mathscr{F}[\delta(t)] = \int_{-\infty}^{+\infty} \delta(t)\mathrm{e}^{-\mathrm{j}\omega t}\mathrm{d}t = \mathrm{e}^{-\mathrm{j}\omega t}\big|_{t=0} = 1$$

可见, 单位脉冲函数 $\delta(t)$ 与常数 1 构成了一个傅里叶变换对. 同理, $\delta(t - t_0)$ 和 $\mathrm{e}^{-\mathrm{j}\omega t_0}$ 也构成了一个傅里叶变换对. 利用这个结果, 以及傅里叶变换与逆变换互逆的运算关系, 我们可以得到 1 和 $\mathrm{e}^{-\mathrm{j}\omega t_0}$ 的傅里叶逆变换:

$$\mathscr{F}^{-1}[1] = \frac{1}{2\pi}\int_{-\infty}^{+\infty} 1 \cdot \mathrm{e}^{\mathrm{j}\omega t}\mathrm{d}\omega = \delta(t)$$

$$\mathscr{F}^{-1}[\mathrm{e}^{-\mathrm{j}\omega t_0}] = \frac{1}{2\pi}\int_{-\infty}^{+\infty} \mathrm{e}^{-\mathrm{j}\omega t_0} \cdot \mathrm{e}^{\mathrm{j}\omega t}\mathrm{d}\omega$$

$$= \frac{1}{2\pi}\int_{-\infty}^{+\infty} \mathrm{e}^{\mathrm{j}\omega(t-t_0)}\mathrm{d}\omega = \delta(t - t_0)$$

这里为了方便起见, 我们把 $\delta(t)$ 的傅里叶变换仍然写成通常意义的积分形式, 所不同的是, 此处广义积分是按 δ - 函数的定义式来定义的, 而不是 7.1 节的傅里叶变换定义中的积分. 所以, 称上述傅里叶变换为**广义的傅里叶变换**. 以后, 我们把古典和广义的傅里叶变换统称为傅里叶变换.

在物理学和工程技术中, 有许多重要的函数不满足傅里叶积分定理中的绝对可积条件, 例如, 常数、符号函数、单位阶跃函数以及正、余弦函数等, 然而它们的广义傅里叶变换也是存在的.

例 7.5　证明单位阶跃函数 $u(t) = \begin{cases} 0, & t < 0 \\ 1, & t > 0 \end{cases}$ 的傅里叶变换为 $\dfrac{1}{\mathrm{j}\omega} + \pi\delta(\omega)$.

证　只要能证明 $\dfrac{1}{\mathrm{j}\omega} + \pi\delta(\omega)$ 的傅里叶逆变换是单位阶跃函数就可以了. 设

$$F(\omega) = \frac{1}{\mathrm{j}\omega} + \pi\delta(\omega)$$

则

$$f(t) = \mathscr{F}^{-1}[F(\omega)] = \frac{1}{2\pi}\int_{-\infty}^{+\infty}\left[\frac{1}{\mathrm{j}\omega} + \pi\delta(\omega)\right]\mathrm{e}^{\mathrm{j}\omega t}\mathrm{d}\omega$$

$$= \frac{1}{2\pi}\int_{-\infty}^{+\infty}\frac{\mathrm{e}^{\mathrm{j}\omega t}}{\mathrm{j}\omega}\mathrm{d}\omega + \frac{1}{2\pi}\int_{-\infty}^{+\infty}\pi\delta(\omega)\mathrm{e}^{\mathrm{j}\omega t}\mathrm{d}\omega$$

$$= \frac{1}{2\pi\mathrm{j}}\int_{-\infty}^{+\infty}\frac{\cos\omega t + \mathrm{j}\sin\omega t}{\omega}\mathrm{d}\omega + \frac{1}{2}\mathrm{e}^{\mathrm{j}\omega t}\big|_{\omega=0}$$

$$= \frac{1}{\pi}\int_{0}^{+\infty}\frac{\sin\omega t}{\omega}\mathrm{d}\omega + \frac{1}{2}$$

由例 5.16 知, $\int_{0}^{+\infty}\dfrac{\sin\omega}{\omega}\mathrm{d}\omega = \dfrac{\pi}{2}$, 故

当 $t > 0$ 时, 令 $\omega t = u$, 则

$$\int_{0}^{+\infty}\frac{\sin\omega t}{\omega}\mathrm{d}\omega = \int_{0}^{+\infty}\frac{\sin\omega t}{\omega t}\mathrm{d}(\omega t) = \int_{0}^{+\infty}\frac{\sin u}{u}\mathrm{d}u = \frac{\pi}{2}$$

当 $t < 0$ 时, 令 $-\omega t = u$, 则

$$\int_0^{+\infty} \frac{\sin \omega t}{\omega} \mathrm{d}\omega = -\int_0^{+\infty} \frac{\sin(-\omega t)}{(-\omega t)} \mathrm{d}(-\omega t) = -\int_0^{+\infty} \frac{\sin u}{u} \mathrm{d}u = -\frac{\pi}{2}$$

所以

$$\int_0^{+\infty} \frac{\sin \omega t}{\omega} \mathrm{d}\omega = \begin{cases} -\dfrac{\pi}{2}, & t < 0, \\ 0, & t = 0, \\ \dfrac{\pi}{2}, & t > 0. \end{cases}$$

将此结果代入 $f(t)$ 的积分表达式中, 当 $t \neq 0$ 时, 可得

$$f(t) = \frac{1}{\pi} \int_0^{+\infty} \frac{\sin \omega t}{\omega} \mathrm{d}\omega + \frac{1}{2} = \begin{cases} 0, & t < 0, \\ 1, & t > 0. \end{cases}$$

这表明, $\dfrac{1}{\mathrm{j}\omega} + \pi\delta(\omega)$ 的傅里叶逆变换是 $f(t) = u(t)$. 因此, $u(t)$ 和 $\dfrac{1}{\mathrm{j}\omega} + \pi\delta(\omega)$ 构成了一个傅里叶变换对. 所以, 单位阶跃函数 $u(t)$ 的积分表达式在 $t \neq 0$ 时, 可写成

$$u(t) = \frac{1}{\pi} \int_0^{+\infty} \frac{\sin \omega t}{\omega} \mathrm{d}\omega + \frac{1}{2}$$

同样, 若 $F(\omega) = 2\pi\delta(\omega)$, 对其作傅里叶逆变换, 得

$$f(t) = \mathscr{F}^{-1}[F(\omega)] = \frac{1}{2\pi} \int_{-\infty}^{+\infty} 2\pi\delta(\omega) \mathrm{e}^{\mathrm{j}\omega t} \mathrm{d}\omega$$

$$= \int_{-\infty}^{+\infty} \delta(\omega) \mathrm{e}^{\mathrm{j}\omega t} \mathrm{d}\omega = \mathrm{e}^{\mathrm{j}\omega t}|_{\omega=0} = 1$$

所以, 1 和 $2\pi\delta(\omega)$ 构成了一个傅里叶变换对. 同理, $\mathrm{e}^{\mathrm{j}\omega_0 t}$ 和 $2\pi\delta(\omega - \omega_0)$ 也构成了一个傅里叶变换对. 由此可得

$$\int_{-\infty}^{+\infty} \mathrm{e}^{-\mathrm{j}\omega t} \mathrm{d}t = 2\pi\delta(\omega), \qquad \int_{-\infty}^{+\infty} \mathrm{e}^{-\mathrm{j}(\omega - \omega_0)t} \mathrm{d}t = 2\pi\delta(\omega - \omega_0)$$

例 7.6 求余弦函数 $f(t) = \cos \omega_0 t$ 的傅里叶变换.

解 由傅里叶变换公式及欧拉公式, 得

$$F(\omega) = \mathscr{F}[\cos \omega_0 t] = \int_{-\infty}^{+\infty} \cos \omega_0 t \cdot \mathrm{e}^{-\mathrm{j}\omega t} \mathrm{d}t$$

$$= \int_{-\infty}^{+\infty} \frac{\mathrm{e}^{\mathrm{j}\omega_0 t} + \mathrm{e}^{-\mathrm{j}\omega_0 t}}{2} \cdot \mathrm{e}^{-\mathrm{j}\omega t} \mathrm{d}t$$

$$= \frac{1}{2} \int_{-\infty}^{+\infty} [\mathrm{e}^{-\mathrm{j}(\omega - \omega_0)t} + \mathrm{e}^{-\mathrm{j}(\omega + \omega_0)t}] \mathrm{d}t$$

$$= \frac{1}{2} [2\pi\delta(\omega - \omega_0) + 2\pi\delta(\omega + \omega_0)]$$

$$= \pi[\delta(\omega - \omega_0) + \delta(\omega + \omega_0)]$$

用同样的方法可得到正弦函数 $\sin \omega_0 t$ 的傅里叶变换如下:

$$F(\omega) = \mathscr{F}[\sin \omega_0 t] = \mathrm{i}\pi[\delta(\omega + \omega_0) - \delta(\omega - \omega_0)]$$

从上述的讨论可以看出引进 δ - 函数的重要性: 它使得在普通意义下一些不存在的

积分,有了确定的数值;利用 δ - 函数及其傅里叶变换可以很方便地得到工程技术上许多重要函数的傅里叶变换,并使许多变换的推导大大简化.

7.3　傅里叶变换的性质

傅里叶变换有很多重要性质,这些性质对于理解傅里叶变换理论以及在工程技术中熟练运用这一有力工具是十分重要的. 这一节,我们将介绍傅里叶变换的几个重要性质. 为了叙述方便,假定在这些性质中,凡是需要求傅里叶变换的函数都满足傅里叶积分定理中的条件. 在证明这些性质时,不再重述这些条件,请读者注意.

7.3.1　线性性质

设 $\mathscr{F}[f(t)] = F(\omega), \mathscr{F}[g(t)] = G(\omega), \alpha, \beta$ 是常数,则

$$\mathscr{F}[\alpha f(t) + \beta g(t)] = \alpha F(\omega) + \beta G(\omega) \tag{7.23}$$

这个性质的作用是很显然的,它表明两个函数的线性组合的傅里叶变换等于傅里叶变换的线性组合. 用定义就可以证明.

同样,傅里叶逆变换也具有线性性质,即

$$\mathscr{F}^{-1}[\alpha F(\omega) + \beta G(\omega)] = \alpha f(t) + \beta g(t) \tag{7.24}$$

例 7.7　求下列函数的傅里叶变换:

(1) $f(t) = A + B\cos \omega_0 t (A, B$ 均为常数$)$;

(2) $f(t) = \begin{cases} 0, & t < 0 \\ E(1 - e^{-\frac{t}{RC}}), & t > 0 \end{cases} \quad (E, R, C > 0).$

解　(1)由线性性质,得

$$\mathscr{F}[A + B\cos \omega_0 t] = A\mathscr{F}[1] + B\mathscr{F}[\cos \omega_0 t]$$

再由上一节的例题及讨论,知

$$\mathscr{F}[1] = 2\pi\delta(\omega), \quad \mathscr{F}[\cos \omega_0 t] = \pi[\delta(\omega + \omega_0) + \delta(\omega - \omega_0)]$$

所以

$$\mathscr{F}[A + B\cos \omega_0 t] = 2A\pi\delta(\omega) + B\pi[\delta(\omega + \omega_0) + \delta(\omega - \omega_0)]$$

(2)设 $u(t) = \begin{cases} 0, & t < 0, \\ 1, & t > 0, \end{cases}$　$g(t) = \begin{cases} 0, & t < 0, \\ e^{-\frac{t}{RC}}, & t > 0, \end{cases}$ 则 $f(t) = Eu(t) - Eg(t)$.

由例 7.2 和例 7.5,知

$$\mathscr{F}[u(t)] = \frac{1}{j\omega} + \pi\delta(\omega), \quad \mathscr{F}[g(t)] = \frac{1}{\frac{1}{RC} + j\omega}$$

则

$$\mathscr{F}[f(t)] = E\mathscr{F}[u(t)] - E\mathscr{F}[g(t)]$$

$$= E\left[\frac{1}{\mathrm{j}\omega} + \pi\delta(\omega) - \frac{1}{\frac{1}{RC} + \mathrm{j}\omega}\right]$$

$$= E\left[\frac{1}{\mathrm{j}\omega(1 + \mathrm{j}RC\omega)} + \pi\delta(\omega)\right]$$

7.3.2　位移性质

设 $\mathscr{F}[f(t)] = F(\omega)$，则

$$\mathscr{F}[f(t \pm t_0)] = \mathrm{e}^{\pm\mathrm{j}\omega t_0}F(\omega) \tag{7.25}$$

它表明时间函数 $f(t)$ 沿 t 轴向左或向右平移 t_0，其傅里叶变换等于其像函数 $F(\omega)$ 乘以因子 $\mathrm{e}^{\mathrm{j}\omega t_0}$ 或 $\mathrm{e}^{-\mathrm{j}\omega t_0}$.

证
$$\mathscr{F}[f(t \pm t_0)] = \int_{-\infty}^{+\infty} f(t \pm t_0)\mathrm{e}^{-\mathrm{j}\omega t}\mathrm{d}t$$

$$\xrightarrow{\text{令 } t \pm t_0 = u} \int_{-\infty}^{+\infty} f(u)\mathrm{e}^{-\mathrm{j}\omega(u \mp t_0)}\mathrm{d}u$$

$$= \mathrm{e}^{\pm\mathrm{j}\omega t_0}\int_{-\infty}^{+\infty} f(u)\mathrm{e}^{-\mathrm{j}\omega u}\mathrm{d}u$$

$$= \mathrm{e}^{\pm\mathrm{j}\omega t_0}F(\omega)$$

同样，还可以得到傅里叶逆变换的位移性质，即

$$\mathscr{F}^{-1}[F(\omega \mp \omega_0)] = \mathrm{e}^{\pm\mathrm{j}\omega_0 t}f(t) \tag{7.26}$$

它表明，像函数 $F(\omega)$ 向右或向左平移 ω_0，其傅里叶逆变换等于像原函数 $f(t)$ 乘以因子 $\mathrm{e}^{\mathrm{j}\omega_0 t}$ 或 $\mathrm{e}^{-\mathrm{j}\omega_0 t}$.

推论　设 $\mathscr{F}[f(t)] = F(\omega)$，则

$$\mathscr{F}[f(t)\cos \omega_0 t] = \frac{1}{2}[F(\omega + \omega_0) + F(\omega - \omega_0)] \tag{7.27}$$

$$\mathscr{F}[f(t)\sin \omega_0 t] = \frac{\mathrm{j}}{2}[F(\omega + \omega_0) - F(\omega - \omega_0)] \tag{7.28}$$

证　由式 (7.26)，得

$$\mathscr{F}[\mathrm{e}^{\pm\mathrm{j}\omega_0 t}f(t)] = F(\omega \mp \omega_0)$$

再由欧拉公式，得

$$f(t)\cos \omega_0 t = \frac{1}{2}[f(t)\mathrm{e}^{\mathrm{j}\omega_0 t} + f(t)\mathrm{e}^{-\mathrm{j}\omega_0 t}]$$

所以

$$\mathscr{F}[f(t)\cos \omega_0 t] = \frac{1}{2}\left\{\mathscr{F}[f(t)\mathrm{e}^{\mathrm{j}\omega_0 t}] + \mathscr{F}[f(t)\mathrm{e}^{-\mathrm{j}\omega_0 t}]\right\}$$

$$= \frac{1}{2}[F(\omega + \omega_0) + F(\omega - \omega_0)]$$

同理可证式 (7.28).

例 7.8　求指数衰减振荡函数 $f(t) = \begin{cases} 0, & t < 0, \\ e^{-\beta t}\sin \omega_0 t, & t \geq 0 \end{cases}$ $(\beta > 0)$ 的傅里叶变换.

解　设 $g(t) = \begin{cases} 0, & t < 0, \\ e^{-\beta t}, & t \geq 0 \end{cases}$ $(\beta > 0)$, $G(\omega) = \mathscr{F}[g(t)]$, 则 $f(t) = g(t)\sin \omega_0 t$. 所以

$$F(\omega) = \mathscr{F}[f(t)] = \frac{j}{2}[G(\omega + \omega_0) - G(\omega - \omega_0)]$$

$$= \frac{j}{2}\left[\frac{1}{\beta + j(\omega + \omega_0)} - \frac{1}{\beta + j(\omega - \omega_0)}\right]$$

$$= \frac{\omega_0}{(\beta + j\omega)^2 - \omega_0^2}$$

7.3.3　微分性质

设 $f(t)$ 在 $(-\infty, +\infty)$ 上连续或只有有限个可去间断点, 且当 $|t| \to +\infty$ 时, $f(t) \to 0$, 则

$$\mathscr{F}[f'(t)] = j\omega \mathscr{F}[f(t)] \tag{7.29}$$

证　$\mathscr{F}[f'(t)] = \displaystyle\int_{-\infty}^{+\infty} f'(t) e^{-j\omega t} dt = \int_{-\infty}^{+\infty} e^{-j\omega t} df(t)$

$$= f(t) e^{-j\omega t} \Big|_{-\infty}^{+\infty} + j\omega \int_{-\infty}^{+\infty} f(t) e^{-j\omega t} dt$$

由于 $|f(t) e^{-j\omega t}| = |f(t)| \to 0 (t \to \pm\infty)$, 即 $\lim\limits_{t \to \pm\infty} f(t) e^{-j\omega t} = 0$, 所以

$$\mathscr{F}[f'(t)] = j\omega \mathscr{F}[f(t)]$$

它表明, 一个函数的导数的傅里叶变换等于这个函数的傅里叶变换乘以因子 $j\omega$.

　　推论　若 $f^{(k)}(t)$ 在 $(-\infty, +\infty)$ 上连续或只有有限个可去间断点, 且当 $|t| \to +\infty$ 时, $\lim\limits_{|t| \to +\infty} f^{(k)}(t) = 0 (k = 0, 1, 2, \cdots, n-1)$, 则

$$\mathscr{F}[f^{(n)}(t)] = (j\omega)^n \mathscr{F}[f(t)] \tag{7.30}$$

同样, 我们还可以得到像函数的微分性质.

　　设 $\mathscr{F}[f(t)] = F(\omega)$, 则

$$\frac{dF(\omega)}{d\omega} = -j \mathscr{F}[tf(t)] \tag{7.31}$$

一般地, 有

$$\frac{d^n F(\omega)}{d\omega^n} = (-j)^n \mathscr{F}[t^n f(t)] \tag{7.32}$$

例 7.9　已知函数 $f(t) = \begin{cases} 0, & t < 0, \\ e^{-\beta t}, & t \geq 0 \end{cases}$ $(\beta > 0)$, 试求 $\mathscr{F}[tf(t)]$ 及 $\mathscr{F}[t^2 f(t)]$.

解　由例 7.2 知, $F(\omega) = \dfrac{1}{\beta + j\omega}$;

再由式(7.31)可知, $\mathscr{F}[tf(t)] = j\dfrac{dF(\omega)}{d\omega} = \dfrac{1}{(\beta + j\omega)^2}$;

由式(7.32)可知, $\mathscr{F}[t^2 f(t)] = \dfrac{1}{(-j)^2} \cdot \dfrac{d^2 F(\omega)}{d\omega^2} = \dfrac{2j}{(\beta + j\omega)^3}$.

7.3.4　积分性质

设当 $t \to +\infty$ 时, $g(t) = \displaystyle\int_{-\infty}^{t} f(\tau)d\tau \to 0$, 则

$$\mathscr{F}\left[\int_{-\infty}^{t} f(\tau)d\tau\right] = \frac{1}{j\omega} \cdot \mathscr{F}[f(t)] \tag{7.33}$$

证　因为 $\dfrac{d}{dt}\displaystyle\int_{-\infty}^{t} f(\tau)d\tau = f(t)$, 所以

$$\mathscr{F}\left[\frac{d}{dt}\int_{-\infty}^{t} f(\tau)d\tau\right] = \mathscr{F}[f(t)]$$

再由微分性质, 有

$$\mathscr{F}\left[\frac{d}{dt}\int_{-\infty}^{t} f(\tau)d\tau\right] = j\omega\mathscr{F}\left[\int_{-\infty}^{t} f(\tau)d\tau\right]$$

所以

$$\mathscr{F}\left[\int_{-\infty}^{t} f(\tau)d\tau\right] = \frac{1}{j\omega}\mathscr{F}[f(t)]$$

运用傅里叶变换的线性性质、微分性质及积分性质, 可以将常系数线性微分方程(包括积分方程和微积分方程)转化为代数方程, 通过解代数方程与求傅里叶逆变换, 就可以得到相应的原方程的解. 另外, 傅里叶变换也是求解偏微分方程的方法之一. 其计算步骤与上述大体相同.

7.3.5　乘积定理

设 $\mathscr{F}[f_1(t)] = F_1(\omega)$, $\mathscr{F}[f_2(t)] = F_2(\omega)$, 则

$$\int_{-\infty}^{+\infty} \overline{f_1(t)}f_2(t)dt = \frac{1}{2\pi}\int_{-\infty}^{+\infty} \overline{F_1(\omega)}F_2(\omega)d\omega \tag{7.34}$$

证　$\displaystyle\int_{-\infty}^{+\infty} \overline{f_1(t)}f_2(t)dt = \int_{-\infty}^{+\infty} \overline{f_1(t)}\left[\frac{1}{2\pi}\int_{-\infty}^{+\infty} F_2(\omega)e^{j\omega t}d\omega\right]dt$

$= \dfrac{1}{2\pi}\displaystyle\int_{-\infty}^{+\infty} F_2(\omega)\left[\int_{-\infty}^{+\infty} \overline{f_1(t)}e^{j\omega t}dt\right]d\omega$

$= \dfrac{1}{2\pi}\displaystyle\int_{-\infty}^{+\infty} F_2(\omega)\left[\int_{-\infty}^{+\infty} \overline{f_1(t)e^{-j\omega t}}dt\right]d\omega$

$= \dfrac{1}{2\pi}\displaystyle\int_{-\infty}^{+\infty} F_2(\omega)\left[\overline{\int_{-\infty}^{+\infty} f_1(t)e^{-j\omega t}dt}\right]d\omega$

$= \dfrac{1}{2\pi}\displaystyle\int_{-\infty}^{+\infty} \overline{F_1(\omega)}F_2(\omega)d\omega$

该性质的结论与证明本身并非特别重要, 但由它引出的能量积分(或称 Paseval 定

理)无论是在理论上还是在应用上都是十分重要的.

7.3.6 能量积分(Paseval 定理)

设 $\mathscr{F}[f(t)] = F(\omega)$,则有

$$\int_{-\infty}^{+\infty} [f(t)]^2 dt = \frac{1}{2\pi} \int_{-\infty}^{+\infty} |F(\omega)|^2 d\omega \qquad (7.35)$$

证 在式(7.34)中,令 $f_1(t) = f_2(t) = f(t)$,则

$$\int_{-\infty}^{+\infty} [f(t)]^2 dt = \frac{1}{2\pi} \int_{-\infty}^{+\infty} F(\omega) \overline{F(\omega)} d\omega$$

$$= \frac{1}{2\pi} \int_{-\infty}^{+\infty} |F(\omega)|^2 d\omega$$

$$= \frac{1}{2\pi} \int_{-\infty}^{+\infty} S(\omega) d\omega$$

其中

$$S(\omega) = |F(\omega)|^2$$

称为**能量密度函数**(或称能量谱密度). 它可以决定函数 $f(t)$ 的能量分布规律. 将它对所有频率积分,就得到 $f(t)$ 的总能量 $\int_{-\infty}^{+\infty} [f(t)]^2 dt$. 能量密度函数是 ω 的偶函数,即

$$S(-\omega) = S(\omega)$$

利用能量积分还可以计算某些积分的数值.

例 7.10 计算积分 $\int_0^{+\infty} \frac{\sin^2 t}{t^2} dt$.

解 令 $F(\omega) = \frac{\sin \omega}{\omega}$,已知单个矩形脉冲函数 $g(t) = \begin{cases} E, & |t| < \frac{\tau}{2}, \\ 0 & |t| \geq \frac{\tau}{2}, \end{cases}$ $\mathscr{F}[g(t)] =$

$\frac{2E}{\omega} \sin \frac{\omega \tau}{2}$. 若令 $E = \frac{1}{2}, \tau = 2$,可知 $f(t) = \begin{cases} \frac{1}{2}, & |t| < 1, \\ 0, & |t| \geq 1 \end{cases}$ 的傅里叶变换 $\mathscr{F}[f(t)] = \frac{\sin \omega}{\omega}$

$= F(\omega)$. 再由能量积分公式可得

$$\int_{-\infty}^{+\infty} \frac{\sin^2 \omega}{\omega^2} d\omega = 2\pi \int_{-\infty}^{+\infty} [f(t)]^2 dt = 2\pi \int_{-1}^{1} \frac{1}{4} dt = \pi$$

所以

$$\int_0^{+\infty} \frac{\sin^2 t}{t^2} dt = \frac{\pi}{2}$$

7.4 卷 积

卷积是由含参变量的广义积分定义的函数,与傅里叶变换有着密切的关联. 它的运算性质使得傅里叶变换得到更广泛的应用. 在这一节,我们将引入卷积的概念,讨论卷积

的性质及一些简单应用.

7.4.1 卷积的概念

定义 7.4 设 $f(t)$ 和 $g(t)$ 是两个定义在 $(-\infty, +\infty)$ 上的函数,含有参变量 t 的积分

$$\int_{-\infty}^{+\infty} f(\tau)g(t-\tau)\mathrm{d}\tau$$

称为函数 $f(t)$ 和 $g(t)$ 的卷积,记为 $f(t) * g(t)$,即

$$f(t) * g(t) = \int_{-\infty}^{+\infty} f(\tau)g(t-\tau)\mathrm{d}\tau \tag{7.36}$$

由定义 7.4,可以得到卷积满足下列运算规律:

(1)交换律:$f(t) * g(t) = g(t) * f(t)$;

(2)结合律:$f(t) * [g(t) * h(t)] = [f(t) * g(t)] * h(t)$;

(3)对加法的分配律:$f(t) * [g(t) + h(t)] = f(t) * g(t) + f(t) * h(t)$.

下面只对(1)和(3)进行证明:

证 (1)令 $t - \tau = u$,则新的积分变量 u 从 $+\infty$ 变到 $-\infty$,即

$$f(t) * g(t) = \int_{-\infty}^{+\infty} f(\tau)g(t-\tau)\mathrm{d}\tau$$

$$= \int_{+\infty}^{-\infty} f(t-u)g(u)\mathrm{d}(t-u)$$

$$= -\int_{+\infty}^{-\infty} g(u)f(t-u)\mathrm{d}u$$

$$= \int_{-\infty}^{+\infty} g(u)f(t-u)\mathrm{d}u$$

$$= g(t) * f(t)$$

(3)$f(t) * [g(t) + h(t)] = \int_{-\infty}^{+\infty} f(\tau)[g(t-\tau) + h(t-\tau)]\mathrm{d}\tau$

$$= \int_{-\infty}^{+\infty} f(\tau)g(t-\tau)\mathrm{d}\tau + \int_{-\infty}^{+\infty} f(\tau)h(t-\tau)\mathrm{d}\tau$$

$$= f(t) * g(t) + f(t) * h(t)$$

例 7.11 设 $f(t) = \begin{cases} 0, & t < 0, \\ 1, & t \geq 0, \end{cases}$ $g(t) = \begin{cases} 0, & t < 0, \\ \mathrm{e}^{-t}, & t \geq 0, \end{cases}$ 求 $f(t)$ 和 $g(t)$ 的卷积.

解 由卷积的定义,有

$$f(t) * g(t) = \int_{-\infty}^{+\infty} f(\tau)g(t-\tau)\mathrm{d}\tau$$

$$= \int_{-\infty}^{0} f(\tau)g(t-\tau)\mathrm{d}\tau + \int_{0}^{+\infty} f(\tau)g(t-\tau)\mathrm{d}\tau$$

$$= \int_{0}^{+\infty} 1 \cdot g(t-\tau)\mathrm{d}\tau = \int_{0}^{+\infty} g(t-\tau)\mathrm{d}\tau$$

当 $t < 0$ 时,$t - \tau < 0$,故

$$\int_{0}^{+\infty} g(t-\tau)\mathrm{d}\tau = 0$$

当 $t \geq 0$ 时,有

$$\int_0^{+\infty} g(t-\tau)\mathrm{d}\tau = \int_0^t g(t-\tau)\mathrm{d}\tau + \int_t^{+\infty} g(t-\tau)\mathrm{d}\tau$$

$$= \int_0^t \mathrm{e}^{-(t-\tau)}\mathrm{d}\tau = 1 - \mathrm{e}^{-t}$$

所以

$$f(t) * g(t) = \begin{cases} 0, & t < 0, \\ 1 - \mathrm{e}^{-t}, & t \geqslant 0. \end{cases}$$

例 7.12　求证

$$f(t) * \delta(t-t_0) = f(t-t_0) \tag{7.37}$$

证　由卷积的定义及 δ - 函数的奇偶性、筛选性质,得

$$f(t) * \delta(t-t_0) = \int_{-\infty}^{+\infty} f(\tau)\delta(t-t_0-\tau)\mathrm{d}\tau$$

$$= \int_{-\infty}^{+\infty} f(\tau)\delta[-(\tau-t+t_0)]\mathrm{d}\tau$$

$$= \int_{-\infty}^{+\infty} f(\tau)\delta(\tau-t+t_0)\mathrm{d}\tau$$

$$= f(t-t_0)$$

7.4.2　卷积定理

定理 7.2(卷积定理)　设函数 $f_1(t)$ 和 $f_2(t)$ 满足傅里叶积分定理的条件,且 $F_1(\omega) = \mathscr{F}[f_1(t)]$,$F_2(\omega) = \mathscr{F}[f_2(t)]$,则

$$\mathscr{F}[f_1(t) * f_2(t)] = F_1(\omega) \cdot F_2(\omega) \tag{7.38}$$

或者

$$\mathscr{F}^{-1}[F_1(\omega) \cdot F_2(\omega)] = f_1(t) * f_2(t) \tag{7.39}$$

证　由傅里叶变换的定义,有

$$\mathscr{F}[f_1(t) * f_2(t)] = \int_{-\infty}^{+\infty} [f_1(t) * f_2(t)]\mathrm{e}^{-\mathrm{j}\omega t}\mathrm{d}t$$

$$= \int_{-\infty}^{+\infty} \left[\int_{-\infty}^{+\infty} f_1(\tau)f_2(t-\tau)\mathrm{d}\tau \right] \mathrm{e}^{-\mathrm{j}\omega[\tau+(t-\tau)]}\mathrm{d}t$$

$$= \int_{-\infty}^{+\infty} \int_{-\infty}^{+\infty} f_1(\tau)\mathrm{e}^{-\mathrm{j}\omega\tau}f_2(t-\tau)\mathrm{e}^{-\mathrm{j}\omega(t-\tau)}\mathrm{d}\tau\mathrm{d}t$$

$$= \int_{-\infty}^{+\infty} f_1(\tau)\mathrm{e}^{-\mathrm{j}\omega\tau}\left[\int_{-\infty}^{+\infty} f_2(t-\tau)\mathrm{e}^{-\mathrm{j}\omega(t-\tau)}\mathrm{d}(t-\tau) \right]\mathrm{d}\tau$$

$$= F_2(\omega)\int_{-\infty}^{+\infty} f_1(\tau)\mathrm{e}^{-\mathrm{j}\omega\tau}\mathrm{d}\tau = F_1(\omega) \cdot F_2(\omega)$$

同理可得

$$\mathscr{F}[f_1(t) \cdot f_2(t)] = \frac{1}{2\pi}F_1(\omega) * F_2(\omega) \tag{7.40}$$

不难推证,如果 $f_k(t)(k=1,2,\cdots,n)$ 满足傅里叶积分存在定理的条件,且 $F_k(\omega) = \mathscr{F}[f_k(t)]$,则有

$$\mathscr{F}[f_1(t) * f_2(t) * \cdots * f_n(t)] = F_1(\omega) \cdot F_2(\omega) \cdot \cdots \cdot F_n(\omega) \tag{7.41}$$

$$\mathscr{F}[f_1(t) \cdot f_2(t) \cdot \cdots \cdot f_n(t)] = \frac{1}{(2\pi)^{n-1}} F_1(\omega) * F_2(\omega) * \cdots * F_n(\omega) \tag{7.42}$$

例 7.13　若 $f(t) = \cos \omega_0 t \cdot u(t)$，求 $\mathscr{F}[f(t)]$.

解　根据式(7.40)，有

$$\mathscr{F}[\cos \omega_0 t \cdot u(t)] = \frac{1}{2\pi} \mathscr{F}[\cos \omega_0 t] * \mathscr{F}[u(t)]$$

而 $\mathscr{F}[\cos \omega_0 t] = \pi[\delta(\omega + \omega_0) + \delta(\omega - \omega_0)]$，$\mathscr{F}[u(t)] = \frac{1}{j\omega} + \pi\delta(\omega)$，则

$$\mathscr{F}[f(t)] = \frac{1}{2\pi} \cdot \pi[\delta(\omega + \omega_0) + \delta(\omega - \omega_0)] * \left[\frac{1}{j\omega} + \pi\delta(\omega)\right]$$

$$= \frac{1}{2}\left[\delta(\omega + \omega_0) * \frac{1}{j\omega} + \delta(\omega + \omega_0) * \pi\delta(\omega)\right.$$

$$\left. + \delta(\omega - \omega_0) * \frac{1}{j\omega} + \delta(\omega - \omega_0) * \pi\delta(\omega)\right]$$

根据式(7.39)及傅里叶变换的性质，有

$$\delta(\omega \pm \omega_0) * \frac{1}{j\omega} = \mathscr{F}^{-1}\left\{\mathscr{F}[\delta(\omega \pm \omega_0)] \cdot \mathscr{F}\left[\frac{1}{j\omega}\right]\right\}$$

$$= \mathscr{F}^{-1}\left\{e^{\pm j\omega_0 t} \cdot \mathscr{F}\left[\frac{1}{j\omega}\right]\right\}$$

$$= \mathscr{F}^{-1}\left\{\mathscr{F}\left[\frac{1}{j(\omega \pm \omega_0)}\right]\right\} = \frac{1}{j(\omega \pm \omega_0)}$$

$$\delta(\omega \pm \omega_0) * \pi\delta(\omega) = \mathscr{F}^{-1}\left\{\mathscr{F}[\delta(\omega \pm \omega_0)] \cdot \mathscr{F}[\pi\delta(\omega)]\right\}$$

$$= \pi\mathscr{F}^{-1}\left\{e^{\pm j\omega_0 t} \cdot \mathscr{F}[\delta(\omega)]\right\}$$

$$= \pi\mathscr{F}^{-1}\left\{\mathscr{F}[\delta(\omega \pm \omega_0)]\right\}$$

$$= \pi\delta(\omega \pm \omega_0)$$

所以

$$\mathscr{F}[f(t)] = \frac{1}{2}\left[\frac{1}{j(\omega + \omega_0)} + \frac{1}{j(\omega - \omega_0)} + \pi\delta(\omega + \omega_0) + \pi\delta(\omega - \omega_0)\right]$$

$$= \frac{j\omega}{\omega_0^2 - \omega^2} + \frac{\pi}{2}[\delta(\omega + \omega_0) + \delta(\omega - \omega_0)]$$

从上面的例题中我们可以看出，卷积并不容易计算，但卷积定理提供了卷积计算的简便方法，即化卷积运算为乘积运算. 这就使卷积在线性系统分析中成为特别有用的方法.

*7.5　傅里叶变换的应用

傅里叶变换在数学领域和工程技术方面都有着广泛的应用. 在这一节里，我们仅给

读者简单介绍系统分析的频谱理论及线性微分方程、积分方程、微积分方程求解的傅里叶变换法,由此读者可以领略一下傅里叶变换的重要性.

7.5.1　非周期函数的频谱

傅里叶变换与频谱的概念有着非常密切的关系. 随着无线电技术、声学、振动学及光学的蓬勃发展,频谱理论也得到了发展,它的应用也越来越广泛. 我们在这里只简单地介绍一下频谱的基本知识,至于它的进一步的理论和应用,留待相关专业课程再作详细讨论.

在7.1节中我们知道,满足狄利克雷条件且以 T 为周期的函数 $f_T(t)$ 有三角级数展开式,即

$$f_T(t) = \frac{a_0}{2} + \sum_{n=1}^{\infty}(a_n\cos n\omega t + b_n\sin n\omega t) \tag{7.43}$$

其中

$$\omega = \frac{2\pi}{T}$$

$$a_0 = \frac{2}{T}\int_{-\frac{T}{2}}^{\frac{T}{2}}f_T(t)\mathrm{d}t$$

$$a_n = \frac{2}{T}\int_{-\frac{T}{2}}^{\frac{T}{2}}f_T(t)\cos n\omega t\mathrm{d}t \quad (n=1,2,\cdots)$$

$$b_n = \frac{2}{T}\int_{-\frac{T}{2}}^{\frac{T}{2}}f_T(t)\sin n\omega t\mathrm{d}t \quad (n=1,2,\cdots)$$

由此可知,$f_T(t)$ 的第 n 次谐波函数

$$a_n\cos n\omega t + b_n\sin n\omega t$$

的振幅为

$$A_n = \sqrt{a_n^2 + b_n^2}$$

它刻画了各次谐波的振幅随频率变化的分布情况. 这种分布情况在直角坐标系下的图形表示即是所谓的**频谱图**. 由于 A_n 的下标 n 的取值是离散的,决定了它的图形是不连续的. 这种类型的频谱称为离散频谱. 离散频谱清楚地刻画了 $f_T(t)$ 由哪些频率的谐波分量叠加而成,以及各谐波分量所占的比重. 这些信息恰好是系统分析必不可少的.

对于非周期函数 $f(t)$,当它满足傅里叶积分定理中的条件时,在 $f(t)$ 的连续点处可表示为

$$f(t) = \frac{1}{2\pi}\int_{-\infty}^{+\infty}F(\omega)\mathrm{e}^{\mathrm{j}\omega t}\mathrm{d}\omega$$

其中

$$F(\omega) = \int_{-\infty}^{+\infty}f(t)\mathrm{e}^{-\mathrm{j}\omega t}\mathrm{d}t$$

为它的傅里叶变换. 在频谱分析中,傅里叶变换 $F(\omega)$ 又称为 $f(t)$ 的**频谱函数**,而频谱函

数的模 $|F(\omega)|$ 称为函数 $f(t)$ 的**振幅频谱**(简称**频谱**). 由于 ω 是连续变化的,我们又称之为连续频谱. 对一个时间函数 $f(t)$ 作傅里叶变换,就是求这个时间函数的频谱函数. 频率和振幅的关系图称为**频谱图**.

例 7.14　作单个矩形脉冲函数 $f(t) = \begin{cases} E, & |t| < \dfrac{\tau}{2}, \\ 0, & |t| \geqslant \dfrac{\tau}{2} \end{cases}$ $(\tau > 0)$ 的频谱图.

解　单个矩形脉冲函数的频谱函数为

$$F(\omega) = \int_{-\infty}^{+\infty} f(t) e^{-j\omega t} dt$$

$$= \int_{-\frac{\tau}{2}}^{\frac{\tau}{2}} E e^{-j\omega t} dt = \frac{2E}{\omega} \sin \frac{\omega\tau}{2}$$

则其频谱为

$$|F(\omega)| = 2E \left| \frac{\sin \dfrac{\omega\tau}{2}}{\omega} \right|$$

可作出频谱图如图 7.5 所示,其中只画出了 $\omega \geqslant 0$ 的这一半. 显然, $|F(-\omega)| = |F(\omega)|$,另一半图像可以根据 $|F(\omega)|$ 是频率 ω 的偶函数得到.

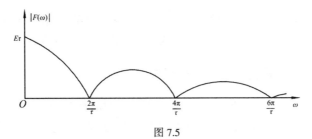

图 7.5

不仅仅上面的矩形单脉冲函数,其频谱是频率 ω 的偶函数,对于任何一个函数 $f(t)$,其频谱都是频率 ω 的偶函数,即

$$|F(-\omega)| = |F(\omega)|$$

事实上

$$F(\omega) = \int_{-\infty}^{+\infty} f(t) e^{-j\omega t} dt$$

$$= \int_{-\infty}^{+\infty} f(t) \cos \omega t dt - j \int_{-\infty}^{+\infty} f(t) \sin \omega t dt$$

所以

$$|F(\omega)| = \sqrt{\left(\int_{-\infty}^{+\infty} f(t) \cos \omega t dt \right)^2 + \left(\int_{-\infty}^{+\infty} f(t) \sin \omega t dt \right)^2}$$

显然有

$$|F(-\omega)| = |F(\omega)|$$

例 7.15　作指数衰减函数 $f(t) = \begin{cases} 0, & t < 0, \\ e^{-\beta t}, & t \geqslant 0 \end{cases}$ $(\beta > 0)$ 的频谱图.

解　根据例 7.2 的结果,有

$$F(\omega) = \frac{1}{\beta + j\omega}$$

即
$$|F(\omega)| = \frac{1}{\sqrt{\beta^2 + \omega^2}}$$

指数衰减函数的图像是一条钟形线(见图7.6).

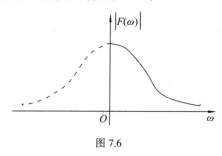

图 7.6

该函数的实频谱函数 $F(\omega)$ 不仅其模 $|F(\omega)|$ 是频率 ω 的函数,其辐角

$$\varphi(\omega) = \arctan \frac{\int_{-\infty}^{+\infty} f(t)\sin \omega t \mathrm{d}t}{\int_{-\infty}^{+\infty} f(t)\cos \omega t \mathrm{d}t} \tag{7.44}$$

也是频率 ω 的函数,反映 $f(t)$ 的各频率分量之间的相位关系. 通常称为相角频谱,在系统分析中也是一个重要指标. 读者可以参考有关资料,我们在这里不再讨论了.

7.5.2　微分、积分方程的傅里叶变换解法

对一个系统进行分析,首先要建立数学模型. 所谓的线性系统,在许多情况下,其数学模型可以用一个线性微分方程、积分方程以及微积分方程(这三种方程统称为微分、积分方程)乃至偏微分方程来描述.

根据傅里叶变换的线性性质、微分性质和积分性质,对要求解的方程两端取傅里叶变换,将其转化为像函数的代数方程,由这个代数方程求出像函数,再对像函数取傅里叶逆变换,就得到原来方程的解. 这是我们求此类方程的主要方法. 下面我们来看一些具体的例子.

例 7.16　求积分方程 $\int_0^{+\infty} g(\omega)\sin \omega t \mathrm{d}\omega = f(t)$ 的解 $g(\omega)$,其中

$$f(t) = \begin{cases} \dfrac{\pi}{2}\sin t, & 0 < t \leqslant \pi, \\ 0, & t > \pi. \end{cases}$$

解　该积分方程可以改写为

$$\frac{2}{\pi}\int_0^{+\infty} g(\omega)\sin \omega t \mathrm{d}\omega = \frac{2}{\pi}f(t)$$

即 $\dfrac{2}{\pi}f(t)$ 是函数 $g(\omega)$ 的傅里叶正弦逆变换,从而由式(7.13),得

$$g(\omega) = \int_0^{+\infty} \frac{2}{\pi} f(t) \sin \omega t \mathrm{d}t$$

$$= \int_0^{\pi} \sin t \sin \omega t \mathrm{d}t$$

$$= \frac{1}{2} \int_0^{\pi} [\cos(1-\omega)t - \cos(1+\omega)t] \mathrm{d}t$$

$$= \frac{\sin \omega \pi}{1 - \omega^2}$$

例 7.17　求常系数非齐次线性微分方程

$$\frac{\mathrm{d}^2}{\mathrm{d}t^2} y(t) - y(t) = -f(t)$$

的解,其中 $f(t)$ 为已知函数.

解　设 $\mathscr{F}[y(t)] = Y(\omega)$, $\mathscr{F}[f(t)] = F(\omega)$. 对上面的方程两边取傅里叶变换,由傅里叶变换的线性性质和微分性质,得

$$(\mathrm{j}\omega)^2 Y(\omega) - Y(\omega) = -F(\omega)$$

则

$$Y(\omega) = \frac{F(\omega)}{1 + \omega^2}$$

对上式两边取傅里叶逆变换,得

$$y(t) = \mathscr{F}^{-1}\left[\frac{F(\omega)}{1+\omega^2}\right] = \frac{1}{2\pi} \int_{-\infty}^{+\infty} \frac{F(\omega)}{1+\omega^2} \mathrm{e}^{\mathrm{j}\omega t} \mathrm{d}\omega$$

$$= \frac{1}{2\pi} \int_{-\infty}^{+\infty} \left[\frac{1}{1+\omega^2} \cdot F(\omega)\right] \mathrm{e}^{\mathrm{j}\omega t} \mathrm{d}\omega$$

由卷积定理知, $y(t)$ 是 $\dfrac{1}{1+\omega^2}$ 和 $F(\omega)$ 的像原函数的卷积. 由于

$$\mathscr{F}\left[\frac{1}{1+\omega^2}\right] = \frac{1}{2\pi} \int_{-\infty}^{+\infty} \frac{1}{1+\omega^2} \mathrm{e}^{\mathrm{j}\omega t} \mathrm{d}\omega = \frac{1}{2} \mathrm{e}^{-|t|}$$

所以

$$y(t) = \frac{1}{2} \mathrm{e}^{-|t|} * f(t) = \frac{1}{2} \int_{-\infty}^{+\infty} f(\tau) \mathrm{e}^{-|t-\tau|} \mathrm{d}\tau$$

例 7.18　求微积分方程

$$ax'(t) - bx(t) + c \int_{-\infty}^{t} x(\tau) \mathrm{d}\tau = h(t)$$

的解,其中 $-\infty < t < +\infty$, a, b, c 均为常数.

解　设 $\mathscr{F}[x(t)] = X(\omega)$, $\mathscr{F}[h(t)] = H(\omega)$,对方程两边取傅里叶变换,由傅里叶变换的线性性质、微分性质和积分性质,得

$$a\mathrm{j}\omega X(\omega) - bX(\omega) + \frac{c}{\mathrm{j}\omega} X(\omega) = H(\omega)$$

解得

$$X(\omega) = \frac{H(\omega)}{b + \mathrm{j}\left(a\omega - \dfrac{c}{\omega}\right)}$$

对上式两边取傅里叶逆变换,得

$$x(t) = \frac{1}{2\pi} \int_{-\infty}^{+\infty} \frac{H(\omega)\mathrm{e}^{\mathrm{j}\omega t}}{b + \mathrm{j}\left(a\omega - \dfrac{c}{\omega}\right)} \mathrm{d}\omega$$

上面的三个微分、积分方程的未知函数都是单变量函数. 像质点的位移,电路中的电流、电压等物理量,一般都是时间 t 的函数,这些物理量的变化规律在数学上的表示就形成上述方程. 但在自然界和工程技术领域中,还有很多物理量不仅仅与时间 t 有关系,而且还与空间位置有关. 例如,一根细长杆上的温度分布问题和声波在介质中传播的问题等. 研究这些物理量的变化规律就会获得含有未知的多变量函数及其偏导数的关系式,即称之为偏微分方程或数学物理方程. 下面我们来看一个热传导问题.

例 7.19 求下面热传导方程的柯西问题:

$$\begin{cases} \dfrac{\partial u}{\partial t} = a^2 \dfrac{\partial^2 u}{\partial x^2} + f(x,t), & -\infty < x < +\infty, t \geq 0, \\ u(x,0) = \varphi(x), & -\infty < x < +\infty. \end{cases}$$

解 对上面的方程组中的方程两边的变量 x 进行傅里叶变换,即

$$U(\omega,t) = \mathscr{F}[u(x,t)], \quad F(\omega,t) = \mathscr{F}[f(x,t)], \quad \Phi(\omega) = \mathscr{F}[\varphi(x)]$$

由傅里叶变换的线性性质和微分性质,得

$$\begin{cases} \dfrac{\mathrm{d}U(\omega,t)}{\mathrm{d}t} = -a^2\omega^2 U(\omega,t) + F(\omega,t) \\ U(\omega,0) = \Phi(\omega) \end{cases}$$

解一阶微分方程,得通解为

$$U(\omega,t) = \mathrm{e}^{-\int a^2\omega^2 \mathrm{d}t}\left(\int_0^t F(\omega,\tau)\mathrm{e}^{-a^2\omega^2\tau}\mathrm{d}\tau + C\right)$$

$$= C\mathrm{e}^{-a^2\omega^2 t} + \int_0^t F(\omega,\tau)\mathrm{e}^{-a^2\omega^2(t-\tau)}\mathrm{d}\tau$$

代入条件 $U(\omega,0) = \Phi(\omega)$,得 $C = \Phi(\omega)$,故

$$U(\omega,t) = \Phi(\omega)\mathrm{e}^{-a^2\omega^2 t} + \int_0^t F(\omega,\tau)\mathrm{e}^{-a^2\omega^2(t-\tau)}\mathrm{d}\tau$$

我们注意到,$\mathrm{e}^{-a^2\omega^2 t}$ 的像原函数为

$$\mathscr{F}^{-1}[\mathrm{e}^{-a^2\omega^2 t}] = \frac{1}{2\pi} \int_{-\infty}^{+\infty} \mathrm{e}^{-a^2\omega^2 t}\mathrm{e}^{\mathrm{j}\omega x}\mathrm{d}\omega = \frac{1}{2a\sqrt{\pi t}}\mathrm{e}^{-\frac{x^2}{4a^2 t}}$$

再根据傅里叶变换的卷积定理,得到原问题的解为

$$u(x,t) = \mathscr{F}^{-1}[U(\omega,t)]$$

$$= \varphi(x) * \frac{1}{2a\sqrt{\pi t}}\mathrm{e}^{-\frac{x^2}{4a^2 t}} + \int_0^t f(x,\tau) * \frac{1}{2a\sqrt{\pi(t-\tau)}}\mathrm{e}^{-\frac{x^2}{4a^2(t-\tau)}}\mathrm{d}\tau$$

$$= \frac{1}{2a\sqrt{\pi t}} \int_{-\infty}^{+\infty} \varphi(\zeta) e^{-\frac{(x-\zeta)^2}{4a^2 t}} \mathrm{d}\zeta$$

$$+ \frac{1}{2a\sqrt{\pi}} \int_{0}^{t}\int_{-\infty}^{+\infty} \frac{f(\zeta,\tau)}{\sqrt{t-\tau}} e^{-\frac{(x-\zeta)^2}{4a^2(t-\tau)}} \mathrm{d}\zeta \mathrm{d}\tau$$

习题 7

1. 求下列函数的傅里叶积分：

$(1) f(t) = \begin{cases} 1 - t^2, & |t| \leqslant 1, \\ 0, & |t| > 1; \end{cases}$

$(2) f(t) = \begin{cases} 0, & t < 0, \\ e^{-t}\sin 2t, & t \geqslant 0; \end{cases}$

$(3) f(t) = \begin{cases} -1, & -1 < t < 0, \\ 1, & 0 < t < 1, \\ 0, & 其他. \end{cases}$

2. 求下列函数的傅里叶积分，并推证下列积分结果：

$(1) f(t) = e^{-\beta|t|} (\beta > 0)$，证明：$\displaystyle\int_{0}^{+\infty} \frac{\cos \omega t}{\beta^2 + \omega^2} \mathrm{d}\omega = \frac{\pi}{2\beta} e^{-\beta|t|}$；

$(2) f(t) = e^{-|t|}\cos t$，证明：$\displaystyle\int_{0}^{+\infty} \frac{\omega^2 + 2}{\omega^4 + 4}\cos \omega t \mathrm{d}\omega = \frac{\pi}{2} e^{-|t|}\cos t$；

$(3) f(t) = \begin{cases} \sin t, & |t| \leqslant \pi, \\ 0, & |t| > \pi, \end{cases}$　证明：$\displaystyle\int_{0}^{+\infty} \frac{\sin \omega\pi\sin \omega t}{1 - \omega^2}\mathrm{d}\omega = \begin{cases} \dfrac{\pi}{2}\sin t, & |t| \leqslant \pi, \\ 0, & |t| > \pi. \end{cases}$

3. 求函数 $f(t) = e^{-\beta t} (\beta > 0, t \geqslant 0)$ 的傅里叶正弦积分表达式和余弦积分表达式.

4. 求下列函数的傅里叶变换：

$(1) f(t) = \begin{cases} 1 - |t|, & |t| \leqslant 1, \\ 0, & |t| > 1; \end{cases}$

$(2) f(t) = \begin{cases} E, & 0 < t < \tau, \\ 0, & 其他 \end{cases} (E > 0, \tau > 0)$；

$(3) f(t) = \begin{cases} e^{-|t|}, & |t| \leqslant \dfrac{1}{2}, \\ 0, & |t| > \dfrac{1}{2}. \end{cases}$

5. 已知某函数 $f(t)$ 的像函数 $F(\omega)$ 如下，求原像 $f(t)$：

$(1) F(\omega) = \dfrac{\sin \omega}{\omega}$；　　　$(2) F(\omega) = \pi[\delta(\omega + \omega_0) + \delta(\omega - \omega_0)]$.

6. 求下列函数的傅里叶变换：

$(1) \operatorname{sgn} t = \dfrac{t}{|t|} = \begin{cases} -1, & t < 0, \\ 1, & t > 0; \end{cases}$

(2)$f(t) = \dfrac{1}{2}\left[\delta(t+a) + \delta(t-a) + \delta\left(t+\dfrac{a}{2}\right) + \delta\left(t-\dfrac{a}{2}\right)\right]$;

(3)$f(t) = \cos t \sin t$.

7. 若 $F(\omega) = \mathscr{F}[f(t)]$, 证明傅里叶变换的对称性质:

$$f(\pm\omega) = \dfrac{1}{2\pi}\int_{-\infty}^{+\infty} F(\mp t)\mathrm{e}^{-\mathrm{j}\omega t}\mathrm{d}t$$

即　　　　　　　　　　$\mathscr{F}[F(\mp t)] = 2\pi f(\pm\omega)$

8. 若 $F(\omega) = \mathscr{F}[f(t)]$, a 为非零常数, 证明傅里叶变换的相似性质:

$$\mathscr{F}[f(at)] = \dfrac{1}{|a|}F\left(\dfrac{\omega}{a}\right)$$

9. 若 $F(\omega) = \mathscr{F}[f(t)]$, 证明像函数的微分性质:

$$\dfrac{\mathrm{d}}{\mathrm{d}\omega}F(\omega) = \mathscr{F}[-\mathrm{j}tf(t)]$$

10. 若 $F(\omega) = \mathscr{F}[f(t)]$, 证明:

$$\mathscr{F}[f(t)\cos\omega_0 t] = \dfrac{1}{2}[F(\omega-\omega_0) + F(\omega+\omega_0)]$$

$$\mathscr{F}[f(t)\sin\omega_0 t] = \dfrac{1}{2\mathrm{j}}[F(\omega-\omega_0) - F(\omega+\omega_0)]$$

11. 利用像函数的微分性质, 求 $f(t) = t\mathrm{e}^{-t^2}$ 的傅里叶变换.

12. 若 $F(\omega) = \mathscr{F}[f(t)]$, 利用傅里叶变换的性质求下列函数 $g(t)$ 的傅里叶变换:

(1)$g(t) = tf(2t)$;　　　　　　　　(2)$g(t) = (t-2)f(-2t)$;

(3)$g(t) = t^3 f(2t)$;　　　　　　　　(4)$g(t) = tf'(t)$;

(5)$g(t) = (1-t)f(1-t)$;　　　　　(6)$g(t) = f(2t-5)$.

13. 利用能量积分 $\displaystyle\int_{-\infty}^{+\infty}[f(t)]^2\mathrm{d}t = \dfrac{1}{2\pi}\int_{-\infty}^{+\infty}|F(\omega)|^2\mathrm{d}\omega$ 求下列积分:

(1)$\displaystyle\int_{-\infty}^{+\infty}\dfrac{1-\cos x}{x^2}\mathrm{d}x$;　　　　(2)$\displaystyle\int_{-\infty}^{+\infty}\dfrac{\sin^4 x}{x^2}\mathrm{d}x$;

(3)$\displaystyle\int_{-\infty}^{+\infty}\dfrac{1}{(1+x^2)^2}\mathrm{d}x$;　　　(4)$\displaystyle\int_{-\infty}^{+\infty}\dfrac{x^2}{(1+x^2)^2}\mathrm{d}x$.

14. 证明下列各式:

(1)$f(t) * \delta(t) = f(t)$;

(2)$f(t) * \delta(t-t_0) = f(t-t_0)$;

(3)$f(t) * \delta'(t) = f'(t)$;

(4)$f(t) * u(t) = \displaystyle\int_{-\infty}^{t} f(\tau)\mathrm{d}\tau$;

(5)$\dfrac{\mathrm{d}}{\mathrm{d}t}[f_1(t) * f_2(t)] = \dfrac{\mathrm{d}}{\mathrm{d}t}f_1(t) * f_2(t) = f_1(t) * \dfrac{\mathrm{d}}{\mathrm{d}t}f_2(t)$.

15. 若 $f_1(t) = \mathrm{e}^{-at} u(t)$，$f_2(t) = \sin t \cdot u(t)$，求 $f_1(t) * f_2(t)$.

16. 若 $f_1(t) = \begin{cases} 0, & t < 0, \\ \mathrm{e}^{-t}, & t \geqslant 0 \end{cases}$ 和 $f_2(t) = \begin{cases} \sin t, & 0 \leqslant t \leqslant \dfrac{\pi}{2}, \\ 0, & \text{其他}, \end{cases}$ 求 $f_1(t) * f_2(t)$.

17. 求高斯(Guass)分布函数 $f(t) = \dfrac{1}{\sqrt{2\pi}} \mathrm{e}^{-\frac{t^2}{2\sigma^2}}$ 的频谱函数.

18. 求微分方程 $x'(t) + x(t) = \delta(t) \; (-\infty < x < +\infty)$ 的解.

19. 解下列积分方程：

$(1) \displaystyle\int_0^{+\infty} g(\omega) \cos \omega t \mathrm{d}\omega = \dfrac{\sin t}{t}$;

$(2) \displaystyle\int_{-\infty}^{+\infty} \mathrm{e}^{-|t-\tau|} y(\tau) \mathrm{d}\tau = \sqrt{2\pi} \mathrm{e}^{-\frac{t^2}{2}}$.

20. 求下列微分、积分方程的解 $x(t)$：

$(1) x'(t) - 4 \displaystyle\int_{-\infty}^{t} x(\tau) \mathrm{d}\tau = \mathrm{e}^{-|t|} \; (-\infty < t < +\infty)$;

$(2) ax'(t) + b \displaystyle\int_{-\infty}^{+\infty} x(\tau) f(t-\tau) \mathrm{d}\tau = ch(t) \; (-\infty < t < +\infty)$，其中 $f(t), h(t)$ 是已知函数，a, b, c 均为常数.

第8章 拉普拉斯变换

拉普拉斯(Laplace)变换理论是在 19 世纪末发展起来的. 首先是英国工程师赫维赛德(O. Heaviside)发明了用运算法解决当时电工计算中出现的一些问题, 但是缺乏严密的数学论证. 后来由法国数学家拉普拉斯(P. S. Laplace)给出了严密的数学定义, 称之为拉普拉斯变换方法. 拉普拉斯变换是一种很好的积分变换, 在电学、力学等众多工程技术中及科学领域得到广泛的应用. 本章首先介绍拉普拉斯变换的概念、存在定理及一些重要性质, 然后讨论拉普拉斯逆变换及其应用.

8.1 拉普拉斯变换的概念

8.1.1 拉普拉斯变换

在第 7 章中我们讲过, 一个函数如果满足狄利克雷条件, 且在 $(-\infty, +\infty)$ 上绝对可积, 就一定存在古典意义下的傅里叶变换. 但绝对可积这个条件很强, 许多函数满足不了这个条件, 如单位阶跃函数、正(余)弦函数及线性函数等. 另外, 可进行傅里叶变换的函数必须在 $(-\infty, +\infty)$ 上有定义, 但在实际问题中, 很多以时间 t 为变量的函数往往当 $t<0$ 时没有定义, 或者根本不需要考虑 $t<0$ 时的情况. 像这样一些函数不能求它的傅里叶变换. 由此可见, 傅里叶变换的应用范围受到相当大的限制.

为了解决上面的问题, 人们发现对于任意一个不满足上述条件的函数 $\varphi(t)$, 经过适当的改造后可以克服前面两个缺点, 使其满足古典意义下的傅里叶变换. 首先, 我们将 $\varphi(t)$ 乘以单位阶跃函数 $u(t)$, 这样使积分区间由 $(-\infty, +\infty)$ 换成 $[0, +\infty)$. 即

$$\mathscr{F}[\varphi(t)u(t)] = \int_{-\infty}^{+\infty} \varphi(t)u(t)e^{-j\omega t}dt = \int_0^{+\infty} f(t)e^{-j\omega t}dt$$

其中 $f(t) = \varphi(t)u(t)$. 这样, 当 $t<0$ 时, $\varphi(t)$ 在没有定义或者不需要知道的情况下的问题就解决了. 但这样仍回避不了 $f(t)$ 在 $[0, +\infty)$ 上绝对可积的限制. 为此, 我们考虑, 当 $t \to +\infty$ 时, 衰减速度很快的函数即指数衰减函数 $e^{-\beta t}(\beta>0)$, 只要 β 足够大, 就可以保证 $f(t)e^{-\beta t}$ 在 $[0, +\infty)$ 上绝对可积. 这样

$$\mathscr{F}[\varphi(t)u(t)e^{-\beta t}] = \int_0^{+\infty} f(t)e^{-\beta t}e^{-j\omega t}dt = \int_0^{+\infty} f(t)e^{-(\beta+j\omega)t}dt$$

$$= \int_0^{+\infty} f(t)e^{-st}dt \quad (s = \beta + j\omega)$$

这个积分是关于复参变量 $s = \beta + j\omega$ 的函数, 记为

$$F(s) = \int_0^{+\infty} f(t)e^{-st}dt$$

这是由实函数 $f(t)$ 通过一种新的变换得到的复变函数, 这种变换就是这一节要讨论的拉

普拉斯变换.

定义 8.1　设函数 $f(t)$ 当 $t \geq 0$ 时有定义,且积分

$$\int_0^{+\infty} f(t) e^{-st} dt \quad (s \text{ 是参变量})$$

在 s 的某一域内收敛,则由这个积分所确定的函数

$$F(s) = \int_0^{+\infty} f(t) e^{-st} dt \tag{8.1}$$

称为函数 $f(t)$ 的**拉普拉斯变换**,记为 $\mathscr{L}[f(t)]$,即

$$F(s) = \mathscr{L}[f(t)] = \int_0^{+\infty} f(t) e^{-st} dt$$

其中 $F(s)$ 称为 $f(t)$ 的**像函数**,$f(t)$ 称为 $F(s)$ 的**像原函数**.

如果 $F(s)$ 是 $f(t)$ 的拉普拉斯变换,则称 $f(t)$ 是 $F(s)$ 的**拉普拉斯逆变换**,记为

$$f(t) = \mathscr{L}^{-1}[F(s)]$$

由前面的讨论可知,$f(t)(t \geq 0)$ 的拉普拉斯变换实际上就是 $f(t)u(t)e^{-\beta t}$ 的傅里叶变换.

例 8.1　求单位阶跃函数 $u(t) = \begin{cases} 0, & t < 0, \\ 1, & t > 0 \end{cases}$ 的拉普拉斯变换.

解　由拉普拉斯变换的定义,有

$$\mathscr{L}[u(t)] = \int_0^{+\infty} 1 \cdot e^{-st} dt = -\frac{1}{s} e^{-st} \Big|_0^{+\infty}$$

由于

$$\lim_{t \to +\infty} |e^{-st}| \xrightarrow{\text{令 } s = \beta + j\omega} \lim_{t \to +\infty} |e^{-(\beta + j\omega)t}| = \lim_{t \to +\infty} e^{-\beta t}$$

当且仅当 $\mathrm{Re}(s) = \beta > 0$ 时,上面的极限存在且等于 0. 即这个积分当 $\mathrm{Re}(s) > 0$ 时收敛,且

$$\mathscr{L}[u(t)] = \frac{1}{s} \quad (\mathrm{Re}(s) > 0)$$

例 8.2　求指数函数 $f(t) = e^{kt}$ (k 为实数)的拉普拉斯变换.

解　由拉普拉斯变换的定义,有

$$\mathscr{L}[e^{kt}] = \int_0^{+\infty} e^{kt} \cdot e^{-st} dt = \int_0^{+\infty} e^{-(s-k)t} dt$$

由例 8.1 的结果知,这个积分当且仅当 $\mathrm{Re}(s) > k$ 时收敛,且

$$\mathscr{L}[e^{kt}] = \int_0^{+\infty} e^{-(s-k)t} dt = \frac{1}{s-k} \quad (\mathrm{Re}(s) > k)$$

8.1.2　拉普拉斯变换存在定理

从上面的例子可以看出,拉普拉斯变换要比傅里叶变换存在的条件弱得多,但还是要具备一些条件. 那么,一个函数应该满足什么条件,它的拉普拉斯变换才一定存在呢? 下面我们就来研究这个问题. 我们先来看一个定义:

定义 8.2　设函数 $f(t)$ 在 $[0, +\infty)$ 上有定义,$f(t)$ 的增长速度不超过某一指数函数,即存在常数 $M > 0$ 及 $c \geqslant 0$,使得

$$|f(t)| \leqslant M e^{ct}, \quad 0 \leqslant t < +\infty$$

成立,则称 $f(t)$ 的**增长速度是不超过指数级的**,c 称为它的**增长指数**.

定理 8.1(拉普拉斯变换存在定理)　若函数 $f(t)$ 满足下列条件:

(1)在 $[0, +\infty)$ 内的任一有限区间上分段连续;

(2)当 $t \to +\infty$ 时,$f(t)$ 的增长速度不超过某一指数函数,即它的增长速度是不超过指数级的.

则 $f(t)$ 的拉普拉斯变换

$$F(s) = \int_0^{+\infty} f(t) e^{-st} dt$$

在半平面 $\mathrm{Re}(s) > c$ 上一定存在,右端的积分在 $\mathrm{Re}(s) \geqslant c_1 > c$ 上一定绝对收敛且一致收敛,而且函数 $F(s)$ 在半平面 $\mathrm{Re}(s) > c$ 内解析.

证　由条件(2)可知,对于任意的 $t \in [0, +\infty)$,有

$$|f(t) e^{-st}| \leqslant |f(t)| e^{-\beta t} \leqslant M e^{-(\beta - c)t} \quad (\mathrm{Re}(s) = \beta)$$

若令 $\beta - c \geqslant \varepsilon$,其中 ε 是任意给定的正数,则 $\beta \geqslant c + \varepsilon = c_1 > c$,故

$$|f(t) e^{-st}| \leqslant M e^{-\varepsilon t}$$

所以

$$\int_0^{+\infty} |f(t) e^{-st}| dt \leqslant \int_0^{+\infty} M e^{-\varepsilon t} dt = \frac{M}{\varepsilon}$$

根据含参变量的广义积分的性质可知,在 $\mathrm{Re}(s) \geqslant c_1 > c$ 上,式(8.1)右端的积分不仅绝对收敛,而且一致收敛.

在式(8.1)的积分号内对 s 求导,则

$$\int_0^{+\infty} \frac{\mathrm{d}[f(t) e^{-st}]}{\mathrm{d}s} dt = \int_0^{+\infty} -t f(t) e^{-st} dt$$

而 $|-t f(t) e^{-st}| \leqslant M t e^{-\beta t}$,所以

$$\int_0^{+\infty} \left| \frac{\mathrm{d}[f(t) e^{-st}]}{\mathrm{d}s} \right| dt \leqslant \int_0^{+\infty} M t e^{-\varepsilon t} dt = \frac{M}{\varepsilon^2}$$

由此可见,$\int_0^{+\infty} \dfrac{\mathrm{d}[f(t) e^{-st}]}{\mathrm{d}s} dt$ 在半平面 $\mathrm{Re}(s) \geqslant c_1 > c$ 内绝对收敛,且一致收敛,从而微分和积分的次序可以交换,即

$$\frac{\mathrm{d}F(s)}{\mathrm{d}s} = \frac{\mathrm{d}}{\mathrm{d}s} \int_0^{+\infty} f(t) e^{-st} dt = \int_0^{+\infty} \frac{\mathrm{d}[f(t) e^{-st}]}{\mathrm{d}s} dt$$

$$= \int_0^{+\infty} -t f(t) e^{-st} dt = \mathscr{L}[-t f(t)]$$

这就表明,$F(s)$ 在右半平面 $\mathrm{Re}(s) > c$ 内是可微的.根据解析函数的无穷可微性,$F(s)$ 在右半平面 $\mathrm{Re}(s) > c$ 内是解析的.

这个定理的条件是充分的,在物理学和工程技术领域中常见的函数大都能满足这两个条件.一个函数增大的速度是不超过指数级的与函数绝对可积相比,前者的条件弱得

多. 例如, $u(t)$, $\cos kt$, t^m 等都不满足傅里叶积分定理中的绝对可积的条件, 但它们都满足拉普拉斯变换存在定理中的条件(2):

$$|u(t)| \leqslant 1 \cdot e^{0 \cdot t}, 故\ M=1, c=0$$
$$|\cos kt| \leqslant 1 \cdot e^{0 \cdot t}, 故\ M=1, c=0$$

至于 t^m, 由于 $\lim\limits_{t \to +\infty} \dfrac{t^m}{e^t} = 0$, 所以当 t 充分大后, 有 $t^m < e^t$, 即

$$|t^m| \leqslant 1 \cdot e^{1 \cdot t}, 故\ M=1, c=1$$

由此可见, 对于某些问题(如在线性系统分析中), 拉普拉斯变换的应用就更广泛了.

　　除了上面介绍的单位阶跃函数和指数函数的拉普拉斯变换, 下面再来看一些常用的函数的拉普拉斯变换.

　　例 8.3　求余弦函数 $f(t) = \cos kt$(k 为实数)的拉普拉斯变换.

　　解
$$\mathscr{L}[\cos kt] = \int_0^{+\infty} \cos kt \cdot e^{-st} dt = \int_0^{+\infty} \frac{e^{jkt} + e^{-jkt}}{2} e^{-st} dt$$
$$= \frac{1}{2} \int_0^{+\infty} [e^{-(s-jk)t} + e^{-(s+jk)t}] dt$$
$$= -\frac{1}{2} \left[\frac{e^{-(s-jk)t}}{s-jk} + \frac{e^{-(s+jk)t}}{s+jk} \right]_0^{+\infty}$$
$$= \frac{1}{2} \left(\frac{1}{s-jk} + \frac{1}{s+jk} \right) = \frac{s}{s^2+k^2} \quad (\mathrm{Re}(s) > 0)$$

即

$$\mathscr{L}[\cos kt] = \frac{s}{s^2+k^2} \quad (\mathrm{Re}(s) > 0)$$

同理可以得到

$$\mathscr{L}[\sin kt] = \frac{k}{s^2+k^2} \quad (\mathrm{Re}(s) > 0)$$

　　例 8.4　求幂函数 $f(t) = t^\alpha$($\alpha > -1$)的拉普拉斯变换.

　　解　由拉普拉斯变换的定义式, 有

$$\mathscr{L}[t^\alpha] = \int_0^{+\infty} t^\alpha e^{-st} dt$$

为了求此积分, 令 $st = z$, 其中 s 为右半平面内的任一复数, 则得到复数的积分变量 z. 则

$$\int_0^{+\infty} t^\alpha e^{-st} dt = \int_0^{+\infty} \frac{(st)^\alpha e^{-st}}{s^{\alpha+1}} d(st)$$
$$= \frac{1}{s^{\alpha+1}} \int_0^{+\infty} (st)^\alpha e^{-st} d(st)$$
$$= \frac{1}{s^{\alpha+1}} \int_0^\infty z^\alpha e^{-z} dz$$

上式右端的积分路径为从原点出发到无穷远的一条射线 OS(见图 8.1).

　　由于被积函数 $z^\alpha e^{-z}$ 除原点及负实轴外处处解析, 作积分路径简单闭曲线如图 8.1 所示, 由柯西积分定理, 有

$$\int_A^B z^\alpha e^{-z} dz + \int_{C_r^-} z^\alpha e^{-z} dz + \int_r^R x^\alpha e^{-x} dx + \int_{C_R} z^\alpha e^{-z} dz = 0 \tag{8.2}$$

即
$$\int_B^A z^\alpha e^{-z} dz = \int_{C_r^-} z^\alpha e^{-z} dz + \int_r^R z^\alpha e^{-z} dz + \int_{C_R} z^\alpha e^{-z} dz$$

这里
$$\left| \int_{C_R} z^\alpha e^{-z} dz \right| \leqslant \int_{C_R} |z|^\alpha |e^{-z}| ds = \int_0^\theta R^{\alpha+1} e^{-R\cos\varphi} d\varphi$$

由积分中值定理,存在 $0 < \theta_1 < \theta < \dfrac{\pi}{2}$,使得

$$\int_0^\theta R^{\alpha+1} e^{-R\cos\varphi} d\varphi = R^{\alpha+1} e^{-R\cos\theta_1} = \frac{R^{\alpha+1}}{e^{R\cos\theta_1}} \to 0 \quad (R \to +\infty)$$

所以
$$\lim_{R \to +\infty} \int_{C_R} z^\alpha e^{-z} dz = 0$$

同理,存在 $0 < \theta_2 < \theta < \dfrac{\pi}{2}$,使得

$$\left| \int_{C_r^-} z^\alpha e^{-z} dz \right| \leqslant r^{\alpha+1} e^{-r\cos\theta_2} \to 0 \quad (r \to 0)$$

等式(8.2)的两边同时令 $r \to 0, R \to \infty$,可得到

$$\int_0^\infty z^\alpha e^{-z} dz = \int_0^{+\infty} x^\alpha e^{-x} dx = \Gamma(\alpha+1)$$

所以
$$\int_0^{+\infty} t^\alpha e^{-st} dt = \frac{\Gamma(\alpha+1)}{s^{\alpha+1}} \quad (\alpha > -1, \mathrm{Re}(s) > 0)$$

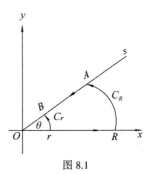

图 8.1

特别地,当 α 是非负整数 m 时,有

$$\int_0^{+\infty} t^m e^{-st} dt = \frac{\Gamma(m+1)}{s^{m+1}} = \frac{m!}{s^{m+1}} \quad (\mathrm{Re}(s) > 0)$$

8.1.3　特殊函数的拉普拉斯变换

8.1.3.1　周期函数的拉普拉斯变换

设 $f(t)$ 是以 T 为周期的函数,即 $f(t+T) = f(t)(t>0)$,且在一个周期内逐段连续,则

$$\mathscr{L}[f(t)] = \int_0^{+\infty} f(t) e^{-st} dt = \sum_{k=0}^\infty \int_{kT}^{(k+1)T} f(t) e^{-st} dt$$

令 $t = \tau + kT$,则

$$\int_{kT}^{(k+1)T} f(t) e^{-st} dt = \int_0^T f(\tau+kT) e^{-s(\tau+kT)} d\tau = e^{-skT} \int_0^T f(\tau) e^{-s\tau} d\tau$$

又因为当 $\mathrm{Re}(s) > 0$ 时,$|e^{-sT}| < 1$,则几何级数

$$\sum_{k=0}^\infty \int_{kT}^{(k+1)T} f(t) e^{-st} dt = \sum_{k=0}^\infty e^{-skT} \int_0^T f(t) e^{-st} dt$$

一定收敛,且

$$\sum_{k=0}^\infty \int_{kT}^{(k+1)T} f(t) e^{-st} dt = \frac{1}{1-e^{-sT}} \int_0^T f(t) e^{-st} dt$$

即

$$\mathscr{L}[f(t)] = \frac{1}{1-e^{-sT}} \int_0^T f(t) e^{-st} dt \quad (\mathrm{Re}(s) > 0) \tag{8.3}$$

式(8.3)可以作为周期函数的拉普拉斯变换公式.

例8.5 求周期性三角波

$$f(t) = \begin{cases} t, & 0 \leqslant t < b, \\ 2b - t, & b \leqslant t < 2b \end{cases} \text{且} f(t+2b) = f(t)$$

的拉普拉斯变换.

解 由于 $f(t)$ 是以 $2b$ 为周期的函数,则

$$\int_0^{2b} f(t) e^{-st} dt = \int_0^b t e^{-st} dt + \int_b^{2b} (2b-t) e^{-st} dt$$

由于

$$\int_b^{2b} (2b-t) e^{-st} dt \xrightarrow{\text{令} t-b=u} \int_0^b (b-u) e^{-s(u+b)} du$$

$$= b e^{-sb} \int_0^b e^{-su} du - e^{-sb} \int_0^b u e^{-su} du$$

则

$$\int_0^{2b} f(t) e^{-st} dt = b e^{-sb} \int_0^b e^{-st} dt + (1 - e^{-sb}) \int_0^b t e^{-st} dt$$

$$= -\frac{b e^{-sb}}{s} e^{-st} \Big|_0^b - (1 - e^{-sb}) \cdot \frac{st+1}{s^2} e^{-st} \Big|_0^b$$

$$= \frac{1}{s^2} (1 - e^{-bs})^2$$

由公式(8.3),得 $f(t)$ 的拉普拉斯变换为

$$\mathscr{L}[f(t)] = \frac{1}{1 - e^{-2bs}} \cdot \frac{1}{s^2} (1 - e^{-bs})^2$$

$$= \frac{1}{s^2} \cdot \frac{1 - e^{-bs}}{1 + e^{-bs}}$$

$$= \frac{1}{s^2} \cdot \frac{e^{\frac{bs}{2}} - e^{-\frac{bs}{2}}}{e^{\frac{bs}{2}} + e^{-\frac{bs}{2}}}$$

$$= \frac{1}{s^2} \text{th} \frac{bs}{2}$$

8.1.3.2 含有单位脉冲函数的函数的拉普拉斯变换

满足拉普拉斯变换存在定理条件的函数 $f(t)$ 在 $t=0$ 处有界时,积分

$$\mathscr{L}[f(t)] = \int_0^{+\infty} f(t) e^{-st} dt$$

中的下限取 0^- 或 0^+ 不会影响其结果. 但当 $f(t)$ 在 $t=0$ 处包含脉冲函数时,则拉普拉斯变换的积分下限必须明确指出是 0^- 还是 0^+. 设 $\mathscr{L}_+[f(t)] = \int_{0^+}^{+\infty} f(t) e^{-st} dt$,则

$$\mathscr{L}_-[f(t)] = \int_{0^-}^{+\infty} f(t) e^{-st} dt = \int_{0^-}^{0^+} f(t) e^{-st} dt + \mathscr{L}_+[f(t)]$$

当 $f(t)$ 在 $t=0$ 处有界时,积分 $\int_{0^-}^{0^+} f(t) e^{-st} dt = 0$,此时

$$\mathscr{L}_-[f(t)] = \mathscr{L}_+[f(t)]$$

但是,当 $f(t)$ 在 $t=0$ 处包含脉冲函数时,$\int_{0^-}^{0^+} f(t)\mathrm{e}^{-st}\mathrm{d}t \neq 0$,即

$$\mathscr{L}_-[f(t)] \neq \mathscr{L}_+[f(t)]$$

考虑到这种情况,我们需将进行拉普拉斯变换的函数 $f(t)$ 的定义域 $[0,+\infty)$,扩大到当 $t>0$ 及 $t=0$ 的任一邻域内有定义. 这样,原来的拉普拉斯方程的定义式

$$\mathscr{L}[f(t)] = \int_0^{+\infty} f(t)\mathrm{e}^{-st}\mathrm{d}t$$

应为

$$\mathscr{L}_-[f(t)] = \int_{0^-}^{+\infty} f(t)\mathrm{e}^{-st}\mathrm{d}t$$

但为了书写方便起见,仍写成式(8.1)的形式.

例 8.6　求单位脉冲函数 $\delta(t)$ 的拉普拉斯变换.

解　由拉普拉斯变换的定义及单位脉冲函数的性质,有

$$\mathscr{L}[\delta(t)] = \int_0^{+\infty} \delta(t)\mathrm{e}^{-st}\mathrm{d}t = \int_{0^-}^{+\infty} \delta(t)\mathrm{e}^{-st}\mathrm{d}t$$

$$= \int_{-\infty}^{+\infty} \delta(t)\mathrm{e}^{-st}\mathrm{d}t = \mathrm{e}^{-st}\Big|_{t=0} = 1$$

例 8.7　求函数 $f(t) = \mathrm{e}^{-\beta t}\delta(t) - \beta\mathrm{e}^{-\beta t}u(t)\,(\beta>0)$ 的拉普拉斯变换.

解　由式(8.1),有

$$\mathscr{L}[f(t)] = \int_0^{+\infty} f(t)\mathrm{e}^{-st}\mathrm{d}t = \int_{0^-}^{+\infty} [\mathrm{e}^{-\beta t}\delta(t) - \beta\mathrm{e}^{-\beta t}u(t)]\mathrm{e}^{-st}\mathrm{d}t$$

$$= \int_{0^-}^{+\infty} \mathrm{e}^{-\beta t}\delta(t)\mathrm{e}^{-st}\mathrm{d}t - \beta\int_0^{+\infty} \mathrm{e}^{-\beta t}\mathrm{e}^{-st}\mathrm{d}t$$

$$= \int_{-\infty}^{+\infty} \delta(t)\mathrm{e}^{-(s+\beta)t}\mathrm{d}t - \beta\int_0^{+\infty} \mathrm{e}^{-(\beta+s)t}\mathrm{d}t$$

$$= \mathrm{e}^{-(\beta+s)t}\Big|_{t=0} + \frac{\beta}{\beta+s}\mathrm{e}^{-(\beta+s)t}\Big|_0^{+\infty}$$

$$= 1 - \frac{\beta}{\beta+s} = \frac{s}{\beta+s}\qquad(\operatorname{Re}(s)>-\beta)$$

由于拉普拉斯变换的应用非常广泛,数学家和工程技术人员将工程技术中一些常用函数的拉普拉斯变换制成拉普拉斯变换表,就像使用三角函数表、对数函数表一样. 本书已经将工程技术中一些常用函数的拉普拉斯变换列于附录Ⅱ中,以备读者查阅.

下面再举一些利用查表求拉普拉斯变换的例子.

例 8.8　查表求 $f(t) = \sin 2t\sin 3t$ 的拉普拉斯变换.

解　根据附录Ⅱ中的公式(20),$a=2,b=3$,得到

$$\mathscr{L}[\sin 2t\sin 3t] = \frac{12s}{(s^2+5^2)(s^2+1^2)} = \frac{12s}{(s^2+25)(s^2+1)}$$

例 8.9　查表求 $f(t) = \dfrac{\mathrm{e}^{-bt}}{\sqrt{2}}(\cos bt - \sin bt)$ 的拉普拉斯变换.

解　这个函数的拉普拉斯变换在附录Ⅱ中找不到现成的结果,可以先对函数进行简单的恒等变换:

$$\frac{\mathrm{e}^{-bt}}{\sqrt{2}}(\cos bt - \sin b\,t) = \frac{\mathrm{e}^{-bt}}{\sqrt{2}}\cdot\sqrt{2}\sin\left(-bt+\frac{\pi}{4}\right) = \mathrm{e}^{-bt}\sin\left(-bt+\frac{\pi}{4}\right)$$

由附录 Ⅱ 中的公式(17), $a = -b, c = \dfrac{\pi}{4}$, 代入得

$$\mathscr{L}\left[\frac{\mathrm{e}^{-bt}}{\sqrt{2}}(\cos bt - \sin bt)\right] = L\left[\mathrm{e}^{-bt}\sin\left(-bt + \frac{\pi}{4}\right)\right]$$

$$\mathscr{L}\left[\frac{\mathrm{e}^{-bt}}{\sqrt{2}}(\cos bt - \sin bt)\right] = \frac{(s+b)\sin\dfrac{\pi}{4} + (-b)\cos\dfrac{\pi}{4}}{(s^2 + b^2) + (-b)^2} = \frac{\sqrt{2}s}{2(s^2 + 2bs + 2b^2)}$$

总之,查表求拉普拉斯变换比用定义法求拉普拉斯变换方便得多,特别是掌握了拉普拉斯变换的性质以后,再用查表法就能很快地找到所求函数的拉普拉斯变换.

8.2　拉普拉斯变换的性质

这一节,我们将介绍拉普拉斯变换的几个基本性质,利用性质求一些函数的拉普拉斯变换会大大简化计算. 为了叙述方便,假定在这些性质中,凡是要求拉普拉斯变换的函数都满足拉普拉斯变换存在定理的条件,并且把这一些函数的增长指数统一取为 c. 在证明这些性质时,不再重复这些条件.

8.2.1　线性性质

设 $\mathscr{L}[f(t)] = F(s)$, $\mathscr{L}[g(t)] = G(s)$, α, β 是常数,则

$$\mathscr{L}[\alpha f(t) + \beta g(t)] = \alpha F(s) + \beta G(s) \tag{8.4}$$

$$\mathscr{L}^{-1}[\alpha F(s) + \beta G(s)] = \alpha f(t) + \beta g(t) \tag{8.5}$$

例 8.10　利用线性性质,求函数 $f(t) = \cos 3t + 6\mathrm{e}^{-3t}$ 的拉普拉斯变换.

解
$$\mathscr{L}[\cos 3t + 6\mathrm{e}^{-3t}] = \mathscr{L}[\cos 3t] + 6\mathscr{L}[\mathrm{e}^{-3t}]$$

$$= \frac{s}{s^2 + 9} + \frac{6}{s+3}$$

例 8.11　利用线性性质,求函数 $f(t) = \sin \omega t$ 的拉普拉斯变换.

解　由于 $f(t) = \sin \omega t = \dfrac{1}{2\mathrm{j}}(\mathrm{e}^{\mathrm{j}\omega t} - \mathrm{e}^{-\mathrm{j}\omega t})$, 所以

$$\mathscr{L}\left[\frac{1}{2\mathrm{j}}(\mathrm{e}^{\mathrm{j}\omega t} + \mathrm{e}^{-\mathrm{j}\omega t})\right] = \frac{1}{2\mathrm{j}}\left(\mathscr{L}[\mathrm{e}^{\mathrm{j}\omega t}] - \mathscr{L}[\mathrm{e}^{-\mathrm{j}\omega t}]\right)$$

$$= \frac{1}{2\mathrm{j}}\left(\frac{1}{s - \mathrm{j}\omega} - \frac{1}{s + \mathrm{j}\omega}\right) = \frac{\omega}{s^2 + \omega^2}$$

8.2.2　微分性质

设 $\mathscr{L}[f(t)] = F(s)$, 则有

$$\mathscr{L}[f'(t)] = sF(s) - f(0) \quad (\mathrm{Re}(s) > c) \tag{8.6}$$

证 由拉普拉斯变换的定义,有

$$\mathscr{L}[f'(t)] = \int_0^{+\infty} f'(t)e^{-st}dt = \int_0^{+\infty} e^{-st}df(t)$$

$$= f(t)e^{-st}\Big|_0^{+\infty} + s\int_0^{+\infty} f(t)e^{-st}dt$$

$$= sF(s) - f(0) \quad (\mathrm{Re}(s) > c)$$

推论 若 $\mathscr{L}[f(t)] = F(s)$,则有

$$\mathscr{L}[f''(t)] = s^2F(s) - sf(0) - f'(0) \quad (\mathrm{Re}(s) > c) \tag{8.7}$$

一般地,有

$$\mathscr{L}[f^{(n)}(t)] = s^nF(s) - s^{n-1}f(0) - s^{n-2}f'(0) - \cdots - f^{(n-1)}(0)$$

$$(\mathrm{Re}(s) > c) \tag{8.8}$$

特别地,当初值 $f(0) = f'(0) = \cdots = f^{(n-1)}(0) = 0$ 时,有

$$\mathscr{L}[f^{(n)}(t)] = s^nF(s) \tag{8.9}$$

利用此性质可以将关于 $f(t)$ 的微分方程转化为其像函数 $F(s)$ 的代数方程,因此它在线性系统分析中有非常重要的作用.

像函数的微分性质 若 $\mathscr{L}[f(t)] = F(s)$,则有

$$\frac{d}{ds}F(s) = -\mathscr{L}[tf(t)] \quad (\mathrm{Re}(s) > c) \tag{8.10}$$

一般地,有

$$\frac{d^n}{ds^n}F(s) = (-1)^n \mathscr{L}[t^nf(t)] \quad (\mathrm{Re}(s) > c) \tag{8.11}$$

它的证明留给读者.

例8.12 利用微分性质求函数 $f(t) = \cos \omega t$ 的拉普拉斯变换.

解 因为

$$f'(t) = -\omega\sin \omega t, \quad f''(t) = -\omega^2\cos \omega t$$
$$f(0) = 1, \quad f'(0) = 0$$

所以

$$\mathscr{L}[-\omega^2\cos \omega t] = \mathscr{L}[f''(t)] = s^2\mathscr{L}[f(t)] - s$$

即

$$-\omega^2\mathscr{L}[\cos \omega t] = s^2\mathscr{L}[\cos \omega t] - s$$

所以

$$\mathscr{L}[\cos \omega t] = \frac{s}{\omega^2 + s^2} \quad (\mathrm{Re}(s) > 0)$$

例8.13 利用微分性质求函数 $f(t) = t^m$ 的拉普拉斯变换,其中 m 为正整数.

解 由于 $f(0) = f'(0) = \cdots = f^{(m-1)}(0) = 0$,且 $f^{(m)}(t) = m!$,所以

$$\mathscr{L}[m!] = \mathscr{L}[f^{(m)}(t)] = s^m\mathscr{L}[t^m]$$

故
$$\mathscr{L}[t^m] = \frac{1}{s^m}\mathscr{L}[m!] = \frac{m!}{s^m}\mathscr{L}[1] = \frac{m!}{s^{m+1}}$$

例 8.14　利用像函数的微分性质求函数 $f(t) = t^2\cos kt$ 的拉普拉斯变换.

解　已知 $\mathscr{L}[\cos kt] = \dfrac{k}{s^2 + k^2}$，应用公式 (8.11)，得

$$\mathscr{L}[t^2\cos kt] = \frac{\mathrm{d}^2}{\mathrm{d}s^2}\left(\frac{k}{s^2+k^2}\right) = \frac{2s^3 - 6k^2 s}{(s^2+k^2)^2}\quad(\mathrm{Re}(s) > 0)$$

例 8.15　求函数 $F(s) = \ln\dfrac{s+1}{s-1}$ 的拉普拉斯逆变换.

解　由于 $F'(s) = \left(\ln\dfrac{s+1}{s-1}\right)' = \dfrac{1}{s+1} - \dfrac{1}{s-1}$，应用像函数的微分性质 (8.10)，得

$$\mathscr{L}^{-1}[F(s)] = -\frac{1}{t}\mathscr{L}^{-1}[F'(s)] = -\frac{1}{t}\mathscr{L}^{-1}\left[\frac{1}{s+1} - \frac{1}{s-1}\right]$$

$$= \frac{1}{t}(\mathrm{e}^t - \mathrm{e}^{-t}) = \frac{2}{t}\mathrm{sh}\,t\quad(\mathrm{Re}(s) > 0)$$

8.2.3　积分性质

设 $\mathscr{L}[f(t)] = F(s)$，则有

$$\mathscr{L}\left[\int_0^t f(\tau)\mathrm{d}\tau\right] = \frac{1}{s}F(s)\quad(\mathrm{Re}(s) > c)\tag{8.12}$$

证　设 $h(t) = \displaystyle\int_0^t f(\tau)\mathrm{d}\tau$，则 $h'(t) = f(t)$，且 $h(0) = 0$，所以

$$\mathscr{L}[h'(t)] = s\mathscr{L}[h(t)] - h(0) = s\mathscr{L}[h(t)]$$

故

$$\mathscr{L}\left[\int_0^t f(\tau)\mathrm{d}\tau\right] = \frac{1}{s}\mathscr{L}[h'(t)] = \frac{1}{s}F(s)$$

重复应用式 (8.12)，就可得到

$$\mathscr{L}\left[\underbrace{\int_0^t\mathrm{d}t\int_0^t\mathrm{d}t\cdots\int_0^t f(t)\mathrm{d}t}_{n\text{次}}\right] = \frac{1}{s^n}F(s)\tag{8.13}$$

像函数的积分性质　设 $\mathscr{L}[f(t)] = F(s)$，则有

$$\mathscr{L}\left[\frac{f(t)}{t}\right] = \int_s^\infty F(s)\mathrm{d}s\tag{8.14}$$

或

$$f(t) = t\mathscr{L}^{-1}\left[\int_s^\infty F(s)\mathrm{d}s\right]$$

一般地，有

$$\mathscr{L}\left[\frac{f(t)}{t^n}\right] = \underbrace{\int_s^\infty\mathrm{d}s\int_s^\infty\mathrm{d}s\cdots\int_s^\infty F(s)\mathrm{d}s}_{n\text{次}}\tag{8.15}$$

它的证明留给读者.

例 8.16　求函数 $f(t) = \dfrac{\sin t}{t}$ 的拉普拉斯变换.

解　因为 $\mathscr{L}[\sin t] = \dfrac{1}{s^2 + 1}$,由积分性质可知

$$\mathscr{L}\left[\frac{\sin t}{t}\right] = \int_s^\infty \mathscr{L}[\sin t]\mathrm{d}s = \int_s^\infty \frac{1}{s^2 + 1}\mathrm{d}s$$

$$= \arctan s\,\Big|_s^\infty = \frac{\pi}{2} - \arctan s = \operatorname{arccot} s$$

如果积分 $\displaystyle\int_0^\infty \frac{f(t)}{t}\mathrm{d}t$ 存在,在式(8.14)中,令 $s = 0$,则有

$$\int_0^{+\infty} \frac{f(t)}{t}\mathrm{d}t = \int_0^\infty F(s)\mathrm{d}s \tag{8.16}$$

其中 $\mathscr{L}[f(t)] = F(s)$. 式(8.16)常用来计算某些积分. 例如,$\mathscr{L}[\sin t] = \dfrac{1}{s^2 + 1}$,则有

$$\int_0^{+\infty} \frac{\sin t}{t}\mathrm{d}t = \int_0^\infty \frac{1}{s^2 + 1}\mathrm{d}s = \arctan s\,\Big|_0^\infty = \frac{\pi}{2}$$

8.2.4　位移性质

若 $\mathscr{L}[f(t)] = F(s)$,则有

$$\mathscr{L}[\mathrm{e}^{at}f(t)] = F(s - a) \quad (\operatorname{Re}(s - a) > c) \tag{8.17}$$

证　由拉普拉斯变换的定义,有

$$\mathscr{L}[\mathrm{e}^{at}f(t)] = \int_0^{+\infty} \mathrm{e}^{at}f(t)\mathrm{e}^{-st}\mathrm{d}t = \int_0^{+\infty} f(t)\mathrm{e}^{-(s-a)t}\mathrm{d}t = F(s - a)$$

例 8.17　求函数 $f(t) = \mathrm{e}^{-at}\sin kt$ 的拉普拉斯变换.

解　因为 $\mathscr{L}[\sin kt] = \dfrac{k}{s^2 + k^2}$,由位移性质,得

$$\mathscr{L}[\mathrm{e}^{-at}\sin kt] = \frac{k}{(s + a)^2 + k^2}$$

例 8.18　求 $\mathscr{L}[t\mathrm{e}^{-at}\sin kt]$ 和 $\mathscr{L}\left[\displaystyle\int_0^t t\mathrm{e}^{-at}\sin kt\mathrm{d}t\right]$.

解　由像函数的微分性质,得

$$\mathscr{L}[t\mathrm{e}^{-at}\sin kt] = -\frac{\mathrm{d}}{\mathrm{d}s}\left[\frac{k}{(s + a)^2 + k^2}\right] = \frac{2k(s + a)}{[(s + a)^2 + k^2]^2}$$

再由积分性质,得

$$\mathscr{L}\left[\int_0^t t\mathrm{e}^{-at}\sin kt\mathrm{d}t\right] = \frac{1}{s} \cdot \frac{2k(s + a)}{[(s + a)^2 + k^2]^2} = \frac{2k(s + a)}{s[(s + a)^2 + k^2]^2}$$

8.2.5　延迟性质

若 $\mathscr{L}[f(t)] = F(s)$,又 $t < 0$ 时,$f(t) = 0$,则对于任一非负实数 τ,有

$$\mathscr{L}[f(t-\tau)] = e^{-s\tau}F(s)$$

或者
$$\mathscr{L}^{-1}[e^{-s\tau}F(s)] = f(t-\tau) \qquad (8.18)$$

证
$$\mathscr{L}[f(t-\tau)] = \int_0^{+\infty} f(t-\tau)e^{-st}dt$$
$$= \int_0^{\tau} f(t-\tau)e^{-st}dt + \int_{\tau}^{+\infty} f(t-\tau)e^{-st}dt$$

由于 $t<0$ 时，$f(t)=0$，所以上式右端的第一个积分为 0. 令 $t-\tau=u$，则

$$\mathscr{L}[f(t-\tau)] = \int_{\tau}^{+\infty} f(t-\tau)e^{-st}dt = \int_0^{+\infty} f(u)e^{-s(u+\tau)}du$$
$$= e^{-s\tau}\int_0^{+\infty} f(u)e^{-su}du = e^{-s\tau}F(s)$$

　　函数 $f(t-\tau)$ 与函数 $f(t)$ 相比，$f(t)$ 从 $t=0$ 开始有非零数值，而 $f(t-\tau)$ 从 $t=\tau$ 开始有非零数值，即延迟了 τ 这么长时间. 这个性质表明，时间函数延迟 τ 的拉普拉斯变换等于它的像函数乘以因子 $e^{-s\tau}$. 因此，该性质也可以叙述为：对于任意的正数 τ，有

$$\mathscr{L}[f(t-\tau)u(t-\tau)] = e^{-s\tau}F(s)$$

　　例 8.19　求函数 $u(t-\tau) = \begin{cases} 0, & t<\tau, \\ 1, & t>\tau \end{cases}$ 的拉普拉斯变换.

　　解　因为 $\mathscr{L}[u(t)] = \dfrac{1}{s}$，由延迟性质，得 $\mathscr{L}[u(t-\tau)] = \dfrac{1}{s}e^{-s\tau}$.

　　例 8.20　求如图 8.2 所示的阶梯函数 $f(t)$ 的拉普拉斯变换.

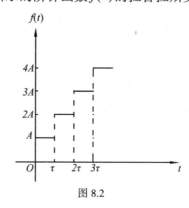

图 8.2

　　解　利用单位阶跃函数可以将这个阶梯函数 $f(t)$ 表示为

$$f(t) = A[u(t) + u(t-\tau) + u(t-2\tau) + \cdots] = A\sum_{k=0}^{\infty} u(t-k\tau) \qquad (8.19)$$

对上式两边取拉普拉斯变换，并假定右边可逐项取拉普拉斯变换，再由拉普拉斯变换的线性性质和延迟性质，可得

$$\mathscr{L}[f(t)] = A\sum_{k=0}^{\infty} \mathscr{L}[u(t-k\tau)]$$

$$= A \sum_{k=0}^{\infty} \frac{1}{s} e^{-ks\tau} = \frac{A}{s} \sum_{k=0}^{\infty} e^{-ks\tau}$$

上式右边的级数是一等比级数,公比为 $e^{-s\tau}$,当 $\mathrm{Re}(s) > 0$ 时,$|e^{-s\tau}| < 1$,所以右端的级数一定收敛,从而

$$\mathscr{L}[f(t)] = \frac{A}{s} \cdot \frac{1}{1-e^{-s\tau}} = \frac{A}{s} \cdot \frac{1}{(1-e^{-\frac{s\tau}{2}})(1+e^{-\frac{s\tau}{2}})}$$

$$= \frac{A}{2s}\left(1 + \coth\frac{s\tau}{2}\right) \quad (\mathrm{Re}(s) > c)$$

一般地,若 $\mathscr{L}[f(t)] = F(s)$,则对于任何 $\tau > 0$,有

$$\mathscr{L}\sum_{k=0}^{\infty}[f(t-k\tau)] = \sum_{k=0}^{\infty}\mathscr{L}[f(t-k\tau)] = \frac{F(s)}{1-e^{-s\tau}} \quad (\mathrm{Re}(s) > c)$$

8.2.6 初值定理与终值定理

8.2.6.1 初值定理

设 $\mathscr{L}[f(t)] = F(s)$,且 $\lim\limits_{s\to\infty} sF(s)$ 存在,则

$$\lim_{t\to 0} f(t) = \lim_{s\to\infty} sF(s)$$

或写为

$$f(0) = \lim_{s\to\infty} sF(s) \tag{8.20}$$

证　利用拉普拉斯变换的微分性质,即

$$\mathscr{L}[f'(t)] = sF(s) - f(0)$$

由于已经假定 $\lim\limits_{s\to\infty} sF(s)$ 存在,故 $\lim\limits_{\mathrm{Re}(s)\to+\infty} sF(s)$ 也存在,且两者相等,即

$$\lim_{s\to\infty} sF(s) = \lim_{\mathrm{Re}(s)\to+\infty} sF(s)$$

对微分性质公式两端取 $\mathrm{Re}(s)\to+\infty$ 时的极限,得

$$\lim_{\mathrm{Re}(s)\to+\infty} \mathscr{L}[f'(t)] = \lim_{\mathrm{Re}(s)\to+\infty} [sF(s) - f(0)]$$

$$= \lim_{s\to\infty} sF(s) - f(0)$$

$$\lim_{\mathrm{Re}(s)\to+\infty} \mathscr{L}[f'(t)] = \lim_{\mathrm{Re}(s)\to+\infty} \int_0^{+\infty} f'(t) e^{-st} dt$$

$$= \int_0^{+\infty} \lim_{\mathrm{Re}(s)\to+\infty} f'(t) e^{-st} dt = 0$$

所以

$$\lim_{s\to\infty} sF(s) - f(0) = 0$$

即

$$\lim_{t\to 0} f(t) = f(0) = \lim_{s\to\infty} sF(s)$$

8.2.6.2　终值定理

设 $\mathscr{L}[f(t)] = F(s)$，且 $sF(s)$ 的所有奇点全在 s 平面的右半部分,则

$$\lim_{t \to +\infty} f(t) = \lim_{s \to 0} sF(s)$$

或写为

$$f(+\infty) = \lim_{s \to 0} sF(s) \tag{8.21}$$

证　根据定理所给出的条件和微分性质,即

$$\mathscr{L}[f'(t)] = sF(s) - f(0)$$

两边取 $s \to 0$ 的极限,得

$$\lim_{s \to 0} \mathscr{L}[f'(t)] = \lim_{s \to 0}[sF(s) - f(0)] = \lim_{s \to 0} sF(s) - f(0)$$

但是

$$\lim_{s \to 0} \mathscr{L}[f'(t)] = \lim_{s \to 0} \int_0^{+\infty} f'(t) e^{-st} dt = \int_0^{+\infty} \lim_{s \to 0} f'(t) e^{-st} dt$$

$$= \int_0^{+\infty} f'(t) dt = f(t) \Big|_0^{+\infty} = \lim_{t \to +\infty} f(t) - f(0)$$

所以

$$\lim_{t \to +\infty} f(t) - f(0) = \lim_{s \to 0} sF(s) - f(0)$$

即

$$\lim_{t \to +\infty} f(t) = f(+\infty) = \lim_{s \to 0} sF(s)$$

在拉普拉斯变换的应用中,往往先得到 $F(s)$,再去求 $f(t)$,但我们并不关心 $f(t)$ 的表达式,而是需要知道 $f(t)$ 在 $t \to 0$ 或者 $t \to +\infty$ 时的性态,这两个性质给我们提供了方便,使我们能直接由 $F(s)$ 求出 $f(t)$ 的两个特殊值 $f(0)$ 和 $f(+\infty)$.

例 8.21　若 $\mathscr{L}[f(t)] = \dfrac{1}{s+a}$,求 $f(0)$ 和 $f(+\infty)$.

解　根据式(8.20)和式(8.21),有

$$f(0) = \lim_{s \to \infty} sF(s) = \lim_{s \to \infty} \frac{s}{s+a} = 1$$

$$f(+\infty) = \lim_{s \to 0} sF(s) = \lim_{s \to 0} \frac{s}{s+a} = 0$$

我们已经知道 $\mathscr{L}[e^{-at}] = \dfrac{1}{s+a}$,即 $f(t) = e^{-at}$. 显然上面求得的结果与直接由 $f(t)$ 求出来的一致.

但应当注意,在用终值定理时需要知道定理条件是否满足. 例如,函数 $f(t)$ 的像函数 $F(s) = \dfrac{1}{s^2+1}$,则 $sF(s) = \dfrac{s}{s^2+1}$ 的奇点为 $s = \pm j$,位于虚轴上,就不满足定理的条件. 虽然 $\lim\limits_{s \to 0} sF(s) = \lim\limits_{s \to 0} \dfrac{s}{s^2+1} = 0$,而 $f(t) = \mathscr{L}^{-1}\left[\dfrac{1}{s^2+1}\right] = \sin t$,但 $\lim\limits_{t \to +\infty} f(t) = \lim\limits_{t \to +\infty} \sin t$ 是不存在的.

8.3　拉普拉斯逆变换

在前两节我们主要讨论了已知函数 $f(t)$，求它的拉普拉斯变换 $F(s)$. 但在实际应用中，不可避免地要遇到与其相反的问题，即已知 $f(t)$ 的拉普拉斯变换 $F(s)$，求其像原函数 $f(t)$. 本节就来解决这个问题.

由拉普拉斯变换的概念可知，函数 $f(t)$ 的拉普拉斯变换，实际上就是 $f(t)u(t)e^{-\beta t}$ 的傅里叶变换. 于是，当 $f(t)u(t)e^{-\beta t}$ 满足傅里叶积分存在定理的条件时，按傅里叶积分公式，在 $f(t)$ 的连续点处，有

$$f(t)u(t)e^{-\beta t} = \frac{1}{2\pi}\int_{-\infty}^{+\infty}\Big[\int_{-\infty}^{+\infty}f(\tau)u(\tau)e^{-\beta\tau}e^{-j\omega\tau}d\tau\Big]e^{j\omega t}d\omega$$

$$= \frac{1}{2\pi}\int_{-\infty}^{+\infty}e^{j\omega t}d\omega\Big[\int_{0}^{+\infty}f(\tau)e^{-(\beta+j\omega)\tau}d\tau\Big]$$

$$= \frac{1}{2\pi}\int_{-\infty}^{+\infty}F(\beta+j\omega)e^{j\omega t}d\omega \quad (t>0)$$

在等式两边同时乘以 $e^{\beta t}$，并考虑到它与积分变量 ω 无关，故而

$$f(t) = \frac{1}{2\pi}\int_{-\infty}^{+\infty}F(\beta+j\omega)e^{(\beta+j\omega)t}d\omega \quad (t>0)$$

令 $\beta+j\omega = s$，有

$$f(t) = \frac{1}{2\pi j}\int_{\beta-j\infty}^{\beta+j\infty}F(s)e^{st}ds \quad (t>0) \tag{8.22}$$

这就是由像函数 $F(s)$ 求它的像原函数的一般公式. 右端的积分称为**拉普拉斯反演积分**.

尽管我们前面利用拉普拉斯变换的性质推出了某些像原函数与它的像函数之间的对应关系，但对一些较复杂的像函数，要求出其像原函数，必须借助于拉普拉斯反演积分公式，它与 $F(s) = \int_{0}^{+\infty}f(t)e^{-st}dt$ 为一对互逆的积分变换公式. 我们也称 $f(t)$ 和 $F(s)$ 构成了一个拉普拉斯变换对. 式(8.22)是一个复积分，计算通常比较困难，但当 $F(s)$ 满足一定条件时，可以用留数的方法来计算这个反演积分. 特别地，当 $F(s)$ 为有理函数时，计算更为简单. 下面的定理提供了计算这种反演积分的方法.

定理8.2　设函数 $F(s)$ 在复平面上只有有限个孤立奇点 $s_1, s_2, \cdots, s_n$，除这些点外，$F(s)$ 处处解析. 适当选取 β，使这些奇点全部在 $\text{Re}(s)<\beta$ 的范围内，且当 $s\to\infty$ 时，$F(s)\to 0$，则有

$$\frac{1}{2\pi j}\int_{\beta-j\infty}^{\beta+j\infty}F(s)e^{st}ds = \sum_{k=1}^{n}\text{Res}\,[F(s)e^{st}, s_k]$$

即在 $f(t)$ 的连续点处，有

$$f(t) = \sum_{k=1}^{n}\text{Res}\,[F(s)e^{st}, s_k] \quad (t>0) \tag{8.23}$$

证　作闭曲线 $C = L + C_R$，如图 8.3 所示，C_R 在 $\text{Re}(s)$ $<\beta$ 的区域内，是半径为 R 的半圆弧. 当 R 足够大时，可以使 $F(s)$ 的所有奇点都在围线 C 内. 由于 e^{st} 在复平面上处

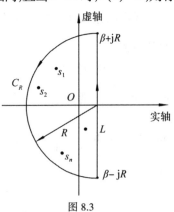

图 8.3

处解析,所以 $F(s)\mathrm{e}^{st}$ 的奇点就是 $F(s)$ 的奇点. 由留数定理,得

$$\oint_C F(s)\mathrm{e}^{st}\mathrm{d}s = 2\pi\mathrm{j}\sum_{k=1}^{n}\mathrm{Res}\,[\,F(s)\mathrm{e}^{st},s_k\,]$$

即

$$\frac{1}{2\pi\mathrm{j}}\Big[\int_{\beta-\mathrm{j}R}^{\beta+\mathrm{j}R}F(s)\mathrm{e}^{st}\mathrm{d}s + \int_{C_R}F(s)\mathrm{e}^{st}\mathrm{d}s\Big] = \sum_{k=1}^{n}\mathrm{Res}\,[\,F(s)\mathrm{e}^{st},s_k\,] \tag{8.24}$$

下面我们只需要证明 $\lim\limits_{R\to+\infty}\displaystyle\int_{C_R}F(s)\mathrm{e}^{st}\mathrm{d}s = 0$ 即可.

事实上,令 $z = s - \beta$,则

$$\int_{C_R}F(s)\mathrm{e}^{st}\mathrm{d}s = \int_{\Gamma_R}F(z+\beta)\mathrm{e}^{(z+\beta)t}\mathrm{d}z = \mathrm{e}^{\beta t}\int_{\Gamma_R}F(z+\beta)\mathrm{e}^{zt}\mathrm{d}z$$

其中 Γ_R 是曲线 $z = R\mathrm{e}^{\mathrm{i}\theta}\Big(\dfrac{\pi}{2}\leqslant\theta\leqslant\dfrac{3\pi}{2}\Big)$,于是

$$\int_{C_R}F(s)\mathrm{e}^{st}\mathrm{d}s = \mathrm{e}^{\beta t}\int_{\frac{\pi}{2}}^{\frac{3\pi}{2}}F(\beta+R\mathrm{e}^{\mathrm{j}\theta})\mathrm{e}^{tR\mathrm{e}^{\mathrm{j}\theta}}R\mathrm{e}^{\mathrm{j}\theta}\mathrm{j}\mathrm{d}\theta$$

$$= \mathrm{j}R\mathrm{e}^{\beta t}\int_{\frac{\pi}{2}}^{\frac{3\pi}{2}}F(\beta+R\mathrm{e}^{\mathrm{j}\theta})\mathrm{e}^{tR(\cos\theta+\mathrm{j}\sin\theta)}\mathrm{e}^{\mathrm{j}\theta}\mathrm{d}\theta$$

由于 $F(s)$ 在积分曲线上解析,因此必然连续,不妨假设 $M(R)$ 是 $|F(z+\beta)|$ 在 C_R 上的最大值. 由已知条件, $F(s)\to0(s\to\infty)$,可知 $M(R)\to0(R\to+\infty)$. 则

$$\Big|\int_{C_R}F(s)\mathrm{e}^{st}\mathrm{d}s\Big| \leqslant R\mathrm{e}^{\beta t}\int_{\frac{\pi}{2}}^{\frac{3\pi}{2}}M(R)\mathrm{e}^{tR\cos\theta}\mathrm{d}\theta$$

由正、余弦函数之间的关系,及正弦函数图像关于 $\theta = \dfrac{\pi}{2}$ 的对称性,有

$$\Big|\int_{C_R}F(s)\mathrm{e}^{st}\mathrm{d}s\Big| \leqslant RM(R)\mathrm{e}^{\beta t}\int_{0}^{\pi}\mathrm{e}^{-tR\sin\theta}\mathrm{d}\theta = 2RM(R)\mathrm{e}^{\beta t}\int_{0}^{\frac{\pi}{2}}\mathrm{e}^{-tR\sin\theta}\mathrm{d}\theta$$

当 $0\leqslant\theta\leqslant\dfrac{\pi}{2}$ 时, $\sin\theta\geqslant\dfrac{2\theta}{\pi}$. 所以有

$$\Big|\int_{C_R}F(s)\mathrm{e}^{st}\mathrm{d}s\Big| \leqslant 2RM(R)\mathrm{e}^{\beta t}\int_{0}^{\frac{\pi}{2}}\mathrm{e}^{-\frac{2tR}{\pi}\theta}\mathrm{d}\theta$$

$$= \frac{\pi M(R)\mathrm{e}^{\beta t}(1-\mathrm{e}^{-Rt})}{t}\to0 \quad (R\to+\infty)$$

即

$$\lim_{R\to+\infty}\int_{C_R}F(s)\mathrm{e}^{st}\mathrm{d}s = 0$$

式(8.24)两边取 $R\to+\infty$ 的极限,得

$$\frac{1}{2\pi\mathrm{j}}\int_{\beta-\mathrm{j}\infty}^{\beta+\mathrm{j}\infty}F(s)\mathrm{e}^{st}\mathrm{d}s = \sum_{k=1}^{n}\mathrm{Res}\,[\,F(s)\mathrm{e}^{st},s_k\,]$$

当 $F(s)$ 为有理函数时,定理 8.2 变得更简单.

定理 8.3　设 $F(s) = \dfrac{P(s)}{Q(s)}$ 为有理函数,其中 $P(s)$ 和 $Q(s)$ 是互质多项式, $P(s)$ 的次数

是 n，$Q(s)$ 的次数是 m，并且 $n < m$. 又假设 $Q(s)$ 的零点为 $s_1, s_2, \cdots, s_k$，其阶数分别为 p_1，$p_2, \cdots, p_k \left(\sum\limits_{i=1}^{k} p_i = m \right)$. 那么在 $f(t)$ 的连续点处，有

$$f(t) = \sum_{i=1}^{k} \frac{1}{(p_i - 1)!} \lim_{s \to s_i} \frac{\mathrm{d}^{p_i - 1}}{\mathrm{d}s^{p_i - 1}} \left[(s - s_i)^{p_i} \frac{P(s)}{Q(s)} \mathrm{e}^{st} \right] \quad (t > 0) \tag{8.25}$$

特别地，如果 $Q(s)$ 仅有 m 个单零点 $s_1, s_2, \cdots, s_m$，这些点都是 $F(s) = \dfrac{P(s)}{Q(s)}$ 的一阶极点，则有

$$f(t) = \sum_{i=1}^{m} \left[\frac{P(s_i)}{Q'(s_i)} \mathrm{e}^{s_i t} \right] \quad (t > 0) \tag{8.26}$$

例 8.22　求 $F(s) = \dfrac{s}{s^2 + 1}$ 的拉普拉斯逆变换.

解　函数 $Q(s) = s^2 + 1$ 有两个一阶零点 $s = \pm \mathrm{j}$，它们是函数 $F(s) = \dfrac{s}{s^2 + 1}$ 的两个一阶极点. 由定理 8.3，得

$$f(t) = \mathscr{L}^{-1} \left[\frac{s}{s^2 + 1} \right] = \frac{s}{2s} \mathrm{e}^{st} \Big|_{s = \mathrm{j}} + \frac{s}{2s} \mathrm{e}^{st} \Big|_{s = -\mathrm{j}}$$

$$= \frac{1}{2} (\mathrm{e}^{\mathrm{j}t} + \mathrm{e}^{-\mathrm{j}t}) = \cos t$$

例 8.23　求 $F(s) = \dfrac{1}{s(s-1)^2}$ 的拉普拉斯逆变换.

解　函数 $Q(s) = s(s-1)^2$ 有一个一阶零点 $s = 0$ 和一个二阶零点 $s = 1$，它们分别是函数 $F(s) = \dfrac{1}{s(s-1)^2}$ 的一阶极点和二阶极点. 由定理 8.3，得

$$f(t) = \mathscr{L}^{-1} \left[\frac{1}{s(s-1)^2} \right] = \lim_{s \to 0} s \cdot \frac{\mathrm{e}^{st}}{s(s-1)^2} + \lim_{s \to 1} \frac{\mathrm{d}}{\mathrm{d}s} \left[\frac{(s-1)^2 \mathrm{e}^{st}}{s(s-1)^2} \right]$$

$$= 1 + \lim_{s \to 1} \frac{\mathrm{d}}{\mathrm{d}s} \left[\frac{\mathrm{e}^{st}}{s} \right] = 1 + (t \mathrm{e}^t - \mathrm{e}^t) = \mathrm{e}^t (t - 1) + 1$$

当 $F(s)$ 为有理函数时，还可以采取将 $F(s)$ 分解为部分有理分式的代数和，利用拉普拉斯逆变换的性质，结合查表的方法来解决.

例 8.24　求 $F(s) = \dfrac{1}{s^2(s+1)}$ 的拉普拉斯逆变换.

解　因为 $F(s)$ 是有理分式，则

$$F(s) = \frac{1}{s^2(s+1)} = -\frac{1}{s} + \frac{1}{s^2} + \frac{1}{s+1}$$

所以

$$f(t) = \mathscr{L}^{-1} \left[\frac{1}{s^2(s+1)} \right] = -\mathscr{L}^{-1} \left[\frac{1}{s} \right] + \mathscr{L}^{-1} \left[\frac{1}{s^2} \right] + \mathscr{L}^{-1} \left[\frac{1}{s+1} \right]$$

$$= -1 + t + \mathrm{e}^{-t}$$

例 8.25　求 $F(s) = \dfrac{10(s+2)(s+5)}{s(s+1)(s+3)}$ 的拉普拉斯逆变换.

解　因为 $F(s)$ 是有理分式,设

$$F(s) = \frac{A}{s} + \frac{B}{s+1} + \frac{C}{s+3}$$

利用赋值法,可得 $A = \dfrac{100}{3}, B = -20, C = -\dfrac{10}{3}$. 即

$$F(s) = \frac{100}{3} \cdot \frac{1}{s} - 20 \cdot \frac{1}{s+1} - \frac{10}{3} \cdot \frac{1}{s+3}$$

所以

$$f(t) = \frac{100}{3} \cdot \mathscr{L}^{-1}\Big[\frac{1}{s}\Big] - 20 \cdot \mathscr{L}^{-1}\Big[\frac{1}{s+1}\Big] - \frac{10}{3} \cdot \mathscr{L}^{-1}\Big[\frac{1}{s+3}\Big]$$

$$= \frac{100}{3} - 20e^{-t} - \frac{10}{3}e^{-3t}$$

对于有些有理分式,要分解为部分分式的代数和比较麻烦,可以利用查表直接得出结果.

例 8.26　求 $F(s) = \dfrac{s^2 + a^2}{(s^2 + a^2)^2}$ 的拉普拉斯逆变换.

解　对于 $F(s)$,将其分解成部分分式比较麻烦,且在附录Ⅱ中找不到现成的公式,我们可先进行下面的恒等变换:

$$F(s) = \frac{s^2 + a^2}{(s^2 + a^2)^2} = \frac{s^2}{(s^2 + a^2)^2} + \frac{a^2}{(s^2 + a^2)^2}$$

直接查附录Ⅱ中的公式(30)和(29),得

$$\mathscr{L}^{-1}\Big[\frac{s^2}{(s^2 + a^2)^2}\Big] = \frac{1}{2a}(\sin at + at\cos at)$$

$$\mathscr{L}^{-1}\Big[\frac{a^2}{(s^2 + a^2)^2}\Big] = \frac{1}{2a}(\sin at - at\cos at)$$

所以

$$f(t) = \mathscr{L}^{-1}\Big[\frac{s^2 + a^2}{(s^2 + a^2)^2}\Big] = \frac{\sin at}{a}$$

例 8.27　求 $F(s) = \dfrac{1}{(s+1)(s-2)(s+3)}$ 的拉普拉斯逆变换.

解　直接查附录Ⅱ中的公式(36),得

$$f(t) = \frac{e^{-t}}{(-2-1)(3-1)} + \frac{e^{2t}}{(1+2)(3+2)} + \frac{e^{-3t}}{(1-3)(-2-3)}$$

$$= -\frac{1}{6}e^{-t} + \frac{1}{15}e^{2t} + \frac{1}{10}e^{-3t}$$

对这个函数 $F(s)$,也可比较容易地将其分解成部分分式,即

$$F(s) = -\frac{1}{6} \cdot \frac{1}{s+1} + \frac{1}{15} \cdot \frac{1}{s-2} + \frac{1}{10} \cdot \frac{1}{s+3}$$

所以

$$f(t) = -\frac{1}{6}e^{-t} + \frac{1}{15}e^{2t} + \frac{1}{10}e^{-3t}$$

由于这个函数的奇点都是一阶极点,用留数法也比较容易求出其像原函数. 读者不妨自己

试一试. 总之,对于实际问题,没有固定的模式,我们应该视具体问题来决定选择哪种方法.

8.4　卷　积

在8.2节,我们介绍了拉普拉斯变换的几个基本性质,本节我们将要介绍拉普拉斯变换的卷积的性质. 它不仅被用来求某些函数的逆变换及一些积分,而且在线性系统的分析中也起着重要作用.

8.4.1　卷积的概念

在第7章中,我们介绍了傅里叶变换的卷积,两个函数的卷积是指

$$f(t) * g(t) = \int_{-\infty}^{+\infty} f(\tau) g(t - \tau) \mathrm{d}\tau$$

如果$f(t)$和$g(t)$都满足条件:当$t < 0$ 时,$f(t) = g(t) = 0$,则上式可写成

$$f(t) * g(t) = \int_{-\infty}^{0} f(\tau) g(t - \tau) \mathrm{d}\tau + \int_{0}^{t} f(\tau) g(t - \tau) \mathrm{d}\tau + \int_{t}^{+\infty} f(\tau) g(t - \tau) \mathrm{d}\tau$$

$$= \int_{0}^{t} f(\tau) g(t - \tau) \mathrm{d}\tau$$

即　　　　　　　　$$f(t) * g(t) = \int_{0}^{t} f(\tau) g(t - \tau) \mathrm{d}\tau \qquad (8.27)$$

可见,这里的卷积定义和傅里叶变换中给的卷积的定义式完全一致. 今后如果不特别声明,都假定这些函数在$t < 0$ 时恒为零,它们的卷积都按式(8.27)计算.

例 8.28　求函数$f(t) = t$ 和$g(t) = \sin t$ 的卷积.

解　依据卷积的定义,有

$$t * \sin t = \int_{0}^{t} \tau \sin(t - \tau) \mathrm{d}\tau = \tau \cos(t - \tau) \Big|_{0}^{t} - \int_{0}^{t} \cos(t - \tau) \mathrm{d}\tau$$

$$= t - \sin t$$

8.4.2　卷积的性质

根据卷积的定义,可以推出它满足下列运算规律:

(1)交换律:$f(t) * g(t) = g(t) * f(t)$;

(2)结合律:$f(t) * [g(t) * h(t)] = [f(t) * g(t)] * h(t)$;

(3)对加法的分配律:$f(t) * [g(t) + h(t)] = f(t) * g(t) + f(t) * h(t)$.

定理 8.4 (卷积定理)　设函数$f_1(t)$和$f_2(t)$均满足拉普拉斯定理的条件,且$F_1(\omega) = \mathscr{L}[f_1(t)]$,$F_2(\omega) = \mathscr{L}[f_2(t)]$,则

$$\mathscr{L}[f_1(t) * f_2(t)] = F_1(\omega) \cdot F_2(\omega) \qquad (8.28)$$

或者　　　　　　　$$\mathscr{L}^{-1}[F_1(\omega) \cdot F_2(\omega)] = f_1(t) * f_2(t) \qquad (8.29)$$

证　不难验证,$f_1(t) * f_2(t)$满足拉普拉斯变换存在定理的条件,由拉普拉斯变换的定义,则

$$\mathscr{L}[f_1(t) * f_2(t)] = \int_0^{+\infty} [f_1(t) * f_2(t)] e^{-st} \mathrm{d}t$$

$$= \int_0^{+\infty} \left[\int_0^t f_1(\tau) f_2(t-\tau) \mathrm{d}\tau \right] e^{-st} \mathrm{d}t$$

从上面这个积分式子可看出,积分区域如图 8.4 中的阴影部分所示. 由于二重积分可以交换积分次序,即

$$\mathscr{L}[f_1(t) * f_2(t)] = \int_0^{+\infty} f_1(\tau) \left[\int_\tau^{+\infty} f_2(t-\tau) e^{-st} \mathrm{d}t \right] \mathrm{d}\tau$$

令 $t - \tau = u$,得

$$\int_\tau^{+\infty} f_2(t-\tau) e^{-st} \mathrm{d}t = \int_0^{+\infty} f_2(u) e^{-s(u+\tau)} \mathrm{d}u = e^{-s\tau} F_2(s)$$

所以

$$\mathscr{L}[f_1(t) * f_2(t)] = \int_0^{+\infty} f_1(\tau) e^{-s\tau} F_2(s) \mathrm{d}\tau$$

$$= F_2(s) \int_0^{+\infty} f_1(\tau) e^{-s\tau} \mathrm{d}\tau$$

$$= F_1(s) \cdot F_2(s)$$

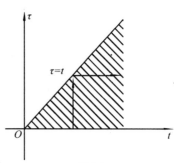

图 8.4

不难推证,如果 $f_k(t)(k=1,2,\cdots,n)$ 满足拉普拉斯变换存在定理的条件,且 $F_k(s) = \mathscr{L}[f_k(t)]$,则有

$$\mathscr{L}[f_1(t) * f_2(t) * \cdots * f_n(t)] = F_1(s) \cdot F_2(s) \cdot \cdots \cdot F_n(s) \tag{8.30}$$

在拉普拉斯变换的应用中,卷积定理起着十分重要的作用. 下面我们利用卷积定理求一些函数的拉普拉斯逆变换.

例 8.29 求函数 $F(s) = \dfrac{1}{s^2(1+s^2)}$ 的拉普拉斯逆变换.

解 因为 $F(s) = \dfrac{1}{s^2(1+s^2)} = \dfrac{1}{s^2} \cdot \dfrac{1}{1+s^2}$

取

$$F_1(s) = \frac{1}{s^2}, \quad F_2(s) = \frac{1}{1+s^2}$$

于是

$$f_1(t) = t, \quad f_2(t) = \sin t$$

根据例 8.28,得

$$f(t) = f_1(t) * f_2(t) = t * \sin t = t - \sin t$$

例 8.30 求函数 $F(s) = \dfrac{s^2}{(1+s^2)^2}$ 的拉普拉斯逆变换.

解 因为 $F(s) = \dfrac{s^2}{(1+s^2)^2} = \dfrac{s}{1+s^2} \cdot \dfrac{s}{1+s^2}$,则

$$f(t) = \mathscr{L}^{-1}\left[\frac{s}{1+s^2} \cdot \frac{s}{1+s^2} \right] = \cos t * \cos t$$

$$= \int_0^t \cos \tau \cos(t-\tau) \mathrm{d}\tau$$

$$= \frac{1}{2} \int_0^t [\cos t + \cos(2\tau - t)] \mathrm{d}\tau$$

$$= \frac{1}{2}(t\cos t + \sin t)$$

例 8.31 求函数 $F(s) = \dfrac{1}{(s^2 + 4s + 13)^2}$ 的拉普拉斯逆变换.

解 因为 $F(s) = \dfrac{1}{(s^2 + 4s + 13)^2} = \dfrac{1}{9} \cdot \dfrac{3}{(s+2)^2 + 3^2} \cdot \dfrac{3}{(s+2)^2 + 3^2}$

根据位移性质,有

$$\mathscr{L}^{-1}\left[\frac{3}{(s+2)^2 + 3^2}\right] = \mathrm{e}^{-2t}\sin 3t$$

所以

$$\begin{aligned}
f(t) &= \frac{1}{9}(\mathrm{e}^{-2t}\sin 3t) * (\mathrm{e}^{-2t}\sin 3t) \\
&= \frac{1}{9}\int_0^t \mathrm{e}^{-2\tau}\sin 3\tau \mathrm{e}^{-2(t-\tau)}\sin 3(t-\tau)\mathrm{d}\tau \\
&= \frac{1}{9}\mathrm{e}^{-2t}\int_0^t \sin 3\tau\sin 3(t-\tau)\mathrm{d}\tau \\
&= \frac{1}{18}\mathrm{e}^{-2t}\int_0^t [\cos(6\tau - 3t) - \cos 3t]\mathrm{d}\tau \\
&= \frac{1}{54}(\sin 3t - 3t\cos 3t)
\end{aligned}$$

不难看出,例 8.29 至例 8.31 中的函数也可以用其他方法来求其逆变换,读者不妨自己试一下.

8.5　拉普拉斯变换的应用

拉普拉斯变换和傅里叶变换一样,在许多工程技术和科学研究领域中有着广泛的应用,特别是在力学系统、电学系统、自动控制系统、可靠性系统以及随机服务系统等系统科学中有着重要的应用. 通过研究,人们发现,在很多场合下,这些系统的数学模型是线性的. 换句话说,它可以用线性微分、积分方程乃至偏微分方程等来描述,这样,我们可以用拉普拉斯变换去分析和求解这类线性方程. 在长期的应用中,我们发现,这一方法是十分有效的,甚至是不可缺少的. 它求解的步骤与用傅里叶变换求解此类方程的步骤完全一样. 下面我们通过具体的例子来介绍,如何用拉普拉斯变换求解微分、积分方程. 最后,本节还给出线性系统的传递函数这一重要概念.

8.5.1　微分、积分方程的拉普拉斯变换解法

例 8.32 求方程 $y'' + 2y' - 3y = \mathrm{e}^{-t}$ 满足初始条件

$$y\big|_{t=0} = 0, y'\big|_{t=0} = 1$$

的解.

解 设方程的解为 $y = y(t), t \geqslant 0$,且设 $\mathscr{L}[y(t)] = Y(s)$. 对方程的两边取拉普拉斯变换,并考虑到初始条件,得

$$s^2Y(s) - 1 + 2sY(s) - 3Y(s) = \frac{1}{s+1}$$

这是一个含 $Y(s)$ 的代数方程,解出 $Y(s)$,得

$$Y(s) = \frac{s+2}{(s+1)(s-1)(s+3)}$$

对 $Y(s)$ 取拉普拉斯逆变换,就可得出所求函数 $y(t)$. 由于

$$Y(s) = \frac{s+2}{(s+1)(s-1)(s+3)} = -\frac{1}{4}\cdot\frac{1}{s+1} + \frac{3}{8}\cdot\frac{1}{s-1} - \frac{1}{8}\cdot\frac{1}{s+3}$$

取拉普拉斯逆变换,得

$$y(t) = -\frac{1}{4}e^{-t} + \frac{3}{8}e^{t} - \frac{1}{8}e^{-3t}$$

　　本例是一个常系数线性微分方程的初值问题. 下面我们再来看一个常系数线性微分方程的边值问题的例子.

　　例 8.33　求方程 $y'' - 2y' + y = 0$ 满足边界条件

$$y(0) = 0, y(l) = 4$$

的解,其中 l 为已知常数.

　　解　设方程的解为 $y = y(x), 0 \leq x \leq l$,且 $\mathscr{L}[y(x)] = Y(s)$. 对方程的两边取拉普拉斯变换,并考虑到边界条件,得

$$s^2Y(s) - sy(0) - y'(0) - 2[sY(s) + y(0)] + Y(s) = 0$$

解出 $Y(s)$,得

$$Y(s) = \frac{y'(0)}{(s-1)^2}$$

取其逆变换,得

$$y(x) = y'(0)xe^x$$

为了确定 $y'(0)$,将边界条件 $y(l) = 4$ 代入上式,可得

$$4 = y'(0)le^l$$

即

$$y'(0) = \frac{4}{l}e^{-l}$$

于是有

$$y(x) = \frac{4}{l}e^{-l}xe^x = \frac{4x}{l}e^{x-l}$$

这就是所求微分方程满足边界条件的解. 通过求解过程,可以发现,常系数线性微分方程的边值问题可以先当作初值问题来求解,而所得微分方程的解中含有的未知的初值可由已知的边值求得,从而最后完全确定微分方程满足边界条件的解.

　　对于某些变系数的微分方程,即方程中的每一项为 $t^m y^{(m)}(t)$ 的形式时,也可以用拉普拉斯变换的方法求解. 由像函数的微分性质可知

$$\mathscr{L}[t^m f(t)] = (-1)^m \frac{d^m}{ds^m}\mathscr{L}[f(t)]$$

从而可以得到

$$\mathscr{L}[t^m y^{(m)}(t)] = (-1)^m \frac{d^m}{ds^m}\mathscr{L}[y^{(m)}(t)]$$

下面我们来看一个求解变系数微分方程的初值问题的例子.

例 8.34　求方程 $ty'' + (1 - 2t)y' - 2y = 0$ 满足初始条件

$$y\big|_{t=0} = 1, y'\big|_{t=0} = 2$$

的解.

解　对方程两边取拉普拉斯变换,并设 $\mathscr{L}[y(t)] = Y(s)$,则有

$$\mathscr{L}[ty''] + \mathscr{L}[(1 - 2t)y'] - 2\mathscr{L}[y] = 0$$

即

$$-\frac{\mathrm{d}}{\mathrm{d}s}[s^2 Y(s) - sy(0) - y'(0)] + sY(s) - y(0) + 2\frac{\mathrm{d}}{\mathrm{d}s}[sY(s) - y(0)] - 2Y(s) = 0$$

代入初始条件,整理得

$$(2 - s)\frac{\mathrm{d}Y(s)}{\mathrm{d}s} - Y(s) = 0$$

这是一个可分离变量的一阶微分方程. 分离变量,得

$$\frac{\mathrm{d}Y(s)}{Y(s)} = \frac{\mathrm{d}s}{2 - s}$$

方程两边积分后可得

$$\ln Y(s) = -\ln(s - 2) + \ln c$$

即

$$Y(s) = \frac{c}{s - 2}$$

取拉普拉斯逆变换,得

$$y(t) = ce^{2t}$$

代入初始条件 $y\big|_{t=0} = 1$,求得 $c = 1$. 所以,这个初值问题的解为 $y(t) = e^{2t}$.

例 8.35　求积分方程 $y(t) = h(t) + \int_0^t y(t - \tau)f(\tau)\mathrm{d}\tau$ 的解,其中 $h(t), f(t)$ 为定义在 $[0, +\infty)$ 上的已知实函数.

解　设 $\mathscr{L}[y(t)] = Y(s), \mathscr{L}[h(t)] = H(s)$ 及 $\mathscr{L}[f(t)] = F(s)$. 对方程两边取拉普拉斯变换,由卷积定理可得

$$Y(s) = H(s) + \mathscr{L}[y(t) * f(t)]$$

$$= H(s) + Y(s) \cdot F(s)$$

所以

$$Y(s) = \frac{H(s)}{1 - F(s)}$$

对方程两边取拉普拉斯逆变换,便可以得到该方程的解,即

$$y(t) = \mathscr{L}^{-1}\left[\frac{H(s)}{1 - F(s)}\right]$$

可以看出,这一积分方程实际上是一个卷积型的积分方程,它有着许多应用. 例如,

在更新过程中,有许多重要的量(如更新函数、更新密度等)均满足这一方程. 因此,在更新过程中,特别称此积分方程为更新积分方程.

例8.36 在图8.5所示的RC串联电路中,若外加电动势为正弦交流电压$e(t) = U_m\sin(\omega t + \varphi)$,求开关闭合后,回路中电流$i(t)$及电容器两端的电压$u_C(t)$.

解 根据基尔霍夫(Kirchhoff)定律,有

$$u_R + u_C = e(t)$$

其中$u_R = Ri(t)$,$i(t) = C\dfrac{\mathrm{d}u_C}{\mathrm{d}t}$. 所以

$$RC\frac{\mathrm{d}u_C}{\mathrm{d}t} + u_C = e(t) = U_m\sin(\omega t + \varphi)$$

这就是该电路中电容器所满足的关系式,它是一阶非齐次线性微分方程. 对方程两边取拉普拉斯变换,并设$\mathscr{L}[u_C(t)] = U_C(s)$,由$u_C(0) = 0$,得

$$RCsU_C(s) + U_C(s) = \mathscr{L}[e(t)]$$

$$\mathscr{L}[e(t)] = \mathscr{L}[U_m\sin(\omega t + \varphi)]$$

$$= U_m\mathscr{L}[\sin\omega t\cos\varphi + \cos\omega t\sin\varphi]$$

$$= \frac{U_m\omega\cos\varphi}{s^2 + \omega^2} + \frac{U_m s\sin\varphi}{s^2 + \omega^2}$$

$$= \frac{U_m}{s^2 + \omega^2}(\omega\cos\varphi + s\sin\varphi)$$

因而

$$RCsU_C(s) + U_C(s) = \frac{U_m}{s^2 + \omega^2}(\omega\cos\varphi + s\sin\varphi)$$

解方程,得

$$U_C(s) = \frac{U_m(\omega\cos\varphi + s\sin\varphi)}{RC(s^2 + \omega^2)\left(s + \dfrac{1}{RC}\right)}$$

显然,$U_C(s)$有3个一阶极点:$s_1 = \omega\mathrm{j}$,$s_2 = -\omega\mathrm{j}$,$s_3 = -\dfrac{1}{RC}$. 由定理8.3,得

$$u_C(t) = \frac{U_m}{RC}\left[\frac{\omega\cos\varphi - \dfrac{1}{RC}\sin\varphi}{\left(-\dfrac{1}{RC} - \mathrm{j}\omega\right)\left(-\dfrac{1}{RC} + \mathrm{j}\omega\right)}\mathrm{e}^{-\frac{t}{RC}}\right]$$

$$+ \frac{\omega\cos\varphi + \mathrm{j}\omega\sin\varphi}{\left(\dfrac{1}{RC} + \mathrm{j}\omega\right)\cdot 2\mathrm{j}\omega}\mathrm{e}^{\mathrm{j}\omega t} + \frac{\omega\cos\varphi - \mathrm{j}\omega\sin\varphi}{\left(\dfrac{1}{RC} - \mathrm{j}\omega\right)\cdot(-2\mathrm{j}\omega)}\mathrm{e}^{-\mathrm{j}\omega t}$$

化简整理,得

$$u_C(t) = \frac{U_m}{\omega C}\left(\frac{R\cos\varphi - \frac{1}{\omega C}\cdot\sin\varphi}{R^2 + \frac{1}{\omega^2 C^2}}\right)e^{-\frac{t}{RC}}$$

$$-\frac{U_m}{\omega C}\left[\frac{R\cos(\omega t + \varphi) - \frac{1}{\omega C}\cdot\sin(\omega t + \varphi)}{R^2 + \frac{1}{\omega^2 C^2}}\right]$$

由于在 RC 串联电路中,阻抗 $Z = R - \mathrm{j}\frac{1}{\omega C}$, $|Z| = \sqrt{R^2 + \frac{1}{\omega^2 C^2}}$, 如图 8.6 所示,所以

$$u_C(t) = \frac{I_m}{\omega C}(\cos\varphi\cos\psi + \sin\varphi\sin\psi)e^{-\frac{t}{RC}}$$

$$-\frac{I_m}{\omega C}[\cos\psi\cos(\omega t + \varphi) + \sin\psi\sin(\omega t + \varphi)]$$

$$= \frac{I_m}{\omega C}\cos(\varphi - \psi)e^{-\frac{t}{RC}} - \frac{I_m}{\omega C}\cos(\omega t + \varphi - \psi)$$

过渡电流 $i(t) = C\dfrac{\mathrm{d}u_C(t)}{\mathrm{d}t}$, 所以

$$i(t) = C\left[\frac{I_m}{\omega C}\cos(\varphi - \psi)e^{-\frac{t}{RC}}\left(-\frac{1}{RC}\right) + \frac{I_m}{\omega C}\sin(\omega t + \varphi - \psi)\cdot\omega\right]$$

$$= \frac{I_m}{R\omega C}\cos(\varphi - \psi)e^{-\frac{t}{RC}} + I_m\sin(\omega t + \varphi - \psi)$$

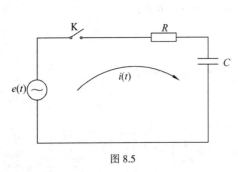

图 8.5

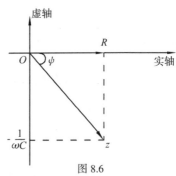

图 8.6

这两个结果揭示了电路在接通电源 $e(t)$ 以后, $u_C(t)$ 和 $i(t)$ 随时间变化的规律. 它们都是由两部分构成的. 由线性微分方程解的结构可知,它们的第一项对应着线性齐次微分方程的通解,称为所求量的暂态分量;它们的第二项对应着线性非齐次微分方程的特解,称为所求量的稳态分量. 可以看出,当时间 $t \to \infty$ 时,暂态分量消失,表明过渡过程结束,进入稳定状态. 在实际工程中,时间 t 不可能是无限长,我们称 $\tau = RC$ 为时间常数. 它是表征过渡过程时间长短的一个物理量. 一般当 $t = 3\tau$ 时,就认为过渡过程结束,进入稳定状态.

下面我们来看应用拉普拉斯变换求解线性微分方程组的例子.

例 8.37 求方程组

$$\begin{cases} y'' - x'' + x' - y = e^t - 2 \\ 2y'' - x'' - 2y' + x = -t \end{cases}$$

满足初始条件

$$\begin{cases} y(0) = y'(0) = 0 \\ x(0) = x'(0) = 0 \end{cases}$$

的解.

解　这是一个常系数线性微分方程组的初值问题. 设 $\mathscr{L}[y(t)] = Y(s)$, $\mathscr{L}[x(t)] = X(s)$, 对方程组中方程的两边取拉普拉斯变换, 并考虑初始条件, 得

$$\begin{cases} s^2 Y(s) - s^2 X(s) + sX(s) - Y(s) = \dfrac{1}{s-1} - \dfrac{2}{s} \\ 2s^2 Y(s) - s^2 X(s) - 2sY(s) + X(s) = -\dfrac{1}{s^2} \end{cases}$$

整理, 得

$$\begin{cases} (s+1)Y(s) - sX(s) = \dfrac{2-s}{s(s-1)^2} \\ 2sY(s) - (s+1)X(s) = -\dfrac{1}{s^2(s-1)} \end{cases}$$

解这个关于 $Y(s), X(s)$ 的二元一次线性方程组, 得

$$\begin{cases} Y(s) = \dfrac{1}{s(s-1)^2} \\ X(s) = \dfrac{2s-1}{s^2(s-1)^2} \end{cases}$$

由例 8.23 知, $y(t) = 1 - e^t + te^t$.

由于函数 $X(s) = \dfrac{2s-1}{s^2(s-1)^2}$ 有 $s = 0, s = 1$ 两个二阶极点, 所以

$$x(t) = \lim_{s \to 0} \frac{\mathrm{d}}{\mathrm{d}s}\left[\frac{2s-1}{(s-1)^2} e^{st} \right] + \lim_{s \to 1} \frac{\mathrm{d}}{\mathrm{d}s}\left[\frac{2s-1}{s^2} e^{st} \right]$$

$$= -t + te^t$$

所以该线性方程组满足初始条件的解为

$$\begin{cases} y(t) = 1 - e^t + te^t \\ x(t) = -t + te^t \end{cases}$$

从以上的例题中可以看出, 用拉普拉斯变换求解微分、积分方程及其方程组有以下优点:

(1) 求解过程中, 初始条件也同时用上了, 求出的结果就是需要求的特解. 这样就避免了微分方程的一般解法中, 先求通解, 再根据初始条件确定任意常数求出方程的特解的复杂运算.

(2) 零初始条件在工程技术上是十分常见的. 由第一个优点可知, 用拉普拉斯变换求解显得尤为简单, 而在微分方程的一般解法中不会因此而有任何简化.

（3）对于一个非齐次的线性微分方程来说，当非齐次项不是连续函数，而是包含了 $\delta -$ 函数或者有第一类间断点的函数时，用拉普拉斯变换解没有任何问题，而用微分方程的一般解法就会很困难.

（4）用拉普拉斯变换求解微分、积分方程组，不仅比微分方程组的一般解法简便得多，而且可以单独求出某一个未知函数，不需要知道其余的未知函数. 这在微分方程组的一般解法中通常是不可能的.

（5）用拉普拉斯变换方法求解的步骤明确、规范，便于在工程技术上应用，而且有现成的拉普拉斯变换表可查，可以直接获得像原函数.

正是由于这样一些特点，拉普拉斯变换在许多工程技术领域中有着广泛的应用.

8.5.2　线性系统的传递函数

8.5.2.1　线性系统的激励和响应

我们已经知道，一个线性系统可以用一个常系数线性微分方程来描述. 如例 8.36 中的 RC 串联电路，电容器两端的电压 $u_c(t)$ 满足

$$RC\frac{\mathrm{d}u_c}{\mathrm{d}t} + u_c = e(t)$$

这是一个一阶常系数线性微分方程. 我们通常将外加电动势 $e(t)$ 看成是这个系统（即 RC 电路）的随时间 t 变化的输入函数，称为**激励**，而把电容器两端的电压 $u_c(t)$ 看成是这个系统的随时间 t 变化的输出函数，称为**响应**. 这样的 RC 串联的闭合回路，就可以看成是一个有输入端和输出端的线性系统，如图 8.7 所示. 而虚线框中的电路结构取决于系统内的元件参量和连接方式. 这样一个线性系统，在电路理论中又称为**线性网络**（简称**网络**）. 一个系统的响应是由激励函数与系统本身的特征（包括元件的参量和连接方式）所决定的. 对于不同的线性系统，即使在同一激励下，其响应也是不同的.

在分析线性系统时，我们并不关心系统内部各种不同的结构情况，而是要研究激励和响应同系统本身特性之间的联系. 可以用图 8.8 所示的情况表明它们之间的联系. 为了描述这种联系，需要引进传递函数的概念.

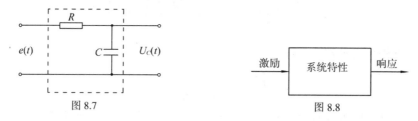

图 8.7　　　　　　　　　　　　　　　图 8.8

8.5.2.2　传递函数

假设有一个线性系统，在一般情况下，它的激励 $x(t)$ 与响应 $y(t)$ 所满足的关系可以用下面的微分方程表示：

$$a_n y^{(n)} + a_{n-1} y^{(n-1)} + a_{n-2} y^{(n-2)} + \cdots + a_1 y' + a_0 y$$
$$= b_m x^{(m)} + b_{m-1} x^{(m-1)} + b_{m-2} x^{(m-2)} + \cdots + b_1 x' + b_0 x \tag{8.31}$$

其中 $a_0, a_1, \cdots, a_n$ 及 $b_0, b_1, \cdots, b_m$ 均为常数，m, n 为正整数，且 $n \geqslant m$.

设 $\mathscr{L}[y(t)] = Y(s)$，$\mathscr{L}[x(t)] = X(s)$，对式(8.31)两端取拉普拉斯变换，利用拉普拉斯变换的线性性质和微分性质，得

$$D(s)Y(s) - M_{hy}(s) = M(s)X(s) - M_{hx}(s) \tag{8.32}$$

其中

$$D(s) = a_n s^n + a_{n-1} s^{n-1} + \cdots + a_1 s + a_0$$
$$M(s) = b_m s^m + b_{m-1} s^{m-1} + \cdots + b_1 s + b_0$$
$$M_{hy}(s) = a_n y(0) s^{n-1} + [a_n y'(0) + a_{n-1} y(0)] s^{n-2} + \cdots$$
$$+ [a_n y^{(n-1)}(0) + \cdots + a_2 y'(0) + a_1 y(0)]$$
$$M_{hx}(s) = b_m x(0) s^{m-1} + [b_m x'(0) + b_{m-1} x(0)] s^{n-2} + \cdots$$
$$+ [b_m x^{(m-1)}(0) + \cdots + b_2 x'(0) + b_1 x(0)]$$

则

$$Y(s) = \frac{M(s)}{D(s)} X(s) + \frac{M_{hy}(s) - M_{hx}(s)}{D(s)} \tag{8.33}$$

若令 $G(s) = \dfrac{M(s)}{D(s)}$，$G_h(s) = \dfrac{M_{hy}(s) - M_{hx}(s)}{D(s)}$，则式(8.33)可以写成

$$Y(s) = G(s)X(s) + G_h(s) \tag{8.34}$$

其中

$$G(s) = \frac{b_m(\mathrm{j}\omega)^m + b_{m-1}(\mathrm{j}\omega)^{m-1} + \cdots + b_1(\mathrm{j}\omega) + b_0}{a_n(\mathrm{j}\omega)^n + a_{n-1}(\mathrm{j}\omega)^{n-1} + \cdots + a_1(\mathrm{j}\omega) + a_0} \tag{8.35}$$

我们称 $G(s)$ 为系统传递函数．它表达了系统本身的特性，而与激励及系统的初始状态无关．但 $G_h(s)$ 则由激励和系统本身的初始条件所决定．若这些初始条件全为零，即 $G_h(s) = 0$ 时，式(8.34)可以写成

$$Y(s) = G(s)X(s)，或者 \ G(s) = \frac{Y(s)}{X(s)} \tag{8.36}$$

此式表明，在零初始条件下，系统的传递函数等于其响应的拉普拉斯变换与其激励的拉普拉斯变换之比．当我们知道了系统的传递函数以后，就可以由系统的激励按式(8.34)或式(8.36)求出其响应的拉普拉斯变换，再通过求逆变换可以得其响应 $y(t)$．而 $x(t)$ 与 $y(t)$ 之间的关系可以用图8.9表示出来．

此外，传递函数不表明系统的物理性质．许多性质不同的物理系统，可以有相同的传递函数；而传递函数不同的物理系统，即使系统的激励相同，其响应也是不同的．因此，对传递函数进行分析研究，就能统一处理各种物理性质不同的线性系统．

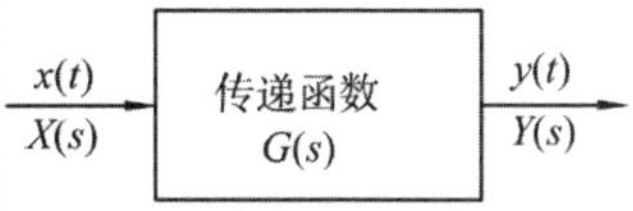

图 8.9

8.5.2.3　脉冲响应函数

假设某个线性系统的传递函数为 $G(s) = \dfrac{Y(s)}{X(s)}$，$g(t)$ 表示其拉普拉斯逆变换，即

$$g(t) = \mathscr{L}^{-1}[G(s)]$$

由式(8.36)及拉普拉斯变换的卷积定理可得

$$y(t) = g(t) * x(t) = \int_0^t g(\tau)x(t-\tau)\mathrm{d}\tau$$

由此可见,一个线性系统除可以用传递函数来表征外,也可以用传递函数的逆变换 $g(t) = \mathscr{L}^{-1}[G(s)]$ 来表征. 我们称 $g(t)$ 为系统的**脉冲响应函数**. 它的物理意义可以这样解释:当激励是一个单位脉冲函数,即 $x(t) = \delta(t)$ 时,则在零初始条件下,有

$$\mathscr{L}[x(t)] = \mathscr{L}[\delta(t)] = X(s) = 1$$

所以

$$Y(s) = G(s)$$

相应地

$$y(t) = g(t)$$

可见,脉冲响应函数 $g(t)$ 就是在零初始条件下,激励为 $\delta(t)$ 的响应 $y(t)$,也就是传递函数的逆变换,如图 8.10 所示.

8.5.2.4 频率响应

在系统的传递函数中,令 $s = \mathrm{j}\omega$,则

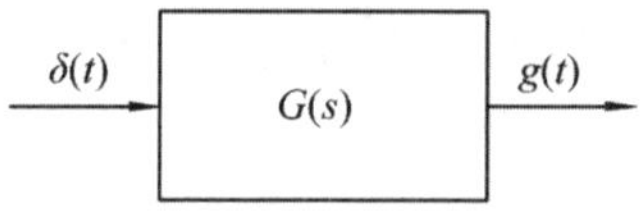

$$G(\mathrm{j}\omega) = \frac{Y(\mathrm{j}\omega)}{X(\mathrm{j}\omega)}$$

$$= \frac{b_m s^m + b_{m-1}s^{m-1} + \cdots + b_1 s + b_0}{a_n s^n + a_{n-1}s^{n-1} + \cdots + a_1 s + a_0}$$

图 8.10

我们称它为系统的**频率特性函数**,简称为**频率响应**. 可以证明,当激励是角频率为 ω 的虚指数函数(也称为复正弦函数)$x(t) = \mathrm{e}^{\mathrm{j}\omega t}$ 时,系统的稳态响应是 $y(t) = G(\mathrm{j}\omega)\mathrm{e}^{\mathrm{j}\omega t}$. 因此,频率响应在工程技术中又被称为**正弦传递函数**.

总之,任何线性系统的正弦传递函数都可通过由 $\mathrm{j}\omega$ 来代替该系统的传递函数中的 s 求得.

系统传递函数、脉冲响应函数、频率响应是表征线性系统的几个重要概念. 下面我们通过例题说明它的求法.

例 8.38 在图 8.5 所示的 RC 串联电路中,当把电源电动势 $e(t)$ 看成是电路的激励时,则其响应(电容两端的电压)$u_C(t)$ 与 $e(t)$ 满足关系式

$$RC\frac{\mathrm{d}u_C}{\mathrm{d}t} + u_C = e(t)$$

对上式两边取拉普拉斯变换,设 $\mathscr{L}[u_C(t)] = U_C(s)$,$\mathscr{L}[e(t)] = E(s)$,则有

$$RC[sU_C(s) - u_C(0)] + U_C(s) = E(s)$$

所以

$$U_C(s) = \frac{E(s)}{RCs+1} + \frac{RCu_C(0)}{RCs+1}$$

按传递函数的定义,此电路的传递函数为

$$G(s) = \frac{1}{RCs + 1} = \frac{1}{RC\left(s + \frac{1}{RC}\right)}$$

而电路的脉冲响应函数就是传递函数的拉普拉斯逆变换,即

$$\mathscr{L}^{-1}[G(s)] = \mathscr{L}^{-1}\left[\frac{1}{RCs + 1}\right] = \frac{1}{RC}e^{-\frac{t}{RC}}$$

在传递函数 $G(s)$ 中,令 $s = j\omega$,可得频率响应为

$$G(j\omega) = \frac{1}{RCj\omega + 1}$$

关于传递函数的更深入研究,将在有关的专业课程中进行讨论,这里不再叙述了.

习题 8

1. 求下列函数的拉普拉斯变换:

$(1)f(t) = \sin\frac{t}{2}$;　　　　　　　　$(2)f(t) = e^{-2t}$;

$(3)f(t) = t^2$;　　　　　　　　　　　$(4)f(t) = \sin t\cos t$;

$(5)f(t) = \operatorname{ch} kt$;　　　　　　　　　$(6)f(t) = \cos^2 t$.

2. 求下列函数的拉普拉斯变换:

$$(1)f(t) = \begin{cases} 3, & 0 \leqslant t < 2, \\ -1, & 2 \leqslant t < 4, \\ 0, & t \geqslant 4; \end{cases} \quad (2)f(t) = \begin{cases} 3, & t < \frac{\pi}{2}, \\ \cos t, & t > \frac{\pi}{2}; \end{cases}$$

$(3)f(t) = e^{2t} + 5\delta(t)$;　　　　　$(4)f(t) = \cos t\delta(t) - \sin t u(t)$.

3. 设 $f(t)$ 是以 π 为周期的函数,且在一个周期内的表达式为

$$f(t) = \begin{cases} \sin t, & 0 < t \leqslant \pi, \\ 0, & \pi < t < 2\pi. \end{cases}$$

求 $\mathscr{L}[f(t)]$.

4. 求下列函数的拉普拉斯变换:

$(1)f(t) = 1 - te^t$;　　　　　$(2)f(t) = (t-1)^2 e^t$;

$(3)f(t) = \frac{t}{2a}\sin at$;　　　　　$(4)f(t) = 5\sin 2t - 3\cos 2t$;

$(5)f(t) = e^{-2t}\sin 6t$;　　　　$(6)f(t) = t^n e^{at}$;

$(7)f(t) = u(1 - e^{-t})$;　　　　$(8)f(t) = \frac{e^{3t}}{\sqrt{t}}$.

5. 若 $\mathscr{L}[f(t)] = F(s)$,a 为实数,证明(相似性质)

$$\mathscr{L}[f(at)] = \frac{1}{a}F\left(\frac{s}{a}\right)$$

并利用此结论计算下列各式:

(1)已知 $\mathscr{L}\left[\dfrac{\sin t}{t}\right] = \arctan\dfrac{1}{s}$，求 $\mathscr{L}\left[\dfrac{a\sin t}{t}\right]$；

(2)求 $\mathscr{L}\left[f(at-b)u(at-b)\right]$，$b$ 为实数；

(3)求 $\mathscr{L}\left[\mathrm{e}^{-\frac{t}{a}}f\left(\dfrac{t}{a}\right)\right]$；

(4)求 $\mathscr{L}\left[\mathrm{e}^{-at}f\left(\dfrac{t}{a}\right)\right]$.

6. 若 $\mathscr{L}[f(t)] = F(s)$，证明(像函数的微分性质)

$$F^{(n)}(s) = (-1)^n \mathscr{L}[t^n f(t)], \quad \mathrm{Re}(s) > c$$

特别地，$\mathscr{L}[tf(t)] = -F'(s)$ 或 $f(t) = -\dfrac{1}{t}\mathscr{L}[F'(s)]$，并利用此结论计算下列各式：

(1)$f(t) = t\mathrm{e}^{-3t}\sin 2t$，求 $F(s)$；

(2)$f(t) = t\displaystyle\int_0^t \mathrm{e}^{-3\tau}\sin 2\tau\,\mathrm{d}\tau$，求 $F(s)$；

(3)$f(t) = \displaystyle\int_0^t \tau\mathrm{e}^{-3\tau}\sin 2\tau\,\mathrm{d}\tau$，求 $F(s)$.

7. 利用像函数的积分性质，计算下列各式：

(1)$f(t) = \dfrac{\sin kt}{t}$，求 $F(s)$；　　　　(2)$f(t) = \dfrac{\mathrm{e}^{-3t}\sin 2t}{t}$，求 $F(s)$；

(3)$f(t) = \displaystyle\int_0^t \dfrac{\mathrm{e}^{-3t}\sin 2t}{t}\mathrm{d}t$，求 $F(s)$；　　(4)$F(s) = \dfrac{s}{(s^2-1)^2}$，求 $f(t)$.

8. 求下列函数的拉普拉斯逆变换：

(1)$F(s) = \dfrac{1}{s^4}$；　　　　　　　　　(2)$F(s) = \dfrac{1}{(s+1)^4}$；

(3)$F(s) = \dfrac{1}{s+3}$；　　　　　　　　　(4)$F(s) = \dfrac{2s+3}{s^2+9}$；

(5)$F(s) = \dfrac{s+1}{s^2+s-6}$；　　　　　　　(6)$F(s) = \dfrac{2s+5}{s^2+4s+13}$.

9. 求下列函数的拉普拉斯逆变换：

(1)$F(s) = \dfrac{1}{(s^2+4)^2}$；　　　　　　　(2)$F(s) = \dfrac{2s+1}{s(s+1)(s+2)}$；

(3)$F(s) = \dfrac{1}{s^4+5s^2+4}$；　　　　　　(4)$F(s) = \dfrac{s+1}{9s^2+6s+5}$；

(5)$F(s) = \ln\dfrac{s^2-1}{s^2}$；　　　　　　　(6)$F(s) = \dfrac{s+2}{(s^2+4s+5)^2}$；

(7)$F(s) = \dfrac{s^2+4s+4}{(s^2+4s+13)^2}$；　　　　(8)$F(s) = \dfrac{2s^2+s+5}{s^3+6s^2+11s+6}$；

$(9)F(s) = \dfrac{2s^2 + 3s + 3}{(s+1)(s+3)^3}$;　　　　　$(10)F(s) = \dfrac{1 + \mathrm{e}^{-2s}}{s^2}$;

$(11)F(s) = \dfrac{s^3 + 5s^2 + 9s + 7}{(s+1)(s+2)}$;　　　　$(12)F(s) = \dfrac{2s^3 + 10s^2 + 8s + 40}{s^2(s^2+9)}$.

10. 求下列卷积:

$(1)1 * 1$;　　　　　　　　　　　$(2)t^m * t^n (m,n$ 为正整数$)$;

$(3)t * \mathrm{e}^t$;　　　　　　　　　　$(4)\sin t * \cos t$;

$(5)\sin kt * \sin kt$;　　　　　　　$(6)t * \mathrm{sh}\, t$;

$(7)u(t-a) * f(t)(a \geqslant 0)$;　　　$(8)\delta(t-a) * f(t)(a \geqslant 0)$.

11. 求下列微分、积分方程的解:

$(1)y' - y = \mathrm{e}^{2t}, y(0) = 0$;

$(2)y'' + 3y' + 2y = \mathrm{e}^{2t}, y(0) = 0, y'(0) = 1$;

$(3)y''' - 3y'' + 3y' - y = t^2 \mathrm{e}^t, y(0) = 1, y'(0) = 0, y''(0) = -2$;

$(4)y^{(4)} + y''' = \cos t + \dfrac{1}{2}\delta(t), y(0) = y'(0) = y'''(0) = 0, y''(0) = c_0 ($常数$)$;

$(5)ty'' + y' + 4ty = 0, y(0) = 3, y'(0) = 0$;

$(6)ty'' + (t-1)y' - y = 0, y(0) = 5, y'(\infty) = 0$;

$(7)y(t) = \mathrm{e}^{-t} - \displaystyle\int_0^t y(\tau)\mathrm{d}\tau$;

$(8)y(t) = \dfrac{1}{2}\sin 2t + \displaystyle\int_0^t y(\tau)y(t-\tau)\mathrm{d}\tau$;

$(9)y'(t) + 3y(t) + 2\displaystyle\int_0^t y(\tau)\mathrm{d}\tau = 10\mathrm{e}^{-3t}, y(0) = 0$;

$(10)y'(t) + 3y(t) + 2\displaystyle\int_0^t y(\tau)\mathrm{d}\tau = 2[u(t-1) - u(t-2)], y(0) = 1$.

12. 求下列微分方程组的解:

$(1)\begin{cases} x' + y' = 1 + \delta(t), \\ x' - y' = t + \delta(t-1), \end{cases}　x(0) = a, y(0) = b$;

$(2)\begin{cases} x' + x - y = \mathrm{e}^t, \\ 3x + y' - 2y = 2\mathrm{e}^t, \end{cases}　x(0) = y(0) = 1$;

$(3)\begin{cases} (2x'' - x' + 9x) - (y'' + y' + 3y) = 0, & x(0) = x'(0) = 1, \\ (2x'' - x' + 9x) - (y'' + y' + 3y) = 0, & y(0) = y'(0) = 0; \end{cases}$

$(4)\begin{cases} x'' - x + y + z = 0, \\ x + y'' - y + z = 0, \\ x + y + z'' - z = 0, \end{cases}　x(0) = 1, y(0) = z(0) = x'(0) = y'(0) = z'(0) = 0$.

13. 设有如下图所示的 *RL* 串联电路,在 $t = t_0$ 时,将电路接上直流电源 E,求电路中的电流 $i(t)$.

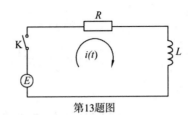

第13题图

14. 在下图所示的电路中, 在 $t=0$ 时接入直流电源 E, 求回路中的电流 $i(t)$.

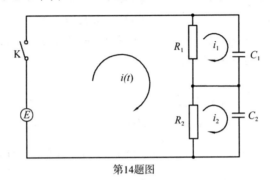

第14题图

15. 已知某系统的传递函数 $G(s) = \dfrac{K}{1+Ts}$, 求在稳态情况下, 当激励 $x(t) = A\sin \omega t$ 时的响应 $y(t)$, 其中 K, T, A 均为常数.

16. 已知某系统的激励 $x(t) = \sin t$, 当系统的响应 $y(t) = e^{-t} - \cos t + \sin t$ 时, 求:

(1) 系统的传递函数 $G(s)$;

(2) 系统的脉冲函数 $g(t)$;

(3) 系统的频率响应函数 $G(j\omega)$.

附 录

附录 I 傅里叶变换简表

	$f(t)$	$F(\omega)$
1	矩形单位脉冲函数 $f(t) = \begin{cases} E, & \|t\| < \dfrac{\tau}{2} \\ 0, & \|t\| \geqslant \dfrac{\tau}{2} \end{cases} \quad (\tau > 0)$	$\dfrac{2E}{\omega} \sin \dfrac{\omega\tau}{2}$
2	指数衰减函数 $f(t) = \begin{cases} 0, & t < 0 \\ \mathrm{e}^{-\beta t}, & t \geqslant 0 \end{cases}$	$\dfrac{\beta - \mathrm{j}\omega}{\beta^2 + \omega^2}$
3	三角形脉冲函数 $f(t) = \begin{cases} \dfrac{2A}{\tau}\left(\dfrac{\tau}{2} + t\right), & -\dfrac{\tau}{2} \leqslant t < 0 \\ \dfrac{2A}{\tau}\left(\dfrac{\tau}{2} - t\right), & 0 \leqslant t < \dfrac{\tau}{2} \end{cases}$	$\dfrac{4A}{\tau\omega^2}\left(1 - \cos \dfrac{\omega\tau}{2}\right)$
4	钟形脉冲函数 $f(t) = A\mathrm{e}^{-\beta t^2} (\beta > 0)$	$\sqrt{\dfrac{\pi}{\beta}} A\mathrm{e}^{-\frac{\omega^2}{4\beta}}$
5	傅里叶核函数 $f(t) = \dfrac{\sin \omega_0 t}{\pi t}$	$F(\omega) = \begin{cases} 1, & \|\omega\| \leqslant \omega_0 \\ 0, & 其他 \end{cases}$
6	高斯分布函数 $f(t) = \dfrac{1}{\sqrt{2\pi}} \mathrm{e}^{-\frac{t^2}{2\sigma^2}}$	$\mathrm{e}^{-\frac{\sigma^2\omega^2}{2}}$

续表

	$f(t)$	$F(\omega)$
7	矩形射频脉冲函数 $$f(t) = \begin{cases} E\cos \omega_0 t, & |t| < \dfrac{\tau}{2} \\ 0, & |t| \geqslant \dfrac{\tau}{2} \end{cases} \quad (\tau > 0)$$	$$\dfrac{2E\tau}{\omega}\left[\dfrac{\sin(\omega - \omega_0)\dfrac{\tau}{2}}{(\omega - \omega_0)\dfrac{\tau}{2}} + \dfrac{\sin(\omega + \omega_0)\dfrac{\tau}{2}}{(\omega + \omega_0)\dfrac{\tau}{2}}\right]$$
8	单位脉冲函数 $f(t) = \delta(t)$	1
9	周期性脉冲函数 $$f(t) = \sum_{n=-\infty}^{\infty} \delta(t - nT)$$ （T 为脉冲函数的周期）	$$\dfrac{2\pi}{T}\sum_{n=-\infty}^{\infty} \delta\left(\omega - \dfrac{2n\pi}{T}\right)$$
10	$f(t) = \cos \omega_0 t$	$\pi[\delta(\omega + \omega_0) + \delta(\omega - \omega_0)]$
11	$f(t) = \sin \omega_0 t$	$j\pi[\delta(\omega + \omega_0) - \delta(\omega - \omega_0)]$
12	单位阶跃函数 $f(t) = u(t)$	$\dfrac{1}{j\omega} + \pi\delta(\omega)$
13	$u(t - c)$	$\dfrac{1}{j\omega}e^{-j\omega c} + \pi\delta(\omega)$
14	$u(t)t$	$-\dfrac{1}{\omega^2} + \pi j\delta'(\omega)$
15	$u(t)t^n$	$\dfrac{1}{(j\omega)^{n+1}} + \pi j^n \delta^{(n)}(\omega)$
16	$u(t)\sin at$	$\dfrac{a}{a^2 - \omega^2} + \dfrac{\pi}{2j}[\delta(\omega - \omega_0) - \delta(\omega + \omega_0)]$
17	$u(t)\cos at$	$\dfrac{j\omega}{a^2 - \omega^2} + \dfrac{\pi}{2}[\delta(\omega - \omega_0) + \delta(\omega + \omega_0)]$
18	$u(t)e^{jat}$	$\dfrac{1}{j(\omega - a)} + \pi\delta(\omega - a)$
19	$u(t - c)e^{jat}$	$\dfrac{1}{j(\omega - a)}e^{-j(\omega - a)c} + \pi\delta(\omega - a)$

续表

	$f(t)$	$F(\omega)$
20	$u(t)e^{jat}t^n$	$\dfrac{n!}{[j(\omega-a)]^n}+\pi j^n\delta^{(n)}(\omega-a)$
21	$e^{a|t|}(\text{Re } a<0)$	$\dfrac{-2a}{\omega^2+a^2}$
22	$\delta(t-c)$	$e^{-j\omega c}$
23	$\delta'(t)$	$j\omega$
24	$\delta^{(n)}(t)$	$(j\omega)^n$
25	$\delta^{(n)}(t-c)$	$(j\omega)^n e^{-j\omega c}$
26	1	$2\pi\delta(\omega)$
27	t	$2\pi j\delta'(\omega)$
28	t^n	$2\pi j^n\delta^{(n)}(\omega)$
29	e^{jat}	$2\pi\delta(\omega-a)$
30	$t^n e^{jat}$	$2\pi j^n\delta^{(n)}(\omega-a)$
31	$\dfrac{1}{t^2+a^2}(\text{Re } a<0)$	$-\dfrac{\pi}{a}e^{a|\omega|}$
32	$\dfrac{t}{(t^2+a^2)^2}(\text{Re } a<0)$	$\dfrac{j\omega\pi}{2a}e^{a|\omega|}$
33	$\dfrac{e^{jbt}}{t^2+a^2}(\text{Re } a<0,b\text{ 为实数})$	$-\dfrac{\pi}{a}e^{a|\omega-b|}$
34	$\dfrac{\cos bt}{t^2+a^2}(\text{Re } a<0,b\text{ 为实数})$	$-\dfrac{\pi}{2a}(e^{a|\omega-b|}+e^{a|\omega+b|})$
35	$\dfrac{\sin bt}{t^2+a^2}(\text{Re } a<0,b\text{ 为实数})$	$-\dfrac{\pi}{2ai}(e^{a|\omega-b|}-e^{a|\omega+b|})$
36	$\dfrac{\sinh at}{\sinh \pi t}(-\pi<a<\pi)$	$\dfrac{\sin a}{\cosh\omega+\cos a}$
37	$\dfrac{\sinh at}{\cosh \pi t}(-\pi<a<\pi)$	$-2j\dfrac{\sin\dfrac{a}{2}\sinh\dfrac{\omega}{2}}{\cosh\omega+\cos a}$

续表

	$f(t)$	$F(\omega)$
38	$\dfrac{\cosh at}{\cosh \pi t}(-\pi < a < \pi)$	$\dfrac{2\cos\dfrac{a}{2}\cosh\dfrac{\omega}{2}}{\cosh \omega + \cos a}$
39	$\dfrac{1}{\cosh at}$	$\dfrac{\pi}{a}\cdot\dfrac{1}{\cosh\dfrac{\pi\omega}{2a}}$
40	$\sin at^2$	$\sqrt{\dfrac{\pi}{a}}\cos\left(\dfrac{\omega^2}{4a}+\dfrac{\pi}{4}\right)$
41	$\cos at^2$	$\sqrt{\dfrac{\pi}{a}}\cos\left(\dfrac{\omega^2}{4a}-\dfrac{\pi}{4}\right)$
42	$\dfrac{1}{t}\sin at$	$\begin{cases}\pi, & \|\omega\|\leqslant a \\ 0, & \|\omega\|>a\end{cases}$
43	$\dfrac{1}{t^2}\sin^2 at$	$\begin{cases}\pi\left(a-\dfrac{\|\omega\|}{2}\right), & \|\omega\|\leqslant 2a \\ 0, & \|\omega\|>2a\end{cases}$
44	$\dfrac{1}{\sqrt{\|t\|}}\sin at$	$j\sqrt{\dfrac{\pi}{a}}\left(\dfrac{1}{\sqrt{\|\omega+a\|}}-\dfrac{1}{\sqrt{\|\omega-a\|}}\right)$
45	$\dfrac{1}{\sqrt{\|t\|}}\cos at$	$\sqrt{\dfrac{\pi}{a}}\left(\dfrac{1}{\sqrt{\|\omega+a\|}}+\dfrac{1}{\sqrt{\|\omega-a\|}}\right)$
46	$\dfrac{1}{\sqrt{\|t\|}}$	$\sqrt{\dfrac{2\pi}{\|\omega\|}}$
47	$\operatorname{sgn} t$	$\dfrac{2}{j\omega}$
48	$e^{-at^2}(\operatorname{Re} a>0)$	$\sqrt{\dfrac{\pi}{a}}e^{-\frac{\omega^2}{4a}}$
49	$\|t\|$	$-\dfrac{2}{\omega^2}$
50	$\dfrac{1}{\|t\|}$	$\dfrac{2\pi}{\|\omega\|}$

附录Ⅱ　拉普拉斯变换简表

	$f(t)$	$F(s)$
1	1	$\dfrac{1}{s}$
2	e^{at}	$\dfrac{1}{s-a}$
3	$t^m(m>-1)$	$\dfrac{\Gamma(m+1)}{s^{m+1}}$
4	$t^m e^{at}(m>-1)$	$\dfrac{\Gamma(m+1)}{(s-a)^{m+1}}$
5	$\sin at$	$\dfrac{a}{s^2+a^2}$
6	$\cos at$	$\dfrac{s}{s^2+a^2}$
7	$\operatorname{sh} at$	$\dfrac{a}{s^2-a^2}$
8	$\operatorname{ch} at$	$\dfrac{s}{s^2-a^2}$
9	$t\sin at$	$\dfrac{2as}{(s^2+a^2)^2}$
10	$t\cos at$	$\dfrac{s^2-a^2}{(s^2+a^2)^2}$
11	$t\operatorname{sh} at$	$\dfrac{2as}{(s^2-a^2)^2}$
12	$t\operatorname{ch} at$	$\dfrac{s^2+a^2}{(s^2-a^2)^2}$
13	$t^m\sin at(m>-1)$	$\dfrac{\Gamma(m+1)}{2\mathrm{i}(s^2+a^2)^{m+1}}\cdot[(s+\mathrm{i}a)^{m+1}-(s-\mathrm{i}a)^{m+1}]$
14	$t^m\cos at(m>-1)$	$\dfrac{\Gamma(m+1)}{2(s^2+a^2)^{m+1}}\cdot[(s+\mathrm{i}a)^{m+1}+(s-\mathrm{i}a)^{m+1}]$
15	$e^{-bt}\sin at$	$\dfrac{a}{(s+b)^2+a^2}$
16	$e^{-bt}\cos at$	$\dfrac{s+b}{(s+b)^2+a^2}$

续表

	$f(t)$	$F(s)$
17	$e^{-bt}\sin(at+c)$	$\dfrac{(s+b)\sin c + a\cos c}{(s+b)^2 + a^2}$
18	$\sin^2 t$	$\dfrac{1}{2}\left(\dfrac{1}{s} - \dfrac{s}{s^2+4}\right)$
19	$\cos^2 t$	$\dfrac{1}{2}\left(\dfrac{1}{s} + \dfrac{s}{s^2+4}\right)$
20	$\sin at\sin bt$	$\dfrac{2abs}{[s^2+(a+b)^2][s^2+(a-b)^2]}$
21	$e^{at} - e^{bt}$	$\dfrac{a-b}{(s-a)(s-b)}$
22	$ae^{at} - be^{bt}$	$\dfrac{(a-b)s}{(s-a)(s-b)}$
23	$\dfrac{1}{a}\sin at - \dfrac{1}{b}\sin bt$	$\dfrac{b^2-a^2}{(s^2+a^2)(s^2+b^2)}$
24	$\cos at - \cos bt$	$\dfrac{(b^2-a^2)s}{(s^2+a^2)(s^2+b^2)}$
25	$\dfrac{1}{a^2}(1-\cos at)$	$\dfrac{1}{s(s^2+a^2)}$
26	$\dfrac{1}{a^3}(at-\sin at)$	$\dfrac{1}{s^2(s^2+a^2)}$
27	$\dfrac{1}{a^4}(\cos at - 1) + \dfrac{1}{2a^2}t^2$	$\dfrac{1}{s^3(s^2+a^2)}$
28	$\dfrac{1}{a^4}(\operatorname{ch} at - 1) - \dfrac{1}{2a^2}t^2$	$\dfrac{1}{s^3(s^2-a^2)}$
29	$\dfrac{1}{2a^3}(\sin at - at\cos at)$	$\dfrac{1}{(s^2+a^2)^2}$

续表

	$f(t)$	$F(s)$
30	$\dfrac{1}{2a}(\sin at + at\cos at)$	$\dfrac{s^2}{(s^2+a^2)^2}$
31	$\dfrac{1}{a^4}(1-\cos at) - \dfrac{1}{2a^3}t\sin at$	$\dfrac{1}{s(s^2+a^2)^2}$
32	$(1-at)\mathrm{e}^{-at}$	$\dfrac{s}{(s+a)^2}$
33	$t\left(1-\dfrac{a}{2}t\right)\mathrm{e}^{-at}$	$\dfrac{s}{(s+a)^3}$
34	$\dfrac{1}{a}(1-\mathrm{e}^{-at})$	$\dfrac{1}{s(s+a)}$
35①	$\dfrac{1}{ab}+\dfrac{1}{b-a}\left(\dfrac{\mathrm{e}^{-bt}}{b}-\dfrac{\mathrm{e}^{-at}}{a}\right)$	$\dfrac{1}{s(s+a)(s+b)}$
36①	$\dfrac{\mathrm{e}^{-at}}{(b-a)(c-a)}+\dfrac{\mathrm{e}^{-bt}}{(a-b)(c-b)}$ $+\dfrac{\mathrm{e}^{-ct}}{(a-c)(b-c)}$	$\dfrac{1}{(s+a)(s+b)(s+c)}$
37①	$\dfrac{a\mathrm{e}^{-at}}{(c-a)(a-b)}+\dfrac{b\mathrm{e}^{-bt}}{(a-b)(b-c)}$ $+\dfrac{c\mathrm{e}^{-ct}}{(b-c)(c-a)}$	$\dfrac{s}{(s+a)(s+b)(s+c)}$
38①	$\dfrac{a^2\mathrm{e}^{-at}}{(c-a)(b-a)}+\dfrac{b^2\mathrm{e}^{-bt}}{(a-b)(c-b)}$ $+\dfrac{c^2\mathrm{e}^{-ct}}{(b-c)(a-c)}$	$\dfrac{s^2}{(s+a)(s+b)(s+c)}$
39①	$\dfrac{\mathrm{e}^{at}-\mathrm{e}^{-bt}[1-(a-b)t]}{(a-b)^2}$	$\dfrac{1}{(s+a)(s+b)^2}$
40①	$\dfrac{[a-b(a-b)t]\mathrm{e}^{-bt}-a\mathrm{e}^{-at}}{(a-b)^2}$	$\dfrac{s}{(s+a)(s+b)^2}$

续表

	$f(t)$	$F(s)$
41	$\mathrm{e}^{-at} - \mathrm{e}^{\frac{at}{2}}\left(\cos\dfrac{\sqrt{3}at}{3} - \sqrt{3}\sin\dfrac{\sqrt{3}at}{2}\right)$	$\dfrac{3a^2}{s^3 + a^3}$
42	$\sin at\,\mathrm{ch}\,at - \cos at\,\mathrm{sh}\,at$	$\dfrac{4a^3}{s^4 + 4a^4}$
43	$\dfrac{1}{2a^2}\sin at\,\mathrm{sh}\,at$	$\dfrac{s}{s^4 + 4a^4}$
44	$\dfrac{1}{2a^3}(\mathrm{sh}\,at - \sin at)$	$\dfrac{1}{s^4 - a^4}$
45	$\dfrac{1}{2a^2}(\mathrm{ch}\,at - \cos at)$	$\dfrac{s}{s^4 - a^4}$
46	$\dfrac{1}{\sqrt{\pi t}}$	$\dfrac{1}{\sqrt{s}}$
47	$2\sqrt{\dfrac{t}{\pi}}$	$\dfrac{1}{s\sqrt{s}}$
48	$\dfrac{1}{\sqrt{\pi t}}\mathrm{e}^{at}(1 + 2a\,t)$	$\dfrac{s}{(s-a)\sqrt{s-a}}$
49	$\dfrac{1}{2\sqrt{\pi t^3}}(\mathrm{e}^{bt} - \mathrm{e}^{at})$	$\sqrt{s-a} - \sqrt{s-b}$
50	$\dfrac{1}{\sqrt{\pi t}}\cos 2\sqrt{at}$	$\dfrac{1}{\sqrt{s}}\mathrm{e}^{-\frac{a}{s}}$
51	$\dfrac{1}{\sqrt{\pi t}}\mathrm{ch}\,2\sqrt{at}$	$\dfrac{1}{\sqrt{s}}\,\mathrm{e}^{\frac{a}{s}}$
52	$\dfrac{1}{\sqrt{\pi t}}\sin 2\sqrt{at}$	$\dfrac{1}{s\sqrt{s}}\,\mathrm{e}^{-\frac{a}{s}}$
53	$\dfrac{1}{\sqrt{\pi t}}\mathrm{sh}\,2\sqrt{at}$	$\dfrac{1}{s\sqrt{s}}\,\mathrm{e}^{\frac{a}{s}}$

续表

	$f(t)$	$F(s)$
54	$\dfrac{1}{t}(\mathrm{e}^{bt}-\mathrm{e}^{at})$	$\ln\dfrac{s-a}{s-b}$
55	$\dfrac{2}{t}\mathrm{sh}\,at$	$\ln\dfrac{s+a}{s-a}=2\,\mathrm{Arth}\,\dfrac{a}{s}$
56	$\dfrac{2}{t}(1-\cos at)$	$\ln\dfrac{s^2+a^2}{s^2}$
57	$\dfrac{2}{t}(1-\mathrm{ch}\,at)$	$\ln\dfrac{s^2-a^2}{s^2}$
58	$\dfrac{1}{t}\sin at$	$\arctan\dfrac{a}{s}$
59	$\dfrac{1}{t}(\mathrm{ch}\,at-\cos bt)$	$\ln\sqrt{\dfrac{s^2+b^2}{s^2-a^2}}$
60②	$\dfrac{1}{\pi t}\sin(2a\sqrt{t})$	$\mathrm{erf}\left(\dfrac{a}{\sqrt{s}}\right)$
61②	$\dfrac{1}{\sqrt{\pi t}}\mathrm{e}^{-2\sqrt{t}}$	$\dfrac{1}{\sqrt{s}}\mathrm{e}^{\frac{a^2}{s}}\mathrm{erfc}\left(\dfrac{a}{\sqrt{s}}\right)$
62	$\mathrm{erfc}\left(\dfrac{a}{2\sqrt{t}}\right)$	$\dfrac{1}{s}\mathrm{e}^{-\sqrt{s}a}$
63	$\mathrm{erf}\left(\dfrac{t}{2a}\right)$	$\dfrac{1}{s}\mathrm{e}^{a^2s^2}\mathrm{erfc}(as)$
64	$\dfrac{1}{\sqrt{\pi t}}\mathrm{e}^{-\sqrt{2at}}$	$\dfrac{1}{\sqrt{s}}\mathrm{e}^{\frac{a}{s}}\mathrm{erfc}\left(\sqrt{\dfrac{a}{s}}\right)$
65	$\dfrac{1}{\sqrt{\pi(t+a)}}$	$\dfrac{1}{\sqrt{s}}\mathrm{e}^{as}\mathrm{erfc}(\sqrt{as})$
66	$\dfrac{1}{\sqrt{a}}\mathrm{erf}(\sqrt{at})$	$\dfrac{1}{s\sqrt{(s+a)}}$

续表

	$f(t)$	$F(s)$
67	$\dfrac{1}{\sqrt{a}}\mathrm{e}^{at}\mathrm{erf}(\sqrt{at})$	$\dfrac{1}{\sqrt{s}(s-a)}$
68	$u(t)$	$\dfrac{1}{s}$
69	$tu(t)$	$\dfrac{1}{s^2}$
70	$t^m u(t)\ (m>-1)$	$\dfrac{1}{s^{m+1}}\Gamma(m+1)$
71	$\delta(t)$	1
72	$\delta^{(n)}(t)$	s^n
73	$\mathrm{sgn}\,t$	$\dfrac{1}{s}$
74③	$\mathrm{J}_0(at)$	$\dfrac{1}{\sqrt{s^2+a^2}}$
75③	$\mathrm{I}_0(at)$	$\dfrac{1}{\sqrt{s^2-a^2}}$
76	$\mathrm{J}_0(2\sqrt{at})$	$\dfrac{1}{s}\mathrm{e}^{-\frac{a}{s}}$
77	$\mathrm{e}^{-bt}\mathrm{I}_0(at)$	$\dfrac{1}{\sqrt{(s+b)^2-a^2}}$
78	$t\mathrm{J}_0(at)$	$\dfrac{s}{(s^2+a^2)^{3/2}}$
79	$t\mathrm{I}_0(at)$	$\dfrac{s}{(s^2-a^2)^{3/2}}$
80	$\mathrm{J}_0(a\sqrt{t(t+2b)})$	$\dfrac{1}{\sqrt{s^2+a^2}}\mathrm{e}^{b(s-\sqrt{s^2+a^2})}$

注:①式中 a,b,c 为不相等的常数.

②$\mathrm{erf}(x)=\dfrac{2}{\sqrt{\pi}}\displaystyle\int_0^x \mathrm{e}^{-t^2}\mathrm{d}t$ 称为误差函数;

$\mathrm{erfc}(x)=1-\mathrm{erf}(x)=\dfrac{2}{\sqrt{\pi}}\displaystyle\int_x^{+\infty}\mathrm{e}^{-t^2}\mathrm{d}t$ 称为余误差函数.

③$\mathrm{I}_n(x)=\mathrm{i}^{-n}\mathrm{J}_n(\mathrm{i}x)$,$\mathrm{J}_n$ 称为第一类 n 阶贝塞尔(Bessel)函数,I_n 称为第一类 n 阶变形的贝塞尔函数,或称为虚宗量的贝塞尔函数.

参考答案

习题 1

1. (1) $\dfrac{1}{4},\dfrac{\sqrt{3}}{4},\dfrac{1-\sqrt{3}\mathrm{i}}{4},\dfrac{1}{2},\dfrac{\pi}{3}+2k\pi(k=0,\pm1,\pm2,\cdots);$

(2) $\dfrac{3}{2},-\dfrac{5}{2},\dfrac{3}{2}+\dfrac{5}{2}\mathrm{i},\dfrac{\sqrt{34}}{2},-\arctan\dfrac{5}{3}+2k\pi(k=0,\pm1,\pm2,\cdots);$

(3) $1,-3,1+3\mathrm{i},\sqrt{10},-\arctan 3+2k\pi(k=0,\pm1,\pm2,\cdots).$

2. $x=1,y=11.$

3. 略.

4. $1+|a|.$

5 ~ 6. 略.

7. (1) $\cos\dfrac{\pi}{2}+\mathrm{i}\sin\dfrac{\pi}{2},\mathrm{e}^{\mathrm{i}\cdot\frac{\pi}{2}};$ (2) $\cos\pi+\mathrm{i}\sin\pi,\mathrm{e}^{\mathrm{i}\pi};$

(3) $2\left[\cos\left(-\dfrac{\pi}{3}\right)+\mathrm{i}\sin\left(-\dfrac{\pi}{3}\right)\right],2\mathrm{e}^{-\mathrm{i}\frac{\pi}{3}};$ (4) $\cos\left(\dfrac{\pi}{2}-\theta\right)+\mathrm{i}\left(\sin\dfrac{\pi}{2}-\theta\right),\mathrm{e}^{\mathrm{i}\left(\frac{\pi}{2}-\theta\right)};$

(5) $\dfrac{\sqrt{2}}{2}\left[\cos\arctan(2+\sqrt{3})+\mathrm{i}\sin\arctan(2+\sqrt{3})\right],\dfrac{\sqrt{2}}{2}\mathrm{e}^{\mathrm{i}\arctan(2+\sqrt{3})};$

(6) $\cos 18\varphi+\mathrm{i}\sin 18\varphi,\mathrm{e}^{\mathrm{i}18\varphi}.$

8. (1) $-16\sqrt{3}-16\sqrt{3}\mathrm{i};$ (2) $-8;$

(3) $\cos\dfrac{2k+1}{6}\pi+\mathrm{i}\sin\dfrac{2k+1}{6}\pi,k=0,1,2,3,4,5;$

(4) $\sqrt[8]{2}\left(\cos\dfrac{8k+1}{24}\pi+\mathrm{i}\sin\dfrac{8k+1}{24}\pi\right),k=0,1,2.$

9. $\sqrt[4]{a}\left(\cos\dfrac{2k+1}{4}\pi+\mathrm{i}\sin\dfrac{2k+1}{4}\pi\right),k=0,1,2,3.$

10. $n=4k,k=0,\pm1,\pm2,\cdots$

11 ~ 12. 略.

13. (1) 以 $-2\mathrm{i}$ 为中心,以 1 为半径的圆的外部,包括圆周 $|z+2\mathrm{i}|=1$,不是区域;

(2) 夹在双曲线 $x^2-y^2=1$ 两支曲线之间的部分,是区域;

(3) 到两点 $-3\mathrm{i}$ 与 i 距离相等的点的轨迹;

(4) 以 $-3\mathrm{i}$ 为中心,内圆半径为 1,外圆半径为 2 的圆环域,是区域;

(5) 是以 $-\mathrm{i},\mathrm{i}$ 为焦点的椭圆,不是区域;

(6) 夹在直线 $x=2$ 与 $x=3$ 之间,直线 $y=1$ 和直线 $y=x+1$ 之间的区域,是区域;

(7) 在直线 $y=x-1$ 上侧的半平面;

(8)右半复平面.

14 ~ 16. 略.

17. (1)直线 $y = x$；　(2)椭圆 $\dfrac{x^2}{a^2} + \dfrac{y^2}{b^2} = 1$；

(3)双曲线 $xy = 1$；　(4)双曲线 $xy = 1$ 在第一象限的那支.

18. (1)圆周 $u^2 + v^2 = \dfrac{1}{4}$；　(2)直线 $u = -v$；

(3)圆周 $\left(u - \dfrac{1}{2}\right)^2 + v^2 = \dfrac{1}{4}$；　(4)直线 $u = \dfrac{1}{2}$.

19. (1) $\dfrac{1}{2} + \dfrac{1}{2}\mathrm{i}$；　(2) $\dfrac{3}{2}$.

习题 2

1. 略.

2. (1)$0, \mathrm{i}, -\mathrm{i}$；　(2)$1, -\dfrac{1}{2} \pm \dfrac{\sqrt{3}}{2}\mathrm{i}, \pm 2\mathrm{i}$.

3. (1)解析域为整个 z 平面,导数为 $6(z-2)^5$；

(2)解析域为整个 z 平面,导数为 $3z^2 + 2\mathrm{i}$；

(3)解析域为除去点 $0, \mathrm{i}, -\mathrm{i}$ 的 z 平面,导数为 $\dfrac{-2z^3 + 3z^2 + 1}{z^2(z^2 + 1)^2}$；

(4)解析域为除去 $z = 0$ 的 z 平面,导数为 $-\dfrac{1 + \mathrm{i}}{z^2}$.

4. (1)在直线 $x = -\dfrac{1}{2}$ 上处处可导,在复平面上处处不解析；

(2)在直线 $x = \pm\sqrt{3}y$ 上处处可导,在复平面上处处不解析；

(3)在点 $z = 0$ 处可导,在复平面上处处不解析；

(4)在点 $z = 0$ 处可导,在复平面上处处不解析.

5. 略.

6. 证明:(1)令 $z = r(\cos\theta + \mathrm{i}\sin\theta)$,则 $z \to 0 \Leftrightarrow r \to 0$,故

$$\lim_{z \to 0} f(z) = \lim_{r \to 0} \frac{r^3(\cos^3\theta - \sin^3\theta) + \mathrm{i}r^3(\cos^3\theta + \sin^3\theta)}{r^2} = 0 = f(0)$$

所以 $f(z)$ 在 $z = 0$ 处连续.

(2)考察极限 $\displaystyle\lim_{z \to 0} \frac{f(z) - f(0)}{z} = \lim_{\substack{x \to 0 \\ y \to 0}} \frac{x^3 - y^3 + \mathrm{i}(x^3 + y^3)}{(x^2 + y^2)(x + \mathrm{i}y)}$,

先让 z 沿 x 轴趋于 0,有 $\displaystyle\lim_{z \to 0} \frac{f(z) - f(0)}{z} = 1 + \mathrm{i} = \frac{\partial u}{\partial x} + \mathrm{i}\frac{\partial v}{\partial x}$；

再让 z 沿 y 轴趋于 0,有 $\displaystyle\lim_{z \to 0} \frac{f(z) - f(0)}{z} = 1 + \mathrm{i} = \frac{\partial v}{\partial y} - \mathrm{i}\frac{\partial u}{\partial y}$.

显然,$\dfrac{\partial u}{\partial x} = \dfrac{\partial v}{\partial y}, \dfrac{\partial u}{\partial y} = -\dfrac{\partial v}{\partial x}$,满足 C. -R. 方程.

(3)让 z 沿直线 $y = x$ 趋于 0，有 $\lim\limits_{z \to 0} \dfrac{f(z) - f(0)}{z} = \dfrac{1 + \mathrm{i}}{2}$，结合(2)知，函数在 $z = 0$ 处不可导.

7. (1)错；　(2)错；　(3)对；　(4)错.

8. 证明：由于 $f(z)$ 在区域 D 内解析，由解析的充要条件知，$u(x, y), v(x, y)$ 这两个二元函数在区域 D 内可微，且满足 C.-R. 方程，即 $\dfrac{\partial u}{\partial x} = \dfrac{\partial v}{\partial y}, \dfrac{\partial u}{\partial y} = -\dfrac{\partial v}{\partial x}.$ 　　　（ * ）

(1) $f'(z) = \dfrac{\partial u}{\partial x} + \mathrm{i}\dfrac{\partial v}{\partial y} = 0$，结合（ * ）式，知 $\dfrac{\partial u}{\partial x} = \dfrac{\partial u}{\partial y} = \dfrac{\partial v}{\partial y} = \dfrac{\partial v}{\partial x} = 0$，即

$$\mathrm{d}u = \dfrac{\partial u}{\partial x}\mathrm{d}x + \dfrac{\partial u}{\partial y}\mathrm{d}y = 0, \quad \mathrm{d}v = \dfrac{\partial v}{\partial x}\mathrm{d}x + \dfrac{\partial v}{\partial y}\mathrm{d}y = 0$$

对二元函数全微分求积分，得 $u(x, y) = c_1, v(x, y) = c_2$.

所以 $f(z) = u + \mathrm{i}v = c_1 + \mathrm{i}c_2 = c$，即 $f(z)$ 为常数.

(2) $\overline{f(z)} = u(x, y) - \mathrm{i}v(x, y)$ 在 D 内解析，即 $\dfrac{\partial u}{\partial x} = -\dfrac{\partial v}{\partial y}, \dfrac{\partial u}{\partial y} = -\left(-\dfrac{\partial v}{\partial x}\right)$，结合（ * ）式，知 $\dfrac{\partial u}{\partial x} = \dfrac{\partial u}{\partial y} = \dfrac{\partial v}{\partial y} = \dfrac{\partial v}{\partial x} = 0$. 由(1)的讨论知，$f(z)$ 为常数.

(3) $f(z)$ 恒取实值，即 $v(x, y) = 0$，则 $\dfrac{\partial v}{\partial x} = \dfrac{\partial v}{\partial y} = 0$. 结合（ * ）式，知 $\dfrac{\partial u}{\partial x} = \dfrac{\partial u}{\partial y} = 0$. 再由(1)的讨论知，$f(z) = c$，即 $f(z)$ 为常数.

(4) $\mathrm{Re}\, f(z) = $ 常数，即 $u(x, y) = c$，则 $\dfrac{\partial u}{\partial x} = \dfrac{\partial u}{\partial y} = 0$. 结合（ * ）式，知 $\dfrac{\partial v}{\partial x} = \dfrac{\partial v}{\partial y} = 0$. 再由(1)的讨论知，$f(z)$ 为常数. （当 $\mathrm{Im}\, f(z) = $ 常数时，同理.）

(5) 当 $|f(z)| = $ 常数时：若 $|f(z)| = 0$，显然 $f(z) = 0$ 为常数；若 $|f(z)| \neq 0$，不妨设 $|f(z)| = c(c \neq 0)$，则 $f(z) \neq 0$，且 $|f(z)|^2 = f(z)\overline{f(z)} = c^2$. 由解析函数的四则运算法则，知 $\overline{f(z)} = \dfrac{c^2}{f(z)}$ 为一解析函数. 再由(3)知，$f(z)$ 为常数.

(6) $\arg f(z) = $ 常数，不妨设 $\arg f(z) = c$.

① 若 $c = 0$ 或 π，则 $\tan c = \dfrac{v}{u} = 0$，即 $v = 0$. 由(2)的讨论知，$f(z)$ 为常数.

② 若 $c \neq 0$，令 $\tan c = \dfrac{v}{u} = a, v = au$. 两边分别对 x, y 求导得 $\dfrac{\partial v}{\partial x} = a\dfrac{\partial u}{\partial x}, \dfrac{\partial v}{\partial y} = a\dfrac{\partial u}{\partial y}$. 结合（ * ）式，有 $\begin{cases} c'\dfrac{\partial u}{\partial x} + \dfrac{\partial u}{\partial y} = 0, \\ \dfrac{\partial u}{\partial x} - c'\dfrac{\partial u}{\partial y} = 0, \end{cases}$ 其系数行列式 $\begin{vmatrix} -c' & -1 \\ 1 & -c' \end{vmatrix} = (c')^2 + 1 \neq 0$，方程组有唯一零解 $\dfrac{\partial u}{\partial x} = \dfrac{\partial u}{\partial y} = 0$. 结合（ * ）式，得 $\dfrac{\partial v}{\partial y} = \dfrac{\partial v}{\partial x} = 0$. 再由(1)的讨论知，$f(z)$ 为常数.

(7) 在式 $v = u^2$ 两边分别对 x 和 y 求导，得 $\begin{cases} \dfrac{\partial v}{\partial x} = 2u\dfrac{\partial u}{\partial x}, \\ \dfrac{\partial v}{\partial y} = 2u\dfrac{\partial u}{\partial y}, \end{cases}$ 代入（ * ）式，得

$$\begin{cases} -\dfrac{\partial u}{\partial y} = 2u\dfrac{\partial u}{\partial x}, \\ \dfrac{\partial u}{\partial x} = 2u\dfrac{\partial u}{\partial y}, \end{cases}$$ 有唯一零解 $\dfrac{\partial u}{\partial x} = \dfrac{\partial u}{\partial y} = 0$. 同理 $\dfrac{\partial v}{\partial x} = \dfrac{\partial v}{\partial y} = 0$. 故 $f(z)$ 为常数.

(8)若 $a = 0$, 则 b, c 都不为零, 则 $v = \dfrac{c}{b}$ 为常数, 由(4)知, $f(z)$ 为常数.

若 $a \neq 0$, 两边分别对 x 求导, 得 $\begin{cases} a\dfrac{\partial u}{\partial x} + b\dfrac{\partial v}{\partial x} = 0, \\ a\dfrac{\partial u}{\partial y} + b\dfrac{\partial v}{\partial y} = 0, \end{cases}$ 结合 (*)式, 得 $\begin{cases} a\dfrac{\partial u}{\partial x} - b\dfrac{\partial u}{\partial y} = 0, \\ b\dfrac{\partial u}{\partial x} + a\dfrac{\partial u}{\partial y} = 0. \end{cases}$

由于 $a^2 + b^2 \neq 0 (a \neq 0)$, 解得 $\dfrac{\partial u}{\partial x} = \dfrac{\partial u}{\partial y} = 0$. 同理 $\dfrac{\partial v}{\partial x} = \dfrac{\partial v}{\partial y} = 0$. 故 $f(z)$ 为常数.

9. $m = 1, l = n = -3$.

10. (1)证明略. 由 $f(z) = (3 - i)z$, 则 $f'(z) = 3 - i$.

(2)证明略. 由 $f(z) = z^3$, 则 $f'(z) = 3z^2$.

(3)证明略. 由 $f(z) = \sin z$, 则 $f'(z) = \cos z$.

(4)证明略. 由 $f(z) = ze^z$, 则 $f'(z) = (z + 1)e^z$.

11. 证明: 由于 $f(z) = x^3 + i(1 - y)^3$, $\dfrac{\partial u}{\partial x} = 3x^2$, $\dfrac{\partial u}{\partial y} = 0$, $\dfrac{\partial v}{\partial x} = 0$, $\dfrac{\partial v}{\partial y} = -3(1 - y)^2$, 只有当 $x = 0, y = 1$ 时, C. -R. 条件才成立, 故只有当 $z = i$ 时, 该函数可导, 且

$$f'(z) = \dfrac{\partial u}{\partial x} + i\dfrac{\partial v}{\partial x} = 3x^2$$

12. 略.

13. (1) $e^2(\cos 1 + i\sin 1)$; (2) $\dfrac{e^{\frac{1}{4}}}{\sqrt{2}}(1 - i)$; (3) $e^{\frac{x}{x^2 + y^2}}\cos\dfrac{x}{x^2 + y^2}$; (4) e^{-2x}.

14. (1) $\ln 2\sqrt{3} - \dfrac{\pi}{6}i$; (2) $\ln 5 - i\left[\arctan\dfrac{5}{3} + (2k + 1)\pi\right], k = 0, \pm1, \pm2, \cdots$

(3) i; (4) $1 + i\left(\dfrac{\pi}{2} + 2k\pi\right), k = 0, \pm1, \pm2, \cdots$

15. (1) $e^{-\frac{\pi}{4} + 2k\pi}\left(\cos\dfrac{1}{2}\ln 2 + i\sin\dfrac{1}{2}\ln 2\right), k = 0, \pm1, \pm2, \cdots$ (2) $e^{2k\pi}$;

(3) $e^{\sqrt{5}\ln 3}\left[\cos\sqrt{5}(2k + 1)\pi + i\sin\sqrt{5}(2k + 1)\pi\right], k = 0, \pm1, \pm2, \cdots$

(4) $\dfrac{1}{\sqrt{2}}e^{2k\pi + \frac{\pi}{4}}(1 - i), k = 0, \pm1, \pm2, \cdots$

16. (1) $-\text{sh} 1$; (2) $\dfrac{3}{4}i$; (3) $\dfrac{\sin 6 - i\,\text{sh} 2}{2(\text{ch}^2 1 - \sin^2 3)}$;

(4) $2k\pi - i\ln(1 + \sqrt{2}), (2k + 1)\pi - i\ln(\sqrt{2} - 1), k = 0, \pm1, \pm2, \cdots$

17. (1)正确; (2)正确; (3)正确; (4)正确.

18. (1) $\left(2k + \dfrac{1}{2}\right)\pi \pm i\ln(2 + \sqrt{3}), k = 0, \pm1, \pm2, \cdots$

(2) $\ln 2 + i\left(2k + \dfrac{1}{3}\right)\pi, k = 0, \pm1, \pm2, \cdots$ (3) $-ie^2$;

$(4)\left(2k+\dfrac{1}{2}\right)\pi,k=0,\pm 1,\pm 2,\cdots$

习题3

1. $-\dfrac{1}{3}+\dfrac{i}{3}$.

2. $(1)-\dfrac{1}{6}+\dfrac{5}{6}i;$ $(2)-\dfrac{1}{6}+\dfrac{5}{6}i;$ $(3)-\dfrac{1}{6}+i.$

3. $(1)1;$ $(2)2;$ $(3)2.$

4. $(1)4\pi i;$ $(2)8\pi i.$

5. 略.

6. $(1)0;$ $(2)2\pi i;$ $(3)0;$ $(4)\pi i;$ $(5)0;$ $(6)0.$

7. $0.$

8. $8\pi a(\pi a+1)^{2}.$

9. $(1)-\dfrac{i}{3};$ $(2)2\text{ch }1;$ $(3)-\dfrac{1}{8}\left(\dfrac{\pi^{2}}{4}+3\ln^{2}2\right)+i\dfrac{\pi}{8}\ln 2;$

$(4)-\left(\tan 1+\dfrac{1}{2}\tan^{2}1+\dfrac{1}{2}\text{th}^{2}1\right)+i\text{th }1;$

$(5)\sin 1-\cos 1;$ $(6)1-\cos 1+i(\sin 1-1).$

10. 略.

11. $(1)2\pi e^{2}i;$ $(2)\dfrac{\pi}{3};$ $(3)0;$ $(4)0;$ $(5)0;$ $(6)\dfrac{\pi i}{a}.$

12. 略.

13. $(1)14\pi i;$ $(2)0;$ $(3)0;$ $(4)2\pi i.$

14. $0,12\pi.$

15. 略.

16. $(1)f(z)=\left(1-\dfrac{i}{2}\right)z^{2}+\dfrac{i}{2};(2)f(z)=ze^{z};(3)\dfrac{1}{2}-\dfrac{1}{z}.$

*17. 复势 $f(z)=-\dfrac{ki}{2}z^{2}$,图略.

*18. $(1)v(z)=2(\bar{z}-i)$,流线:$x(y+1)=c_{1}$,等势线:$x^{2}+(y+1)^{2}=c_{2};$

$(2)v(z)=3\bar{z}^{2}$,流线:$(3x^{2}-y^{2})y=c_{1}$,等势线:$x(x^{2}-3y^{2})=c_{2};$

$(3)v(z)=-\dfrac{2\bar{z}}{(\bar{z}^{2}+1)^{2}}$,流线:$\dfrac{xy}{(x^{2}-y^{2}+1)^{2}+4x^{2}y^{2}}=c_{1},$

等势线:$\dfrac{x^{2}-y^{2}+1}{(x^{2}-y^{2}+1)^{2}+4x^{2}y^{2}}=c_{2}.$

*19. $(1)0,0;$ $(2)0,0;$ $(3)0,0.$

习题4

1. (1)收敛,$-1;$ (2)收敛,$0;$ (3)发散; (4)发散.

2. 略.

3. (1)条件收敛；ᅟ(2)绝对收敛；ᅟ(3)条件收敛；ᅟ(4)发散；ᅟ(5)发散；ᅟ(6)发散.

4. (1)错误；ᅟ(2)错误；ᅟ(3)错误.

5. 不能.

6. (1)$R=1,|z|<1$;ᅟ(2)$R=2,|z-\mathrm{i}|<2$;ᅟ(3)$R=0,z=0$;

(4)$R=\dfrac{1}{\sqrt{2}},|z-1|<\dfrac{1}{\sqrt{2}}$;ᅟ(5)$R=1,|z|<1$;ᅟ(6)$R=\sqrt{2},|z|<\sqrt{2}$.

7. (1)$-\dfrac{1}{(1+z)^2},|z|<1$;ᅟ(2)$\cos z,|z|<+\infty$.

8. (1)$\displaystyle\sum_{n=0}^{\infty}(-1)^n z^{3n},R=1$;ᅟ(2)$\displaystyle\sum_{n=0}^{\infty}\dfrac{z^{2n+1}}{(2n+1)n!},R=+\infty$;

(3)$-\dfrac{1}{2}\displaystyle\sum_{n=1}^{\infty}(-1)^n\dfrac{2^{2n}}{(2n)!}z^{2n},R=+\infty$;ᅟ(4)$\displaystyle\sum_{n=1}^{\infty}nz^{n-1},R=1$;

(5)$1-z-\dfrac{1}{2!}z^2-\dfrac{1}{3!}z^3+\cdots,R=1$;ᅟ(6)$\displaystyle\sum_{n=0}^{\infty}(-1)^n\dfrac{a^n}{b^{n+1}}z^n,R=\left|\dfrac{b}{a}\right|$.

9. (1)$\displaystyle\sum_{n=0}^{\infty}\dfrac{\sin\left(\dfrac{n\pi}{2}+1\right)}{n!}(z-1)^n,|z-1|<+\infty$;

(2)$\displaystyle\sum_{n=1}^{\infty}\dfrac{(-1)^{n-1}}{2^n}(z-1)^n,|z-1|<2$;

(3)$\displaystyle\sum_{n=0}^{\infty}(-1)^n\left(\dfrac{1}{2^{2n+1}}-\dfrac{1}{3^{n+1}}\right)(z-2)^n,|z-2|<3$;

(4)$\displaystyle\sum_{n=0}^{\infty}(n+1)(z+1)^n,|z+1|<1$;

(5)$1+2\left(z-\dfrac{\pi}{4}\right)+2\left(z-\dfrac{\pi}{4}\right)^2-\dfrac{8}{3}\left(z-\dfrac{\pi}{4}\right)^3+\cdots\quad\left|z-\dfrac{\pi}{4}\right|<\dfrac{\pi}{4}$;

(6)$\displaystyle\sum_{n=0}^{\infty}\dfrac{(-1)^n}{2n+1}z^{2n+1},|z|<1$.

10. (1)4 阶；ᅟ(2)15 阶.

11. 略.

12. (1)$-\dfrac{1}{z^2}-2\displaystyle\sum_{n=0}^{\infty}z^{n-1}(0<|z|<1),\dfrac{1}{z^2}+2\displaystyle\sum_{n=0}^{\infty}\dfrac{1}{z^{n+3}}(1<|z|<+\infty)$;

(2)$2\displaystyle\sum_{n=1}^{\infty}(-1)^n\dfrac{1}{z^{2n}}-\displaystyle\sum_{n=0}^{\infty}\dfrac{z^n}{2^{n+1}}$;

(3)$\displaystyle\sum_{n=-2}^{\infty}(-1)^n(z-1)^n(1<|z|<+\infty)$;

(4)$\dfrac{1}{z}+1-\dfrac{z}{2}-\dfrac{5}{6}z^2+\cdots$

(5)$1-\dfrac{1}{z}-\dfrac{1}{2!z^2}-\dfrac{1}{3!z^3}+\dfrac{1}{4!z^4}+\cdots$

13. (1) $\displaystyle\sum_{n=0}^{\infty}(-1)^n(n+1)\frac{(z-i)^{n-2}}{(2i)^{n+2}}(0<|z-i|<1)$;

(2) $\displaystyle\sum_{n=-2}^{\infty}\frac{1}{(n+2)!}\cdot\frac{1}{z^n}(0<|z|<+\infty)$（$0<|z|<+\infty$ 既是 $z=0$ 的去心邻域,也是以 $z=0$ 为中心的 $z=\infty$ 的去心邻域）;

(3)① $\displaystyle\sum_{n=0}^{\infty}\frac{(-1)^n}{n!}\cdot\frac{1}{(z-1)^n}(0<|z-1|<+\infty)$（$0<|z-1|<+\infty$ 既是 $z=0$ 的去心邻域,也是以 $z=1$ 为中心的 $z=\infty$ 的去心邻域）;

② $1-\dfrac{1}{z}-\dfrac{1}{2!z^2}-\dfrac{1}{3!z^3}+\dfrac{1}{4!z^4}+\cdots(1<|z|<+\infty)$（$1<|z|<+\infty$ 是以 $z=0$ 为中心的 $z=\infty$ 的去心邻域）.

14. (1) $\displaystyle\sum_{n=1}^{\infty}\frac{(-1)^n\cdot n}{i^{n+1}}(z-i)^{n-2}(0<|z-i|<1)$, $\displaystyle\sum_{n=0}^{\infty}\frac{(-1)^n(n+1)i^n}{(z-i)^{n+3}}(1<|z-i|<+\infty)$;

(2) $\displaystyle\sum_{n=0}^{\infty}\Big[\frac{(-1)^n}{2^{n+1}}-1\Big]z^n(|z|<1)$, $\displaystyle\sum_{n=0}^{\infty}\frac{(-1)^n}{2^{n+1}}z^n-\sum_{n=1}^{\infty}\frac{1}{z^n}(1<|z|<2)$,

$\displaystyle\sum_{n=0}^{\infty}[(-1)^n2^n+1]\frac{1}{z^{n+1}}(2<|z|<+\infty)$.

15 ~ 16. 略.

17. (1)$z=0$ 为一阶极点,$z=\pm2i$ 为二阶极点,$z=\infty$ 为可去奇点;

(2)$z=k\pi-\dfrac{\pi}{4}(k=0,\pm1,\pm2,\cdots)$各为一阶极点,$z=\infty$ 为非孤立奇点;

(3)$z=\infty$ 为本质奇点;

(4)$z=(2k+1)\pi i(k=0,\pm1,\pm2,\cdots)$各为一阶极点,$z=\infty$ 为非孤立奇点;

(5)$z=-i$ 为本质奇点,$z=\infty$ 为可去奇点;

(6)$z=0$ 为可去奇点,$z=\infty$ 为本质奇点;

(7)$z=0$ 为可去奇点,$z=2k\pi i(k=0,\pm1,\pm2,\cdots)$各为一阶极点,$z=\infty$ 为非孤立奇点;

(8)$z=0$ 为本质奇点,$z=\infty$ 为可去奇点（如果把 $z=\infty$ 看成函数的解析点,则它是三阶零点）.

18. 略.

习题 5

1. (1) $\text{Res}\Big[\dfrac{z}{(z-1)(z+1)^2},1\Big]=\dfrac{1}{4}$, $\text{Res}\Big[\dfrac{z}{(z-1)(z+1)^2},-1\Big]=-\dfrac{1}{4}$;

(2) $\text{Res}\Big[\dfrac{1}{\sin z},k\pi\Big]=(-1)^k,k=0,\pm1,\pm2,\cdots$

(3) $\text{Res}\Big[\dfrac{1-e^{2z}}{z^4},1\Big]=-\dfrac{4}{3}$;

$(4) \operatorname{Res}\left[z^2 \sin \dfrac{1}{z}, 0\right] = -\dfrac{1}{6}$;

$(5) \operatorname{Res}\left[\dfrac{z}{\cos z}, k\pi + \dfrac{\pi}{2}\right] = (-1)^{k+1}\left(k\pi + \dfrac{\pi}{2}\right), k = 0, \pm 1, \pm 2, \cdots$

$(6) \operatorname{Res}\left[e^{\frac{1}{z-1}}, 0\right] = 1$.

2. $(1) \operatorname{Res}[\cos z + \sin z, \infty] = 0$.

(2) 当 m 为奇数时, $\operatorname{Res}\left[z^m \sin \dfrac{1}{z}, \infty\right] = 0$;

当 m 为偶数时, $\operatorname{Res}\left[z^m \sin \dfrac{1}{z}, \infty\right] = \dfrac{(-1)^{\frac{m}{2}+1}}{(m+1)!}, m = 2k, k = 0, \pm 1, \pm 2, \cdots$

$(3) \operatorname{Res}\left[\dfrac{e^z}{z^2 - 1}, \infty\right] = \dfrac{1 - e^2}{2e}$. $\qquad (4) \operatorname{Res}\left[\dfrac{2z}{3 + z^2}, \infty\right] = -2$.

$(5) \operatorname{Res}\left[\cos \dfrac{1}{1-z}, \infty\right] = 0$. $\qquad (6) \operatorname{Res}\left[\dfrac{1}{z(z+1)^4(z-4)}, \infty\right] = 0$.

3. $(1) 0$; $\quad (2) -\dfrac{\pi i}{2}$; $\quad (3) 4\pi e^2 i$; $\quad (4) 0$; $\quad (5) -\dfrac{2\pi}{3} i$; $\quad (6) 2\pi i$.

4. $(1) -\operatorname{sh} 1$; $\quad (2) 4\pi$; $\quad (3) \dfrac{\pi}{2\sqrt{2}}$; $\quad (4) \dfrac{\pi}{2}$; $\quad (5) \dfrac{\pi}{e}\cos 2$; $\quad (6) \dfrac{\pi}{2a^2} e^{-\frac{ma}{\sqrt{2}}} \sin \dfrac{ma}{\sqrt{2}}$.

5. $(1) \dfrac{\pi}{2a^2}(1 - e^{-a})$; $\quad (2) \dfrac{\pi}{2}\left(1 - \dfrac{3}{2e}\right)$.

6. $(1) -4\pi i$; $\quad (2) 0$.

7~9. 略.

习题 6

1. 伸缩率是 2, 旋转角是 $\dfrac{\pi}{2}$. 映射成 w 平面上的虚轴方向, 图略.

2~3. 略.

4. (1) 以 $w_1 = -1, w_2 = -i, z_3 = i$ 为顶点的三角形; $\quad (2)$ 闭圆 $|z - i| \leqslant 1$.

5. 略.

6. $|c| = |d|$ 且 $ad - bc \neq 0$.

7. $(1) w = i \dfrac{z - i}{z + i}$; $(2) w = -\dfrac{z - i}{z + i}$.

8. $(1) w = \dfrac{2z - 1}{z - 2}$; $(2) w = \dfrac{i(2z - 1)}{z - 2}$.

9. $w = -4i \cdot \dfrac{z - 2i}{z - 2(1 + 2i)}$.

10. $w = Re^{i\theta} \dfrac{z - i}{z + i}$; $w = 2i \cdot \dfrac{z - i}{z + i}$.

11. $w = Rre^{i\theta} \dfrac{z - a}{r^2 - \bar{a}z}$ (θ 为实参数).

12. $w = -\dfrac{z - 2\mathrm{i}}{z + 2\mathrm{i}}$.

13. $(1)w = -\left(\dfrac{z + \sqrt{3}}{z - \sqrt{3}}\right)^3$; $(2)w = -\mathrm{i}\left(\dfrac{z + 1}{z - 1}\right)^2$; $(3)w = \mathrm{e}^{2\pi\mathrm{i}\frac{z}{z-2}}$.

14. $w = \dfrac{z^4 - \mathrm{i}}{z^4 + \mathrm{i}}$（不是唯一的变换）.

15. $w = -\dfrac{1}{2}\left(z + \dfrac{1}{z}\right)$.

16. $w = -\dfrac{z^2 + 2}{3z^2}$.

17. $w = \sqrt{\dfrac{(1 + \mathrm{i}) - z}{z - (2 + 2\mathrm{i})}}$.

18. $w = \left(\dfrac{\sqrt{z} + 1}{\sqrt{z} - 1}\right)^2$.

习题 7

1. $(1)f(t) = \dfrac{4}{\pi}\displaystyle\int_0^{+\infty} \dfrac{\sin \omega - \omega\cos \omega}{\omega^3}\cos \omega t\mathrm{d}\omega$;

$(2)f(t) = \dfrac{2}{\pi}\displaystyle\int_0^{+\infty} \dfrac{(5 - \omega^2)\cos \omega t + 2\omega\sin \omega t}{25 - 6\omega^2 + \omega^4}\mathrm{d}\omega$;

$(3)f(t) = \dfrac{2}{\pi}\displaystyle\int_0^{+\infty} \dfrac{(1 - \cos \omega)}{\omega}\sin \omega t\mathrm{d}\omega$.

2. $(1)f(t) = \dfrac{2}{\pi}\displaystyle\int_0^{+\infty} \dfrac{\beta\cos \omega t}{\beta^2 + \omega^2}\mathrm{d}\omega$; $(2)f(t) = \dfrac{2}{\pi}\displaystyle\int_0^{+\infty} \dfrac{\omega^2 + 2}{\omega^4 + 4}\cos \omega t\mathrm{d}\omega$;

$(3)f(t) = \dfrac{2}{\pi}\displaystyle\int_0^{+\infty} \dfrac{\sin \omega\pi\sin \omega t}{1 - \omega^2}\mathrm{d}\omega$.

3. $f(t) = \dfrac{2}{\pi}\displaystyle\int_0^{+\infty} \dfrac{\omega\sin \omega t}{\beta^2 + \omega^2}\mathrm{d}\omega$, $f(t) = \dfrac{2}{\pi}\displaystyle\int_0^{+\infty} \dfrac{\beta\cos \omega t}{\beta^2 + \omega^2}\mathrm{d}\omega$.

4. $(1)F(\omega) = \dfrac{4}{\omega^2}\sin^2 \dfrac{\omega}{2}$; $(2)F(\omega) = \dfrac{E}{\mathrm{j}\omega}(1 - \mathrm{e}^{-\mathrm{j}\omega t})$;

$(3)F(\omega) = \dfrac{2}{1 + \omega^2}\left[1 - \mathrm{e}^{-\frac{1}{2}}\left(\cos \dfrac{\omega}{2} - \omega\sin \dfrac{\omega}{2}\right)\right]$.

5. $(1)f(t) = \begin{cases} \dfrac{1}{2}[u(1 + t) + u(1 - t) - 1], & |t| \neq 1, \\ \dfrac{1}{4}, & |t| = 1; \end{cases}$

$(2)f(t) = \cos \omega_0 t$.

6. $(1)F(\omega) = \dfrac{2}{\mathrm{j}\omega}$; $(2)F(\omega) = \cos \omega a + \cos \dfrac{\omega a}{2}$;

$(3)F(\omega) = \dfrac{\pi\mathrm{j}}{2}[\delta(\omega + 2) - \delta(\omega - 2)]$.

7 ~ 10. 略.

11. $F(\omega) = \dfrac{\sqrt{\pi}\omega}{2\mathrm{j}}\mathrm{e}^{-\frac{\omega^2}{4}}$.

12. (1) $\dfrac{\mathrm{j}}{2}\dfrac{\mathrm{d}}{\mathrm{d}\omega}F\left(\dfrac{\omega}{2}\right)$;   (2) $\dfrac{\mathrm{j}}{2}\dfrac{\mathrm{d}}{\mathrm{d}\omega}F\left(-\dfrac{\omega}{2}\right) - F\left(-\dfrac{\omega}{2}\right)$;   (3) $\dfrac{\mathrm{j}}{2}\dfrac{\mathrm{d}^3}{\mathrm{d}\omega^3}F\left(\dfrac{\omega}{2}\right)$;

(4) $-F(\omega) - \omega\dfrac{\mathrm{d}}{\mathrm{d}\omega}F(\omega)$;   (5) $-\mathrm{j}\mathrm{e}^{-\mathrm{j}\omega}\dfrac{\mathrm{d}}{\mathrm{d}\omega}F(-\omega)$;   (6) $\dfrac{1}{2}\mathrm{e}^{-\frac{5}{2}\mathrm{j}\omega}F\left(\dfrac{\omega}{2}\right)$.

13. (1) π;   (2) $\dfrac{\pi}{2}$;   (3) $\dfrac{\pi}{2}$;   (4) $\dfrac{\pi}{2}$.

14. 略.

15. $f_1(t) * f_2(t) = \dfrac{a\sin t - \cos t + \mathrm{e}^{-at}}{a^2 + 1}$.

16. $f_1(t) * f_2(t) = \begin{cases} 0, & t \leqslant 0, \\ \dfrac{1}{2}(\sin t - \cos t + \mathrm{e}^{-t}), & 0 < t \leqslant \dfrac{\pi}{2}, \\ \dfrac{1}{2}\mathrm{e}^{-t}(1 + \mathrm{e}^{\frac{\pi}{2}}), & t > \dfrac{\pi}{2}. \end{cases}$

17. $F(\omega) = \mathrm{e}^{-\frac{\sigma^2\omega^2}{2}}$.

18. $x(t) = u(t)\mathrm{e}^{-t} = \begin{cases} 0, & t < 0, \\ \mathrm{e}^{-t}, & t \geqslant 0. \end{cases}$

19. (1) $g(\omega) = \begin{cases} 1, & 0 < \omega < 1, \\ \dfrac{1}{2}, & \omega = 1, \\ 0, & \omega > 1; \end{cases}$ (2) $y(t) = \sqrt{2\pi}\left(1 - \dfrac{t^2}{2}\right)\mathrm{e}^{-\frac{t^2}{2}}$.

20. (1) $x(t) = \begin{cases} \dfrac{1}{3}(\mathrm{e}^{2t} - \mathrm{e}^t), & t < 0, \\ 0, & t = 0, \\ \dfrac{1}{3}(\mathrm{e}^{-t} - \mathrm{e}^{-2t}), & t > 0; \end{cases}$ (2) $x(t) = \dfrac{1}{2\pi}\displaystyle\int_{-\infty}^{+\infty}\dfrac{cH(\omega)}{a\mathrm{j}\omega + bF(\omega)}\mathrm{e}^{\mathrm{j}\omega t}\mathrm{d}\omega$.

习题 8

1. (1) $F(s) = \dfrac{2}{4s^2 + 1}(\mathrm{Re}(s) > 0)$;   (2) $F(s) = \dfrac{1}{s + 2}(\mathrm{Re}(s) > -2)$;

(3) $F(s) = \dfrac{2}{s^2}(\mathrm{Re}(s) > 0)$;   (4) $F(s) = \dfrac{1}{s^2 + 4}(\mathrm{Re}(s) > 0)$;

(5) $F(s) = \dfrac{s}{s^2 - k^2}(\mathrm{Re}(s) > \max\{\mathrm{Re}(k), -\mathrm{Re}(k)\})$;

(6) $F(s) = \dfrac{s^2 + 2}{s(s^2 + 4)}(\mathrm{Re}(s) > 0)$.

2. $(1)F(s) = \frac{1}{s}(3 - 4\mathrm{e}^{-2s} + \mathrm{e}^{-4s})$;　　$(2)F(s) = \frac{3}{s}(1 - \mathrm{e}^{-\frac{\pi s}{2}}) - \frac{1}{s^2+1}\mathrm{e}^{-\frac{\pi s}{2}}$;

$(3)F(s) = \frac{1}{s-2} + 5$;　　　　　　$(4)F(s) = \frac{s^2}{s^2+1}$.

3. $\mathscr{F}[f(t)] = \frac{1}{(1 - \mathrm{e}^{-\pi s})(s^2+1)}$.

4. $(1)F(s) = \frac{1}{s} - \frac{1}{(s-1)^2}$;　　　　$(2)F(s) = \frac{s^2 - 4s + 5}{(s-1)^3}$;

$(3)F(s) = \frac{s}{(s^2-a^2)^2}$;　　　　　$(4)F(s) = \frac{10 - 3s}{s^2+4}$;

$(5)F(s) = \frac{6}{(s+2)^2+36}$;　　　　$(6)F(s) = \frac{n!}{(s-a)^{n+1}}$;

$(7)F(s) = \frac{1}{s}$;　　　　　　　　$(8)F(s) = \sqrt{\frac{\pi}{s-3}}$.

5. $(1)\arctan\frac{a}{s}$;　$(2)\frac{1}{a}\mathrm{e}^{-\frac{b}{a}s}F\left(\frac{s}{a}\right)$;　$(3)aF(as+1)$;　$(4)aF(as+a^2)$.

6. $(1)F(s) = \frac{4(s+3)}{[(s+3)^2+4]^2}$;　　$(2)F(s) = \frac{2(3s^2 + 12s + 13)}{s[(s+3)^2+4]^2}$;

$(3)F(s) = \frac{4(s+3)}{s[(s+3)^2+4]^2}$.

7. $(1)F(s) = \mathrm{arccot}\frac{s}{k}$;　　　　　$(2)F(s) = \mathrm{arccot}\frac{s+3}{2}$;

$(3)F(s) = \frac{1}{s}\mathrm{arccot}\frac{s+3}{2}$;　　　$(4)f(t) = \frac{t}{2}\mathrm{sh}\, t$.

8. $(1)f(t) = \frac{1}{6}t^3$;　　$(2)f(t) = \frac{1}{6}t^3\mathrm{e}^{-t}$;　　$(3)f(t) = \mathrm{e}^{-3t}$;

$(4)f(t) = 2\cos 3t + \sin 3t$;　$(5)f(t) = \frac{1}{5}(3\mathrm{e}^{2t} + 2\mathrm{e}^{-3t})$;

$(6)f(t) = 2\mathrm{e}^{-2t}\cos 3t + \frac{1}{3}\mathrm{e}^{-2t}\sin 3t$.

9. $(1)f(t) = \frac{1}{16}\sin 2t - \frac{1}{8}t\cos 2t$;　　　　$(2)f(t) = \frac{1}{2}(1 + 2\mathrm{e}^{-t} - 3\mathrm{e}^{-2t})$;

$(3)f(t) = \frac{1}{3}\sin t - \frac{1}{6}\sin 2t$;　　　　$(4)f(t) = \frac{1}{9}\left(\sin\frac{2}{3}t + \cos\frac{2}{3}t\right)\mathrm{e}^{-\frac{1}{3}t}$;

$(5)f(t) = \frac{2(1 - \mathrm{ch}\, t)}{t}$;　　　　　　$(6)f(t) = \frac{1}{2}t\mathrm{e}^{-2t}\sin t$;

$(7)f(t) = \left(\frac{1}{6}\sin 3t + \frac{1}{2}t\cos 3t\right)\mathrm{e}^{-2t}$;　　$(8)f(t) = 3\mathrm{e}^{-t} - 11\mathrm{e}^{-2t} + 10\mathrm{e}^{-3t}$;

$(9)f(t) = \frac{1}{4}\mathrm{e}^{-t} - \frac{1}{4}\mathrm{e}^{-3t} + \frac{3}{2}t\mathrm{e}^{-3t} - 3t^2\mathrm{e}^{-3t}$;　$(10)f(t) = \begin{cases} t, & 0 \leqslant t < 2, \\ 2(t-1), & t \geqslant 2; \end{cases}$

$(11)f(t) = \delta'(t) + 2\delta(t) + 2\mathrm{e}^{-t} - \mathrm{e}^{-2t}$;　$(12)f(t) = \frac{1}{2}\sin t + \frac{1}{2}t\cos t - t\mathrm{e}^{-t}$.

10. (1) t;　　　(2) $\dfrac{m!\,n!}{(m+n+1)!}t^{m+n+1}$;　　　(3) e^t-t-1;　　　(4) $\dfrac{1}{2}t\sin t$;

(5) $\dfrac{1}{2k}\sin kt-\dfrac{t}{2}\cos kt$;　　(6) $\operatorname{sh}t-t$;　　(7) $\begin{cases}0, & a>t,\\[2mm]\displaystyle\int_a^t f(t-\tau)\mathrm{d}\tau, & 0\leqslant a\leqslant t;\end{cases}$

(8) $\begin{cases}0, & a>t,\\ f(t-a), & 0\leqslant a\leqslant t.\end{cases}$

11. (1) $y(t)=e^{2t}-e^t$;

(2) $y(t)=-e^{-2t}-e^{-t}+\Big[\dfrac{1}{2}e^{-2(t-1)}-e^{-(t-1)}+\dfrac{1}{2}\Big]u(t-1)$;

(3) $y(t)=\Big(\dfrac{1}{60}t^5-\dfrac{1}{2}t^2-t+1\Big)e^t$;

(4) $y(t)=-\dfrac{1}{2}+\dfrac{1}{2}t+\dfrac{1}{2}\Big(c_0+\dfrac{1}{2}\Big)t^2+\dfrac{1}{2}(\cos t-\sin t)$;

(5) $y(t)=3\mathrm{J}_0(2t)$, 其中 J_0 为零阶第一类贝塞尔函数;　　(6) $y(t)=5e^{-t}$;

(7) $y(t)=(1-t)e^{-t}$;

(8) $y(t)=\mathrm{J}_1(2t)$ 及 $y(t)=\delta(t)-\mathrm{J}_1(2t)$, 其中 J_1 为一阶第一类贝塞尔函数;

(9) $y(t)=5(-e^{-t}+4e^{-2t}-3e^{-3t})$;

(10) $y(t)=2[e^{-(t-1)}-e^{-2(t-1)}]u(t-1)-2[e^{-(t-2)}-e^{-2(t-2)}]u(t-2)+2e^{-2t}-e^{-t}$.

12. (1) $\begin{cases}x(t)=\dfrac{1}{4}t^2+\dfrac{1}{2}t+a+\dfrac{1}{2}+\dfrac{1}{2}u(t-1),\\[2mm] y(t)=-\dfrac{1}{4}t^2+\dfrac{1}{2}t+b+\dfrac{1}{2}-\dfrac{1}{2}u(t-1);\end{cases}$　　(2) $\begin{cases}x(t)=e^t,\\ y(t)=e^t;\end{cases}$

(3) $\begin{cases}x(t)=\dfrac{2}{3}\cos 2t+\dfrac{1}{3}\sin 2t+\dfrac{1}{3}e^t,\\[2mm] y(t)=\dfrac{2}{3}\cos 2t-\dfrac{1}{3}\sin 2t+\dfrac{2}{3}e^t;\end{cases}$

(4) $\begin{cases}x(t)=\dfrac{2}{3}\operatorname{ch}(\sqrt{2}t)+\dfrac{1}{3}\cos t,\\[2mm] y(t)=-\dfrac{2}{3}\operatorname{ch}(\sqrt{2}t)+\dfrac{1}{3}\cos t,\\[2mm] z(t)=-\dfrac{2}{3}\operatorname{ch}(\sqrt{2}t)+\dfrac{1}{3}\cos t.\end{cases}$

13. $i(t)=\dfrac{E}{R}\Big[1-e^{-\frac{R}{L}(t-t_0)}\Big]\quad(t>t_0)$.

14. $i(t)=E\cdot\dfrac{C_1 C_2}{C_1+C_2}\delta(t)+\dfrac{E}{R_1+R_2}\Big[1+\dfrac{R_1 C_1-R_2 C_2}{(C_1+C_2)^2 R_1 R_2}e^{-\frac{R_1+R_2}{(C_1+C_2)R_1 R_2}t}\Big]$.

15. $y(t)=\dfrac{AK}{\sqrt{1+T^2\omega^2}}\sin(\omega t-\arctan\omega T)$.

16. (1) $G(s)=\dfrac{2}{s+1}$;　　(2) $g(t)=2e^{-t}$;　　(3) $G(\mathrm{j}\omega)=\dfrac{2(1-\mathrm{j}\omega)}{1+\omega^2}$.

参考文献

[1]钟玉泉. 复变函数论[M]. 3 版. 北京:高等教育出版社,2004.

[2]西安交通大学高等数学教研室. 复变函数[M]. 4 版. 北京:高等教育出版社,1996.

[3]余家荣. 复变函数[M]. 3 版. 北京:高等教育出版社,2000.

[4]Lars V. Ahlfors. Complex Analysis[M]. 3rd ed. 北京:机械工业出版社,2004.

[5]张元林. 积分变换[M]. 4 版. 北京:高等教育出版社,2003.

[6]盖云英,包革军. 复变函数与积分变换[M]. 2 版. 北京:科学出版社,2007.

[7][苏]沃尔科维斯基. 复变函数论习题集[M]. 宋国栋等译. 上海:上海科学技术出版社,1981.